铝及铝合金产品
生产技术与装备

谢水生　刘静安　王国军　程　磊　主编

中南大学出版社
www.csupress.com.cn

图书在版编目(CIP)数据

铝及铝合金产品生产技术与装备/谢水生,刘静安,王国军,程磊主编.—长沙:中南大学出版社,2015.7
ISBN 978 - 7 - 5487 - 1739 - 3

Ⅰ.铝… Ⅱ.①谢…②刘…③王…④程… Ⅲ.①铝 - 生产工艺②铝合金 - 生产工艺 Ⅳ.TG146.2

中国版本图书馆 CIP 数据核字(2015)第 159798 号

铝及铝合金产品生产技术与装备

谢水生 刘静安 王国军 程 磊 主编

□责任编辑	刘颖维	
□责任印制	易红卫	
□出版发行	中南大学出版社	
	社址:长沙市麓山南路	邮编:410083
	发行科电话:0731-88876770	传真:0731-88710482
□印　　装	长沙超峰印刷有限公司	

□开　　本	787×1092　1/16　□印张 24.25　□字数 616 千字　□插页 2	
□版　　次	2015 年 8 月第 1 版　□印次　2015 年 8 月第 1 次印刷	
□书　　号	ISBN 978 - 7 - 5487 - 1739 - 3	
□定　　价	112.00 元	

作者简介

谢水生

江西赣州人，北京有色金属研究总院教授、博士生导师。1968 年毕业于南昌大学（原江西工学院）压力加工专业，1982 年于北京有色金属研究总院获得材料专业工学硕士学位，1986 年 4 月于清华大学金属塑性加工专业获工学博士学位。1990—1991 年澳大利亚 Monash 大学访问学者，1995 年新加坡国立大学高级访问学者。1993 年起享受国务院政府特殊津贴。2000—2010 年为中国有色金属学会第四届和第五届合金加工学术委员会主任。

承担并负责高技术"863"课题 7 项、国家自然科学基金资助课题 9 项、国家攻关课题 6 项、国家支撑计划项目 2 项、国际合作课题 2 项。获得国家专利 30 余项，国家科学技术进步二等奖 1 项、部级一等奖 6 项、二等奖 9 项、三等奖 8 项，在国内外刊物上发表论文 350 余篇。出版著作《有色金属材料的控制加工》《铜及铜合金产品生产技术与装备》等 28 部。指导和培养硕士、博士研究生和博士后 30 余名。

社会兼职：南昌大学、燕山大学、江西理工大学、河南理工大学兼职教授；中国机械工程学会北京市机械工程学会理事，压力加工学会主任；中国机械工程学会塑性加工学会理事，半固态加工学术委员会副主任；国家自然科学基金第十二、十三届工程与材料学部专家；《稀有金属》《塑性工程学报》《锻压技术》《有色金属再生与应用》编辑委员会委员。

刘静安

湖南涟源人，西南铝业（集团）有限责任公司原副总工程师，教授级高级工程师。1964 年毕业于中南大学（原中南矿冶学院）有色金属及合金压力加工与热处理专业，享受国务院政府特殊津贴，是我国著名的金属挤压与模压专家、轻合金加工与模具专家，是轻合金加工技术的积极传播者和推广应用者。

曾组织并参与完成了十多项国家级重大科研攻关、技术开发和百余项国家重点新产品研制项目，曾获国家级科技进步奖 5 项，省部级科技进步奖 50 余项（其中一、二等奖 20 余项），专利多项。出版有《轻合金挤压工具与模具（上下册）》《铝型材模具设计、制造、使用与维修》《铝加工技术实用手册》等图书 70 余部。在国内外科技刊物上发表论文 600 余篇。

曾是中南大学、北京科技大学等 5 所大学的兼职教授或博导，培养了大批高素质的专业技术人才，为我国轻合金加工事业发展做出了贡献。

王国军

国务院特殊津贴专家，工学博士，教授级高级工程师，研究生导师。中铝东北轻合金有限责任公司国家认定企业技术中心主任，新产品开发经理。长期在企业一线从事技术管理、新品开发和科研工作。

黑龙江省青年科技奖获得者，哈尔滨创新人才资助基金和省杰出青年基金资助者。黑龙江省省级重点学科（专业）后备带头人，省级领军人才梯队后备带头人，哈尔滨市自然科学学术界新时期领军人才。

承担国家、省、市有色金属行业项目 60 余项，作为主要负责人起草国家军用标准、国家标准、有色金属行业标准 40 余项。拥有国家发明专利 12 项，外观设计专利 1 项。获得国家科技进步奖二等奖 1 项，省部级科学技术一等奖 2 项、二等奖 11 项、三等奖 19 项。

国家镁合金加工与应用技术创新战略联盟理事，中国机械工程学会铸造分会特种铸造及有色合金技术委员会委员，黑龙江省金属学会理事。发表论文 100 余篇，其中 SCI、EI、ISTP 收录 60 余篇。黑龙江省金属学会金属材料专业委员会副主任委员。

程 磊

工学博士、高级工程师、硕士生导师。现工作于北京有色金属研究总院有色金属材料制备加工国家重点实验室，主要从事有色金属材料加工及数值模拟技术研究。主持和参与各类国家级科研项目 10 余项。在国内外核心期刊以及重要学术会议上发表学术论文 30 余篇，被 SCI、EI、ISTP 三大检索系统收录 20 余篇；获授权专利 5 项，计算机软件著作权 1 项；获部级科学技术进步奖一等奖 3 项。

前　言

由于铝及铝合金材料具有重量轻、比强度高、耐蚀性好、色彩美观等一系列的优良特性，因而广泛应用于国民经济的各个领域，如航空航天、交通运输、电子通信、建筑装饰、包装容器、机械电气、石油化工、能源动力、家电五金、文体卫生等行业，已成为发展国民经济与提高人民物质生活和文化生活水平不可缺少的重要基础材料。

特别可喜的是：我国的铝加工业发展十分迅速，其加工材产量从1980年的不到30万吨，发展到2013年铝加工材产量达到3962万吨，占世界产量的一半以上，已经成为名副其实的铝业大国。

进入21世纪以来，节约资源、节省能源、改善环境越来越成为人类生活与社会持续发展的必要条件，人们正竭力开辟新途径，寻求新的发展方向和有效的发展模式。轻量化显然是有效的发展途径之一，其中铝合金是轻量化首选的金属材料。这又给发展铝及铝合金产品提供了一个宝贵的机遇和平台。

本书就铝及铝合金产品生产技术及装备进行详细、系统的分析和介绍，希望对铝材生产工业和技术的发展，对扩大铝材的品种，提高铝材的产量、质量和效益，降低铝材的成本，拓展铝合金材料的应用领域，使之在重要工业部门和人民日常生活中成为更具有竞争优势的基础材料起到有益的促进作用。

全书共分7章，其中第1章1~3节由刘静安撰写；第1章4~6节由谢水生撰写；第2章由王国军、王强撰写；第3章由付垚、谢水生撰写；第4章由程磊、刘静安撰写；第5章由谢水生撰写；第6章、第7章由刘静安撰写。最后，全书由谢水生修改、协调和整理。

本书可供从事铝及铝合金加工材料及其深加工产品生产、科研、设计、产品开发、营销方面的技术人员和管理人员使用，也可作为大专院校有关专业师生的参考书，特别是铝加工企业技术人员、质量管理人员、生产工人、检测人员的技术参考读物。

作者热切希望本书能为读者提供有益的启迪，起到抛砖引玉的作用，但限于作者的学识与经验，加上时间仓促，书中不妥之处，恳请广大读者批评指正并提出宝贵意见（联系邮箱：xiess@ grinm. com）。

作者

2015 年 6 月

内容提要

　　本书详细、系统地介绍了铝及铝合金产品的生产技术与装备。全书共分7章：第1章概述，介绍了铝及铝合金的特点和应用，产品的分类、品种与规格，生产技术现状与发展趋势，产品生产的基本流程及共性技术；第2章铝及铝合金板带的生产技术与装备，阐述了铝箔毛料、易拉罐罐体和拉环料、PS版基和CTP版基、钎焊用复合板带箔材、预拉伸中厚板、铝箔、高压阳极铝箔、建筑装饰铝板、汽车车身铝板的生产技术及制备；第3章铝及铝合金管材的生产技术与装备，阐述了厚壁管、薄壁管及焊接管的生产技术与装备；第4章铝及铝合金型材的生产技术与装备，阐述了建筑门窗型材、节能门窗、幕墙用隔热铝型材、轨道列车用大型铝型材、航空航天用大型材及绿色建筑铝合金模板用型材的生产技术及装备；第5章铝及铝合金线材的生产技术与装备，阐述了铝导线和铝合金焊丝的生产技术与装备；第6章铝合金锻件的生产技术与装备，阐述了铝合金锻造的基本特点及应用，举例分析了铝合金的自由锻、模锻技术及典型锻件的生产工艺及装备；第7章特种铝合金产品的生产技术与装备，阐述了铝合金钻探管、感光鼓基体用铝合金管材、热传导(散热器)挤压材、特殊精密挤压材、铝－塑复合管的生产技术。

目　录

第 1 章

概　述

1.1　铝及铝合金的特点和应用

1.1.1　铝的基本特性及应用领域

铝是元素周期表中第Ⅲ周期主族元素，具有面心立方点阵，无同素异构转变。表 1－1 列出了纯铝的主要物理性能。

表 1－1　纯铝的主要物理性能

性能	高纯铝(99.996%)	工业纯铝(99.5%)
原子序数	13	—
原子量	26.9815	—
晶格常数(20℃)/($\times 10^{-10}$ m)	4.0494	4.04
密度(20℃)/(kg·m^{-3})	2698	2710
密度(700℃)/(kg·m^{-3})	—	2373
熔点/℃	660.24	约 650
沸点/℃	2060	
熔解热/[(J·kg^{-1})$\times 10^5$]	3.961	3.894
燃烧热/[(J·kg^{-1})$\times 10^7$]	3.094	3.108
凝固体积收缩率/%	—	6.6
比热容(100℃)/[J·(kg·K)$^{-1}$]	934.92	964.74
热导率(25℃)/[W·(m·K)$^{-1}$]	235.2	222.6(O 状态)
线膨胀系数(20~100℃)/[μm·(m·k)$^{-1}$]	24.58	23.5
线膨胀系数(100~300℃)/[μm·(m·k)$^{-1}$]	25.45	25.6
弹性模量/MPa	—	70000
切变模量/MPa	—	2625
音速/(m·s^{-1})		约 4900
内摩擦/1 kHz		约×10^{-3}
电导率/(s·m^{-1})	64.94	59(O 状态)
		57(H 状态)
电阻率(20℃)/(μΩ·m)	0.0267(O 状态)	0.02922(O 状态)
电阻率(20℃)/(μΩ·m)	—	0.3002(H 状态)
电阻温度系数/μΩ·m·K^{-1}	0.1	0.1
体积磁化率/×10^{-7}	6.27	6.26
磁导率/(H·m^{-1})	1.0×10^{-5}	1.0×10^{-5}
反射率(λ=2500×10^{-10}m)/%	—	87
反射率(λ=5000×10^{-10}m)/%	—	90
反射率(λ=20000×10^{-10}m)/%	—	97
折射率(白光)/%	—	0.78~1.48
吸收率(白光)/%	—	2.85~3.92
辐射能(25℃,大气中)/J	—	0.035~0.06

　　铝具有一系列比其他有色金属、钢铁、塑料和木材等更优良的特性，如：密度小，仅为 2.7 g/cm³；良好的耐蚀性和耐候性；良好的塑性和加工性能；良好的导热性和导电性；良好的耐低温性能；对光热电波的反射率高、表面性能好；无磁性；基本无毒；有吸音性；耐酸性好；抗核辐射性能好；弹性系数小；良好的力学性能；优良的铸造性能和焊接性能；良好的抗撞击性。此外，铝材的高温性能、成形性能、切削加工性、铆接性、胶合性以及表面处理性能等也比较好。因此，铝材在航天、航海、航空、交通运输、桥梁、建筑、电子电气、能源动力、冶金化工、农业排灌、机械制造、包装防腐、电器家具、日用文体等各个领域都获得了十分广泛的应用，表 1-2 列出了铝的基本特性及主要应用领域。

表 1-2　铝的基本特性及主要应用领域

基本特性	主要特点	主要应用领域举例
重量轻	铝的密度是 2.7 g/cm³，与铜（密度 8.9 g/cm³）或铁（密度 7.9 g/cm³）比较，约为它们的 1/3。铝制品或用铝制造的物品重量轻，可以节省搬运费和加工费用	用于制造飞机、轨道车辆、汽车、船舶、桥梁、高层建筑和重量轻的容器等
强度好	铝的力学性能不如钢铁，但它的强度高，可以添加铜、镁、锰、铬等合金元素制成铝合金，再经热处理，而得到很高的强度。铝合金的强度比普通钢好，也可以和特殊钢媲美	用于制造桥梁（特别是吊桥、可动桥）、飞机、压力容器、集装箱、建筑结构材料、小五金等
加工容易	铝的延展性优良，易于挤出形状复杂的中空型材和适于拉伸加工及其他各种冷热塑性成形	受力结构部件框架，一般用品及各种容器、光学仪器及其他形状复杂的精密零件
美观，适于各种表面处理	铝及其合金的表面有氧化膜，呈银白色，相当美观。如果经过氧化处理，其表面的氧化膜更牢固，而且还可以用染色和涂刷等方法制造出各种颜色和光泽的表面	建筑用壁板、器具装饰、装饰品、标牌、门窗、幕墙、汽车和飞机蒙皮、仪表外壳及室内外装修材料等
耐蚀性、耐候性好	铝及其合金表面能生成硬而且致密的氧化薄膜，很多物质对它不产生腐蚀作用。选择不同合金，在工业地区、海岸地区使用，也会有很优良的耐久性	门板、车辆、船舶外部覆盖材料，厨房器具，化学装置，屋顶瓦板，电动洗衣机、海水淡化、化工石油、材料、化学药品包装等
耐化学药品	对硝酸、冰醋酸、过氧化氢等化学药品有非常好的耐药性	用于化学用装置和包装、酸和化学制品包装等
导热、导电性好	导热、导电率仅次于铜，为钢铁的 3~4 倍	电线、母线接头，锅、电饭锅、热交换器、汽车散热器、电子元件等
对光、热、电波的反射性好	对光的反射率，抛光铝为 70%，高纯度铝经过电解抛光的为 94%，比银（92%）还高。铝对热辐射和电波也有很好的反射性能	照明器具、反射镜、屋顶瓦板、抛物面天线、冷藏库、冷冻库、投光器、冷暖器的隔热材料
没有磁性	铝是非磁性体	船上用的罗盘、天线、操舵室的器具等
无毒	铝本身没有毒性，它与大多数食品接触时溶出量很微小。同时由于表面光滑、容易清洗，故细菌不易停留繁殖	食具、食品包装、鱼罐、鱼仓、医疗机器、食品容器
有吸音性	铝对音响是非传播体，能吸收声波	用于室内天棚板等
耐低温	铝在温度低时，它的强度反而增加而无脆性，因此是理想的低温装置的材料	业务用冷藏库、冷冻库、南极雪上车辆、氧及氢的生产装置

1.1.2　铝合金的分类、性能及用途举例

1. 铝合金的分类

纯铝比较软，富有延展性，易于塑性成形。如果根据各种不同的用途，要求具有更高的强度和改善材料的组织和其他各种性能，可以在纯铝中添加各种合金元素，制出满足各种性能、功能和用途的铝合金。铝合金可加工成板、带、条、箔、管、棒、型、线、自由锻件和模锻件等加工材。也可加工成铸件、压铸件等铸造材。加工材和铸造材又可分为可热处理型合金材料和非热处理型合金材料两大类。图1－1示出了铝及铝合金的分类图。

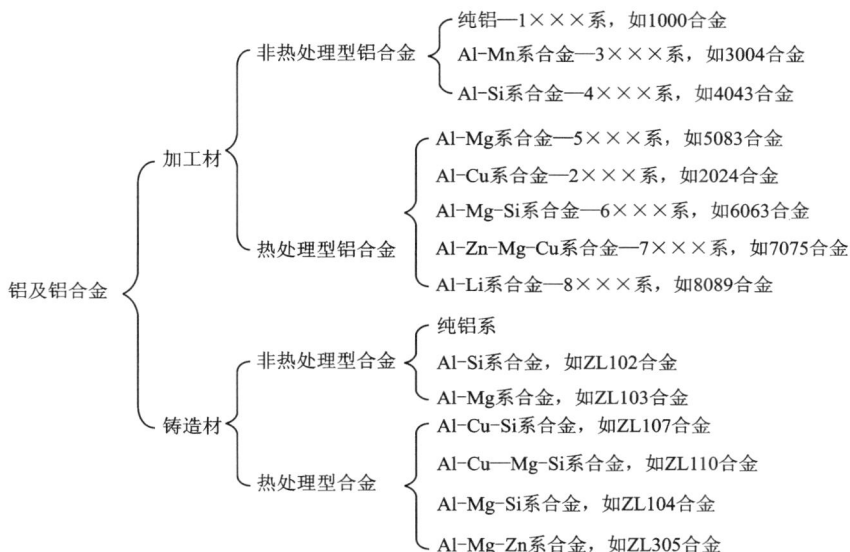

- 铝及铝合金
  - 加工材
    - 非热处理型铝合金
      - 纯铝—1×××系，如1000合金
      - Al-Mn系合金—3×××系，如3004合金
      - Al-Si系合金—4×××系，如4043合金
    - 热处理型铝合金
      - Al-Mg系合金—5×××系，如5083合金
      - Al-Cu系合金—2×××系，如2024合金
      - Al-Mg-Si系合金—6×××系，如6063合金
      - Al-Zn-Mg-Cu系合金—7×××系，如7075合金
      - Al-Li系合金—8×××系，如8089合金
  - 铸造材
    - 非热处理型合金
      - 纯铝系
      - Al-Si系合金，如ZL102合金
      - Al-Mg系合金，如ZL103合金
    - 热处理型合金
      - Al-Cu-Si系合金，如ZL107合金
      - Al-Cu—Mg-Si系合金，如ZL110合金
      - Al-Mg-Si系合金，如ZL104合金
      - Al-Mg-Zn系合金，如ZL305合金

图1－1　铝及铝合金的分类图

2. 铝合金材料的主要应用

(1)铝合金材料的三大用户。

铝及铝合金加工材料的应用非常广泛，涉及国民经济各部门和人民生活的各个方面，已成为社会发展的一种基础材料。随着经济的高速发展和社会文明程度的提高以及科技的快速进步，特别是进入21世纪以来，节约资源、节省能源、环保安全成为制约人类生存和发展的难题，迫切需要轻量化的现代交通运输工具，因此现代交通运输业成为铝加工材的第一大用户。此外，为了进一步提高人类的生存条件和生活质量，以铝门窗、幕墙为代表的建筑业和以易拉罐等软包装为代表的包装业成为了铝合金加工材的第二大和第三大用户。这三大用户年消耗量占年产铝加工材的比例如下：

1)现代交通运输业占世界的30%～36%，占中国的15%～30%。

2)现代建筑业占世界的15%～21%，占中国的30%～35%。

3)现代包装业占世界的15%～20%，占中国的10%～15%。

(2)铝及铝合金加工材的主要应用领域。

1)航空航天领域。

2)现代交通运输：飞机、火车、高速列车、地铁、轻轨、货车、卡车、轿车、大巴、摩托

车、自行车、轮船集装箱、桥梁等。

3）包装业：硬包装如气桶、液桶、易拉罐；软包装如香烟箔，化妆品与医药、食品包装等。

4）电子通信、家用电器、家具五金等。

5）建筑工程与通用设施：门窗、幕墙、围栏、建筑模板与结构件等。

6）电、热、传输系统：如空调、散热器、制冷设施等。

7）石化矿产、动力能源部门：如矿山设备，输气、输油管道，电力设备与输电系统，核能、水电、太阳能与风能设施等。

8）农业与轻工业方面：如农业排灌系统，印刷、纺织、木工机械等。

9）医疗器械与文体卫生：如精密医疗机械、足球门、跳水板等。

10）化学化工工业。

11）兵器与军工领域。

3. 主要变形铝合金的典型特性与用途举例

主要变形铝合金的典型特性与用途举例见表1-3。

表1-3 主要变形铝合金的典型特性与用途举例

合金	标准成分（质量分数）/%	性能					应用实例
		耐蚀性能[①]	切削性能[②]	可焊性[①②]	硬质材料强度/MPa	软质材料强度/MPa	
EC	Al≥99.45	A—A	D—C	A—A	190	70	导电材料
1100 1200	Al≥99.00	A—A	D—C	A—A	169	91	钣金、器具
1130	Al≥99.30	A—A	D—C	A—A	183	84	反射板
1145	Al≥99.45	A—A	D—C	A—A	197	84	铝箔、钣金
1345	Al≥99.45	A—A	D—C	A—A	197	84	线材
1060	Al≥99.60				141	70	化工机械、车载贮藏罐
2011	5.5Cu、0.5Bi、0.5Pb、0.4Mg	C—C	A—A	D—D	422		切削零件
2014	0.8Si、4.4Cu、0.8Mn	C—C	B—B	B—C	492	190	载重汽车、机架、飞机结构
2017	4.0Cu、0.5Mn、0.5Mg	C	B	B—C	436	183	切削零件、输送管道
2117	2.5Cu、0.3Mg	C	C	B—C	302		铆钉、拉伸棒材
2018	4.0Cu、0.6Mg、2.0Ni	C	B	B—C	420		汽缸盖、活塞
2218	4.0Cu、1.5Mg、2.0Ni	C	B	B—C	337		喷气式飞机机翼、环状零件

续表 1－3

合金	标准成分（质量分数）/%	性能					应用实例
		耐蚀性能[①]	切削性能[②]	可焊性[①②]	硬质材料强度/MPa	软质材料强度/MPa	
2618	2.3Cu、1.6Mg、1.0Ni、1.1Fe	C	B	B—C	450		飞机发动机（200℃以下）
2219	6.3Cu、0.3Mn、0.1V、0.15Zr	B	B	A	492	176	用于高温（320℃以下）下的结构、焊接结构
2024	4.5Cu、0.6Mn、1.5Mg	C—C	B—B	B—B	527	190	卡车车身、切削零件、飞机结构
2025	0.8Si、4.5Cu、0.8Mn	C—D	B—B	B—B	413	176	机件、飞机螺旋桨
3003 3203	1.2Mn	A—A	D—C	A—A	211	112	炊事用具、化工装置、压力槽、钣金零件、建筑材料
3004 3104	1.2Mn、1.0Mg	A—A	D—C	A—A	288	183	钣金零件、贮槽、易拉罐
4032	12.2Si、0.9Cu、1.1Mg、0.9Ni	C—D	D—C	B—C	387		活塞、汽缸
4043	5.0Si						焊条、焊丝
4343	7.5Si						板状和带状的硬钎焊料
5005	0.8Mg	A—A	D—C	A—A	211	127	器具、建筑材料、导电材料
5050	1.4Mg	A—A	D—C	A—A	225	148	建筑材料、冷冻机的调整蛇形管、管道
5052	2.5Mg、0.25Cr	A—A	D—C	A—A	295	197	钣金零件、水压管、器具
5252	2.5Mg、0.25Cr	A—A	D—C	A—A	274	197	汽车的调整蛇形管
5652	3.5Mg、0.25Cr	A—A	D—C	A—A	295	197	焊接结构、压力槽、过氧化氢贮槽
5154	0.8Mn、2.7Mg、0.10Cr	A—A	D—C	A—A	337	246	焊接结构、压力槽、贮槽
5454	0.1Mn、5.2Mg、0.10Cr	A—A	D—C	A—A	300	253	焊接结构、压力容器、船舶零件
5056	0.1Mn、5.0Mg、0.10Cr	A—C	D—C	A—A	433	295	电缆皮、铆钉、挡板、铲斗
5356	0.8Mn、5.1Mg、0.10Cr	A—B	D—C	A—A	440	305	焊条、焊丝
5456	0.8Mn、5.1Mg、0.15Cr	A—B	D—C	A	457	380	高强焊接结构、贮槽、压力容器、船舶零件

续表 1-3

合金	标准成分（质量分数）/%	性能					应用实例
		耐蚀性能①	切削性能②	可焊性①②	硬质材料强度/MPa	软质材料强度/MPa	
5657	0.7Mn、4.5Mg、0.15Cr	A—A	D—C	A—A	225	134	经阳极化处理的汽车，机器外部装饰零件
5083	0.5Mn、4.0Mg、0.15Cr	A—C	D—C	A—B	366	295	不受热的焊接压力容器，船、汽车和飞机的零件
5086	0.5Si、4.8Mg	A—C	D—C	A—B	352	267	电视塔、电动工具、高强零件、低温装置
5087	0.4Si、4.5Mg、0.25Zr	A—B	D—C	A—A	350	260	高级焊丝、焊条
6101	1.0Si、0.7Mg、0.25Cr	A—B	B—C	A—B	225	98	高强汇流排
6151	0.7Si、1.3Mg、0.25Cr	A—B	C	A—B	337		形状复杂的机器或汽车零件
6053	0.6Si、0.25Cu、1.0Mg、0.20Cr	A—B	C	B—C	295	112	铆钉材料、线材
6061	0.6Si、0.2Cu、1.0Mg、0.09Cr	A—A	B—C	A—A	316	127	耐蚀性结构、载重汽车、船舶、车辆、家具
6262	0.6Pb、0.6Bi	A—A	A—A	B—B	408		管路、切削零件
6063	0.4Si、0.7Mg	A—A	D—C	A—A	295	111	管状栏杆、家具、建筑用挤压型材
6463	0.4Si、0.7Mg	A—A	D—C	A—A	246	155	建筑材料、装饰品
6066	1.3Si、1.0Cu、0.9Mn、1.1Mg	B—C	D—B	A—A	4011	155	型材的焊接结构
7001	2.1Cu、3.0Mg、0.3Cr、7.4Zn	C	B—C	D	689	225	重型结构
7039	0.2Mn、2.7Mg、0.2Cr、4.0Zn	A—C	B	A	422	225	低温、导弹等焊接结构
7072	1.0Zn	A—A	D—C	A—A			机翼材料、包铝板的表层材料
7075	1.6Cu、2.5Mg、0.3Cr、5.6Zn	C	B	D	584	232	飞机及其他结构件
7178	2.0Cu、2.7Mg、0.3Cr、6.8Zn	C	B	D	619	232	飞机及其他结构件
7179	0.6Cu、0.2Mn、3.3Mg、0.20Cr、4.4Zn	C	B	D	548	225	飞机结构零件

　　注：①A、B、C、D表示合金性能的优劣。"D—C"中的"—"左边表示软质材料，右边表示硬质材料。
　　②A—可从采用普通的方法进行电弧焊；B—焊接有一定困难，但经试验可以焊接；C—容易产生焊接裂纹，并且抗蚀性或强度下降；D—采用现有的方法不能进行焊接。

4. 铸造铝合金的典型特性及主要用途举例

(1) 铸造铝合金的一般特性。

为了获得各种形状与规格的优质精密铸件,用于铸造的铝合金必须具备以下的特性,其中最关键的是流动性和可填充性。

1) 有填充狭槽窄缝部分的良好流动性。

2) 能适应其他多种金属所要求的低熔点。

3) 导热性能好,熔融铝的热量能快速向铸模传递,铸造周期较短。

4) 熔体中的氢气和其他有害气体可通过处理得到有效的控制。

5) 铝合金铸造时,应没有热脆开裂和撕裂的倾向。

6) 化学稳定性好,有高的抗蚀性能。

7) 不易产生表面缺陷,铸件表面有良好的表面光洁度和光泽,而且易于进行表面处理。

8) 铸造铝合金的加工性能好,可用压模、硬(永久)模、生砂模、干砂模、熔模、石膏型铸造模进行铸造生产,也可用真空铸造、低压和高压铸造、挤压铸造、半固态成形、离心铸造等方法生产不同用途、不同品种规格、不同性能的各种铸件。

(2) 铸造铝合金的分类。

铸造铝合金具有与变形铝合金相同的合金体系,具有与变形铝合金相同的强化机理(除应变硬化外),同样可分为热处理强化型和非热处理强化型两大类。铸造铝合金与变形铝合金的主要差别在于铸造铝合金中合金化元素硅的最大含量超过多数变形铝合金中的硅含量。铸造铝合金除含有强化元素之外,还必须含有足够量的共晶型元素(通常是硅),以使合金有相当的流动性,易于填充铸造时铸件的收缩缝。

目前,铸造铝合金系在国际上无统一标准。各国(公司)都有自己的合金命名及术语,美国铝业协会的分类法如下。

1×××:控制非合金化的成分。

2×××:含铜且铜作为主要合金化元素的铸造铝合金。

3×××:含镁或(和)铜的铝硅合金。

4×××:二元铝硅合金。

5×××:含镁且镁作为主要合金化元素的铸造铝合金,通常还含有铜、镁、铬、锰等元素。

6×××:目前尚未使用。

7×××:含锌且锌作为主要合金化元素的铸铝合金。

8×××:含锡且锡作为主要合金化元素的铸铝合金。

9×××:目前尚未使用。

尽管世界各国已开发出了大量供铸造的铝合金,但目前基本的合金只有以下 6 类:

1) Al – Cu 合金。

2) Al – Cu – Si 合金。

3) Al – Si 合金。

4) Al – Mg 合金。

5) Al – Zn – Mg 合金。

6) Al – Sn 合金。

(3)铸造铝合金的特性和主要用途举例。

根据用途或生产方式，铸造铝合金可分为一般铸造用铝合金和压力铸造用铝合金，以下按日本金属协会(JIS)分类法介绍铸造铝合金的特性和主要用途。

1)一般铸造用铝合金。

A. Al – Cu 系合金(AC1A)。

此系列合金的切削性优良，热处理材料的力学性能高，特别是有较大的伸长率。但高温强度低，容易发生高温断裂及铸造裂纹。耐蚀性比 Al – Si 和 Al – Mg 系合金稍差。如用人工时效处理，能显著改善其力学性能。主要用于制作要求强度较高的零件。

此系列合金的凝固温度范围广，容易产生细的缩孔，属于难铸造的合金。

B. Al – Si 系合金(AC3A)。

AC3A 合金熔液的流动性好，但容易产生缩孔。该合金的热脆性小，焊接性、耐蚀性好。主要用于薄壁大型铸件和形状复杂的铸件。

C. Al – Mg 系合金(AC7A，AC7B)。

添加镁能够提高力学性能，改善切削性及耐蚀性，但热脆性却增大了。铝镁合金容易氧化，熔液的流动性不好。凝固温度的范围广，补缩冒口的效果差，铸造的成品率低。

AC7A(镁 3.5% ~5%)，合金的耐蚀性，特别是对海水的耐蚀性好，容易进行阳极氧化而得到美观的薄膜。在该系合金中，它是伸长率最大、切削性也好的合金，但熔化、铸造比较困难。

AC7B(镁 9.5% ~11.0%)经过 T4 处理可以得到比 AC7A 更优良的力学性能，阳极氧化性也好，但容易发生应力腐蚀，铸造性不好。

D. Al – Si – Cu 系合金(AC2A，AC2B，AC4B，AC4D)。

AC2A，AC2B 是在 Al – Cu 系合金中添加硅，AC4B，AC4D 是在 Al – Si 系合金中添加铜，从而使它们的切削性与力学性能得到改善的合金，如经过热处理，其效果更好。此系列合金，熔液的流动性和耐压性好。因为铸造裂纹和缩孔少，而广泛用于机械零件的铸造，也适用于金属模的铸造。AC2A，AC2B 的切削性和焊接性好，铸造裂纹少。但如果铸造方法不当，容易发生误差。

AC4B 的铸造性和焊接性良好，但耐蚀性较差。

AC4D 的强度高，铸造性良好，有耐热性，耐压性及耐蚀性也好。

E. Al – Si – Mg 系合金(AC4A，AC4C)。

在 Al – Si 系合金中添加少量的镁，不仅不会失去 Al – Si 系合金的特性，而且会改善其力学性能与切削性。

AC4A 中由于添加了锰，故铸造性非常好，耐震性、力学性能及耐蚀性也好。

AC4C，铸造性、焊接性、耐震性、耐蚀性都好，是导电性能最为优良的铸造合金。

F. Al – Cu – Mg – Ni 系合金(AC5A)。

此系列合金的铸造性不太好，但与其他耐热合金比较，缩孔却很少，出现外缩孔的倾向较多。膨胀系数稍高，但切削性、耐磨损性优良。

G. Al – Si – Cu – Mg – Ni 系合金(AC8A，AC8B)。

此系列合金，为降低 Al – Cu – Mg – Ni 合金的热膨胀系数，改善耐磨性，而添加硅，可作为活塞用合金。要求热膨胀系数和耐磨性时，采用过共析结晶硅合金。

AC8A 的耐热性良好，热膨胀系数小，与 AC8B 比较，内部容易发生气孔。

AC8B 的高温强度比 AC8A 优良，铸造性也优良，但是热膨胀系数比 AC8A 大。

从 AC8B 中除掉镍便是 AC8C，温度 300℃ 以下时其性能与 AC8B 差不多。

H. 其他合金。

a) 超级硅铝用合金。

它是制作活塞用的合金，其组成是把 AC8A 中硅的含量定为 15% ~ 23%。此种合金的铸造性与 AC8A 和 AC8B 没有多大差别，但如果需要得到均匀而细小的初晶硅，必须在熔解时进行变质处理。此种合金的抗拉强度比 AC8A 稍差，但高温强度优良。硬度、耐磨性能也好。这是日本轻金属公司研制的。

b) CX – 2A。

它是日本轻金属公司研制的 Al – Mg – Zn 系合金，强度高而且有韧性，耐应力腐蚀的性能好。过去，为了提高制品的强度，都是采用经 T6 处理的材料。目前，由于经过 F 处理的材料也有相当高的强度和韧性，因此已有不少单位开始使用经 F 处理的 CX – 2A 合金。

CX – 2A 的熔体流动性不次于 AC7A，耐蚀性比 AC7A 稍差，但比 AC4C 却远为优越。

c) NU 合金。

它是日本轻金属公司研制的强力合金，韧性不比 AC1A 低，而且强度还有所提高。耐应力抗腐蚀的性能好。其综合性能比铸铁好，所以是广泛用作代替铸铁件及铜合金铸件的轻量化合金材料。这种合金的铸造工艺与 AC1A 合金的几乎相同。

d) 优质合金。

近年来欧美一些国家称之为高质量铸件（premium quality castings）的铝合金，指的就是把杂质元素铁的含量降到 0.15% 以下的优质合金。此种优质合金可以制作出强度高、韧性好的铝合金铸件。

为此，目前所开发的 JIS 合金，有 AC1A，AC4C，AC4D 等，它们几乎都经过 T4 或 T6 处理。

2) 压力铸造用铝合金。

A. Al – Si 系合金（ADC1，ADC7）。

ADC1 的熔液流动性好，所以铸造性优良。它的耐蚀性和热膨胀性也好，适用于压铸壁薄而形状复杂的铸件。但切削性和阳极氧化性不好。

ADC7，熔液流动性比 ADC1 差，强度低，所以使用较少。

B. Al – Si – Mg 系合金（ADC3）。

铸造性比 ADC1 稍差，但耐蚀性、切削性优良，有韧性。其缺点是容易产生黏模现象。

C. Al – Mg 系合金（ADC5）。

此系合金的耐蚀性和切削性是铝合金中最优良的，并且能制出美观的阳极氧化膜。但是流动性、耐压性不好。有热脆性，也易产生黏模现象。

D. Al – Mg – Mn 系合金（ADC6）。

切削性、耐蚀性良好，延伸性非常大，但强度低。铸造性、耐压性不太好，阳极氧化薄膜的性能好。

E. Al – Si – Cu 系合金（ADC10，ADC12）。

ADC10 的铸造性、耐压性好，适于制造大型压铸件。力学性能和切削性良好，但耐蚀性稍差。

ADC12 与 ADC10 比较，含硅量多，所以适于压铸复杂的铸件。它的强度高，耐压性特别好，热脆性小。

F. DX – 1 合金。

DX – 1 合金是日本轻金属公司研制的添加有其他元素的 Al – Si – Cu 系新合金，是一种不影响 Al – Si – Cu 系合金的铸造性的合金。由于添加了新的合金元素，经过简单的时效处理，成为而具有高强度的压铸用合金。

压铸件经过热处理，一般都会产生水泡，因而会引起强度降低。但是 DX – 1 合金在 200℃ 以下的时效温度内进行析出处理，它的强度仍可提高。

表 1 – 4 至表 1 – 7 列出了主要铸造铝合金的特性和性能（JIS 合金）。

表 1 – 4　重力铸造用铝合金的铸造性和一般特性

合金	铸模的种类	铸造性								可否热处理强化	铸件特性						
		综合铸造性		熔体补给性	耐热裂性	耐压泄漏性	熔体流动性	凝固收缩性	熔体吸气性		耐蚀性	切削性	研磨性	电镀性	阳极氧化外观	高温强度	焊接性
		砂型	金型														
AC1A	砂·金	3	4	3	4	3	3	3	3	可	4	2	2	1	2	2	3
AC1B	砂·金	3	4	4	4	3	3	4	3	可	4	2	2	2	3	3	3
AC2A	砂·金	1	2	2	2	2	2	1	3	可	3	3	3	2	4	3	2
AC2B	砂·金	1	2	2	2	2	2	1	2	可	3	3	3	2	4	3	2
AC3A	砂·金	1	1	1	2	1	2	1	2	否	3	4	5	2	5	3	2
AC4A	砂·金	1	1	1	2	2	1	1	2	可	3	3	3	2	3	2	2
AC4B	砂·金	1	1	1	2	2	1	1	2	可	3	3	4	2	3	2	2
AC4C	砂·金	1	1	1	1	1	1	1	2	可	2	4	3	2	3	3	1
AC4CH	砂·金	1	1	1	1	1	1	1	2	可	2	4	3	2	3	3	1
AC4D	砂·金	2	2	2	1	1	2	1	2	可	2	4	2	2	3	1	1
AC5A	砂·金	3	4	3	3	3	2	3	4	可	4	1	1	1	3	1	4
AC7A	砂·金	3	4	5	4	4	4	5	5	否	1	1	5	3	1	3	4
AC8A	金	3	2	3	1	2	2	3	3	可	3	4	5	4	5	2	4
AC8B	金	3	2	3	1	2	2	3	3	可	3	4	5	4	5	2	4
AC8C	金	3	2	3	1	2	2	3	3	可	3	4	5	4	5	2	4
AC9A	金	4	2	4	3	3	2	1	3	可	4	5	5	4	5	1	4
AC9B	金	4	2	4	3	3	2	1	3	可	4	5	5	4	5	1	4

注：1，…，5 表示性能由优到劣。

表1-5 压力铸造用铝合金的铸造性和一般特性

合金	适用范围	铸造性				热处理适应性	铸件特性						
		耐热裂性	耐压泄漏性	模型充填性	模型非熔着性		耐蚀性	切削性	研磨性	电镀性	阳极氧化外观	化学皮膜性	高温强度
ADC1	G	1	1	1	2	否	2	4	5	3	5	3	3
ADC3	S	1	1	1	3	否	2	3	3	1	3	3	1
ADC5	S	5	5	4	5	否	1	1	1	5	1	1	4
ADC6	S	—	—	—	—	否							
ADC10	G	2	2	2	1	否	4	3	3	1	3	5	2
ADC12	G	2	2	1	3	否	4	3	3	2	4	4	2
ADC14	S	4	4	1	2	否	3	5	5	3	5	5	3

注：① 1, …, 5 表示性能由优到劣；② G——一般用；③ S—特殊用。

表1-6 重力铸造用铝合金的物理性能(JIS标准)

合金	密度/(mg·m⁻³)	凝固温度范围/℃		热膨账系数/(×10⁻⁶·℃⁻¹)			热传导系数/m·℃(25℃)	弹性模量/GPa	
		液相	固相	20~100℃	20~200℃	30~300℃		纵向	横向
AC1A	2.81	645	550	23.0	24.0	25.0	138	70.1	26.0
AC1B	2.80	650	535	23.0	—	—	140	—	—
AC2A	2.79	610	520	21.5	22.5	23.0	142	73.5	24.0
AC2B	2.78	615	520	21.5	23.0	23.5	109	74.0	24.5
AC3A	2.66	585	575	20.5	21.5	22.5	121	77.0	25.0
AC3B	2.68	595	560	21.0	22.0	23.0	138	75.0	25.0
AC4B	2.77	590	520	21.0	22.0	23.0	96	76.0	25.0
AC4C	2.68	610	555	21.5	22.5	23.5	159	73.5	25.0
AC4CH	2.68	610	555	21.5	22.5	23.5	159	72.5	24.0
AC4D	2.71	625	580	22.5	23.0	24.0	151	72.5	24.0
AC5A	2.79	630	535	22.5	23.5	24.5	130	72.5	24.0
AC7A	2.66	635	570	24.0	25.0	26.0	146	67.6	23.5
AC8A	2.70	570	530	20.0	21.0	22.0	125	80.9	20.6
AC8B	2.76	580	520	20.7	21.4	22.3	105	77.0	25.5
AC8C	2.76	580	520	20.7	21.4	22.3	105	76.0	24.5
AC9A	2.65	730	520	18.3	19.3	20.3	105	88.3	27.0
AC9B	2.68	670	520	19.0	20.0	21.0	110	86.3	26.5

表1-7　压力铸造用铝合金的物理性能(JIS标准)

合金	密度/(mg·m⁻³)	凝固温度范围/℃		热膨胀系数/(×10⁻⁶·℃⁻¹)			热传导系数/m·℃(25℃)	弹性模量/GPa	
		液相	固相	20~100℃	20~200℃	30~300℃		纵向	横向
ADC1	2.66	585	574	20.5	21.5	22.5	121	—	—
ADC3	2.66	590	560	21.0	22.0	23.0	113	71.1	26.5
ADC5	2.56	620	535	25.0	26.0	27.0	88	66.2	24.5
ADC6	2.65	640	590	24.0	25.0	26.0	146	71.1	
ADC10	2.74	590	535	—	22.0	22.5	96	71.1	26.5
ADC12	2.70	580	515		21.0	—	92		

1.2　铝及铝合金加工材料的分类、产品品种与规格

1.2.1　铝及铝合金材料的分类

为了满足国民经济各部门和人民生活各方面的需求,世界原铝(包括再生铝)产量的85%以上被加工成板、带、条、箔、管、棒、型、线、粉、自由锻件、模锻件、铸件、压铸件、冲压件及其深加工件等铝及铝合金产品,见图1-2。目前生产铝及铝合金材料的主要方法有铸造法、塑性成形法和深加工法。

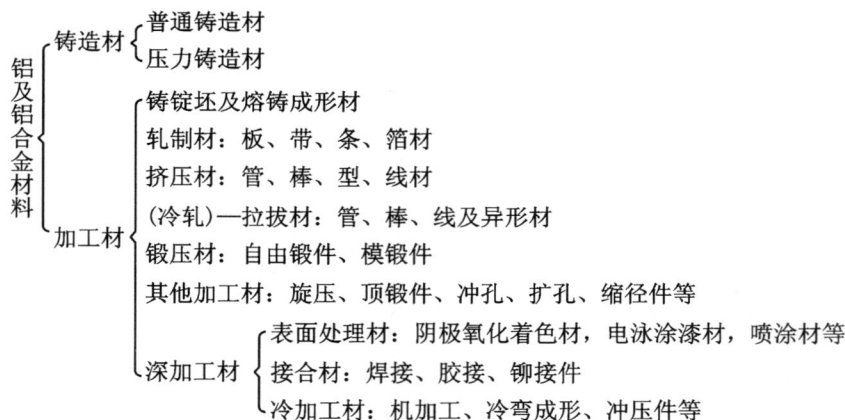

图1-2　铝及铝合金材料分类图

1.2.2　铝及铝合金加工材的分类、主要品种及规格

目前,世界上已拥有不同合金状态、形状规格、品种型号,各种功能、性能和用途的铝及铝合金加工材十余万种。科学地分类对于发展铝加工技术,提高产品质量和生产效率,发掘产品的潜能和合理使用铝材,加强生产技术质量、储运和使用管理等都有重大意义。

1. 按合金成分与热处理方式分类

铝及铝合金材料按合金成分与热处理方式分类,如表 1 - 8 所示。

表 1 - 8 铝及铝合金材料按合金成分与热处理方式分类

类别		合金名称	主要合金成分(合金系)	热处理和性能特点	举例
铸造铝合金材料		简单铝硅合金	Al - Si	不能热处理强化,力学性能较低,铸造性能好	ZL102
		特殊铝硅合金	Al - Si - Mg	可热处理强化,力学性能较高,铸造性能良好	ZL101
			Al - Si - Cu		ZL107
			Al - Si - Mg - Cu		ZL105,ZL110
			Al - Si - Mg - Cu - Ni		ZL109
		铝铜铸造合金	Al - Cu	可热处理强化,耐热性好,铸造性和耐蚀性差	ZL201
		铝镁铸造合金	Al - Mg	力学性能高,抗蚀性好	ZL301
		铝锌铸造合金	Al - Zn	能自动淬火,宜于压铸	ZL401
		铝稀土铸造合金	Al - Re	耐热性好,耐蚀性高	
变形铝合金材料	非热处理强化铝合金	工业纯铝	≥99.90% Al	塑性好,耐蚀,力学性能低	1A99,1050,1200
		防锈铝	Al - Mn	力学性能较低,抗蚀性好,可焊、压力加工性能好	3A21
			Al - Mg		5A05
	热处理强化铝合金	硬铝	Al - Cu - Mg	力学性能高	2A11,2A12
		超硬铝	Al - Cu - Mg - Zn	室温强度最高	7A04,7A09
		锻铝	Al - Mg - Si - Cu	锻造性能好,耐热性能好	6A02,6061
			Al - Cu - Mg - Fe - Ni		2A70,2A80

2. 按生产方式分类

铝及铝合金材料按生产方式分类,可分为铝合金铸件和铝合金加工半成品。

(1)铝及铝合金铸件。

在各国的工业标准中明确规定了铸件可分为金属模铸件、砂模铸件、压力铸造铸件、蜡模铸件等。铝合金铸件的铸造法按铸模可分为砂模铸造法和金属模铸造法。如果在铸造时施加外力,铸件更容易成形。按适用于铸模的压力方式,压力铸造可分为以下几种:常压铸造法;低压铸造法(压力低于 20 MPa);中压铸造法(压力小于 300 MPa);高压铸造法(压力大于 3000 MPa);减压铸造法(真空吸引铸造法);液态模锻和半固态模锻等。

(2)铝及铝合金加工半成品。

用塑性成形法加工铝及铝合金半成品的生产方式主要有:平辊轧制法、型辊轧制法、挤压法、拉拔法和锻造法、冷冲法等。

1)平辊轧制法。主要产品有热轧厚板、中厚板材、热轧(热连轧)带卷、连铸连轧板卷、连铸轧板卷、冷轧带卷、冷轧板片、光亮板、圆片、彩色铝卷或铝板、铝箔卷等。

2）型轧轧制法。主要产品有热轧棒和铝杆、冷轧棒、异型材和异形棒材、冷轧管材和异形管、瓦棱板（压型板）和花纹板等。

3）热挤压和冷挤压法。主要产品有管材、棒材、型材和线材及各种复合挤压材。

4）拉拔法。主要产品有棒材和异形棒材、管材和异形管材、型材、线材等。

5）锻造法。主要产品有自由锻件和模锻件。

6）冷冲法。主要产品有各种形状的切片、伸拉件、冷弯件等。

3. 按产品形状分类

（1）铸件。各种铸造方法生产的铸件可分为圆盘形的、桶形的、管状的、平板形的和异形的铝及铝合金铸件。

（2）塑性成形半成品。主要可分为板材、带材、条材、箔材、管材、棒材、型材、线材、锻件和模锻件、冷压件等。

4. 按产品规格分类

（1）按断面积或重量大小分类，铝及铝合金材料可分为特大型、大型、中型、小型和特小型等几个类别。如投影面积大于 2 m^2 的模锻件、断面积大于 400 cm^2 的型材、重量大于 10 kg 的压铸件等都属于特大型产品。而断面面积小于 0.1 cm^2 的型材、重量小于 0.1 kg 的压铸件等都称为特小型产品。

（2）按产品的外形轮廓尺寸、外径或外接圆直径的大小，铝及铝合金材料也可分为特大型、大型、中小型和超小型几个类别。如宽度大于 250 mm、长度大于 10 m 的型材为大型型材，宽度大于 800 mm 的型材为特大型型材，而宽度小于 10 mm 的型材为超小型精密型材等。

（3）按产品的壁厚，铝及铝合金产品可分为超厚、厚、薄、特薄等几个类别。如厚度大于 150 mm 的板材为超厚板，厚度大于 8 mm 的为厚板，厚度为 4～8 mm 的为中厚板，厚度为 3 mm 以下的为薄板，厚度小于 0.5 mm 的板材为特薄板，厚度小于 0.2 mm 的为铝箔等。

5. 变形铝合金加工材料的典型品种和规格范围

目前，变形铝合金加工材料的品种与规格有几十万种。根据合金状态、加工方法、生产技术和工艺装备以及产品性能和用途等，典型的品种规格范围大致介绍如下：

（1）铸锭。

圆锭：ϕ60～1500 mm。

扁锭：（20 mm×100 mm）～（700 mm×4500 mm）。

（2）板带材。

特薄板：厚 0.2～0.5 mm，宽 500～2500 mm，长卷。

薄板：厚 0.2～3 mm，宽 500～3000 mm，长卷。

中厚板：厚 4～8 mm，宽 500～5000 mm，长 2～36 m。

厚板：厚 8～80 mm，宽 500～5000 mm，长 2～36 m。

超厚板：厚 80～270 mm，宽 500～3000 mm，长 2～36 m。

特厚板：厚≥270 mm，宽 500～2500 mm，长 2～30 m。

（3）箔材。

铝箔：0.2 mm 以下的带材。

无零箔：0.1～0.9 mm，宽 30～2200 mm，长卷。

单零箔：0.01 ~ 0.09 mm，宽 30 ~ 2200 mm，长卷。

双零箔：0.001 ~ 0.009 mm，宽 30 ~ 2200 mm，长卷。

（4）管材：（ϕ5 mm×0.5 mm）~（ϕ800 mm×150 mm）（ϕ1500 mm×150 mm），长 500 ~ 30000 mm。

（5）棒材：ϕ7 ~ 800 mm，长 500 ~ 30000 mm。

（6）型材：宽为 3 ~ 2500 mm；高为 3 ~ 500 mm，厚为 0.17 ~ 50 mm，长为 500 ~ 30000 mm。

（7）线材：ϕ7 ~ 0.01 mm。

（8）自由锻件和模锻件：0.1 ~ 5 m^2。

（9）粉材：铝粉，铝镁粉。粗、中、细、微米级粉，纳米粉。

（10）铝基复合材：加纤维（颗粒、长纤维、短纤维）强化材；双金属层压材。

（11）粉末冶金材。

（12）深加工产品，包括：

1）表面处理产品，如阳极氧化着色材、电泳涂装材、静电喷涂材、氟碳喷涂材、其他表面处理铝材等。

2）铝材结合产品，如焊接件、铆接件、胶接件。

3）铝材的机加工产品，如门窗幕墙加工件、铝材零部件加工与组装件、铝材冷冲件、弯曲成形件等。

1.3 铝及铝合金加工材料生产、技术现状与发展趋势

1.3.1 铝及铝合金材料加工进入了一个崭新的发展时期

1. 新时期为铝及铝合金材料加工工业发展提供了机遇

新时代对节能、环保、安全提出了新要求，发展铝工业是解决三大问题的重要途径之一。

（1）铝及铝材是一种可再生的资源。地壳中铝元素十分丰富，废弃的铝及铝材又可回收重熔，既节能又减少污染。铝似乎成了一种"永不枯竭"的材料，至少可供人类使用相当长的时间。

（2）铝及铝材是一种节能和储能材料。在安全和环保的条件下，铝的节能、储能功能远大于钢铁和其他许多材料。

（3）铝材是航空航天和现代交通运输轻量化、高速化的关键材料。轻量化可使飞机和宇航器飞得更高、更快、更远，使得导弹打得更快、更远、更准，使电动汽车零污染、高速行驶，减少牵引力和节省大量能量，使运输工具既安全又准点。由于铝材大量用于改进军事装备，可起到以实力求和平、抑制军事垄断、减少战争的作用。

由此可见，铝及铝材在改善环境、节约资源、节约能源、增强安全感方面确实是人类的得力助手。

2. 铝及铝合金材料将成为更加重要的基础材料

铝及铝材的高速发展和广泛应用势必部分替代钢铁而成为所有工业部门和整个社会的基础材料。

由于铝具有一系列独特的优点，因而发展十分迅猛。目前，世界电解铝产量已超过4500万吨，并以平均5%的年增长率增长，预计到2020年，世界原铝产量可达8000万吨以上。

第二次世界大战以前，铝材主要用于军事。第二次世界大战以后到20世纪60年代，为了医治战争创伤和美化城市建筑，铝材被广泛用于民用建筑结构和门窗等，占世界原铝产量的25%以上。20世纪七八十年代，铝材被广泛用作硬包装（各种罐体和容器等）和软包装（如医药、化妆品、食品的铝箔包装）材料，高峰期达原铝产量的23%以上，几乎与建筑用铝材相当。90年代以后，由于节能和环保的要求，铝材开始广泛用于交通运输工业。目前，交通运输工业已成为铝及铝材第一大用户，其消耗量占全球铝产量的30%以上，交通运输工具的全铝化是不以人们意志为转移的客观趋势。作为朝阳工业的铝材业由于自身的优越条件和社会发展的推动，其迅猛发展的趋向是前所未有的，铝材势必部分替代钢铁而成为所有工业部门和整个社会的基础材料。

近20年来，铝加工产业发展十分迅猛，成了很多国家和地区的支柱产业之一。2012年世界与中国的铝产量（原铝＋再生铝）和铝加工材的生产情况见表1-9。

表1-9　2012年世界与中国的铝产量和铝加工材生产情况（万吨）

项目	世界	中国
电解铝（＋再生铝）	5000（＋1500）	2000（＋480）
铝加工材（合计）	4200	2400（电缆线材300）
铝轧制材（板、带、箔材）	2400	600＋130＝730
铝挤压材（管、棒、型、线材）	1800	940＋110＝1050
铝轧制材∶铝挤压材	56∶44	42∶58
铝合金型材（合计）	1520	920
铝建筑型材	720	620
铝工业型材	800	300
建筑型材∶工业型材	45∶55	66∶34
铝铸造材	2500	300
铝及铝材的年平均增长	5%～6%	15%～20%

由表1-9可知，世界铝及铝加工产业发展已具有相当规模。中国已成为铝加工大国，但还不是铝加工强国，而且产品的比例仍不够合理，铝板、带材的产量和品种仍落后于发达国家，因此需要加大产业结构和产品结构调整，加大科技开发与技术创新，研发核心技术，提高铝加工材的各项综合指标（如生产效率、成品率、利润率等）。目前，中国的年增长速度大大高于世界各国，在不久的将来，中国很快会赶上世界先进水平。

1.3.2 现代铝合金加工业及技术的发展特点与趋势

1. 现代铝加工业的发展特点

(1)工艺装备更新换代快。工艺装备更新周期一般为 10 年左右,设备朝大型化、精密化、紧凑化、成套化、自动化方向发展。

(2)工艺技术不断创新,朝着节能降耗、精简连续、高速高效、广谱交叉的方向发展。新工艺、新技术、新产品、新设备、新材料大量涌现,大大促进了铝加工产业和铝加工技术向现代化发展的步伐。

(3)十分重视工具和模具的结构设计、材质选择,加工工艺、热处理工艺和表面处理工艺不断改进和完善,质量和寿命得到极大的提高。

(4)产品结构处于大调整时期。随着科技的进步和经济、社会的发展及人们生活水平的提高,很多传统的和低档的产品将被淘汰,而新型的高档、高科技产品将会不断涌现,以节能、环保、安全为目的的轻量材料获得快速的发展。

(5)十分重视科技进步、技术创新和信息开发。随着信息时代和知识经济时代的到来,铝加工技术显得更为重要。

(6)科学管理,全面实现自动化和现代化,体制和机制不断进行调整,以适应社会发展和市场变化的需要。

2. 现代铝加工的发展趋势

(1)熔铸技术的发展趋势。

1)优化铝合金的化学成分、主要元素配比和微量元素的含量,控制有害元素,不断提高铝合金的纯度。

2)强化和优化铝熔体在线净化处理技术,尽量减少熔体中的气体(H_2 等)和夹杂物的含量。如使每 100 g Al 中的 H_2 含量小于 0.1 mg;Na 离子的质量分数小于 3×10^{-6} 等,不断提高铝合金的纯净度。

3)强化、优化细化处理和变质处理技术,不断改进和完善 Al – Ti – B、Al – Ti – C 等细化工艺,改进 Sr、Na、P 等变质处理工艺。

4)采用先进的熔铝炉型和高效喷嘴,不断提高熔炼技术和热效率。目前世界上最大的熔铝炉为 150 t,是一种圆形、可倾倒、可开盖的计算机自动控制的燃气炉。各种炉型正朝大型化和自动化方向发展。

5)采用先进的铸造方法,如电磁铸造、油气混合润滑铸造、矮结晶器铸造等,以提高生产效率和产品质量,节能降耗、降低成本。

6)采用先进均匀化处理设备与工艺,提高铸锭的化学成分、组织与性能的均匀性。

(2)轧制技术的发展趋势。

1)热轧机朝大型化、控制自动化和精密化方向发展。目前世界最大的热轧机为美国的 5580 mm 热轧机组,热轧板的最大宽度为 5000 mm,最长为 30 m。"二人转"的老式轧机将被淘汰,四辊式单机架单卷取将被双卷取所代替,适当发展热粗轧 + 热精轧,即"1 + 1"的生产方式,大力发展"1 + 3"、"1 + 4"、"1 + 5"等热连轧生产方式,大大提高生产效率和产品质量。

2)连铸轧和连铸连轧朝高速、高精、超宽、薄壁方向发展。最近美国研制成功的高速薄壁连铸轧机组可生产宽 2000 mm、厚 2 mm 的连铸轧板材，速度达 10 m/min，可代替冷轧机，直接供给铝箔毛料，有的甚至可用作易拉罐的毛坯料。连铸连轧也在朝宽幅、高速、多合金品种方向发展。

3）冷轧朝宽幅（大于 2000 mm）、高速（最大为 45 m/s）、高精（±2 μm）、高度自动化控制方向发展。冷连轧也开始发展，可大幅度提高生产效率。

4）铝箔轧制朝更宽、更薄、更精、更自动化的方向发展。可用不等厚的双合轧制生产 0.004 mm 的特薄铝箔。同时，开发了喷射成形等其他生产铝箔的方法。

（3）挤压技术的发展趋势。

铝合金挤压材正在朝大型化、扁宽化、薄壁化、高精化、复杂化、多品种、多用途、多功能、高效率、高质量方向发展。目前世界最大的挤压机为 350 MN 的立式反向挤压机，可生产 ϕ1500 mm 以上的管材，俄罗斯的 200 MN 卧式挤压机可生产 2500 mm 宽的整体壁板。全世界共有 40 余台 80 MN 以上的挤压机，主要生产大型、薄壁、扁宽的空心与实心型材，精密、大径、薄壁管材。扁挤压、组合模挤压、宽展挤压、高速挤压、高效反向挤压等新工艺不断涌现，工模具结构不断创新，设备、工艺技术、生产管理的全线自动化程度不断提高。高速轧管、双线拉拔技术将得到进一步发展，多坯料挤压、半固态挤压、连续挤压、连铸连挤等新技术将进一步完善。

（4）锻压技术的发展趋势。

铝合金锻件主要用作重要受力结构。锻压液压机正在朝大型化和精密化方向发展。俄罗斯的 750 MN、法国的 650 MN、美国的 450 MN 以及中国的 300 MN 等都属于重型锻压水压机。近年来中国设计和制造的 400 MN 和 800 MN 超大型立式模锻液压机，已成为世界之最。目前最大的模锻件可达 5.0 m²，最大质量达 2.5 t 以上。无加工余量的精密模锻、多向模锻、等温锻造等新工艺得到发展。由于铝合金模锻件的品种多、批量小、模具成本昂贵，目前世界上有用预拉伸厚板数控加工的方法代替大型模锻件的趋势。

（5）质量检测与质量保证。

为了保证产品的质量，不仅要逐步建立各种质量管理和质量保证体系（ISO9000 等），还要不断研制开发各种仪器仪表和测试手段，实现精确和快速检查，保证产品的尺寸公差、形位精度、化学成分、内部组织、力学性能和特种性能及表面质量，以达到技术标准的要求。

（6）深加工技术的发展。

铝材深加工是提高产品附加值、扩大铝材应用的重要途径之一。目前，铝材深度加工技术主要朝新型焊接技术、胶合技术、铆接技术、新型表面处理技术以及机加工和电加工等方向发展。

1.3.3　铝合金加工材料的研发方向

1．概述

目前全世界已正式注册的铝合金达千种以上，最常用的有 450 种，分别包括在 1×××～9××× 系中，为世界经济的发展和人类文明的进步做出了巨大贡献。但是，随着科技的进步，国民经济和国防军工的现代化发展及人民生活水平的提高，有些合金已被淘汰，急需发展一批高强、高韧、高模、耐磨、耐蚀、耐疲劳、耐高温、耐低温、耐辐射、防火、防爆、易切割、易抛光、可表面处理、可焊接和超轻的新型合金，如 $\sigma_b \geq 750$ MPa 的高强高韧合金、密度小于 2400 kg/m³ 的 Al – Li 合金、粉末冶金和复合材料等。

近几十年来，铝合金材料大致朝以下两个方向发展：发展高强、高韧、高性能铝合金新材料，以满足航空航天等军事工业和特殊工业部门的需要；发展一系列可以满足各种条件、用途的民用铝合金新材料。由于各方的努力，已取得了可喜的成果，研发出了一系列新合金和新材料，使铝合金及其加工工艺达到了一个新的水平。

2. 高强、高韧、高性能铝合金的研发

高性能铝合金中，最具代表性的是为适应航空航天器高机动性、高载荷、高抗压和高耐疲劳及高速与高可靠性的要求而研制的高强高韧铝合金，主要包括 2××× 和 7××× 系 IM 传统熔铸铝合金，以及在此基础上发展起来的 PM 粉末冶金合金、SF 喷射成形铝合金、铝基复合材料、超塑性铝合金等。

典型的航空航天工业用铝合金产品主要有预拉伸厚板、蒙皮板、锻件和模锻件、大型整体壁板、大梁型材等，要求在不断提高强度指标的同时，具有良好的韧性、抗应力腐蚀性、抗疲劳性和断裂韧性等综合性能。为此，世界各国对高性能铝合金进行了大量深入的研究。

（1）传统的 Al – Cu – Mg 和 Al – Cu – Mg – Zn 系合金的改善及开发。

1）调整合金中的主要合金元素含量及各组元的比值。添加微量过渡元素及稀土元素，从而改变合金中各种化合物的性能和分量，以开发出对应各种不同需要的新合金，如 Al – Cu – Mg – Zn 系合金中，以 Zr 代 Mn 和 Cr，可使 B96Ц3 合金材料的 σ_b 高达 700 MPa 以上。

2）减少合金中的 Fe、Si 等杂质和氢、氧等气体的含量，提高合金的纯净度，研究控制杂质和除气、除渣方法和技术；改善合金的综合性能，在保证合金成分优化和高质量铸锭的前提下，充分考虑各种加工因素互相影响、互相制约、互相渗透的关系，采用特殊加工工艺达到材料组织性能的高度均匀，充分发挥每种合金元素的作用，以实现高强、高韧、高均匀的目的，并使新合金材料具有优良的断裂韧性和耐应力腐蚀性能。

3）研究开发和应用各种先进的和特殊的变形加工与热处理新工艺，如超塑成形、精密模锻、等温模锻、半固态成形、等温挤压、控制轧制、强化高温形变、大变形加工、厚板锻轧以及先进的铸造技术和新型的形变热处理工艺等，提高合金材料的综合性能和特殊性能。如在研发预拉伸厚板时，对 2024，2124，2324，2424，7175，7475 及 7055，7155 等合金逐步加强合金中的杂质控制，从最初牌号中 Fe 和 Si 含量为 0.5% 下降到最新牌号为 0.1% 以下，大大减少了近代断裂力学理论认为的可成为裂纹源的内部缺陷数量和尺寸，改进了析出相的分布及形态，同时采用先进的工艺生产优质大铸块，用大压下量轧制厚板，淬火后进行预拉伸，充分消除内部残余应力，然后进行单级或多级人工时效，研发出在航空航天、兵器、舰艇等领域得到广泛应用的适合于不同用途的 T351、T7451、T851、T651、T765、T7351、T7451、T77、T7751、T79 等不同状态的大型预拉伸板。目前美国的 Alcoa 公司的 Davenbot 铝加工厂有 3 台厚板拉矫机，最大的为 12500 t，可拉 150 mm×4060 mm×33500 mm 的铝合金预拉伸板。我国最大拉矫机为 12000 t，在拉矫能力、合金品种和规格范围以及拉矫工艺等方面尚有一定的差距。

（2）采用新合金元素开发新合金。

1）Al – Li 合金。

Al – Li 合金的特性是具有低的密度、高的弹性模量和高的强度。现在开发成熟的 Al – Li 合金主要是 Al – Li – Cu – Zr、Al – Li – Cu – Mg – Zr 系合金，能够替代 7××× 系超高强合金的均是 Al – Li – Cu – Mg – Zr 系合金。最典型的合金有 2090 和 8091 等。研制的目标是达到 7075 – T6 的强度和 70T5 – T73 的抗蚀性能。1996 年美国直升机应用的 Al – Li 合金已达到机体质量的 20% 左右，2009 年以后在大型客机上预计有 30% 的结构采用 Al – Li 合金制作。

2）Al – Sc 合金。

钪属于稀土类金属元素，密度小，熔点高，因为它能显著提高铝合金的再结晶温度和力学性能，因而被高度重视。近年来，俄罗斯和德国在 Al – Sc 合金的研究方面取得了很大进展，并研发出 Al – Zn – Mg – Sc – Zr 系和 Al – Mg – Sc 系合金。前者的特性是强度高，塑性、疲劳性能和焊接性能好，是一种新的高强、高韧性可焊铝合金。它的应用领域也主要是航空和航天，此外也可以应用在高速舰艇和高速列车上。

3）Al – Be 合金。

铍也属于高熔点的稀有金属，Al –（7% ～30%）Be –（3% ～8%）Mg 合金都处于 Al – Be – Mg 三元相图的两相区，其组织由初晶铍和固溶 Mg 的 Al 相组成，使合金有很好的综合性能。如 Al – 7% Be – 3% Mg 合金的抗拉强度达到 650 MPa，伸长率大于 10%，可应用于航空工业。但由于制造工艺复杂，其应用受到限制。

（3）采用新的制备技术研发新型超高强铝合金材料。

1）目前采用 PM 法制造的超高强铝合金虽然成本较高，产品尺寸小，但可以生产一些 IM 法无法生产的高综合性能合金。国外已开发的 PM 的超高强铝合金有 7090，7091 和 CW67 合金等，它们的强度均达到了 600 MPa 以上，其强度和抗 SCC 性能均比 IM 合金好，特别是 CW67 合金的断裂韧性最好。现在美国可生产重达 350 kg 的坯锭，加工出来的挤压件和模锻件已应用到飞机、导弹以及航天器上。

2）SD 喷射沉积法（喷射成形法）是一种新型的快速凝固技术，其特点介于 DC 铸造和 PM 粉末冶金之间。SD 法与 PM 法相比，生产工艺简单，成本较低，金属含氧化物少，仅是 PM 法的 1/7 ~ 1/3，制锭质量大（可达 1000 kg 以上），可批量生产，与 IM 法相比，最大的优点是可以制备 IM 法无法生产的高合金化铝合金，而且还可以生产颗粒复合材料。即使是生产普通合金，也还有铸锭晶粒极其细微、加工材综合性能好等特点。所以采用此方法开发制造具有高性能的超高强铝合金，有着非常好的发展前景。

3）铝基复合材料的研究方兴未艾，各国都投入了很大力量在进行研究，它是金属基复合材料中研究得最多和最主要的复合材料。目前开发的铝基复合材料主要有 B/Al、BC/Al、SiC/Al、Al$_2$O$_3$/Al 等。添加的形式可分为颗粒、晶须、短纤维和长纤维，其中 SiC/Al 复合材料是最有发展前途的，因为它不需要用扩散层处理包覆纤维，成本低。铝基复材料的特点是密度小，比强度和比刚度高，比弹性模量大，导电、导热性好，抗腐蚀，耐高温，抗蠕变和耐疲劳等。美国已将用其制造的挤压型材和管材应用在了各种航天器上，其已经成为铝合金甚至 Al – Li 合金的重要竞争对手。此外，铝钢、铝钛等层压式铝基超高强复合材料在近年来也获得了发展。

3. 民用高性能铝合金的研发

由于铝质轻，比强度、比刚度高，耐腐蚀，易成形，无毒，导电、导热性良好，可进行各种表面处理，所以铝合金材料在交通运输、民用建筑、电子及电力工程、包装、印刷、家电等方面获得了广泛的应用。各国已相继开发出了一系列高性能民用铝合金，如汽车车身板合金 6009，6111，6010，6016，6017，6082，2038 及 CP609 等；汽车保险杠用的 7021，7029 等合金；机械切削用的 2011，6262 等合金；轨道车厢用的 6005A，7005 以及 Al – Zn – Mg 中强可焊合金；交通运输用的 CP703，7120 等合金；导线用的 1370 合金以及 Al – Mg – Si 系的 6013，6101，6201，A4/L，A4G/L 等合金；热交换器用的 Al – Si – Mg – Bi 合金（把它包在 3000 系合金上作为钎焊材料）；冲压和搪瓷器皿用的 4006 合金以及高级 PS 版基、CTP 版基和高性能易拉罐板新合金等。表 1 – 10 列出了部分挤压型材用新型铝合金的性能数据。

表 1 – 10　挤压型材用新型铝合金的性能

合金	力学性能			挤压性能	
	T6 状态		挤压状态	实心型材	空心型材
	$\sigma_{0.2}$/MPa	σ_b/MPa	σ_b/MPa		
6060	200	230	175	特优	特优
6106	235	265	180	优	优
6005A	270	290	200	优	优
6082	290	340	200	优	优
6013	331	359	200	优	可以
7020	310	370	330	良	一般
CP703	300	340	310	优	良
7120	390	440	340	很好	不良

（1）高档民用建筑铝合金新材料的研发。

铝合金门窗、幕墙等民用建筑材料在与塑料、复合材料等的激烈竞争中，要想立于不败之地，唯一的出路就是不断淘汰中、低档产品，研发新型的高档产品。近年来，围绕 6063 合金研发了一系列不同用途的新合金，而且朝 6061，6351，6082，5005，6005，7005 等中强合金方向发展，状态也由单一的 T5 朝 T6 等方向发展。同时，研制了隔热断桥型材等新品种和铝 – 塑、铝 – 木、铝 – 塑 – 木等新材料，其应用范围也由门窗、围栏等装饰件朝屋顶、桁架、立柱、跳板、桥梁、模板等承力构件方向发展，大大加强了铝材在建筑领域的地位。

（2）高性能特薄板铝合金新材料的研发。

现代高档装饰和涂层板，高级镜面板、蒙皮板、PS 版基和 CTP 版基，超薄罐体板和高级铝箔毛料等材料，对铝合金的成分、纯洁度、组织和性能及表面质量和精度等提出了很高的要求，因此，各国都在研发新的合金，如 8011，1050A，3103，3A05，5052A，5N01，5083，5657，5182，3204，3404 等合金，以及研究新的制备方法和工艺，以满足市场需求。

（3）高性能电子铝合金新材料的研发。

铝箔的用途十分广泛。为了生产各种性能、各种功能、不同用途的铝箔新材料，各国已研发出多种铝箔用新合金，特别是高性能电子和电容器铝箔用新型铝合金，如工业纯 1074A，1060，1050A 铝合金及高纯箔 1A09，1A93，1A85 等铝合金。

（4）不同性能的新型合金的研发。

交通运输用大型铝合金特种型材的品种越来越多，对性能和质量的要求也越来越高。因此，需要开发不同性能的新型合金，目前已研发成功的新合金主要有 6005，6005A，6N01，7N01，7005；高性能焊丝材料 5356，5086，5087 等合金；汽车车身板用 6009，6011，6016，6017，5457 等合金。

　　4. 我国铝合金新材料的研制开发方向

　　从 1960 年开始至今，我国相继对高强、高韧、高性能的航空航天、兵器、舰船等军事和特殊工业部门用的新型铝合金材料以及各种性能和用途的民用铝合金新材料进行了深入系统的研究。开发和生产出了上百种符合我国国情的各种铝合金，基本跟上了世界研究开发的步伐，有许多研究成果达到了国际先进水平，也基本满足了国防军工、国民经济建设和人民生活的需要。但是，其整体水平和自主研发能力与国际先进水平相比仍有很大差距，需要迎头赶上。

　　(1)用最新技术改善传统铝合金并研发一批新型铝合金材料。应用微合金化理论，采用电子冶金技术，调整合金元素和比例，添加高效微量元素，研究新型强化理论，开发新型变形与热处理工艺及高效纯化、净化、细化和均匀化新技术；改造现有 1×××~9××× 的上千种传统铝合金，使之充分发挥潜力；并设计和发展下批新型的高强、高韧、高模、耐磨、耐蚀、耐疲劳、耐高温、耐低温、耐辐射、防火、防爆、易切削、易抛光、可表面处理、可焊接、和超轻的铝合金材料，以适应不同用途及各种性能、功能的需要，满足不断发展的国防军工、科技尖端和国民经济高速度发展的要求。

　　(2)研究开发各种新型铝合金热处理、形变热处理、表面处理工艺，以获得各种具有特殊功能的新材料。

　　(3)全面深入研究铝合金的成分、加工与热处理、组织与性能之间的关系，以改善各种材料的性能，拓宽其用途，使之成为各种场合需要的新材料。

　　(4)广泛研究铝合金的粉末冶金、喷射成形、复合材料、超细粉和纳米级材料等新产品。

1.4　铝及铝合金产品生产的基本流程

　　铝及铝合金产品的形状主要分为三大类：板、带、箔；管、棒、型、线；其他形状，如锻件、筒件、环件、冲压件等。根据材料的不同形状和性能要求，需要采取不同的加工成形方法，即选择不同的加工流程。

　　不同的加工方法能控制材料按照一定的规律变形，从而变形成为使用所需要的形状、尺寸及性能。常用的加工方法有：轧制(平轧)、挤压、拉伸、锻造、轧管、连续挤压等，图 1-3 所示是各种铝及铝合金产品生产的基本流程(不包括铸造成形产品)。

1.5　铝熔体处理与净化技术(产品生产的共性技术之一)

　　铝合金在熔炼铸造过程中易于吸气和氧化，因此在熔体中不同程度地存在气体和各种非金属夹杂物，使铸锭产生疏松、气孔、夹杂等缺陷。上述冶金质量缺陷将会显著降低各种铝材的力学性能、加工性能、耐疲劳性能、抗腐蚀等性能，有时甚至会在产品的加工过程中就直接造成废品。另外原辅材料带入熔体中的有害物质，如 Na、Ca 等碱及碱土金属都会对铝合金性能有不良影响，如钠在高镁铝合金中除因"钠脆性"影响加工性能外，也会因降低熔体

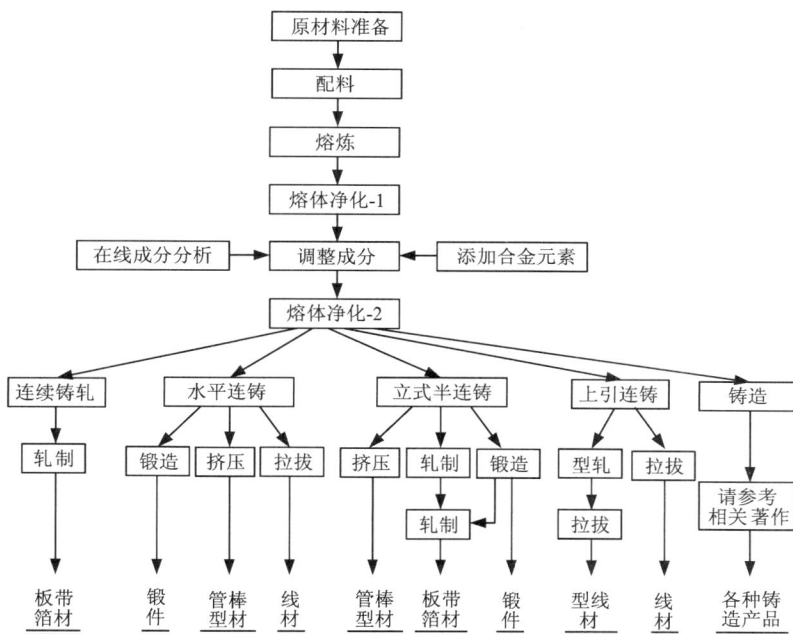

图 1 - 3 铝及铝合金产品生产的基本流程

流动性导致铸造性能差。因此，在熔铸过程中必须利用一定的物理化学原理和采取相应的工艺措施净化熔体，去除熔体中的气体、非金属夹杂物和其他有害物质。

铝合金对于熔体净化的要求，根据加工材料的用途不同而有所不同。一般说来，对于普通材料，其氢含量宜控制在 $0.15 \sim 0.2$ mL/(100 g Al)以下，非金属夹杂物的单个颗粒应小于 10 μm；而对于特殊要求的航空材料、罐体料、双零箔等，其氢含量应控制在 0.10 mL/(100 g Al)以下，非金属夹杂物的单个颗粒应小于 5 μm；上述各值按照规定的熔体位置取样点，按照规定的方法、标准，通过专门的测氢仪和测渣仪定量检测。

1.5.1 传统的熔体炉内净化处理技术

目前，铝加工厂普遍采用传统的炉内熔体净化方法，即采用向炉内熔体吹入氯和氮的混合气体进行精炼或加入氯盐和氟盐的混合物进行精炼。

1. 混合气体精炼

实际生产过程证明：单纯用氮气等惰性气体精炼效果有限，而用氯气精炼虽然效果好但又对环境及设备有害，因此将二者结合采用混合气体精炼。氮气和氯气的比例一般适宜采用 9∶1 或 8∶2。

2. 熔剂精炼

氯化钠和氯化钾等氯盐的混合物是传统使用的精炼熔剂，它们对氧化铝有极强的润湿性及吸附能力。因为氧化铝，特别是悬混于铝液中的氧化铝屑，在被富集、凝聚及润湿性的熔剂吸附包围后，便改变了氧化物的性质、密度和形态，从而通过上浮更快地被排除。这里要注意一点，为了防止加入氯盐后产生的熔剂夹杂，有时加入少量的氟盐可以提高熔剂的分离性。

1.5.2　现代的熔体炉外在线净化处理技术

在 20 世纪 80 年代以前，炉外熔体净化处理采用的透气塞过流除气，可以说是最初级的、传统的方式。其除气原理类似炉内熔体净化处理吹入氯和氮的混合气体的吸附除渣，只不过混合气体是通过炉外装置底部的透气砖（塞）进入熔体的，其方法类似熔体搅拌的炉内气体上浮搅拌，显然熔体净化效果同样有限。

1. 炉外在线净化处理技术

在线净化处理技术发展路线为：美国联合铝业公司研制的 MlNT 法→美国联合碳化物公司研制的 SNlF 法→法国彼西涅公司研制的 Alpur 法→澳大利亚 ALMEX 公司研制的 LARS 法。上述四种方法具有逐步升级的特点，熔体净化效果也逐步升级。

（1）MlNT 法。

反应室的形状为圆形锥底，铝熔体从反应室上方入口切线进入，反应室锥形底部装有 6 个或 12 个气体喷嘴，分散喷出细小气泡，靠旋转熔体使气泡均匀分散到整个熔体中，以达到除气、除渣的熔体净化效果。

特点是：

1）均匀分散气泡的动量靠旋转熔体，动量小，净化效果波动大。

2）反应室小，静态容量仅 350 kg，铝熔体处理量 320 ~ 600 kg/min。

3）熔体旋转翻滚，有可能会产生较多氧化夹渣。

（2）SNlF 法。

两个反应室的形状呈方形，铝熔体从反应室上方入口切线进入，每个反应室配置一个石墨的气体喷嘴转子，气体通过喷嘴转子形成分散细小的气泡，同时转子旋转搅动熔体使气泡均匀分散到整个熔体中，产生除气、除渣的熔体净化效果。

技术升级的特点是：

1）改变了 MlNT 法单一方向吹入气体，避免了单一方向吹入气体造成气泡的聚集。

2）均匀分散气泡的动量靠旋转转子搅动熔体，动量大，净化效果好。

3）反应室大，静态容量 1450 kg（SNlF T – 4 型），铝熔体处理量大。

（3）Alpur 法。

Alpur 法除气、除渣的原理和方法与 SNlF 法基本相同，其技术进一步升级的特点是：

1）旋转转子的喷嘴设计与 SNlF 法不同，它的设计在 SNlF 法所具有的功能上又增加了新的功能，即它不仅可使喷嘴形成的细小气泡均匀分散到整个熔体中，反过来它又可同时搅动熔体进入喷嘴内与气泡接触，更加提高熔体净化效果。

2）Alpur 法本身的技术进一步升级又体现在新一代 TS 型及完全封闭性。它的功能在本节专门介绍。

3）Alpur 法的反应室根据用户的要求有多种型号，Alpur500 型的静态容量为 500 kg，处理能力是 1 ~ 5 t/h。

（4）LARS 法。

LARS 法是澳大利亚 ALMEX 公司最新研制的炉外熔体在线净化处理方法。它吸收了上述各种方法的设计优点，并在此基础上又推出了新的技术设计，其技术进一步升级的特点是：

1）独特的气体引入机构，它使引入的气体在线预热到接近铝液温度，这样进入铝液的气体不会发生不合理的热膨胀，气泡的细微度提供了最大的表面积，保证了最高的精炼效率。

2）特殊设计的反应室形状是上大下小的多边体，反应室从下到上的容积变化率与气泡从下到上行程中的体积变化率相同，这样就极大地减少了气泡聚集，有助于提高相同停留时间的精炼能力。

3）LARS 法有 3 个反应室，铝熔体处理量可高达 55 ~ 70 t/h。

2. Alpur 法和 LARS 法在线处理技术

本节对在线净化处理新技术进行进一步介绍，介绍选择 Alpur 法旋转转子喷嘴的特殊设计，LARS 法设计的特殊形状反应室和独特的气体引入机构。

（1）Alpur 的转子如图 1 – 4 所示。它是抗涡流转子，正是由于它的形状、刃口、气管布置和涡流盘设计，具有很好的净化效果，并拥有专利权。

（2）Alpur 的转子浸入到铝液中，产生均匀分布的微小气泡，且搅动的熔体可进入喷嘴内与气泡接触，如图 1 – 5 所示。这样接触区域更大，铝液、气泡反应的时间更长，更能提高熔体净化效果。

图 1 – 4　Alpur 旋转转子

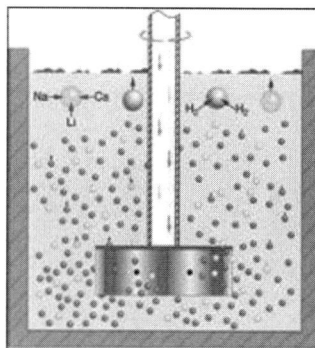

图 1 – 5　更大的接触区

（3）熔体净化除气效果如图 1 – 6 所示。纵坐标是炉内流出口铝液中的氢含量，横坐标是经过 Alpur 后铝液中的氢含量。

熔体净化除碱性物效果如图 1 – 7 所示。纵坐标是经过 Alpur 之前铝液中的碱性物含量，横坐标是经过 Alpur 之后铝液中的碱性物含量。

（4）Alpur 新一代 TS 型设计。

为了防止周围空气的有害影响，反应室四周全部完全封闭，包括盖子和反应室的所有入口点以及管口涌入口。这样，反应室完全隔热，保证熔体温度。一旦盖子关闭，它能防止外界湿气进入反应室内，这就是说没有氢再吸收或金属氧化，保护了金属的纯洁度。同时，也抑制了烟、气体散发。实践证明：这种设计是非常重要的，如果反应室不是完全封闭的，再好的设计都有问题，不仅会影响除气效果，同时反应室还会产生大量的氧化渣，使之因多次开盖除渣而大大影响生产效率。

图 1 – 8 所示的是铝液分别使用 Alpur 和 Alpur TS 系统的氢含量测定效果的比较。图 1 – 8（a）的条件是周围湿气作用一段时间，图 1 – 8（b）的条件是周围湿气。

测量数据

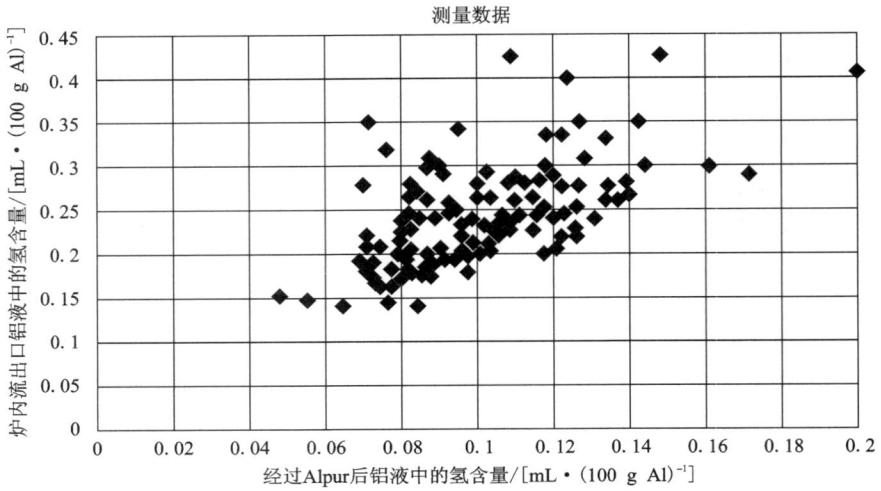

图 1 - 6　Alpur 前后铝液中的氢含量

除Na

除Li

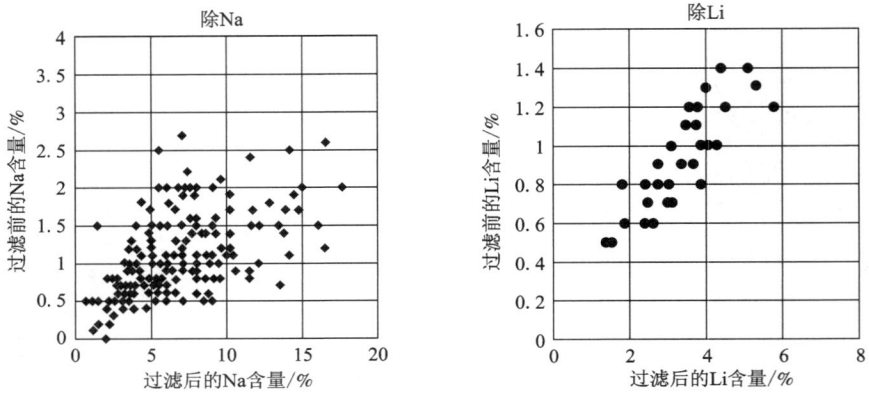

图 1 - 7　Alpur 前后铝液中的碱性物含量

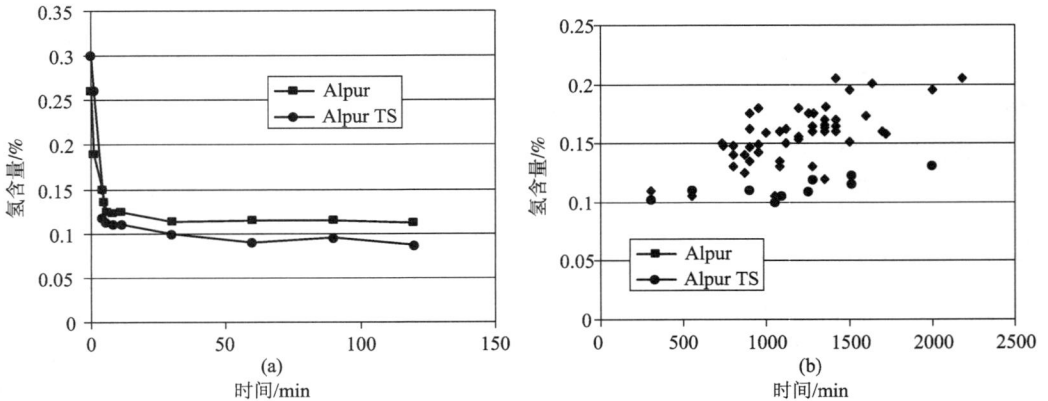

图 1 - 8　Alpur 和 Alpur TS 系统的氢含量测定效果比较

从图 1 - 8(a)中可以看出,几分钟后铝液的纯洁度就能稳定在一个值,这个值主要取决于来料的氢含量。

从图 1 - 8(b)中可以看出,用 TS 后的氢含量较低,几乎不受周围湿气的影响。

总之,Alpur TS 无论如何搅拌,由于优化的涡流和完全密封的结构,确保了熔体顶部的惰性覆盖层,绝无表面氧化。

(5)LARS 法设计的特殊形状反应室。

特殊形状反应室的设计如图 1 - 9 所示。该设计特点一是剖面为多边形的,多边形的几何形状不仅能使熔体精炼时产生摩擦混合,而且熔体在反应室的运动过程中,其速度可连续不断地随着几何形状的变化减少或增加。这样,就增加了气泡和夹杂物相遇的几率而大大增强了熔炼效果。二是,特殊设计的形状是上大下小的多边体。反应室从下到上的容积变化率与气泡从下到上行

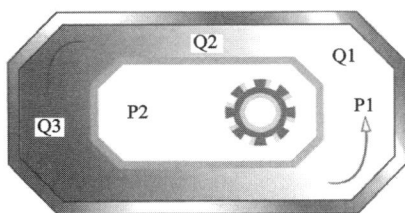

图 1 - 9　LARS 法多边形反应室

程中的体积变化率相同,这样就极大地减少了气泡聚集,有助于提高相同停留时间的精炼能力。

根据用户的要求,整体设备可由多个反应室组成。从图 1 - 10 中可以看到,每个反应室都完全隔离,避免了在铝液流动中发生短路的任何可能性。

图 1 - 10　LARS 法上大下小的多边体反应室

(6)LARS 法独特的气体引入机构。

独特的气体引入机构如图 1 - 11 所示。处理气体被引入到气体吸收罩最里面的气缸,流经石墨轴和石墨柱之间的环形通道。气体可从转子和定子自身的 2.5 mm 受控圆形缝隙逃逸。气体流经的较长路径可保证其在线预热,使气体温度非常接近铝液温度。

经过在线预热的气体所产生的气泡不会在反应室再发生合理的热膨胀,气泡细微。图 1 - 12所示的是有在线预热的气体所产生的气泡细微度和没有在线预热的气体所产生的气泡细微度的比较,可以从图看到,由于没有在线预热的气体在反应室所发生的热膨胀,使其气泡细微度大了 3 倍。在铝液中,气泡细微度愈小,与夹杂物接触的表面积愈大,精炼效果愈好。

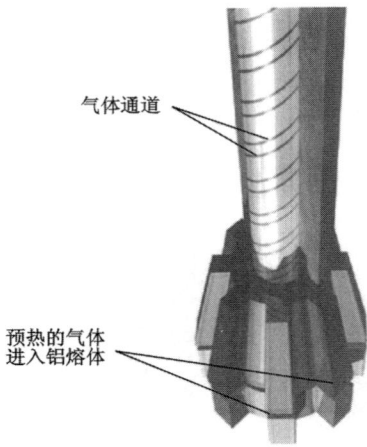

图 1-11　独特的气体引入机构

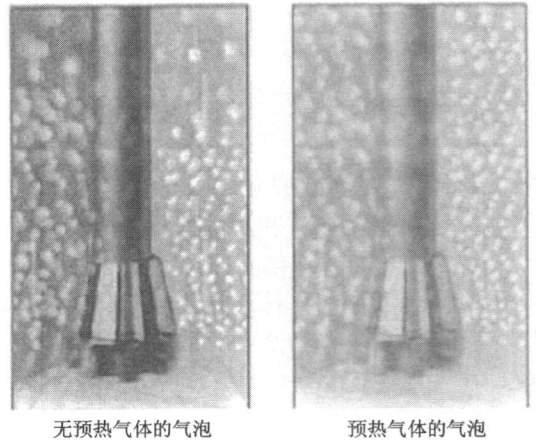

无预热气体的气泡　　　　　预热气体的气泡

图 1-12　预热和无预热气体的气泡

（7）LARS 法技术水平。

Almax 公司的 LARSTMRL-42 设备性能保证值见表 1-11。

表 1-11　LARSTMRL-42 设备性能保证值

合金	氢在入口处的最大标准含量 /[cm³·(100 gms Al)⁻¹]	在入口处氢含量的最大保证值 /[cm³·(100 gms Al)⁻¹]
1×××	0.3	0.10
2×××,7×××	0.35	0.12
5×××	0.35	0.14
6×××	0.32	0.11
3×××(MG<1.35%)	0.32	0.115

应符合下列条件：铝液最大流速为 55 t/h；出口金属温度最高 720℃，使用经校准的 AlscanTM 测量的方法。

3. 熔体炉外在线过滤技术

目前，炉外熔体净化处理多采用除气＋过滤的方式。因为这两种方法是相辅相承的，渣和气不能截然分开，一般情况往往渣伴生气，夹杂物愈多，必然熔体中含气量愈高，反之亦然。在除气过程中必然同时去除熔体中的夹杂物，在去除夹杂物的同时，熔体中含气量必然降低。

因此，熔体在线过滤同样是现代熔体炉外在线净化处理技术研究的对象。当然，现代熔体炉外在线过滤技术发展的重点应该是过滤效果是否能够有效地去除熔体中的夹杂物。

目前 Noverlis 公司开发的两种过滤器，即深床过滤（PDBF）和陶瓷泡沫过滤（CFF）技术，从某种意义上说，是现代熔体炉外在线过滤技术发展的代表。

PDBF 和 CFF 都是基于同样的"深层过滤"技术。两种技术在对应的产品上使用，都能够达到较好的质量要求。CFF 已大量用于实际生产。它们是很常见的在线过滤系统，用于标准产品的生产(轧制板坯或挤压坯料铸造)，而只有 PDBF "深层过滤" 技术是在较厚的状态下使用，它拥有更加突出的过滤效率，被证明更适合薄产品的大量生产，如罐料或铝箔毛料(用途是薄铝箔)，以及表面产品(PS 版或光亮阳极氧化)和电容箔。

另外，日本国内几乎所有的铝加工厂都采用三井金属开发的深床过滤(PDBF) + 管式过滤、陶瓷泡沫过滤(CFF) + 管式过滤的在线配置新技术，该技术是熔体炉外在线过滤技术的新发展，熔体夹杂物的去除达到了更加好的效果。

(1)深层过滤。

深层过滤原理见图 1 - 13。过滤器是多空介质，铝液按照设置的路线在这种介质里流动。为避免撕开氧化物层引起第二次污染，在空隙内的运动是层状轨迹。粒子通过直接拦截、惯性力、布朗运动、重力沉淀四种方式被阻拦。杂质逐渐被墙体吸收，渐渐地阻塞过滤层。过滤效率随夹杂物颗粒尺寸和过滤器厚度的增加而增加，随孔径和金属流速的增加而减少。

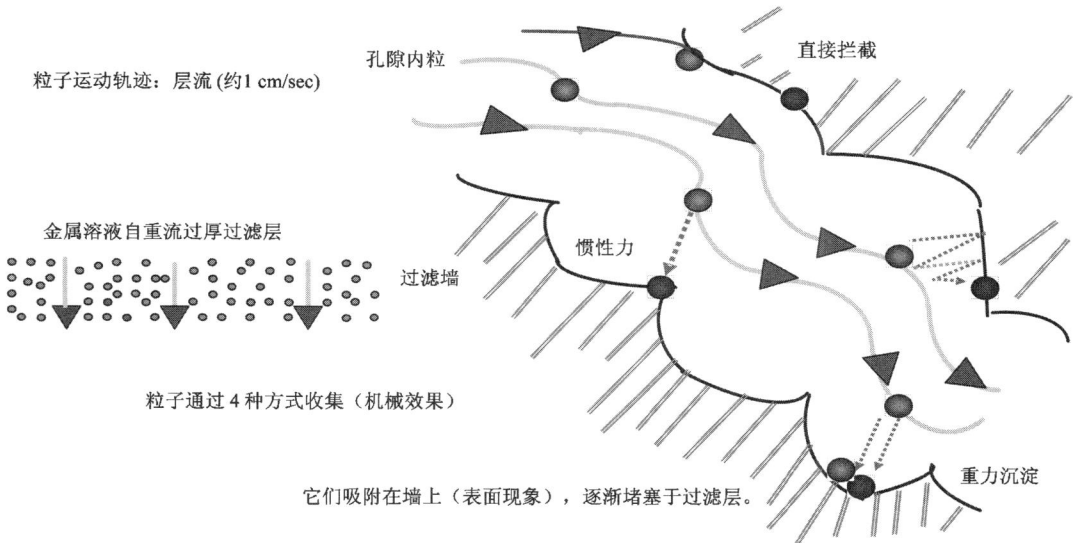

图 1 - 13　"深层过滤"原理图

(2)深床过滤床。

深床过滤床原理见图 1 - 14。

过滤床由几层氧化铝球(球直径大约 15 mm)和砂砾层(3.327 ~ 6.68 mm)组成。过滤材料的颗粒尺寸选择和不同层的分布在优化过滤效率和扩展过滤器的服务寿命里扮演主要的角色。入口有栅格支撑的过滤床，密闭容器的容量可根据需要在 5 ~ 100 t/h 范围内调节，因此设计流速为 5 ~ 100 t/h。在液体金属填充之前，过滤床必

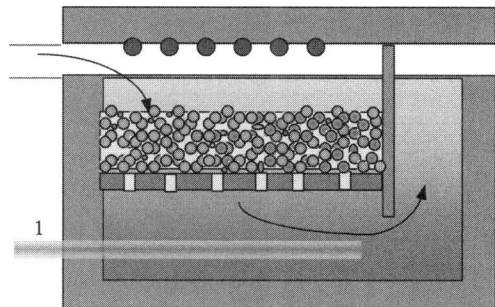

图 1 - 14　深床过滤床原理图

须彻底达到一个温度，确保在床里不会有凝固。干燥空气或另一种惰性气体循环导向过滤器预热床。气体被送入盖子并通过辐射在盖子里的电阻丝把空气加热到高温，然后向下传送到过滤床并经过管道到出口。预热操作的温度由插在床里的特殊位置的热电偶监控。

当过滤床达到适合装料的温度后，初始填充操作是使铝液通过入口管道送入过滤床的氧化铝球层和氧化铝沙砾平面层，并在适当的铝液流速条件下得到要求的层流，均匀地分布在过滤床的底部，再缓慢地通过过滤床到达表面。

当铸造开始后，保持铸造状态全过程中对 PDBF 过滤床温度的控制是极为重要的。因为任何冷区引起金属凝固都将会负面影响过滤效率。PDBF 加热使用两个不同的系统：除了通过辐射在盖子里的电阻丝加热金属以外(盖上的圆点所示)，还有一个小型电加热器水平地浸在栅格下的金属里(容器中 1 所示)。

PDBF 过滤床的孔径几乎是被过滤颗粒直径的 100 倍，过滤流速在 0.1 ~ 0.4 cm/s，这样前面提到的孔墙拦截和吸附的过滤效果达到最大化。正由于压头损失非常小，PDBF 过滤床的寿命长，在需要更换之前，可以连续铸造 7000 t 金属。当然，也要取决于金属进料清洁度和相似合金的持续时间。即使在大量使用

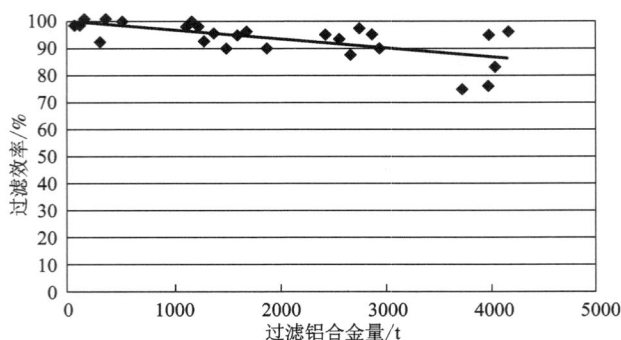

图 1 - 15　PDBF 的过滤效率描述

后，PDBF 仍然保持了高效率过滤。过滤器床的堵塞很缓慢，过滤效率与过滤铝合金量的关系如图 1 - 15 所示(铸造 3004 合金)。

(3)陶瓷泡沫板。

陶瓷泡沫板的过滤原理见图 1 - 16。

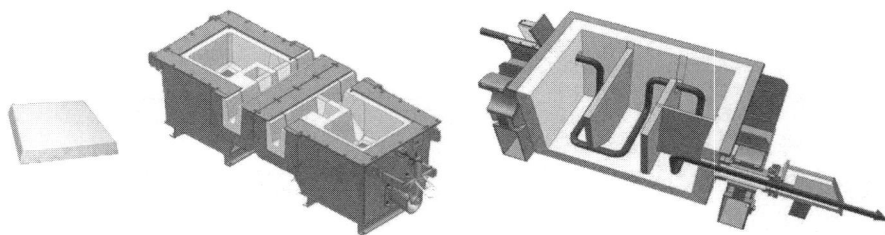

图 1 - 16　陶瓷泡沫板过滤原理

CFF 陶瓷泡沫过滤板因尺寸较小、结构紧凑和易于使用得到普及。为了提高过滤精度，过滤板的孔径由 20 ~ 50 ppi 发展到 60 ppi、70 ppi，并出现复合过滤板，即过滤板分为上、下两层，上面孔径大，下面孔径小，品种规格有 30/50 ppi，30/60 ppi，30/70 ppi，复合过滤板过滤效果好，通过的金属量大；另外，近期开发的新型高波浪表面过滤板也很有特点，过滤的表面积比传统过滤板大 30%。

在半连续铸造中，原铸造工艺规定每铸造一次就要更换过滤板，即过滤板也仅使用一次。换句话说，在它还能不严重影响过滤效率的情况下就被扔掉了。因此，最近研究者通过过滤器金属流动速度对过滤效率影响的研究试验证明：流动速度设定正确，持续使用后的过滤器非常有效率；当速度太快，效率随时间持续下降，如图 1－17 所示的是过滤金属的吨数、流动速度对过滤效率的影响。对于 0.7 cm/s 的速度，使用 200 min 后需要更换过滤器，当速度为 0.2 cm/s 时它的使用寿命可能是原来的三倍。

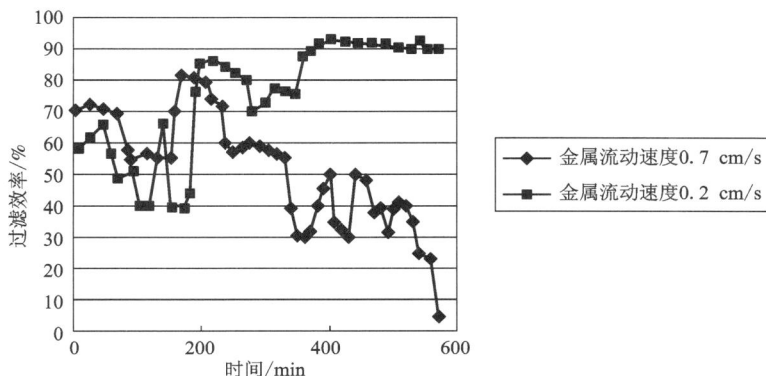

图 1－17　金属流动速度对过滤效率的影响

(4)深床过滤/陶瓷泡沫过滤 + 管式过滤配置新技术。

日本三井金属开发的深床过滤/陶瓷泡沫过滤 + 管式过滤配置新技术，用于生产高附加值的铝加工产品，如计算机硬盘材料、彩色复印感光鼓材料、飞机起落架(晶间高强度铝材)、喷气式涡轮发动机风扇叶等；显然用于生产罐料、PS 版基和双零箔坯料也是更好的配置新技术。

管式过滤设备由过滤箱体、加热盖、过滤管、热风循环、透气砖组成，其外观见图 1－18。

图 1－18　管式过滤设备外观图

　　箱体中的过滤管外观见图 1 - 19；过滤管剖面见图 1 - 20。过滤管的规格依据不同等级的气孔率分 RA、RB、RC、RD、RE、RF 型号，与之不同过滤精度的产品相对应：RA—高档铝型材；RB—双零箔、罐料；RC—罐料、PS 版基、双零箔坯料；RD—彩色复印感光鼓、高档特殊用铝管及型材；RE—高档特殊用铝管及型材；RF—计算机硬盘。每组过滤管组成的根数由所需要的铝熔体流量和流速而定。

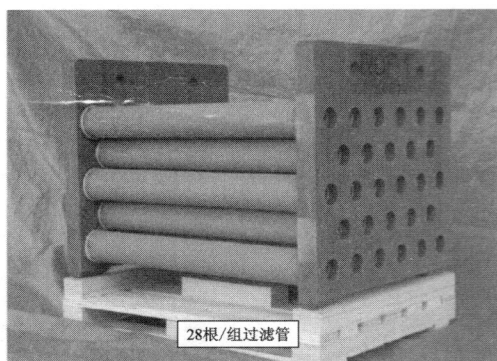

图 1 - 19　过滤管外观图

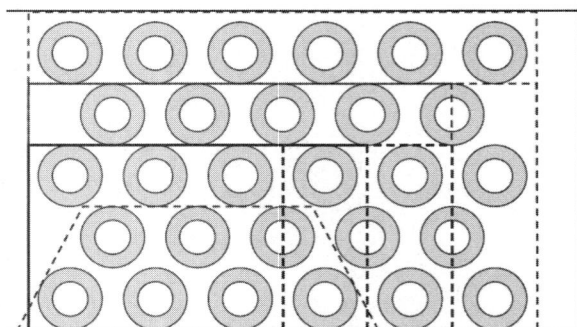

图 1 - 20　过滤管剖面图

　　管式过滤设备的基本工作原理是经过箱体的铝熔体，从过滤管的外部渗透到内部流出的过程中，过滤管实现了表面过滤和内部吸附捕获杂质的双重功能。其原理示意见图 1 - 21。

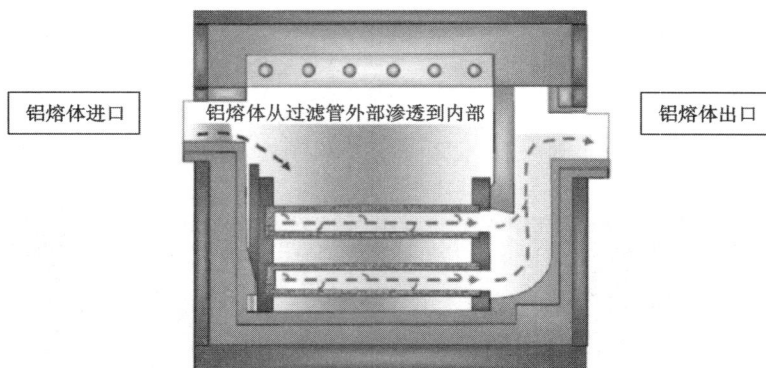

图 1 - 21　工作原理示意图

　　管式过滤设备具有更好的过滤效果，其主要因素是：

　　1）过滤管自身细微的气孔率，不同等级的气孔率见图 1 - 22。从图中可以明显地看到 CFF 陶瓷泡沫过滤板的气孔率在 50 ppi 时是 1000 μm；RA 型号过滤管的气孔率是 750 μm；RF 型号过滤管的气孔率是 250 μm。

　　2）铝熔体通过过滤管的速度非常慢。

　　1 根过滤管的过滤表面积达 2500 cm^2，相当于 508 mm 的陶瓷泡沫过滤板，见图 1 - 23。

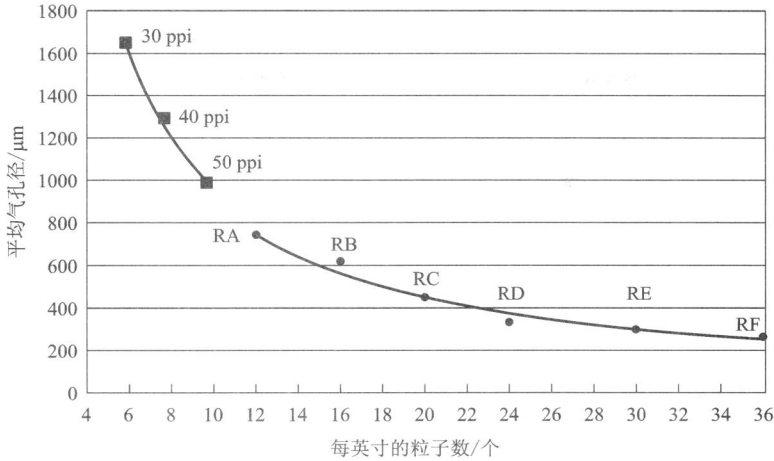

图 1 - 22 过滤精度与粒子数

经计算，14 根过滤管的过滤表面总面积是 3.6 m²；28 根过滤管的过滤表面总面积是 7.2 m²。这种组合在有限的过滤装置空间里，实现了超大面积的过滤。显然，CFF 采用上下两块陶瓷泡沫过滤板的过滤表面积的总面积远远不能和过滤管相比。

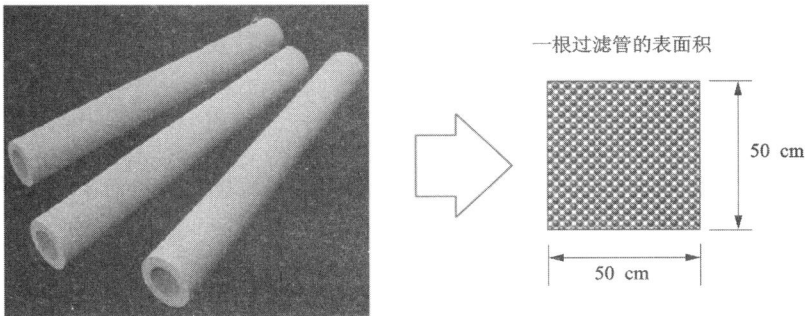

图 1 - 23 过滤管的过滤表面积

3) 过滤管材粒子经过高温烧结，紧密地结合在一起，不会发生松动。这种高温烧结的结构(见图 1 - 24)远比由几层氧化铝球(球直径大约 15 mm)和砂砾层(3. 327 ~ 6. 68 mm)组成的深床过滤结构紧密。

4) 管材粒子不仅形成了非常细小的气孔径，而且形成了三维的复杂流路，这样保证了过滤管对杂质和过滤管内部吸附的双重捕获，杂质几乎都在过滤管的外部表面被过滤掉，更细小的杂质在过滤管内被吸附，这样实现

图 1 - 24 高温烧结结构

了高精度的过滤效果。

上述管过滤的独特优势是：微细的粒子径；超大面积的过滤；骨材紧密的结合。

上述管过滤的相对局限是：由于微细的粒子径和骨材紧密的结构，在没有配置熔体初过滤设备的条件下，若单独使用管过滤，可能会因粗杂质的累积导致堵塞而失掉优势，所以采用管过滤，最好的配置是在管过滤前增加 PDBF 或 CEF 过滤设备，达到最完美的组合，以获得最理想的过滤效果。

1.6 铝合金坯锭(料)的制备技术(产品生产的共性技术之二)

通常，生产有色金属加工材或制品，必须制取加工的坯料，通常采用铸造方法来获得，因此常制为铸坯。制备有色金属坯料的基本方法有熔炼铸造法和粉末冶金法两大类，其中熔炼铸造法占主导地位。

根据进一步加工的需要，坯料的形状有多种多样，制备的方法也不尽相同。如：轧制需要用的是圆(方)坯或板坯，通常圆(方)坯采用立式半连铸制备，板坯采用铸轧法或立式半连铸制备；挤压常用的是圆柱或空心圆坯料，通常采用立式半连铸或水平连续铸造制备；拉拔常用的是上引连铸坯或连铸连轧坯料。

坯料(铸锭)质量对使用材料的性能至关重要，有色金属产品对铸锭的组织、性能和冶金质量都有严格的要求，随着科学技术的发展和产品的不断升级，其要求在不断地提高。

1.6.1 铝合金铸锭(坯)质量的要求

1.化学成分的要求

随着需求对材料性能的不断提高，要求合金材料组织、性能的均匀和一致性，也就是对合金材料成分的控制和分析提出更高的要求。为了使组织和性能均匀一致，就要求对合金主元素采取更加精确的控制，确保熔次之间主元素一致，铸锭不同部位成分偏析最小。同时，为了提高材料的综合性能，对合金中的杂质要严格控制，对微量元素进行优化配比和控制。其次，对化学成分的分析的准确性和控制范围也要求越来越高。

2.冶金质量的要求

铸锭的冶金质量对材料后序加工过程和最终的产品有着决定性作用。长期生产实践表明，约70%的缺陷是铸锭带来的，铸锭的冶金缺陷必将对材料产生致命的影响。因此，合金材料对熔体净化质量提出了更高的要求，主要是以下方面：铸锭氢含量要求越来越低，根据不同材料要求，其氢含量控制有所不同。一般说来：铝合金制品要求的产品氢含量控制在 $0.15 \sim 0.2$ mL/100 g Al；对于非金属夹杂物要求降低到最大限度，要求夹杂物数量少且小，根据产品的要求，其单个颗粒应小于 10 μm 或 5 μm。

3.铸锭组织的要求

铸锭组织对合金材料性能有着直接的影响，一般说来铸锭组织缺陷有光晶、白斑、花边、粗大化合物等组织缺陷，这些缺陷对材料性能造成相当大的影响，材料不能出现这些组织缺陷。此外，随着材料质量要求的不断提高，对铸锭的组织也提出更新、更高的要求。

1.6.2　合金熔体的制备

1. 合金配制

合金的制备首先就是根据要求的材料成分进行原材料的准备。根据合金材料的成分要求进行配料，再根据各种不同合金的熔炼工艺进行熔炼，配制成需要的合金熔体。接着，需要对熔体进行处理，即对熔体进行净化、均匀化、除气、除渣。

2. 熔炼及熔体净化

铸锭的内部质量尤其是清洁度的要求在不断提高，而熔体净化是提高熔体纯洁度的主要手段，熔体净化见前节所述。

3. 熔体的检测

熔体和铸锭内部纯洁度的检测有测氢(氧)和夹杂物两种，前者的种类很多，目前世界上使用的测氢(氧)技术有几十种，如减压凝固法、热真空抽提法、载气熔融法等。氢(氧)含量和夹杂物含量检测可有效监控熔体净化处理的效果，为提高和改进工艺措施提供依据。

1.6.3　铝合金的熔炼及主要装备

1. 铝合金的熔炼

铝合金熔炼炉型有熔化炉、静置保温炉、铝液在线精炼装置等炉型。按加热能源可分为燃料(包括天然气、石油液化气、煤气、柴油、重油、焦炭等)加热式和电加热式，电加热又分为电阻组件通电发出热量或者让线圈通交流电产生交变磁场，以感应电流加热炉料。

火焰反射式炉是最常用的熔化炉和静置保温炉。火焰反射式熔化炉和静置保温炉可分为固定式和倾动式。

固定式炉结构简单，价格便宜，但必须依靠液位差放出铝液，因此要求熔化炉和静置保温炉分别配置两个不同高度的操作平台，这样既不利于生产操作又增加了厂房高度；由于放流口靠近熔池底部，致使放流时沉底的熔渣易随铝液流出，造成铸锭的夹渣缺陷。

倾动式炉靠倾动炉子放出铝液，因此增加了液压式或机械式倾动装置，炉子结构较复杂，造价高，但保证了铝液在熔池上部固定高度流出，减少了沉底熔渣造成的铸锭夹杂缺陷，但表面氧化膜易被破坏，同时表面浮渣易随熔体流入铸锭，增加在线处理的难度，熔化炉和静置保温炉的操作平台均在厂房地面上，不需要另设操作平台，易于实现自动供流，是发展的方向。

从炉子形状及加料方式分类，火焰反射式熔化炉和静置保温炉可分为圆形炉顶加料炉和矩形炉侧加料炉。火焰反射式熔化炉和静置保温炉可使用液体(柴油、重油)和气体(石油液化气、天然气、煤气等)燃料。燃烧器普遍采用烟气余热利用装置预热助燃空气，可以提高能源利用率，降低能耗。常用的有蓄热式、引射式和烟气/助燃空气对流预热式。

2. 熔炼的主要装备

铝合金熔炼炉的吨位朝着大型化方向发展，目前国外炉子最大吨位达 200 t，国内炉子最大吨位为 120 t。图 1-25 至图 1-28 和表 1-12 至表 1-15 列出了几种火焰反射式熔化炉和静置保温炉的结构简图和主要技术参数。

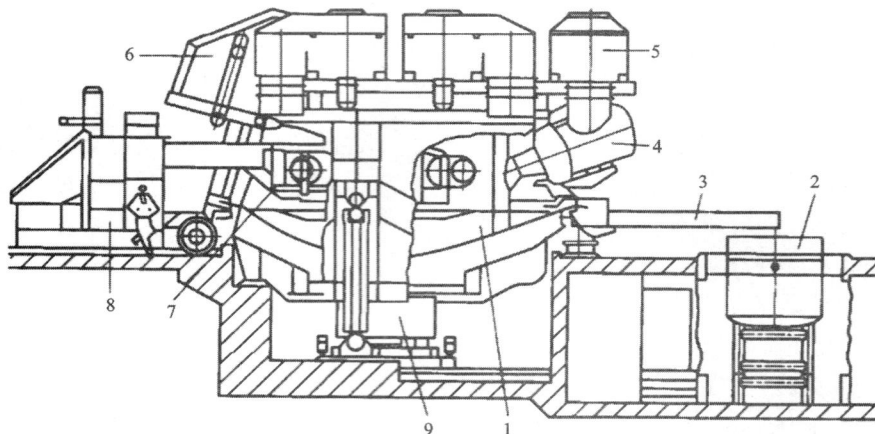

图 1-25　110 t 熔铝炉结构简图

1—熔池；2—坩埚；3—流槽；4—烧嘴；5—蓄热体；6—排烟罩；7—加料斗；8—加料车；9—电磁搅拌器

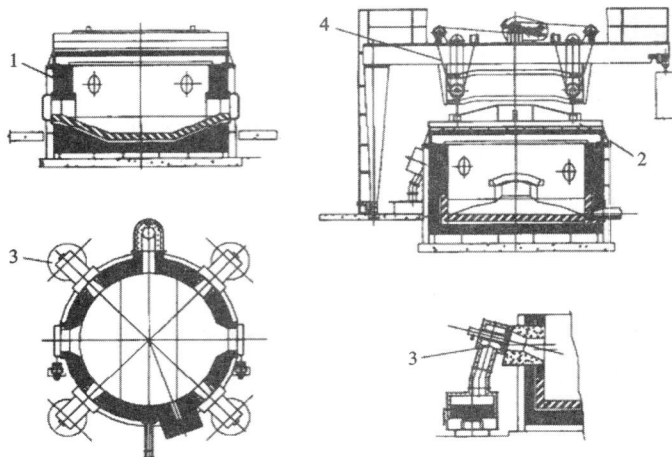

图 1-26　50 t 圆形火焰熔铝炉(燃油蓄热式烧嘴)结构简图

1—炉体；2—炉盖；3—蓄热烧嘴；4—开盖机

表 1-12　110 t 熔铝炉技术参数

制造单位	德国 GKI 公司	烧嘴型号	低 NO_x 蓄热式(Bloom 公司)
使用单位	德国 VAW 公司 Rheinwerk 工厂	烧嘴数量/对	3
容量/t	110	烧嘴安装功率/MW	5.5×3
炉子形式	矩形侧加料	燃料	天然气
熔池面积/m²	62	熔化率/(t·h⁻¹)	28
溶池深度/m	1	加料方式	加料机
溶池搅拌	电磁搅拌器(ABB 公司)	料斗容量/t	10
炉门规格/(m×m)	8×2	熔体倒出方式	液压倾动炉体，熔体倒入 10 t 坩埚内，然后送往保温炉

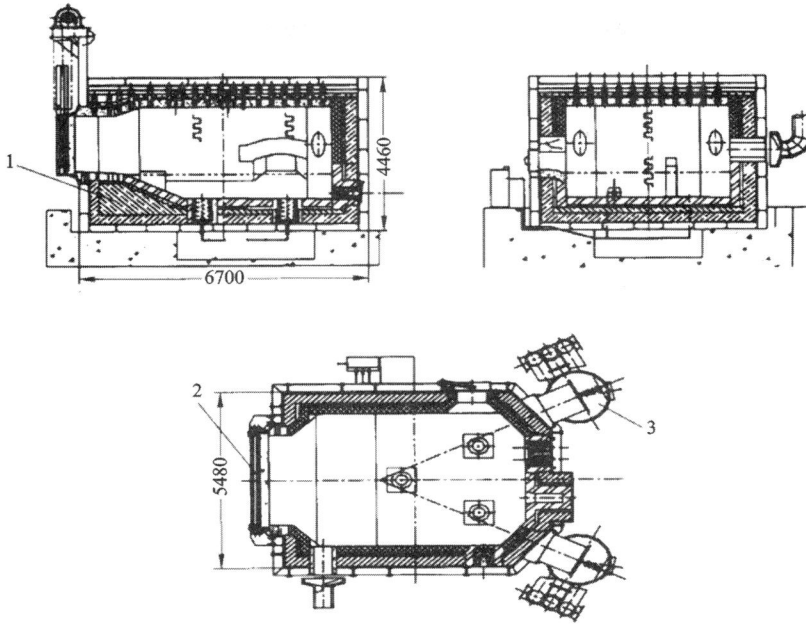

图 1-27 23 t 矩形熔铝炉结构简图
1—炉体；2—加料炉门；3—蓄热式烧嘴

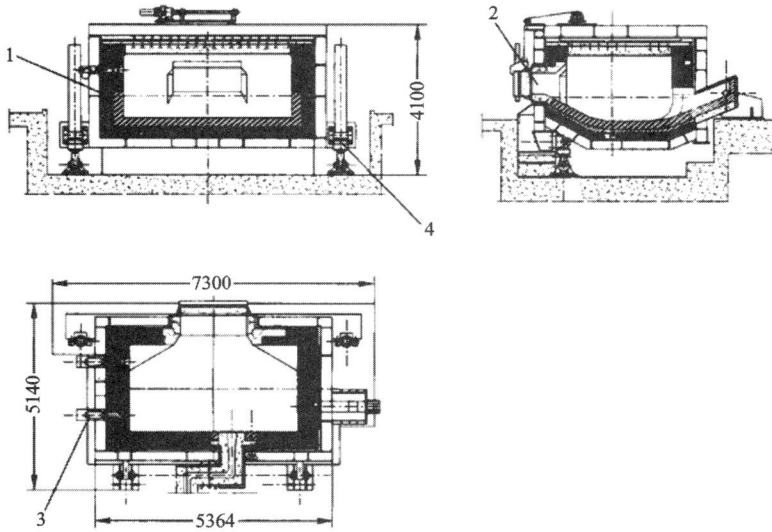

图 1-28 100 t 倾动式矩形火焰保温炉结构简图
1—炉体；2—扒渣炉门；3—烧嘴；4—倾动油缸

表 1 - 13　15 ~ 50 t 圆形火焰熔铝炉

制造单位	苏州新长光工业炉有限公司			
吨位/t	15	30	40	50
用途	铝及铝合金熔炼			
炉子形式	固定式圆形顶开盖火焰炉			
容量/t	15 + 10%	30 + 5%	40 + 5%	50 + 5%
炉膛工作温度/℃	1150 ~ 1200			
铝液温度/℃	720 ~ 760 ± 5			
熔化期熔化能力/($t \cdot h^{-1}$)	4 ~ 4.5	5.5 ~ 6	7 ~ 8	8 ~ 10
燃料种类	轻柴油或柴油			
燃料发热量/($kJ \cdot kg^{-1}$)	9600 × 4.18			
燃料最大消耗量/($kg \cdot h^{-1}$)	280	350	500	600
烧嘴前油压力/MPa	0.5			
助燃空气最大消耗量/[m^3(标)$\cdot h^{-1}$]	3326	4158	5940	7128
助燃空气压力/Pa	9600 ~ 10000			
烟气最大生成量/[m^3(标)$\cdot h^{-1}$]	3488	4361	6230	7476
烧嘴形式	蓄热式烧嘴			
烧嘴数量/个	2	4		
单位燃耗(熔化期)/($MJ \cdot h^{-1}$)	2299 ~ 2508	2090 ~ 2299		
压缩空气压力/MPa	0.5			
热工控制方式	PLC 自动控制			
开盖机提升能力/t	30	40	45	60
开盖机速度/($m \cdot min^{-1}$)	2.36			
开盖机行走速度/($m \cdot min^{-1}$)	10.5			

　　注：本炉也可以用燃气，但参数有所不同。

表 1 - 14　15 ~ 50 t 矩形火焰熔铝炉技术参数

制造单位	苏州新长光工业炉有限公司					
吨位/t	6	12	18	30	40	50
用途	铝及铝合金熔炼					
炉子形式	固定式矩形火焰炉					
炉子容量/t	6 + 10%	12 + 10%	18 + 10%	30 + 5%	40 + 5%	50 + 5%
炉膛工作温度/℃	1100 ~ 1150			1150 ~ 1200		
铝液温度/℃	720 ~ 760 ± 5					

续表 1 – 14

制造单位	苏州新长光工业炉有限公司				
熔化期熔化能力/(t·h⁻¹)	2.5 ~ 3	3.2 ~ 3.5	4 ~ 4.5	5.5 ~ 6	7 ~ 8	8 ~ 10
燃料种类	轻柴油或柴油				
燃料发热量/(kJ·kg⁻¹)	9600 × 4.18				
燃料最大消耗量/(kg·h⁻¹)	150 ~ 200	280	350	500	600
烧嘴前油压力/MPa	0.5				
助燃空气最大消耗量/[m³(标)·h⁻¹]	1782 ~ 2376	3326	4158	5940	7128
助燃空气压力/Pa	9600 ~ 10000				
烟气最大生成量/[m³(标)·h⁻¹]	1869 ~ 2492	3488	4361	6230	7476
烧嘴形式	蓄热式烧嘴				
烧嘴数量/个	2			4	
单位燃耗(熔化期)/(MJ·h⁻¹)	600 ~ 650	550 ~ 600	500 ~ 550		
压缩空气压力/MPa	0.5				
热工控制方式	PLC 自动控制				

表 1 – 15　100 t 倾动式矩形保温炉主要技术参数

制造单位	GKI 公司	烧嘴安装功率/(MJ·h⁻¹)	17280
容量/t	100	燃料	煤气
熔池面积/m²	59	控制方式	PLC 自动控制
熔池深度/m	1	液压倾炉系统	
熔化率/(t·h⁻¹)	≤6	液压油箱容积/L	12000
铝液温度/℃	720 ~ 750	液压油泵压力/MPa	16
炉门规格/(m × m)	9.2 × 1.95	液压油泵电机功率/kW	30
加料门开启方式	液压	液压油缸形式	柱塞式
烧嘴数量/个	4	液压油缸数量/个	2

1.6.4　铝合金坯料的制备

1. 锭模铸造

锭模铸造，按其冷却方式可分为铁模和水冷模。铁模是靠模壁和空气传导热量而使熔体凝固，水冷模的模壁是中空的，靠循环水冷却，通过调节进水管的水压控制冷却速度。

锭模铸造按浇注方式可分为平模、垂直模和倾斜模三种。目前国内应用较多的是垂直对开水冷模和倾斜模两种，如图 1 – 29 和图 1 – 30 所示。

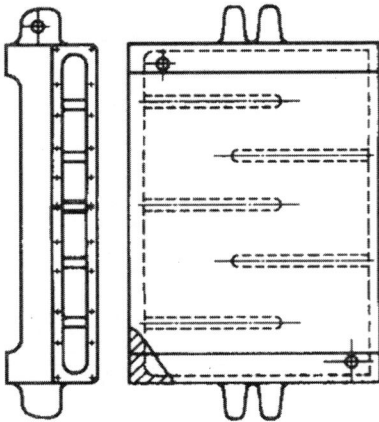

图 1 – 29　垂直对开水冷模　　　　　　　　　图 1 – 30　倾斜模

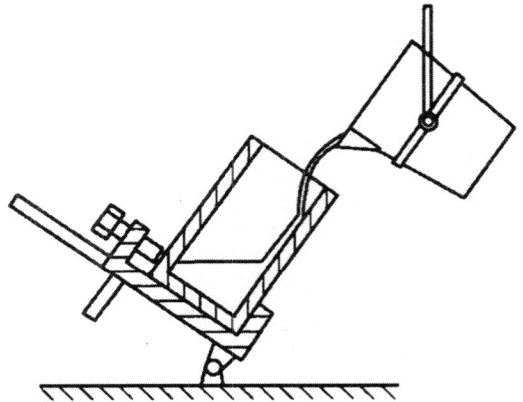

　　垂直对开水冷模一般由对开的两侧模组成。两侧模分别通冷却水,为使模壁的冷却均匀,在两侧水套中设有挡水屏,为改善铸锭质量,使铸锭中气体析出,同时减缓铸模的激冷作用,常把铸模内表面加工成浅沟槽状。沟槽深约 2 mm,宽约 1.2 mm,沟槽间的齿宽约1.2 mm。

　　倾斜模铸造中,首先将锭模与垂直方向倾斜成30°～40°角,液流沿锭模窄面模壁流入模底,浇注模内液面至模壁高的1/3 时,便一边浇注一边转动模子,使在浇注到预定高度时模子正好转到垂直位置。倾斜模浇注减少了液流冲击和翻滚,提高了铸锭质量。

　　锭模铸造是一种比较原始的铸造方法,铸锭晶粒粗大,结晶方向不一致,中心疏松程度严重,不利于随后的加工变形,只适用于产品性能要求低的小规模制品的生产,但锭模铸造操作简单、投资少、成本低,因此在一些小加工厂仍广泛使用。

　　2.连续(半连续)铸造

　　(1)连续(半连续)铸造的基本特点。

　　连续铸造是以一定的速度将金属液浇注到结晶器内,并连续不断地以一定的速度将铸锭拉出来的铸造方法。如只浇注一段时间把一定长度的铸锭拉出来再进行第二次浇注叫半连续铸造。与锭模铸造相比,连续(半连续)铸造的铸锭质量好、晶内结构细小、组织致密、气孔疏松、氧化膜废品少、铸锭的成品率高。缺点是硬合金大断面铸锭的裂纹倾向大,存在晶内偏析和组织不均等现象。

　　(2)连续(半连续)铸造的分类。

　　1)按其作用原理分类。

　　连续(半连续)铸造按其作用原理,可分为普通模铸造、隔热模铸造和热顶铸造。

　　普通模铸造的结晶器内壁采用铜质、铝质或石墨材料,结晶槽高度在 100～200 mm,也有小于 100 mm 的。结晶器起成型作用,铸锭冷却主要靠结晶器出口处直接喷水冷却,适用于多种合金、不同规格的铸造。

　　隔热模铸造的结晶器是在普通模结晶器内壁上部衬一层保温耐火材料,从而使结晶器内上部熔体不与器壁发生热交换,缩短了熔体到达二次水冷的距离,使凝壳水冷,减少了冷隔、气隙和偏析瘤的形成倾向。结晶器下部为有效结晶区。

同水平多模热顶铸造与普通模铸造相比，同水平多模热顶铸造装置在转注方面采用横向供流，热顶内的金属熔体与流盘内液面处于同一水平，实现了同水平铸造。同时取消了漏斗，可铸造更小规格的铸锭(国外有大规格硬合金圆锭)，简化了操作工艺。

隔热模铸造和同水平多模热顶铸造方法所铸造出的铸锭表面光滑、粗晶区小、枝晶细小而均匀，操作方便，可实现同水平多根铸造，生产效率高。但由于铸锭接触二次水冷的时间较早，这两种方法在铸造硬铝、超硬铝扁锭和大直径圆锭时，铸锭中心裂纹倾向大，故一般用于小直径圆锭和软合金扁锭的生产。

2)按铸锭拉出方向分类。

连续(半连续)铸造按铸锭拉出的方向不同，可分为立式铸造和卧式铸造，上述三种铸造方法均可用在立式铸造上，后两种铸造方法可以用于卧式铸造。

立式铸造的特征是铸锭以竖直方向拉出，可分为地坑式和高架式，通常采用地坑式。立式半连续铸造方法在国内有着广泛的应用，这种方法的优点是生产的自动化程度高，改善了劳动条件。缺点是设备初期投资大。

卧式铸造又称水平铸造或横向铸造，铸锭沿水平方向拉出，如配以同步锯，可实现连续铸造。其优点是熔体二次污染小，设备简单，投资小、见效快，工艺控制方便，劳动强度低，生产效率高。但由于铸锭凝固不均匀，液穴不对称，偏心裂纹倾向高，一般不适用于大截面铸锭的铸造。

由于连续(半连续)铸造的优点很多，目前在有色金属加工中应用广泛。

(3)立式半连续铸造机。

铸造过程中铝液重量基本压在引锭座上，对结晶器壁的侧压力较小，凝壳与结晶器壁之间的摩擦阻力较小，且比较均匀。牵引力稳定可保持铸造速度稳定，铸锭的冷却均匀度容易控制。按铸锭从立式半连续铸造机结晶器中拉出的牵引动力可把立式半连续铸造机分为液压油缸式、钢丝绳式和丝杆式。液压铸造机牵引力稳定，可按照工艺要求设定各种不同的牵引速度模式，速度控制精度高，铸造井深度比其他形式的铸造机大，国外铝加工厂大多采用液压油缸式铸造机。目前许多大型铸造机采用了液压油缸内部导向技术，取消了铸造井壁安装的引锭平台导轨，避免了因导轨黏铝或者磨损而影响引锭平台的正常运动，提高了运动精度。图 1-31 是液压式立式半铸造机的结构图，表 1-16 列出了100 t 立式半连续液压铸造机的主要技术参数。国外最大吨位的液压铸造机达 160 t。钢丝绳式铸造机结构简单，但因钢丝绳磨损快，易被拉长变形，从而导致引锭平台牵引力和铸造速度稳定性较差，而影响铸锭质量。近年来，已很少用于铸造铝铸锭。

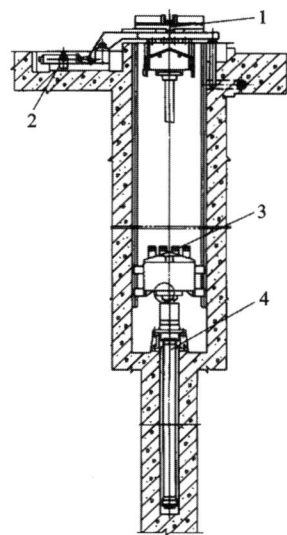

图 1-31 液压式立式半铸造机

1—结晶器平台；2—倾翻机构；
3—引锭平台；4—液压油缸

为了长期稳定地生产出高质量铸锭，并且保证铸造过程的安全，可编程控制器(PLC)已广泛应用于显示和控制铸造工艺参数，如铸锭长度、铸造速度、冷却水量、铝液温度、铝液流量、结晶器润滑油量和气滑式结晶器的供气量等。铸造机的 PLC 还可与炉子和其他设备的控制系统联锁，实现紧急情况时停炉、控制晶粒细化线喂入速度等功能。

表1-16　100 t立式半连续液压铸造机的主要技术参数

制造单位	德国德马克（DEMAG）公司	液压油缸类型	内导向、柱塞式
吨位/t	100	液压油缸工作压力/MPa	3.5
铸锭最大长度/m	6.5	液压电机功率/kW	75
铸锭最大重量/t	100	控制方式	PLC自动控制
铸造平台规格/（mm×mm×mm）	2800×5100×900	冷却水耗量/（t·h^{-1}）	Max. 400
铸锭截面规格/（mm×mm）	630×1800、630×1570、630×1320	蒸气排放风机	轴流式
同时铸造根数/根	Max. 7	蒸气排放能力/[m³（标准）·h^{-1}]	40000
铸造速度/（mm·min^{-1}）	20~200	排放风机电机功率/kW	40
快速升降速度/（mm·min^{-1}）	1500		

（4）水平式连续铸造机。

与立式铸造相比较，水平式铸造具有以下优点：不需要深的铸造井和高大的厂房，可减少基建投资；生产小截面铸锭时容易操作控制；设备结构简单，安装维护方便；容易把铸锭铸造、锯切、检查、堆垛、打包和称重等工序连在一起，形成自动化连续作业线。

但铝液在重力作用下，对结晶器壁下半部压力较大，凝壳与结晶器壁下半部之间的摩擦阻力较大，影响铸锭下半部表面质量。冷却过程中收缩的凝壳与结晶器壁的上半部产生间隙，造成上下表面冷却不均匀，影响铸锭内部组织的均匀性。铸造大规格的合金锭容易产生化学成分偏析。水平式连续铸造机多用于生产纯铝小截面铸锭。

水平式连续铸造机包括铝液分配箱、结晶器、铸锭牵引机构、锯切机和自动控制装置，可以与检查装置、堆垛机、打包机、称重装置和铸锭输送辊道装置连在一起，形成自动化连续作业线。水平式连续铸造机结构见图1-32，表1-17列出了德国联合铝业（VAW）公司Innwerk工厂水平式连续铸造机主要技术参数。

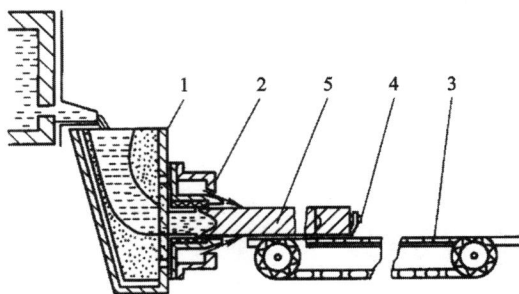

图1-32　水平式连续铸造机结构图

1—中间包；2—结晶器；3—铸锭牵引机构；4—引锭杆；5—铸锭

表 1 - 17　德国联合铝业(VAW)公司 Innwerk 工厂水平式连续铸造机

铸造合金牌号	AlSi7Mg + Sb；AlZn10Si8Mg 等
同时铸造根数/根	20
铸锭断面尺寸/(mm×mm)	75×54
铸造速度/(mm·min⁻¹)	400～600
锯切机：可锯切铸锭定尺长度/mm	650～750
锯切 20 根铸锭周期时间/s	60
锯切铸锭速度/(mm·s⁻¹)	80
生产能力/(kg·h⁻¹)	6000

3. 连续铸轧

连续铸轧是直接将金属熔体轧制成半成品带坯或成品带材的工艺。这种工艺的显著特点是：其结晶器为两个带水冷系统的旋转铸轧辊，熔体在其辊缝间完成凝固和受到热轧两个过程，而且是在很短的时间内(2～3 s)完成的，参见图 1 - 33。

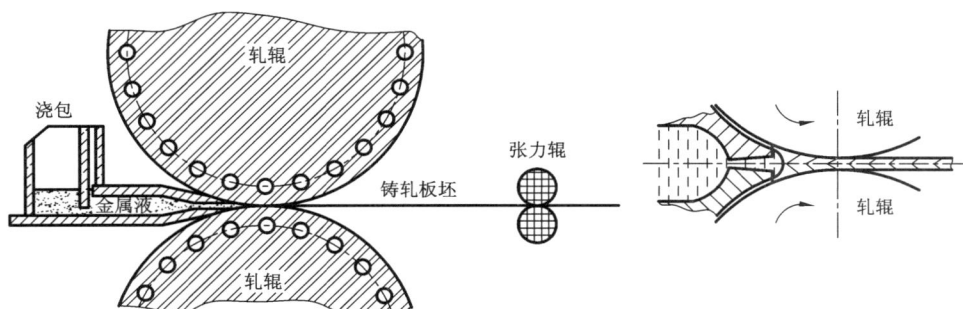

图 1 - 33　连续铸轧示意图

(1)连续铸轧的特点。

连续铸轧技术的突出优点在于其投资省、成本低、能耗小。使用一台铸轧机，可替代传统的 DC 铸造机、加热炉和开坯轧机。其设备费用仅为热轧开坯生产设备的 1/3；由于省去了二次加热，能耗仅为传统生产方法的 40%，后续轧制道次可减少 2～3 次；减少切头去尾，使成品率提高 15% 左右。

目前，连续铸轧技术主要应用于铝及铝合金的板坯生产中，能连续铸轧生产厚度6～7 mm 的宽板坯，生产速度达 1 m/min。

(2)连续铸轧的分类。

1)按板坯厚度分类：常规铸轧，板坯厚度 6～10 mm，铸轧速度一般小于 1.5 m/min；薄板高速铸轧，板坯厚度 1～3 mm，铸轧速度一般在 5～12 m/min，最大可达 30 m/min 以上。

2)按辊径大小分类：标准型铸轧，标准型常用铸轧辊的辊径有 φ650 mm、φ680 mm；超型铸轧，超型常用铸轧辊的辊径有 φ960 mm、φ980 mm、φ1000 mm、φ1050 mm、φ1200 mm。

　　3）按轧辊驱动方式分类：联合驱动，是用一台电机驱动两个铸轧辊，上、下辊的辊径差要求小于 1 mm，如两辊线速度有差异，结晶凝固前沿中心线不对称；单独驱动，即上、下轧辊分别由两台电机驱动，能较好地保证设定的结晶速度和表面质量。

　　4）按轧辊和金属的流向分类：双辊水平下注式，两辊中心的平面与地面平行，或金属浇铸流向与地面垂直，简称垂直式铸轧，生产方法示意图 1 – 34(a)；双辊垂直平注式，两辊中心的平面与地面垂直，或金属浇铸流向与地面水平线平行，简称水平式铸轧机，生产方法示意见图 1 – 34(b)；双辊倾斜侧注式，金属浇铸流向与地面水平线成一定角度，一般为 15°，或两辊中心的平面与地面垂直线成一定角度，简称倾斜式铸轧机，生产示意见图 1 – 34(c)。

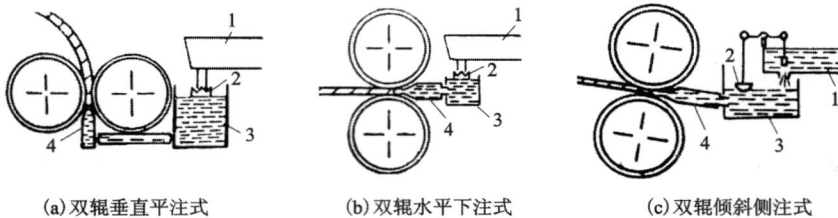

(a)双辊垂直平注式　　　　　　(b)双辊水平下注式　　　　　　(c)双辊倾斜侧注式

图 1 – 34　几种连续铸轧铝板坯的生产示意图

1—流槽；2—浮漂；3—前箱；4—供料嘴

　　(3)连续铸轧技术要点。

　　1）铸轧浇注系统：铸轧浇注系统包括控制金属液面高度的前箱、横浇道、供料嘴底座和供料嘴四部分。它是用来作为液体金属流过的通道，必须具备良好的保温性能，使液体金属不过多地散失热量，保证铸轧正常进行。整个系统内，不应有潮气、油膜、氧化渣及其他杂物存在。开始生产前，铸轧浇注系统需进行预热，预热温度为 300℃左右，保温 4 h 以上。

　　2）金属液面高度：整个浇注系统是一个连通器。前箱内液体金属面的水平高度就决定着供料嘴出口处液体金属压力的大小。液面高度控制不好，铸轧过程就不能正常进行。若液面低，供应金属的压力过小，则铸轧板面易于产生孔洞；若液面过高，金属静压力过大，容易造成铸轧板面起棱，或在铸轧板面上出现被冲破的氧化皮，影响板面质量；液面如太高，假如供料嘴与铸轧辊间隙过大，易将氧化膜冲破，使液体金属进入间隙，造成铸轧中断。

　　3）铸轧的热平衡条件：除了上述的浇注系统预热温度和金属液面高度这两个铸轧基本条件外，铸轧的热平衡则是建立连续铸轧的主要条件。所谓连续铸轧的热平衡，就是进入整个铸轧系统的热量，要等于从铸轧系统导出的热量。如果失去这个热平衡，连续铸轧将无法进行，或者铸轧不成形，或者液体金属冷凝在浇注系统之中。影响铸轧热平衡条件的有三个工艺参数，即铸轧温度、铸轧速度和冷却强度。

　　(4)铸轧生产的三个主要工艺参数。

　　1）铸轧温度。

　　铸轧温度一般以金属的出炉温度为准。因铝及其合金的熔炼温度过高，会导致吸气量增加，晶粒粗大，以及增加氧化烧损等缺陷，因此不宜过高。铸轧温度选得过低，使金属容易冷凝在浇注系统中。选得过高，则容易不成形，或板坯质量变坏。铸轧温度的选择，应充分考虑到液体金属从炉内经流槽入前箱，再进入浇道系统，最后从供料嘴送至铸轧机上，整个流程中温度的散失，在不影响铸轧过程要求的金属流动性的前提下，铸轧温度应尽可能的低一些。通常，金属铸轧出炉温度的选定，要考虑整个浇注系统的长短，以及气候和室内温度情况。一般要比所铸轧的金属熔点高 $60\sim80℃$。当然如果浇注系统保温得好，铸轧的下限温度还可以适当地降低。值得提出的是，浇注系统敞露面的散热，占整个浇注系统散热的 40% 左右。因此，采取敞露面加盖的措施，可使铸轧的温度降低。

2）铸轧速度。

铸轧速度是铸轧工艺参数中最重要的一个。根据铸轧工艺的要求，铸轧速度必须是无级调速。铸轧过程中冷却速度的调整，主要是靠铸轧速度，当然水冷强度也起着配合的作用。

铸轧开始时，为了进一步预热浇注系统，铸轧速度要很高，一般为正常铸轧速度的 1.5 倍以上。随着预热的进行，供料嘴内温度均匀，就要逐渐增加冷却水量和降低铸轧速度。这个阶段液体金属不能成形，金属贴在铸轧辊上成为碎片不断被带出。当铸轧速度降到一定数值时，板坯开始局部立起，并不断扩至整个断面。铸轧速度的降低，就是增加液体金属在铸轧区内进行冷却的时间，有利于液体金属的成形和控制板坯的质量。如在降低铸轧速度之前，发现向外带出的碎片有硬块出现，则应重新提高铸轧速度，使供料嘴内温度均匀，然后再逐渐降低铸轧速度，最后调至正常铸轧速度范围，使之正常铸轧出板坯。

3）冷却强度。

在铸轧过程中，单位时间、单位面积上导出热量的大小称为冷却强度。冷却强度除和铸轧辊的水冷强度有关外，和铸轧速度、铸轧区高度以及辊套材料也有很大关系。铸轧速度慢，就意味着液体金属在铸轧区停留的时间长，有充分时间向外导热。铸轧区长度增加，也就是冷却面积增加，有利于热的传导。另外，辊套材料的导热性能对冷却强度也有很大影响。如选用铝合金作辊套材料铸轧时，则其铸轧速度可达 $1.1\ m/min$，而选用高合金钢作辊套材料时，则铸轧速度仅在 $0.6\ m/min$ 左右。

4. 连铸连轧

连铸连轧即通过连续铸造机将金属熔体铸造成一定厚度（一般约 20 mm 厚）或一定截面积（一般约 $2000\ mm^2$）的锭坯，再进入后续的单机架或多机架热（温）板带轧机或线材孔形轧机，从而直接轧制成供冷轧用的板、带坯或供拉伸用的线坯及其他成品。虽然铸造与轧制是两个独立的工序，但由于其集中在同一条生产线上连续地进行，因而实现了连铸连轧生产过程。

显然，连铸连轧不同于连续铸轧，后者是在旋转的铸辊中，铝及铝合金金属熔体同时完成凝固及轧制变形两个过程；但两种方法的共同点均是将熔炼、铸造、轧制集中于一条生产线，从而实现了连续性生产，缩短了常规的熔炼→铸造→铣面→加热→热轧的间断式生产流程。

（1）连铸连轧生产方法分类.

连铸连轧按坯料的用途可分为两类：一类是板、带坯连铸连轧，另一类是线坯连铸连轧。

1）板、带坯连铸连轧主要有以下几种方式：

①双钢带式——哈兹莱特法（Hazelett）及凯撒微型（Kaiser）法。

②双履带式——劳纳法（Casrter II）、亨特—道格拉斯法（Hunter – Douglas）。

③轮带式——主要有：美国波特菲尔德—库尔斯法（Porterfield – Coors）；意大利的利加蒙泰法（Rigamonti）；美国的 RSC 法；英国的曼式法（Mann）。

2）线坯连铸连轧主要有以下几种方式：普罗佩兹法（Properzi）；塞西姆法（Secim）；南方线材公司法（SCR）；斯皮特姆法（Spidem）等，均是轮带式连铸机。

（2）几种板带坯连铸连轧生产方法。

1）哈兹莱特双钢带连铸连轧法。

哈兹莱特法是由双钢带式连铸机及轧机组成的生产线，是由一台 Hazelett 铸造机及一台四辊轧机构成，铸造机宽度为 660 mm，可铸带坯 510 mm，厚度为 19～53 mm。连铸机后面可配置单机架、双机架或三机架轧机，组成连续生产线。

哈兹莱特连铸连轧生产线示意如图 1 - 35 所示。

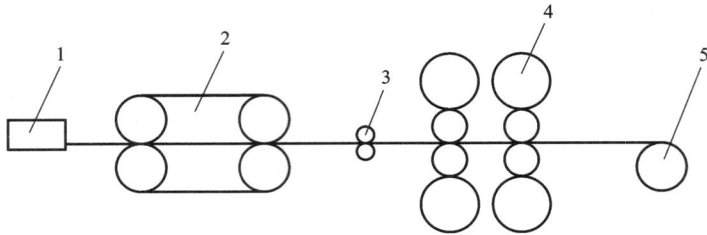

图 1 - 35　哈兹莱特连铸连轧生产线示意图
1—供流系统；2—连铸机；3—牵引机；4—热轧机；5—卷取机

①连铸机的主要构成。

哈兹莱特连铸机如图 1 - 36 所示，其由同步运行的两条无端钢带组成，钢带分别套在上下两个框架上，每个框架由 2～4 个导轮支承钢带（框架间距可以调整），下框架上带有不锈钢窄带（绳）连接起来的金属块，构成结晶腔的边部侧挡块，它靠钢带的摩擦力与运动的钢带同步移动，两侧边部挡块的距离可以调整。

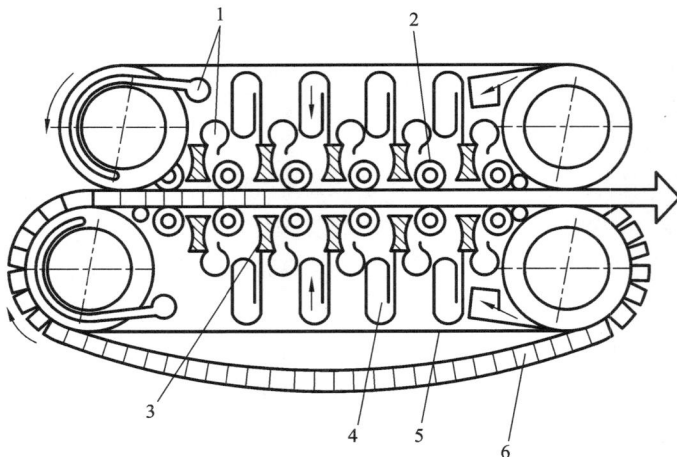

图 1 - 36　Hazelett 连铸机示意图
1—水喷嘴；2—钢带支撑辊；3—回水挡板；4—集水器；5—钢带；6—边部挡块

框架内设有许多支撑辊,从上、下钢带的内侧对应地顶紧钢带,并可调节、控制其张紧程度,保证钢带的平直度偏差。

钢带一般采用冷轧低碳特殊合金钢,用钨及惰性气体保护电弧焊接而成,使用前一般要做表面处理,可以向表面喷涂特种涂料,如陶瓷涂层,避免铝熔体浸蚀钢带;也可以进行喷丸处理,在钢带表面形成无数细小的坑,使铝熔体不能进入坑内凝固于钢带表面,这样可提高钢带的使用寿命,但由于铸造条件恶劣,钢带寿命一般也只有 8 h ~ 14 d。与双辊铸轧不同,铸造过程中钢带对带坯不施加压力。

②生产过程。

熔体通过流槽进入前箱,再通过供料嘴进入铸造腔与上、下钢带接触,钢带通过冷却系统高速喷水冷却带走金属熔体热量,从而凝固成铸坯。在出口端,钢带与铸坯分离,并在空气中自然冷却。钢带重新转动到入口端进行铸造,循环往复,从而实现连续铸造。带坯离开铸造机后,通过牵引机进入单机架或多机架热轧机,轧制成冷轧带坯,完成连铸连轧过程。

为保证铸造过程中钢带不形成热水汽层而影响传热效率,应保证冷却水流量及流速,一般水耗量为 15 t/min·m,要求水质清洁,不应有油及可见悬浮物,pH 6 ~ 8。

开始铸造前,根据生产要求调整好厚度及宽度,不同厚度的带坯可以通过调整连铸机上、下框架的距离来控制,宽度通过调整两侧边部侧挡块的距离来控制,钢带表面必须保证清洁,必要时可用钢刷等工具清理表面的氧化皮、疤、瘤等异物,然后把引锭头推进钢带与边部侧挡块形成封闭的结晶腔。

开头时,应及时调整、控制钢带的移动速度,使之与熔体流量达到平衡,使熔体液面高度正好处于结晶腔开口处。

供料嘴与钢带间隙约 0.25 mm,引锭头与嘴子前沿距离为 70 ~ 150 mm。

生产过程中,宽度调整较为简单,只需按前面要求改变侧挡块位置即可,厚度调整比较烦琐,要更换侧挡块、冷却集水器、嘴子等,还要调整框架距离。

生产过程中,应保证带坯表面平整、厚度均匀,可以通过调整钢带张紧程度,从而保证钢带平直度偏差来控制,一般厚差 ≤0.1 mm,铸造速度一般为 3 ~ 8 m/min。

2) 双履带式劳纳法。

代表性的双履带式连铸机有瑞士铝业公司的劳纳法及美国的亨特—道格拉斯法,以劳纳法为例,其生产线示意如图 1 - 37 所示。

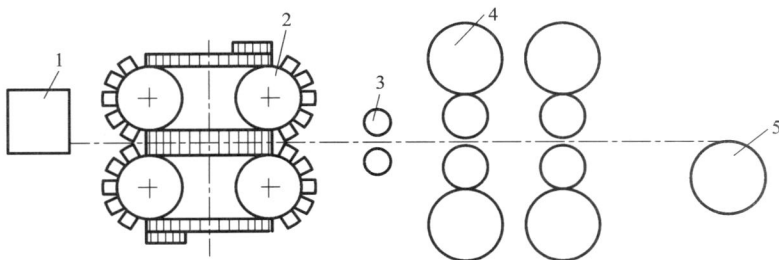

图 1 - 37 劳纳法连铸连轧生产线示意图
1—供流系统;2—连铸机;3—牵引机;4—热轧机;5—卷取机

该连铸机的工作原理与哈兹莱特法基本相同,主要的区别在于构成结晶腔的上、下两个面不是薄钢带,而是两组作同一方向运动的急冷块,如图 1 - 38 所示。急冷块一个个安装于传动链上,在传动链与急冷块之间有隔热垫,以保证其受热后不产生较大的膨胀变形,由于急冷块在工作过程中不承受机械应力,不存在较大的变形,可以采用铸铁、钢、铜等材料制作。

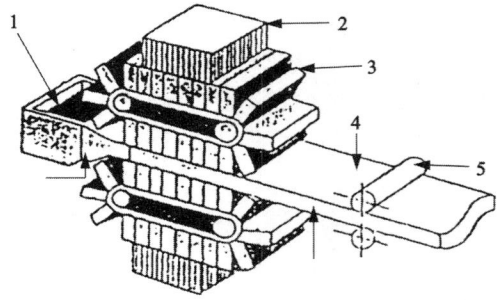

图 1 - 38　劳纳法连铸机示意图
1—供流装置;2—冷却系统;
3—急冷块;4—带坯;5—牵引辊

当金属熔体通过供料嘴进入结晶腔入口时,与上、下急冷块接触,热量被急冷块吸收而使金属熔体凝固,并随着安装于传动链上的急冷块一起向出口移动,当达到出口并完全凝固后,急冷块与带坯分离。铸坯通过牵引辊进入热轧机(单、多机架)接受进一步轧制,加工成板、带坯。急冷块则随着传动链传动返回,返回过程中,急冷块受到冷却系统的冷却,温度降低,达到重新组成结晶腔的需要,从而使连铸过程持续进行。

劳纳法连铸机主要应用于 1×××系、3×××系、5×××系铝合金,铸造速度取决于定于合金成分、带坯厚度及连铸机长度,一般为 2~5 m/min,生产效率为 8~20 kg/(h·mm),可铸带坯厚度一般为 15~40 mm,宽度一般为 600~1700 mm。

该铸造法主要用于一般铝箔带坯。在铸造易拉罐带坯上,同样由于质量及综合效益等因素,无法同热轧开坯生产方式竞争。因此,全球仅有为数不多的生产线。

3)轮带式带坯连铸连轧方法。

轮带式连铸机由一个旋转的铸轮及同该轮相互包络的薄钢带构成。通过铸轮与钢带不同的包络方式,形成了不同种类的连铸机。

轮带式连铸连轧生产线主要由供流系统、连铸机、牵引机、剪切机、一台或多台轧机、卷取机等组成,以曼式连铸机为例,其生产线配置示意如图 1 - 39 所示。

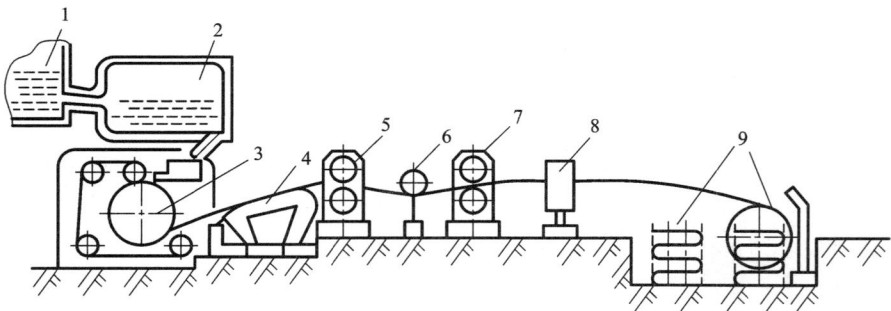

图 1 - 39　曼式连铸连轧生产线示意图
1—熔炼熔;2—静置炉;3—连铸机;4—同步装置;5—粗轧机;6—同步装置;7—精轧机;8—液压剪;9—卷取装置

其工作原理是,铝熔体通过中间包进入供料嘴,再进入由钢带及装配于结晶轮上的结晶槽环构成的结晶腔入口,通过钢带及结晶槽环把热量带走,从而凝固,并随着结晶轮的旋转,从出口导出，进入粗轧机或精轧机，实现连铸连轧过程。也可直接铸造薄带坯(0.5 mm)而不经轧制。

　　由于工艺及装备条件的限制，轮带式带坯连铸机一般用于生产宽度≤500 mm 的带坯，厚度 20 mm 左右。经过热(温)连轧机组，可轧制生产 2.5 mm 左右的冷轧卷坯。目前，Properzi 法最小厚度可达 0.5 mm。

第 2 章

铝及铝合金板带的生产技术与装备

2.1　铝箔毛料

铝箔毛料是指轧制铝箔的中间坯料。按照原料的加工工艺,铝箔毛料分为热轧坯料(DC 材)和铸轧坯料(CC 材)。值得一提的是,在传统铸轧坯料基础上形成的一种新型的铸轧坯料生产工艺,即连铸连轧生产工艺(哈兹莱特生产工艺)逐渐成熟,已经成为另一种铝箔毛料的生产方式。国内的铝箔毛料大部分是用连铸连轧坯料生产的。用连铸连轧法生产的铝箔毛料不仅成本较低,而且毛料质量也可完全满足铝箔生产的要求。

2.1.1　铝箔毛料的特点

热轧坯料(DC 材)和铸轧坯料(CC 材)这两种铝箔坯料均能够生产出满足相关技术标准和用户使用要求的铝箔产品,但由于生产方式不同,它们之间在金相组织及金属间化合物组成上有差异,从而导致生产箔材尤其是双零箔的质量差异。

热轧坯料是采用重熔铝锭熔化或采用电解铝液直接进行半连续铸造将铝熔体铸造成扁锭,再经热轧和冷轧轧制成一定厚度的带材作为铝箔坯料;铸轧坯料也是采用重熔铝锭熔化或电解铝液直接进行铸轧,经适当冷轧至一定的厚度作为坯料。

由于热轧经过铣面去除扁锭表面的氧化层和缺陷,又通过加热均匀化,在高于再结晶温度下进行热轧,坯料内部组织经历多次的回复、再结晶,内部组织的均匀性、晶粒的尺寸与形状等都能获得明显的改善,因此热轧坯料更适合于轧制高品质的双零箔。热轧坯料也适合用于加工深冲用铝箔。

铸轧是铝液通过铸嘴引导分配进入铸轧机两个铸轧辊的辊缝中,在几十毫米的铸轧区长度内,经过两个轧辊的强行冷却、结晶和少量的轧制变形后,得到 7 mm 左右厚度的铸轧卷,由于结晶条件不同而易导致铸轧卷组织成分的不均匀。不过,由于双辊铸轧冷却速度快,铸轧板中枝晶间距大大减少,金属间化合物颗粒也大大细化,这样的显微组织特别适合于双零箔的轧制。双辊铸轧法具有比 DC 铸造法高得多的冷却速度(高 $10^2 \sim 10^3$ 数量级),使得铸轧过程中溶质元素在固溶体中的过饱和程度大大提高,所以铸轧板比热轧板的加工硬化率高,变形抗力大,强度高;同时铸轧板由于结晶条件不同而易导致板边部与中心部以及板上下表面组织成分的不均匀。

此外,用铸轧坯料避免了热轧坯料加工过程中的铣面、预热和热轧等工序,大大缩短了工艺流程,减少了这些工序因操作不当而可能给铝箔轧制带来的不利因素和缺陷。并且,用铸轧坯料轧制铝箔,还具有设备投资少、占地面积小、加工费用低、金属及能源消耗低等优点。因此，铸轧坯料也得到了较广泛的应用。

与热轧坯料相比，铸轧坯料的质量较难控制。由于采用铸轧坯料(厚度为6~8 mm)轧制铝箔的变形量要小得多，所以铸轧坯料的质量，如气道、夹杂、偏析、粗大晶粒等缺陷对铝箔轧制的影响更直接。若采用电解铝液直接铸轧带材进行铝箔坯料的生产，由于其生产工艺省去了铝锭的铸造和重熔工序、大大降低了重熔和铸造的能耗、减少了重熔的二次烧损、提高了成品率、节约了成本而广泛地被冶炼和加工企业所应用。但是，由于电解铝液的自身特点，其注入混合炉后使得后续的铸轧、冷轧、箔轧、退火等生产工艺的制定和控制增加了一定难度，因此，在整个生产工序中，生产工艺的制定和严格控制显得十分重要。

总之，热轧法和铸轧法各有其优缺点。铸轧法工艺流程短，成本低，但它不适于生产多品种多合金板带箔材。目前，国外用热轧料生产的铝箔产量比铸轧料生产得多，国内用热轧料和铸轧料生产的铝箔产量相当，后者产量略高于前者。

2.1.2　产品的主要要求及指标

从一定意义上讲，铝箔毛料并不是一种终端的铝合金产品，它的存在与流通就是为了下一步生产铝箔产品，因此铝箔毛料的质量要求主要取决于成品铝箔产品的要求，主要包括高的冶金质量、表面质量、板形质量与尺寸公差等。

1. 冶金质量

铝箔毛料的冶金质量主要指它的熔铸质量，用于生产铝箔毛料的熔体要有高的金属纯洁度，熔体含渣、含气量要低，熔体氢含量必须控制在0.12 mL/100 g以下，必须经陶瓷过滤片过滤，过滤精度达到微米级。铸轧坯料不允许存在气道、夹渣等内部质量缺陷，晶粒度达到一级水平。如果铝箔毛料的冶金质量达不到上述要求，一方面很难保证铝箔产品的质量要求，另一方面成品率也很难保证。现在的铝箔用户对铝箔的质量要求越来越高，对针孔数、针孔度和接头次数要求都非常苛刻。如0.006~0.0065 mm的双零箔，每平方米上直径小于或等于0.03 mm的针孔数不能超过50个，大于此尺寸的针孔数为0个。单卷接头数最多允许有2个，有的客户甚至要求没有接头。如果毛料内部有气道、夹渣等缺陷，势必在生产铝箔的过程中会造成断带等现象，从而产生大量废品，影响成品率的提高，降低经济效益。

2. 表面质量

铝箔毛料表面质量直接影响到铝箔的表面质量。现在的铝箔用户对铝箔的表面质量要求也越来越高，特别是药品包装用铝箔，表面要洁净、平整，不允许有任何条纹、斑点和机械损伤。铝箔表面要达到这种要求，必须对毛料的表面质量加以严格控制，表面要洁净、平整、无腐蚀，表面不允许有油斑、孔洞、金属和非金属压入物、暗纹、擦划伤等缺陷。

3. 板形质量

板形是指带卷横向各部位是否产生波浪和瓢曲。铝箔毛料的板形质量直接影响到铝箔的板形质量。对铝箔毛料的板形要求控制在20 I以内。如果生产铝箔毛料的冷轧机没有装备板形仪，其板形质量则主要靠铸轧坯料的板形质量和冷轧操作手的操作技术来保证。

铝箔毛料的板形要平整，不允许有两边松或两边紧、两肋松或两肋紧、中间松等不良板形。板形的理想状态应为抛物线状，中凸度要求控制在厚度的1%以内。板形较差的铝箔毛料在后续的铝箔轧制生产中不仅会给操作人员的操作控制带来困难，而且容易产生断带，影响生产效率的提高，也影响成品箔质量的提高。

实践证明：如果铝箔毛料的板形较差，经过数道次轧制到成品箔后，整个板面不可能变得完全平整，原来较松弛的地方不可能通过辊形调节被完全矫正过来，因此生产出来的铝箔板形质量仍然较差。板形较差的铝箔在分切时分切质量难以保证，容易产生串层、起皱等废品；退火时容易起鼓，产生退火油斑等；用户使用易时产生起皱、断带等现象。所以提高铝箔毛料的板形质量非常重要，良好的铝箔毛料板形质量是生产出高质量铝箔的必要条件。

坯料横向截面呈抛物面对称，凸面率不大于 0.5% ~ 1%，楔形厚差断面形状不大于 0.2%，对装有自动板形控制系统的冷轧机，坯料的在线板形不大于 ±10 I。

4. 尺寸要求

尺寸要求是指毛料的宽度公差和厚度公差要求。宽度公差一般要求控制在 ±2.0 mm 以内，控制相对容易。铝箔毛料的厚度公差要严格控制在厚度的 ±3% 以内，这就要求生产铝箔毛料的轧机控厚系统的精度要高。如果铝箔毛料的厚度偏差大，在轧制过程中轧制速度和张力就很难保持稳定。如果轧制速度较高，很容易产生断带和其他的轧制废品。

5. 端面质量

端面切边应平整，不允许有毛刺、裂边、串层、碰伤等。毛刺、裂边、碰伤会造成轧制过程中频繁断带及断带甩卷；串层会影响板形控制及再轧制的切边质量。

6. 力学性能

铝箔毛料的力学性能的选择，主要根据所生产铝箔产品的品种和性能要求。典型的铝箔毛料力学性能指标参见表 2 - 1。

表 2 - 1　典型的铝箔毛料力学性能指标

合金牌号	状态	抗拉强度/MPa	伸长率/%（不小于）
1070, 1060	O	60 ~ 90	20
	H14	80 ~ 140	3
	H18	≥120	1
1145, 1235	O	80 ~ 120	30
	H14	110 ~ 145	3
	H16	120 ~ 160	1
	H18	≥150	1
3003	O	100 ~ 150	20
	H14	140 ~ 180	2
	H18	≥190	1
8011, 8011A, 8079, 8021	H14	135 ~ 165	2
	H16	145 ~ 185	2
	H18	≥165	1

2.1.3　生产的基本流程

1. 热轧生产铝箔毛料的流程

热轧生产铝箔毛料的主要生产工艺流程为：

铸锭铸造→铣面/刨边→加热→热轧开坯→热精轧→冷轧→中间退火→冷轧→铝箔毛料。

2. 铸轧生产铝箔毛料的流程

连续铸轧生产铝箔毛料的生产工艺流程为：熔炼→铸轧→冷轧→中间退火→冷轧→铝箔毛料。

连铸连轧生产铝箔毛料的生产工艺流程为：熔炼→铸轧→热精轧（单机架/多机架）→冷轧→中间退火→冷轧→铝箔毛料。

2.1.4　生产的技术关键

1. 合金成分及杂质含量的控制

铝箔作为一种极限产品，必须进行负辊缝轧制，在这种轧制条件下，调节轧制压力对改变轧出产品的厚度已经失去作用，所能利用的控制因素是轧制速度和后张力，但它们只能在有限范围内进行调节。此时，铝箔毛料本身的质量就显得尤为重要。铝箔越趋于薄型，组织因素的影响越显著。因此，要获得高品质、高成品率的薄箔产品，必须严格控制铝箔坯料的质量，包括减少含气量、提高熔铸质量、调整化学成分、完善热处理工艺、改善显微组织和相分布等，以尽可能降低材料的加工硬化率和变形抗力，来提高材料的轧制性能。

（1）合金成分的控制。

影响铝箔坯料内在质量的组织参数有 Si、Fe 的固溶度，第二相的类型、尺寸、数量和分布，晶粒度和晶粒形状因子，以及织构等。

单从伸长率考虑，铝的纯度越纯越好，但铝的纯度过高，其抗拉强度低。铝箔产品既要有一定的伸长率，也要有一定的强度要求，然而为达到合适的强度要求，单纯增加 Fe、Si 的含量，虽然能提高抗拉强度，但也带来塑性低、伸长率低、材料发脆和抗腐蚀性能低的缺陷。一般选用 1145，1235，8011，8079，8006 等合金作为铝箔毛料。$1 \times \times \times$ 合金中，Fe、Si 的含量对其性能影响较大，控制合格的 Fe/Si 有利于提高产品的成材率。在 Fe + Si 含量不超过最大允许含量的前提下，使 $w(Fe)/w(Si) > 3.0$，可以避免或减少 β 相（$FeSi_2Al_9$）的析出，可改善铝箔的加工性能。

（2）杂质含量的控制。

铸锭质量对后续的加工过程和最终的产品性能有着决定性作用。生产实践表明材料 75% 以上的缺陷是由铸锭带来的。由于铝及其合金自身的特点决定了该合金极易受气体和夹杂物污染。研究表明，铝在高于 400℃ 时容易与水汽发生反应，生成氢气和 Al_2O_3 夹杂。铝在熔炼和浇注过程中难免和空气接触，与氧气发生反应生成 Al_2O_3 夹杂，同时炉料、熔剂和熔炼工具都不可避免地将水分和夹杂物带入铝液中。而夹杂物 Al_2O_3、气体的存在破坏了金属的连续性，且由于夹杂相与金属基体之间有着不同的弹性模量、膨胀系数，在夹杂相的尖角处易出现应力集中，常成为材料的断裂源、腐蚀源，且难以在随后的处理中消除。因此对熔体进行排杂除气净化处理是提高其内部冶金质量的关键。

在铝熔点，氢在铝液中的溶解度为此时固态溶解度的 19 倍以上，如果不把氢含量控制在一定范围内，氢就会在铸造过程中析出，并以气泡形式存在于所铸材料内部。随着下一工序热轧或冷轧的进行，材料厚度不断减薄，这些气泡将逐渐被压扁、拉平或拉长，形成沿纵向连续或断续延伸的气道。气道在板、带或厚箔轧制阶段不易发现，其危害也不大，但在轧制薄箔特别是双零箔时，就会在铝箔表面出现沿气道分布的、大小不一的、成串的针孔，其特征是孔周边是圆滑的，严重时轧制过程中造成断带或沿气道开裂，造成铝箔报废，降低成品率。因此，用于铝箔轧制的铸锭和铸轧带，对含氢量有严格规定，不应超过 0.12 mL/100 g Al，并希望控制在0.10 mL/100 g Al，越低越好。

在熔体的熔炼、转铸及铸造过程中，有原料本身带入的夹杂物，有电解铝或铝锭在熔炼中受到污染形成的夹杂。重熔过程中使用的炭块、助熔剂和各种熔剂产生的碳化物、氧化物、氟化物及氯化物等夹杂物，如果净化处理不当，在某个部位留有死角或过滤系统有故障，易使各种夹杂物随铝液进入铸件，造成夹渣缺陷。这类夹杂物很硬、脆，随着轧制的进行，有的脱落形成针孔，有的被压碎形成针孔断裂，并使成品力学性能降低，箔带易于拉断。

国外铝加工企业均十分重视熔铸设备和工艺的发展，熔炼炉和静置炉容量大，热效率高，特别重视熔体的净化（精炼和过滤）处理，普遍采用强力燃烧快速熔化、电磁搅拌、严格净化、多模铸造、大规格铸锭、重型铸造机和计算机控制技术。熔体经净化处理后，一般含氢量在 0.10 mL/100 g Al 以下，最先进水平为 0.04 ~ 0.07 mL/100 g Al，5 ~ 6 μm 大小夹渣的去除率达 91% 以上，含钠量小于 2×10^{-6}。国内一些铝加工企业熔铸设备陈旧，工艺落后，且很少采用测氢技术和检测方法；只有一部分生产铝箔坯料的企业十分重视熔铸设备和工艺技术的不断改进，对熔体的净化（精炼和过滤）处理特别重视，含氢量的控制在0.12 mL/100 g Al以下。

熔体内杂质含量的控制依靠净化处理手段来实现，也就是采用各种措施使铝熔体中不希望存在的气体与固态物质降到所允许的范围以内，以确保材料的性能符合标准或某些特殊要求。铝合金净化方法按其作用机理可分为吸附净化和非吸附净化两大基本类型。

1）吸附净化。

吸附净化主要是利用精炼剂的表面作用，当精炼剂（如各种气体、液体、固体精炼剂及过滤介质）在铝熔体中与氧化物夹杂或气体相接触时，杂质或气体被精炼剂吸附在其表面上，从而改变杂质的物理性质，随精炼剂一起被除去，以达到除气、除杂的目的。吸附净化的方法主要有浮游法、熔剂法、过滤法。

浮游法也叫气体吹洗法，它是将气体通入到铝熔体内部，形成气泡，熔体中的氢在分压差的作用下扩散进入这些气泡中，并随气泡的上浮而被排除，达到除气的目的。浮游法主要包括惰性气体吹洗、活性气体吹洗、混合气体吹洗，以及氯盐净化等。无毒精炼剂主要由硝酸盐等氧化剂和炭组成，在高温下反应生成氮气和二氧化碳，都能起到精炼作用，由于其不产生刺激性气味的气体且精炼效果也好，从而得到广泛应用。

熔剂法是在铝合金熔炼过程中，将熔剂加入到熔体内部，通过一系列物理化学作用，达到除气、除杂的目的。熔剂的精炼作用主要是依靠其吸附和溶解氧化夹杂的能力，铝合金净化所用的溶剂主要是碱金属的氯盐和氟盐的混合物。

过滤法是指让铝熔体通过中性或活性材料制造的过滤器，以分离悬浮在熔体中的固态夹杂物的净化方法。除渣原理按过滤方式大致分为机械除渣和物理化学除渣。机械除渣主要是靠过滤介质的阻挡作用、摩擦力或流体的压力使杂质沉降，以达到净化熔体的目的。物理化学除渣主要依靠介质表面的吸附和范德华力的作用。一般情况下，过滤介质的空隙越小、厚度越大、金属熔体流速越低，过滤效果越好。过滤材质一般使用玻璃布、刚玉球以及泡沫陶瓷。过滤法主要是去除熔体中的夹杂物，对除氢效果甚微，所以在实际应用中，过滤法往往与吹气法相结合。

2）非吸附净化。

非吸附净化是指不依靠向熔体中添加吸附剂，而是通过某种物理作用（比如真空、超声波、密度差等）来改变金属—气体系统或金属—夹杂物系统的平衡状态，从而使气体和固体夹杂物从铝熔体中分离出来的方法。非吸附净化方法主要有静置处理、真空处理、超声波处理。

静置处理指将铝熔体在浇注前静置一段时间，因为夹杂物的密度比铝熔体密度大，故夹杂物会下沉，从而使夹杂物从熔体中分离，不过小颗粒的夹杂难以用该法去除。

真空处理是指将熔体放置在一定真空度的密闭保温炉内，利用氢在熔体中和气体中的分压差，促使熔体中的氢不断生成气泡，上浮逸出而被除去的方法。真空处理是降低铝熔体中氢含量极其有效的方法，能使熔体中氢降到 $0.1 \sim 0.2$ mL/（100 g）Al，但由于这种处理需要真空密封设备，经济性差，而且使熔体温度的损失较大，除杂能力一般，因此在工业生产中使用不多。

超声波处理是 20 世纪 90 年代发展起来的一项新的铝合金熔体净化方法，原理是利用弹性波在铝熔体中引起的空穴现象，产生气泡核心，从而达到除气的目的。超声波处理也是一种除氢效果较好的方法，同样由于超声波发生器的局限性，经济性也差，该方法很难处理大批量的铝熔体，因而也限制了其在工业中的应用。

3）炉外在线净化处理技术。

由于炉内熔体净化处理对铝合金熔体的净化效果十分有限，要进一步提高铝合金熔体的质量，更有效除去铝合金液体中的气体、非金属夹杂物等，就要应用炉外在线净化处理了。炉外在线净化处理按照处理方式和目的可分为以除气为主的在线除气，以除渣为主的熔体过滤处理和两者兼有的在线处理。炉外熔体在线处理主要发展方向是提高熔体纯洁度，寻求高效廉价的净化技术，满足铝加工熔体净化技术的多样性需求。

目前，国内外在铝熔体净化处理技术方面已做了大量的工作，获得了一些较先进的净化方法与装置。如 SNIF 法、ALPUR 法、RDU 快速除气法、RD 法、旋转叶轮法、FLD 法、MNT 法等。这些方法大多数是从除氢净化角度出发进行设计的，其除氢效果虽较明显，但对一些纯净度水平要求较高的高成形性铝材仍很难达到要求。

研究发现，要进一步提高铝熔体的净化处理效果，首先对铝熔体中的夹杂物与气体的作用关系要有正确的认识。20 世纪 60 年代人们就发现铝液中的氢含量受夹杂含量的影响很大，当夹杂含量为 0.002% 和 0.02% 时（质量分数），相应的氢含量分别为 0.2 cm^3/100 g Al 和 0.35 cm^3/100 g Al。当夹杂物含量很低时，即使人为地通入氢，氢也会自动脱出，很快恢复原来的状态。可见夹杂物与氢气之间存在着某种相互依存关系。夹杂物是铝中气孔的形成的主要因素，因此进行高效的排杂处理是提高铝材冶金质量的关键。

有研究者在对 Al_2O_3 结构特性及铝液凝固过程中夹杂物和气体的行为进行深入分析的基础上，提出了夹杂物和氢气的寄生机制观点。在此基础上提出排杂为主，除气为辅，排杂是除气的基础的铝熔体净化原则。

2. 表面质量控制

针孔是铝箔的主要缺陷，由于原料中、轧制油中、空气中尺寸达到 5 μm 以上的尘埃进入辊缝都会引起针孔，所以 0.006 mm 以下厚度的铝箔没有针孔是不可能的。但在铝箔产品的使用上，希望铝箔的针孔数越少越好。铝箔的针孔数与轧制油的过滤精度、轧制工艺条件（张力、速度）和轧辊的粗糙度等有关，但主要是由铝箔坯料的冶金质量所决定的。坯料中的化合物形态及分布、组织中的成分偏析、晶粒尺寸大小等都是影响针孔数的因素。因此，生产铝箔坯料时对铝液的净化、过滤以及晶粒细化都有助于减少针孔数。

铸轧坯料中的金属化合物尺寸比热轧坯料的小，因此，在 0.0065 mm 厚度以下的双零箔中，铸轧坯料的铝箔比热轧坯料的针孔数少。而且随着厚度的减小，两者针孔数的差距增大。

铸轧坯料的铝箔针孔数较热轧坯料的少，但容易出现线状针孔。这可能与铸轧坯料在铸轧时快速冷却结晶造成的组织成分的不均匀有关。热轧坯料是由大扁锭经均匀化预处理及热轧，组织成分及晶粒大小都充分均匀化，因此不容易出现线状针孔。

3. 内部组织的控制

Si、Fe 固溶在铝中不仅增加材料的硬度，而且增加材料的加工硬化率，尤其是固溶 Si，它强烈地增加加工硬化率，使铝在轧制过程中变形抗力明显增大，因此，铝箔毛料中的 Fe、Si 的固溶度应尽可能地低。除了控制原料中的 Fe、Si 含量外，还应进行合理的热处理，以促进含 Si、Fe 化合物的析出。目前，铝箔的主要合金是 $1 \times \times \times$ 和 $8 \times \times \times$，Fe、Si 是 $1 \times \times \times$ 和 $8 \times \times \times$ 合金中的主要合金元素和杂质元素。它们或者固溶在铝基体中形成 α 固溶体，或者与铝形成金属间化合物从铝熔体或铝固溶体中析出。Fe、Si 固溶于铝中不仅增加材料的硬度，而且大大增加材料的加工硬化率，尤其是 Si，它强烈地导致加工硬化，从而使变形抗力增加，轧制铝箔产品的难度增加。箔材越趋于薄型，则固溶于铝中的 Fe、Si 对轧制硬化的影响越强。Fe、Si 元素尽可能析出，有利于铝箔坯料轧制性能的改善。

另一方面，由于箔材的厚度很薄，在轧制过程中，当坯料的厚度小于或接近其中化合物的尺寸时，便易在粗大化合物处产生针孔，甚至导致断带。长短轴比较大的化合物相，如针状、棒状，以及有尖锐棱角的化合物相，不规则块状相等，其尖端易引起应力集中，不利于基体的塑性变形。化合物形状以等轴、对称、界面圆滑为好，如粒状、球状等，它们对基体的割裂作用小，有利于基体的均匀塑性变形。粗大第二相对针孔数的影响还与加工硬化程度密切相关。在铝箔加工过程中，如果轧制硬化程度较高，则变形抗力增大，塑性变差，粗大第二相很容易成为裂纹源，通过裂纹扩展而形成针孔。从这个角度而言，固溶的 Fe、Si 含量越高，则粗大第二相越容易引起针孔的形成。控制组织中粗大化合物相颗粒的尺寸和数量，是降低针孔数、提高塑性加工性能和铝箔产品质量的重要因素之一。因此，合金相的控制应包含两个方面的内容：一方面应尽可能使 Fe、Si 元素从铝基体中析出，以第二相化合物的形式存在于铝基体中；另一方面还应通过适当的合金设计和工艺优化，控制第二相的种类、形状、大小、分布和数量。从合金相的形成方式而言，铝箔毛料中的化合物可以分为初生结晶相颗粒和沉淀析出相粒子。析出相的尺寸通常较小，不会对塑性产生较大的危害。因此，铝箔毛料中合金相的控制重点是对粗大初生化合物相的控制。

目前，为尽可能减小材料组织中粗大结晶相颗粒的尺寸和数量，通常采用铸轧法，快速凝固可以使化合物的尺寸大大减小，或采用常规的均匀化处理法使这些粗大结晶相颗粒重新溶解在铝基体中。但是由于铸轧法存在表面质量相对差等原因，生产高表面品质的铝箔产品仍需使用传统热轧坯料。常规的均匀化处理对粗大结晶相的细化效果并不理想。因此，如何细化传统热轧坯料中化合物相的尺寸成为提高铝箔产品质量的关键因素之一。利用初生相在高温区和中温区的不同相变反应和产物，通过控制相变反应的发生及相变程度，来细化初生相。这种细化方法细化效果可控，即可以根据成品箔材的目标厚度，通过控制相变反应的程度，有效控制铝箔坯料中第二相的尺寸范围，从而有效控制铝箔坯料的质量，获得优质成品箔材。热处理工艺与化学成分和合金相控制密切相关。热处理工艺设计应服务于"尽可能降低 Fe、Si 元素固溶度、同时使第二相均匀合理分布"这一组织原则。铝箔生产涉及多个工艺环节，前一环节的组织特征必将遗传和影响下一环节，各工艺之间是相互影响和制约的，孤立研究和设计各工艺参数或只考虑其中一两个主要环节都是片面、不充分的。要优化设计热处理工艺必须综合考虑铝箔生产的热处理及加工变形全过程的组织变化和规律，制定合理且经济的最优化工艺制度。

2.1.5　需要的特殊装备

通过上述关键生产技术分析可知，铝箔毛料生产过程中采用的设备除了传统铝合金轧制产品所具有的熔炼铸造、轧制、精整及热处理设备外，最为关键的就是铝合金熔体处理设备，因此，本节重点介绍不同的熔体净化手段、处理工艺及优缺点，通常情况下，不同的铝合金生产企业根据自身的生产特点与产品定位都会选择适合本企业的生产设备。一般条件下，铝箔毛料的专业化生产企业会选择高档的熔体净化设备，例如 AP 除气 + 深床过滤，而中小型生产企业一般选择 AP 除气 + 陶瓷片过滤等。

1. 熔体净化设备

在线除气是当前各大铝加工企业熔铸的重点研究方向和发展对象，典型的在线除气方式有采用透气塞的过流除气方式的 Air – Liquicle 法、采用固定喷嘴方式的 MINT 法，以及旋转喷头除气法。目前应用最为广泛的是旋转喷头除气法，国外有 Pyrotek 公司最早研制的旋转喷头除气装置 SNIF，法国的 Alpur 除气装置等；国内主要是西南铝业自行开发的旋转喷头除气装置 DFU 和 DDF 等。这些除气装置均采用氮气或氩气作精炼气体，或者采用两者的混合气体加少量的氯气等活性气体作为精炼气体，能有效地除去铝熔体中的氢以及碱金属或碱土金属，还能提高渣液分离效果。在线熔体过滤处理是去除熔体中非金属夹杂物最有效、最可靠的一种方法，按其原理分为饼状过滤和床式过滤，其过滤方式主要有玻璃丝布过滤、床式过滤器刚玉管过滤和泡沫陶瓷过滤等。最简单的是玻璃丝布过滤，效果最好的是过滤管、泡沫陶瓷过滤板和熔体炉外在线过滤。各种熔体处理方法及特点详见 1.5 节。

2. 轧机控制系统

热轧和冷轧中决定铝材质量的主要控制技术也有长足进步。在铝热轧线上配置了由固定型和扫描型 X 射线测厚仪构成的板凸度计和计算机控制的板凸度控制系统，从而对热轧板凸度进行精确控制；同时精确控制粗轧机出口处及精轧机卷取温度，从而实现对热轧板内在组织、结构的控制。冷轧机采用全油润滑、液压板厚自动控制系统（AGC）和板形自动控制系统（AFC），使得铝箔坯料表面质量、厚度公差、平直度都达到较高水平。

3. 连铸连轧设备

哈兹莱特连铸连轧是一种进入成熟阶段的工艺。目前在北美、欧洲、日本铝工业运转的生产线有 13 条，都取得了很好的效果，已经为美国与欧洲的铝箔工业提供了相当数量的毛料。

2.2　铝质易拉罐罐体和拉环

铝质易拉罐在饮料包装容器中占有相当大的比重。易拉罐的制造融合了冶金、化工、机械、电子、食品等诸多行业的先进技术，成为铝深加工的一个缩影。全铝二片易拉罐诞生于 20 世纪 60 年代中期。2010 年全世界罐料总产量约 4200 kt，其中美国 1963 kt，占世界总量的 46.73%，国内消费量 1716 kt，占世界消费量 40.36%，人均消费量（按 3.07 亿人计算）5.6 kg，为世界人均消费量（按 62 亿人计算）0.68 kg 的 8.24 倍；日本罐料发货量 323.072 kt，占世界总产量的 13%，人均消费量（按 1.3 亿人计算）2.48 kg，为世界人均消费量的 3.65 倍；中国罐料消费量约 385 kt（其中罐体料约 250 kt，净进口约 65 kt，产量约 185 kt），人均消费量（按 13.3 亿人计算）0.29 kg，仅为世界平均消费量的 1/2.35。中国罐料市场还很有潜力。

我国的易拉罐制造业相对于发达国家起步较晚，1985 年 10 月中国首条易拉罐生产线在重庆长江电工厂投产，标志着中国铝制易拉罐制造业的起步。由于经济发展，铝易拉罐市场的需求也在快速上升，也推动了我国制罐业的快速发展，1992 年底全国共有 13 条铝易拉罐生产线，每条线的生产能力为 200～800 罐/min，年总生产能力为 32 亿罐。到了 20 世纪 90 年代中期，铝易拉罐市场需求更加旺盛，使得铝易拉罐产业又进入了一个快速发展的阶段。各厂在建设新的生产线的同时对原有的生产线进行改造，使生产速度大幅度提高。

随着易拉罐生产技术和铝加工技术的进步以及市场竞争的加剧，降低材料成本、提高材料性能始终是罐体料生产技术发展追求的永恒目标。国际上已开始研究罐体、盖、拉环一体化合金以进一步提高材料的回收利用率，降低成本并提高环保效益。在加工方式上已开始采用连铸连轧、连续铸轧技术生产罐用铝合金材料，使加工成本进一步降低。我国在易拉罐用铝材的研究和生产技术的开发等方面还落后于国际先进水平，但是随着我国综合国力的增强和人民生活水平的提高，新一轮铝加工投资高潮的兴起，这一落后局面会很快得到扭转。

2.2.1　罐体和拉环的特点

铝合金以其储量高、防腐蚀、可回收、加工性能优良等独特的优点被选中用于易拉罐罐体和拉环料的制备，铝合金罐料和拉环料用带材属于高精度特薄系列铝合金产品，要求具有良好的深冲性能、抗疲劳性能、抗腐蚀能力、优良的表面质量、较高的强度、足够的塑性、严格的尺寸偏差。要达到这些质量要求，必须具备合适的合金成品、良好的冶金质量、合理的内部结构和板形公差。在我国铝合金罐料与拉环料首先在东北轻合金有限责任公司研制成功，但是由于设备限制，成品率极低，且无法满足罐料厚度逐渐减薄的要求，目前我国能够生产铝合金罐料和拉环料的企业是拥有现代化"1＋4"或者"1＋5"等热连轧机组的生产企业。

为了节约能源、降低成本、提高生产效率，轻量化已成为易拉罐发展的必然趋势（图 2 - 1）。随着制罐企业封缝机械和其他技术的不断进步，罐身铝材的厚度已由 20 世纪的 0.343 mm 减为 0.259 mm；罐盖铝材也由原来的 0.39 mm 下降到 0.24 mm。同时为了节约板材，北美从 20 世纪 90 年代就开始着力于依靠先进技术进行罐型改造，已从 209 罐型改为 206 罐型、204 罐型、直至目前的 202 罐型，由于罐口的缩小不但

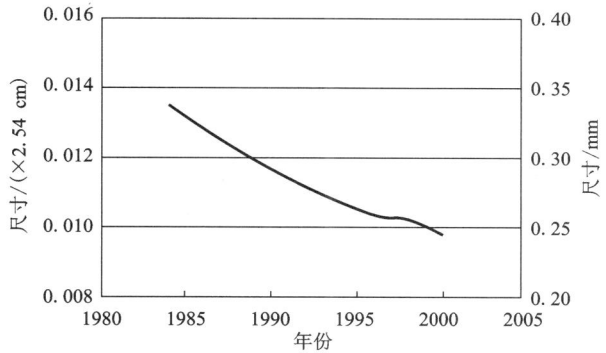

图 2 - 1　罐体料厚度减薄变化趋势

大大地减少了罐盖的用料，如从 209 型到 206 型可减少罐盖板料 27%；同时也减少了罐体的用料，如 206 型到 204 型每个罐体节约的铝板约 17%。为提高生产效率各制罐厂家也在依靠先进技术不断提高罐体的成型速度，20 世纪 80 年代中期美国易拉罐生产能力都在 800 罐/min 以上；其他国家也在 800 罐/min 左右，还有部分 200 罐/min 和 400 罐/min 的生产线。而目前北美地区的生产线的生产能力已达 2000 罐/min。

2.2.2　产品的主要要求及指标

铝易拉罐的生产要经过 40 多道工序。其中和铝板材性能相关的主要工序有：落料、冲杯、变薄拉深、修边、冲洗、外印、内喷涂、烘干、缩颈、翻边等。铝板材必须具有相当的强度和良好的深冲成形性，以保证连续冲制变薄拉深工序和烘烤后的屈服强度。其中包括厚度为 0.25 ~ 0.30 mm 的板料冲落成直径为 138 mm 左右的圆料，然后经两次深冲形成冲杯，其直径减缩率大于 50%，形成冲杯，再经过三次变薄拉深壁厚减到 0.08 ~ 0.10 mm，拉深减薄率超过 65%。由于变薄拉深加工可使毛坯料的延伸性处于极低状态，所以即使是很小的夹杂物也会成为破裂、折边的原因。随后要保证在修边缩颈和翻边过程中不出现断裂，也要求材料具有较好的塑性，经过几次的烘烤还必须保证罐体的轴向承压和罐底的耐压，要求罐身轴向承压强度 1.35 kN，罐底耐压强度 630 kPa，以使罐装和储运顺利进行。由于罐体成形过程所采用的变薄拉深工艺相当复杂，因此对罐体用铝板材的综合性能提出了相当严格的要求：即抗拉强度 270 ~ 310 MPa，屈服强度 250 ~ 300 MPa，延伸率大于 3%，制耳率小于 2%。板材表面无明显波纹，内外表面光洁度应均匀一致，无氧化，无肉眼可见的夹杂、压伤、斑痕等缺陷。板厚应均匀一致，公差在 0.005 mm 之内。随着生产技术的不断改进、易拉罐的轻量化和成形速率的提高，对铝合金板材的性能提出了更加严格的要求。只有不断地提高铝板材的内在冶金质量及其成形性能，才能适应易拉罐的生产需要。

1. 化学成分

根据罐料和拉环料的性能要求来选择合适的合金以及化学成分，目前具有成形生产工艺的罐料一般选择 3004 与 3104 合金，拉环料一般选择 5180 合金。

2. 尺寸偏差

（1）罐体。

带材厚度允许偏差为 ±0.005 mm。带材宽度允许偏差应符合表 2 - 2 的规定。

表 2 - 2 罐体带材宽度允许偏差

带材厚度	宽度≤500	宽度 >500
0.28 ~ 0.35	+1 0	+2 0

带材的侧边弯曲,每米长度上不大于 1 mm。带材与平面之间的间隙不大于 6 mm,每米波浪不超过 3 个,不允许有波距在 200 mm 以内的成串密集波浪。带材应卷紧,头尾剪切整齐串层不大于 2 mm,塔形不大于 5 mm。

(2)罐盖和拉环。

涂层板、带材的基材厚度偏差应符合表 2 - 3 的规定。板、带材的宽度偏差和板材长度偏差应符合表 2 - 4 的规定。板材的对角线长度偏差不大于 3 mm。板、带材的纵向和横向不平度应符合表 2 - 5 的规定。

表 2 - 3 涂层板、带材的基材厚度偏差

基材厚度/mm	基材厚度允许偏差(±)/mm
>0.22 ~ 0.30	0.005
>0.30 ~ 0.50	0.008

表 2 - 4 罐盖和拉环用板、带材的宽度偏差和板材长度偏差

牌号	板材长度允许偏差/mm		板、带材宽度允许偏差/mm			
			拉环产品		易拉罐盖产品	
	长度≤2000	长度 >2000	宽度≤100	宽度 >100	宽度≤1000	宽度 >1000
5052, 5182	+1 0	+2 0	+0.2 -0.2	+1.5 0	1.0 0	+1.5 0

表 2 - 5 罐盖和拉环用板、带材的纵向和横向不平度

波距/mm	对应波距的波高/mm	任意 1 m 长度内允许的波数
≤500	≤4	≤3
>500	≤6	≤3

板、带材在任意 1.5 m 长度上的侧边弯曲度应不大于 0.5 mm。板、带材在任意 1.5 m 长度上的两端翘头高度应不大于 10 mm。带材串层不大于 2 mm,塔形不大于 5 mm。

3.力学性能

(1)罐体

罐体带材的室温力学性能应符合表 2 - 6 的规定。

表 2 - 6　罐体带材的室温力学性能

合金牌号	状态	厚度/mm	抗拉强度 σ_b/MPa	规定非比例伸长应力 $\sigma_{0.2}$/MPa	伸长率（50 mm 定标距）δ/%	制耳率/%
			不小于			
3004	H19	0.28 ~ 0.35	275	255	2	4
3104			290	270		

（2）罐盖及拉环。

罐盖及拉环带材的力学性能具体见表 2 - 7 所示。

表 2 - 7　罐盖及拉环带材的力学性能

序号	合金	状态	指标确定情况
1	5052	H36	σ_b: 250 ~ 300 MPa; $\sigma_{0.2} \geqslant 180$ MPa; $\delta_{50\ mm} \geqslant 3$
2	5052	H18、H38	$\sigma_b \geqslant 270$ MPa; $\sigma_{0.2} \geqslant 240$ MPa; $\delta_{50\ mm} \geqslant 3$

4. 罐盖及拉环的涂膜性能

涂层盖料表面应涂蜡均匀，涂蜡量 40 ~ 100 mg/（m^3·面）。

食品包装行业易拉罐罐盖用铝合金涂层板、带材的涂膜性能应符合表 2 - 8 的规定。

表 2 - 8　食品包装行业易拉罐罐盖用铝合金涂层板、带材的涂膜性能

用途		涂膜重量 g/m^2	耐溶剂性	高温灭菌	耐硫性	耐酸性	附着性
易拉盖	盖外涂	3 ~ 6	>50 次不漏底	①	—	—	1 级
	盖内涂	10 ~ 13	—	①	②	③	1 级
拉环	内、外涂	3 ~ 6	>50 次不漏底	①	—	—	1 级

注：①经 121℃，30 min 蒸馏后，内外涂膜无泛白、失光、剥离、脱落。

　　②经 121℃，30 min 硫蚀后，内涂膜无泛白、失光、剥离、脱落。

　　③经 121℃，30 min 酸蚀后，内涂膜无泛白、失光、剥离、脱落。

5. 深冲性（制耳率）

罐料生产的关键环节是深冲，因此随带材本身的深冲性有较高的要求，深冲性一般用极限深冲比表示。极限深冲比是冲拉圆片的最大直径与冲杯直径的比值，比值越大深冲性能越好，一般为 2.0 左右，同时一般要求制耳率小于 4%。

6. 外观质量

（1）罐盖。

带材表面应加工良好，平整光洁；表面不允许有腐蚀、裂纹、夹渣、压折、起皮以及较严重的松树枝状花纹、擦划伤、黏伤、黑条、油斑等影响使用的缺陷存在。带材不允许有接头，

边部应剪切整齐，无裂边，边部无明显毛刺。

（2）罐盖及拉环。

易拉罐罐盖及拉环用涂层板、带材的表面不允许有气泡、划伤、漏涂、过烧、油斑、油渍、条纹、色差、花斑、辊印、压花、周期性印痕、化学药液等影响用户使用的缺陷，允许有个别轻微的、在自然光条件下距板面 1.5 m 处目测不明显的各种不影响用户使用的缺陷存在。每卷允许有一处接头，接头处不允许有松层或错动，接头只能搭接，并在端面作上标记，且每批接头卷数不超过总卷数的 10%。

2.2.3　生产的基本流程

1.罐体、罐盖及拉环用铝合金板材生产基本流程

罐体：熔铸→铣面→加热→热粗轧→连轧→冷轧→中间退火→冷轧→精整→剪切→包装

罐盖及拉环：熔铸→铣面→加热→热粗轧→连轧→冷轧→中间退火→冷轧→热处理→精整→剪切→包装

2.罐体及罐盖生产基本流程

罐体成形工艺流程如图 2 - 2 所示。罐盖生产工艺流程如图 2 - 3 所示。

2.2.4　生产的技术关键

为获得高质量坯料，从熔铸开始到热轧、冷轧、精整等各道工序都应严格控制。铸造时为了不要混入 20 ~ 30 μm 以上的夹杂物，需用 SNIF 法或陶瓷管过滤器对熔体进行过滤，并使用 Ti - B 丝细化铸态组织。为了防止生成粗大化合物，细化剂的添加量须控制在最佳范围。铝罐体必须用热轧供坯，最好采用热连轧，保证热轧后的温度在 320℃ 以上。再经过 3 ~ 4 道冷轧，达到 0.25 ~ 0.32 mm。在冷轧后要进行清洗、涂层、拉矫，在切边、重卷时进行静电涂油，然后包装出成品。热轧和冷轧时，重要的是控制板的厚度、凸度、表面形状、力学性能及异向性等。制耳率高时，会使切边的罐体高度不足。在罐体生产中，冲杯与冲头脱离时产生螺纹旋合，从而影响连续操作的进行。制耳率规定在 4% 以下。由于 DI 罐体板坯要求一定的强度和成形性，所以现在都采用 3104 - H19。

高精度铝合金板材的生产过程，主要包括熔炼铸造、铣面、均匀化和加热、热粗轧、热精轧、精整、剪切、退火等工艺过程。要使铝材具有良好的深冲成形性能、抗疲劳、抗腐蚀、优良的表面质量、较高的强度、足够的塑性、小制耳率和严格的尺寸偏差，就要求材料具有合适的化学成分、优异的冶金质量、合理的织构和板形公差等。要达到这些要求必须对铝板材整个生产过程中的每一个环节进行有效地控制，其中成分控制、铝熔体处理及热轧工艺优化等更是提高铝材质量的关键环节。

1.化学成分及其控制

目前各国主要采用 3104 合金作为罐体材料，该合金中分别含有 1% 左右的 Mn 和 Mg。

（1）添加 Mn 可以提高合金强度，Mn 低于 0.5% 时强度不足，但高于 2% 时则在 Al - Mn - Fe 系合金结晶过程中形成粗大的一次晶化合物，使材料的成形性能变差，并可能在罐体成形时形成针孔或撕裂。Mn 能够稳定退火过程中形成的再结晶织构而降低冷轧板深冲制耳率。在 DI 制罐过程中，Al - Mn - Fe 系合金中的一次晶化合物可以成为变薄拉深变形时的润滑剂而提高板材的成形性能。

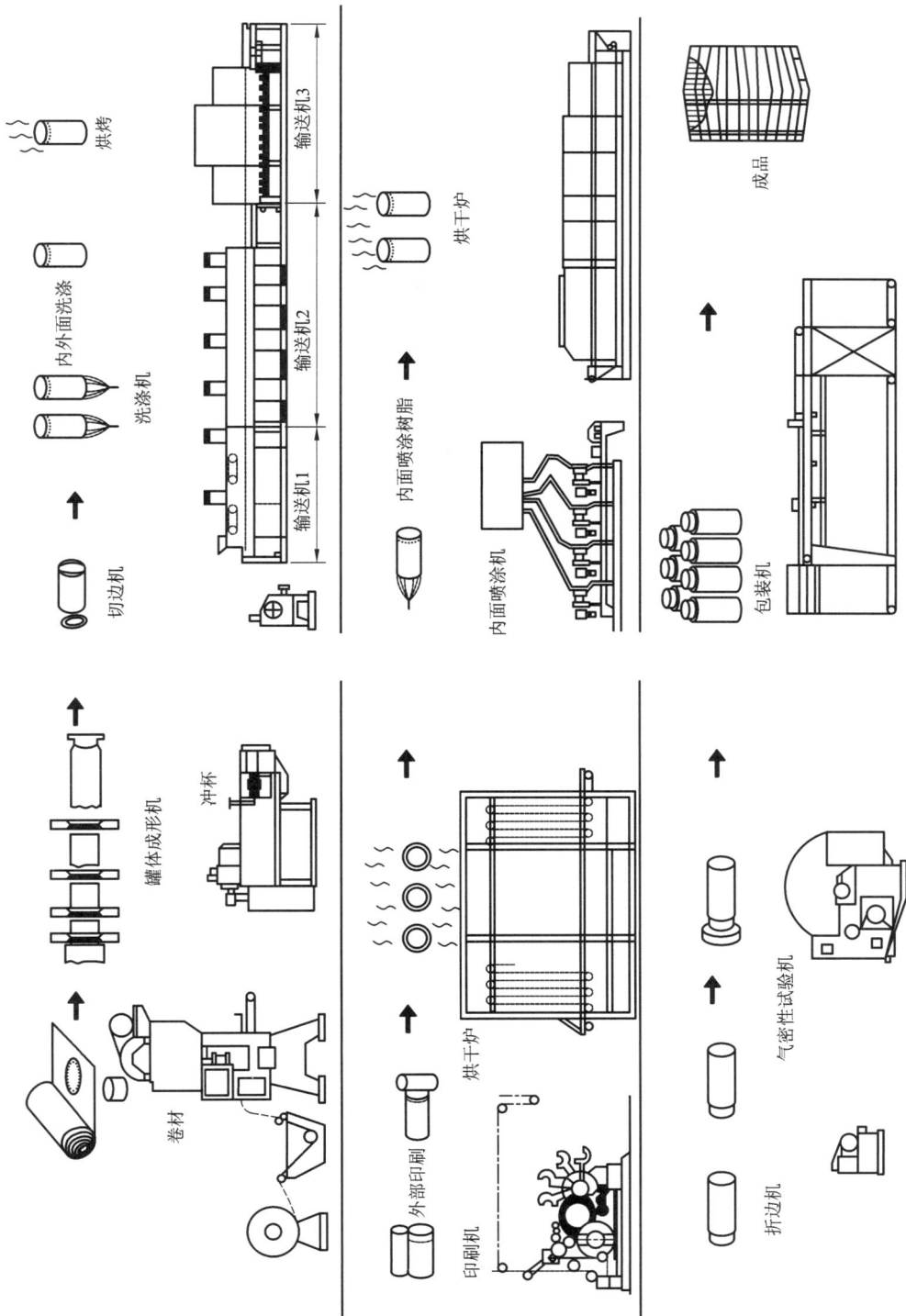

图2-2　罐体成形工艺流程示意图

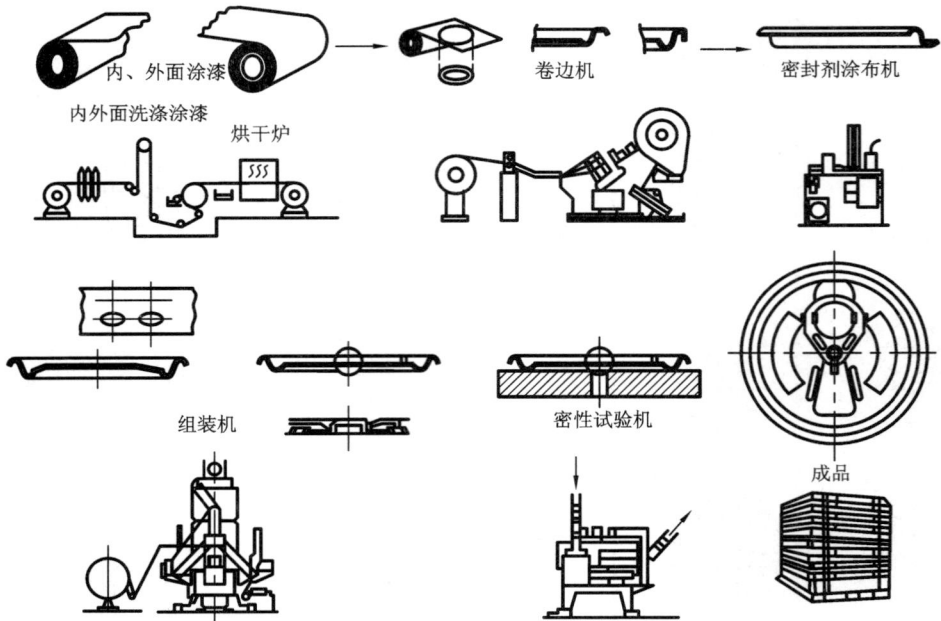

图 2-3　罐盖生产工艺流程图

（2）Mg 能比 Mn 更有效地提高板材的强度。Mg 低于 0.2% 时则强化作用不足，增加 Mg 含量可以提高板材的屈服强度，但高于 2% 时板材的变薄拉深能力、罐底凸缘成形性能变差，且在拉深时易造成罐体划伤，不能用于 DI 罐的成形方式。对于碳酸型饮料或充氮饮料，饮料罐内具有相当大的正压。假如罐底强度不足，在此压力下罐底会发生变形而造成罐体不能用于商业应用。罐底的耐压能力主要取决于板材的屈服强度和厚度。因此，制罐板材的屈服强度不足就必须增加其厚度，导致板材商用价值降低。

（3）Si 在 Al-Mn-Fe 系合金中可以促使一次晶化合物转变为 α 相。在 DI 罐的生产过程中 α 相可以改善变薄拉深变形能力，同时 Si 还与 Mg 形成 Mg_2Si 析出相而使板材强度提高，因此 Si 含量必须在 0.1% 以上。但是，Si 含量超过 0.5% 时，材料的强度变得过高且其热轧加工性能、板材的深冲性能和变薄拉深性能都会变差。

（4）Fe 与 Mn 形成（FeMn）Al_6 化合物，这种化合物的存在可以有效避免拉深过程中铝屑在模具中的积累。Fe 低于 0.2% 时这一作用不充分；但 Fe 高于 0.7% 时则会出现粗大的 Fe 粗晶相，恶化板材的成形性能。因此 Fe 应在 0.2% ~ 0.7% 之间。

（5）Cu 必须与 Mg 同时存在，烘烤过程中，Cu 与 Mg 从固体中析出的 Al-Cu-Mg 基细质点而提高材料的强度。若 Cu 低于 0.05% 不能出现强化作用；但 Cu 高于 0.5% 则材料强度会进一步提高，而耐蚀性能会急剧下降以至于不能用于罐体料。因此，Cu 应在 0.05% ~ 0.5% 之间。

（6）Zn 能改善冲制性能并能提高强度。

为避免形成粗大金属间化合物，在 DC 铸锭中，Fe、Mn、Mg 应满足下列关系：

Fe% +（Mn% ×1.07）+（Mg% ×0.27）<3.0(1)的值越小，铸锭中化合物尺寸、所占面积百分率越小。

需要指出的是，Si + Fe 含量必须小于 0.9%，否则出现的粗大一次晶化合物会恶化板材的深冲成形性能。

2. 铝熔体处理

净化处理仅是铝熔体处理的一个重要方面，铝熔体处理还包括变质处理和晶粒细化处理等。对于一些高性能铝材仅通过净化处理来提高铝液纯净度水平，已经满足不了要求。铝材中粗大的一次晶及大晶粒组织等对铝材性能的影响也很突出。研究表明，当一次晶化合物长度超过 45μm 时，使罐体径缩成形性能变差，且不能有效减薄罐体壁厚。

3. 热轧变形加工的过程控制

由于铝合金板材自身的特殊性，必须采用热轧生产工艺。在热轧过程中对板材的冶金组织、力学性能、表面质量和板材的几何尺寸、板形，必须进行合理的控制以满足后续加工和最终产品的质量要求。铝及铝合金在热轧时其组织变化是一个非常复杂的过程。首先原始晶粒在强大的轧制力作用下发生变形，铸造晶粒被轧碎或压扁并沿轧制方向伸长发生加工硬化，随即可发生动态回复，也有可能发生动态再结晶。而当被轧板材离开轧辊后便不再受轧制力作用，此时又开始发生静态回复和静态再结晶，这时可获得较细小且较均匀的完全再结晶晶粒组织。热轧时组织变化过程受诸多因素的影响，其中最主要的是变形温度、变形速度、道次变形率和机架之间或道次之间的间隙时间等。为了获得细小均匀的再结晶组织，表征铝板性能与组织的稳定性，必须严格控制热轧工艺参数。过去热轧加工仅作为一种成形手段，而忽略了热轧过程中材料力学性能和微观组织所发生的一系列的变化及其对产品最终质量的影响。

4. 制耳率控制

对于深冲类产品而言，对制耳率的控制是相当关键的，若形成制耳就需要进行修边，既浪费材料又增加中间切边工序，造成成本增加、生产效率降低。而且深冲和变薄拉深过程中在两制耳间容易造成开裂。目前罐料生产企业降低制耳率所采取的措施主要是控制终轧后的温度，使材料处于完全再结晶状态，再严格控制冷轧变形量，最终使材料的轧制织构占再结晶织构的 25% 左右。对 3104 合金罐料热轧终了温度高于 300℃ 时有利于形成再结晶立方织构，增大再结晶织构的比例，从而抑制制耳率。生产实践表明采用"1 + 4"式热连轧生产线轧制罐料时，其再结晶立方体织构可达 85% 以上。再经冷轧可达到 0.28 mm H19 状态，冷轧织构与再结晶立方体可处于最佳搭配境界，这时具有最低的制耳率。

制耳率与材料中夹杂粒子的大小及数量多少有关，铝材中杂质相和夹杂物对制耳率会产生显著的影响。由于粗大的夹杂物和杂质相与基体有着不同的弹性模量，在冲杯和变薄拉深过程中会阻碍其周围金属的流动，从而增大制耳率。粗大的铝晶粒也会增大金属变形的不均匀性，而使制耳率偏高。经过均匀化退火处理后化合物粒子越细小、分布越均匀，也有利于降低制耳率。

2.2.5　需要的特殊设备

铝合金罐料与拉环料生产工艺流程、生产技术关键点决定了此类生产过程中所需要的特殊设备。区别于普通轧制类产品的特殊设备包括熔体净化设备与热连轧设备。

1. 熔体净化设备

详见本书 1.5 节。

2.热连轧设备

在铝热连轧生产线中，通常把 1 台粗轧机后面跟 3 台或 4 台热连轧机的配置方式简称为"1 +3"或"1 +4"。铝热连轧的主体设备通常包括辊道运输系统、立辊轧机、热粗轧机、厚板剪切机、薄板剪切机、热连轧机、切边碎边机和卷取机，其平面配置如图 2 - 4 所示。

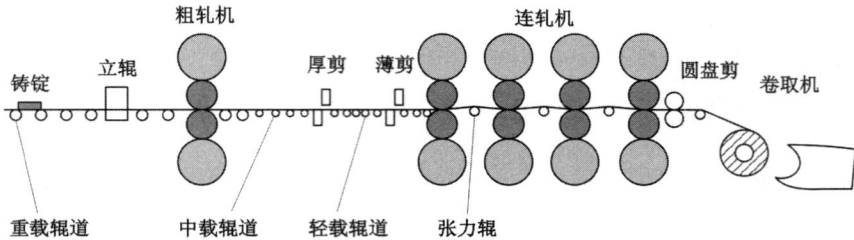

图 2 - 4　铝热连轧主体设备平面配置简图

（1）热粗轧机。

热粗轧机作为一台独立的轧机，既可单独生产厚板，也能为精轧机提供坯料，甚至将粗轧和精轧功能集于一身，可以直接产出热轧卷材成品。

目前，为适应大铸锭的轧制，粗轧机的最大开口度可达 700 mm 以上，道次最大压下量可达 50 mm 以上。粗轧机一般不配置测厚仪、凸度仪和板形仪，通常只配有温度检测装置。现代化的粗轧机的轧制过程控制采用最先进的神经元网络技术。该技术最突出的特点是具有自学习自适应的功能，在轧制过程中，可以实现道次之间、每块料之间、每批料之间的自学习自适应，从而使整个轧制过程成为不断优化的过程。

粗轧机在设备配置上因功能和工厂条件不同有一定差异，如有些粗轧机配有测厚仪，但其基本配置由轧机机架、工作辊、支承辊、压下装置、推上装置、出入口卫板、出入口对中导板、入口铸锭升降回转装置、轧辊系统和传动系统等组成。

1）压下装置。

热粗轧通常采用电动压下装置，这种方式在粗轧大压下量、长行程时运行速度较快，但电动压下装置控制反应速度慢、控制精度低，不能生产尺寸精度要求高的热轧铝板、带材，只能生产厚板和为连轧部分供板坯。

压下装置由电机、蜗轮减速机、压下螺丝、压下螺母、液压 AGC 装置等组成。两台压下电机通过蜗轮减速机带动压下螺丝转动实现辊缝调节。通过电磁离合器可脱开同步轴进行单侧压下调整，以保证辊缝调平。压下减速机为尼曼蜗轮。压下螺丝上部为花键，与压下减速机蜗轮的内花键套啮合；压下螺丝下部装有轧机专用压下止推轴承，通过承压垫与 AGC 缸相连。安装有压下指示系统，可直接显示压下量。

2）推上装置。

现代化的热粗轧采用电动压下快速预设辊缝值并结合高精度液压 AGC 推上缸调节系统，大大提高了对板厚的控制速度和精度。

3）弯辊装置。

在现代铝热连轧机列中，由于粗轧机在轧制宽合金料时轧制力较大，而轧制对辊系的挠度比较大，所以，粗轧机一般配备有正弯辊装置；由于粗轧轧辊直径较大，且粗轧板坯较厚，弯辊力对板形的影响非常有限。

4）出入口卫板。

出入口卫板主要用作为粗轧轧件产生翘头时的保护设备和乳液喷射的支架。

5）出入口对中导板。

该设备由推板、推杆装置、液压缸等组成。推板与铝坯的接触面设有导轮。

推板设有两个推杆装置，以保证推板作水平移动；推杆装置由上推杆、下拉杆、箱体、同步齿轮齿条和同步轴组成；在上推杆、下拉杆上均安装有齿条，同步齿轮同时与上、下两根齿条相啮合，保证两推杆同步动作，导板安装在上推杆上。同步轴和同步齿轮齿条装置实现推板同步动作。对中液压缸通过同步轴和同步齿轮齿条动作，带动传动侧和非传动侧推板同步并对称轧制中心线靠拢，实现对中。后退液压缸通过同步轴和同步齿轮齿条动作，带动传动侧和非传动侧推板同步并对称轧制中心线打开。推板开口度由液压缸上的位置传感器检测，具有开口度定位控制功能。空气吹扫集管位于导板凸缘，用于吹扫铸锭/铝板表面的乳液。

在推杆下部有托辊及导向辊，上部设有压辊，保持推杆运行稳定。导板、推杆、箱体等采用焊接钢结构件。

带喷嘴的乳化液喷射梁布置在导板上部，乳液由四辊可逆轧机乳液系统提供。

带喷嘴的空气吹扫集管布置在导板下部。

6）换辊装置。

换辊装置采用电动换辊小车进行轧辊的更换。

换辊小车由车体、电机、减速机等组成，换辊小车通过电机减速机带动齿轮齿条实现行走运动，小车上装有可以与机架固定轨道对齐的换辊轨道与齿条。换辊小车通过齿轮齿条的啮合，在小车换辊轨道上行走，将辊子从机架中推进拉出。换辊小车由电缆卷筒进行供电。

在更换支承辊时，电动小车首先将下支承辊从机架中拉出，支承辊换辊时用支承辊换辊支架，换辊支架是一种换辊辅助用具，换辊时坐落在下支承辊轴承座上，它可使上、下支承辊结合成一体，由换辊小车将上、下支承辊推进、拉出机架。

更换工作辊时，原理同上，工作辊对落在下支承辊上被换辊小车推进或拉出机架。

（2）热精轧机。

热精轧机将热粗轧机提供的坯料轧制成热轧卷成品。根据粗轧后配置的精轧机机架数量分为单机架精轧和多机架串联精轧（连轧），多机架精轧主要由 3～6 个机架轧机、张力辊、切边碎边机、卷取机、传动系统和检测系统等构成。在设备配置方面，单机架精轧与连轧相比，没有机架间张力辊及其控制系统，多一套卷取系统。

1）轧机

根据生产产品结构和产能，选取机架配置数量，一般为 3～6 个机架串列，其结构类似于粗轧机。由于连轧厚度精度、板形与凸度要求较高，电动压下定值不够精确，同位性差，力学响应低，而液压压下系统可以使上述所有问题得到全面改善，所以连轧采用液压压下方式，并采用多种厚度控制方式和多级协调补偿控制手段；连轧机全部配置弯辊系统，并具有正负弯辊功能。

辊系配置：为有效控制板形和板凸度，在现代热连轧机上配置了特殊的轧辊。如日本的

TP 辊、英国的 DSR 辊、德国的 CVC 辊。TP 辊和 DSR 辊是作为支承辊配置的，CVC 辊是作为工作辊配置的（支承辊也可为 CVC 辊）。TP 辊和 DSR 辊的结构及工作原理基本相同，通过调整辊身内部各区压力垫的压力来改变轧制压力沿辊身的分布，从而达到控制板形和板凸度的目的。CVC 辊是通过轴向窜动改变辊系的凸凹度，来达到控制板形和板凸度的目的。需要特别指出的是，TP 辊和 CVC 辊都只有在空载状态下调整，在轧制过程中不进行动态调整，这就决定了 TP 辊、CVC 辊控制板形和板凸度的局限性。

乳液系统：在现代铝热连轧机列上，乳液的配置主要包括轧前预冷却、机架间的冷却和轧机本身的冷却润滑三部分。从目前世界上铝热连轧工厂对热连轧机列的乳液配置情况来看，主要有四种情况：第一种是配置机前预冷却而不配置机架间的冷却；第二种是配置机架间的冷却而不配置机前预冷却；第三种是机前和机架间的冷却都不配置；第四种是机前和机架间都配置冷却。

2）张力辊。

张力辊是由一组带压力传感器的辊系组成，张力辊主要检测机架间的张力。它是通过检测带材对张力辊的张紧力并通过计算机计算出机架间张力，张力参与轧制过程自动控制。张力辊在连轧中的作用非常重要，除最终机架采用速度控制外，其余各机架均采用张力控制。

3）切边、碎边机。

冷轧高速轧制要求热轧卷端部质量要好，否则易发生断带甚至发生火灾，严重影响产品质量和设备安全。由于铝及铝合金带材热轧边部易产生边部裂边等缺陷，根据合金边部特性，铝带材切一定宽度的边，一般切边量在 30 ~ 150 mm/边。

切边、碎边机由圆盘剪和碎边机组成。圆盘剪用于纵向剪切带材边部，而碎边机则是将圆盘剪切成的窄边打断成小段，便于回收。圆盘剪和碎边机有分体式和一体式两种，分体式是将圆盘剪切的窄边经过一个梭槽再用碎边机打断成小段；而一体式圆盘剪和碎边机为一个整体，即几乎在切成窄边的同时打断成小段。切边、碎边机用于切去带材边部不合格的部分，使带材宽度达到成品宽度，并把切边料碎断，以便于收集处理。

切边、碎边方式有同轴式和非同轴式两种。同轴式切边、碎边机，圆盘剪上带有碎边刀，切边和碎边过程同时进行。非同轴式切边、碎边机，切边和碎边过程分别进行，它们各自有独立的装置。同轴式切边、碎边机，速度不能太高，否则会导致碎边料崩到带材的表面上。非同轴式切边、碎边机，可以提高切边速度，而且切边质量好。

切边速度：切边速度一般比带材运行速度高 5% ~ 8%。

4）卷取机。

卷取机位于连轧机的后部，用于将带材卷成热轧卷。热连轧为了提高生产速度，降低卸卷和助卷器动作的辅助时间，部分配置为双卷取，多在 5 ~ 6 机架连轧机中配置；部分连轧机配置为单卷取，多在 3 ~ 4 机架连轧机中配置。

卷取机由卷筒、传动、助卷器和辅助设备组成。卷轴胀缩方式有拉杆式胀缩和推杆式胀缩两种。

卷轴胀缩级数：胀缩级数就是胀缩次数，一般分为一级胀缩和二级胀缩两种。二级胀缩的目的主要是为了防止带材打滑和卷层松动。一级胀缩适用于较薄带材的卷取，二级胀缩适用于较厚带材的卷取。

为使卷取与连轧最后一机架形成张紧卷取，其卷取速度一般比最后机架的轧制速度大

10% 左右。

5）传动系统。

精轧多采用一个机架使用统一电机经齿轮箱同步传动上、下工作辊。连轧机全部采用交流变频传动。

6）检测系统。

轧线检测仪表是实现自动化控制的基础，是 PLC、计算机、电控装置的可靠耳目。所以，在目前冶金自动化水平及轧制速度越来越高的情况下，如不采用相应的自动化检测仪表和相应的控制技术，自动控制将无法实现，而且人工操作也很困难。因此，配置比较齐全的各种检测仪表，检测生产过程中的各种必要的参数，检测结果传送到自动控制系统中实现自动化轧制。

热轧生产线检测仪表的要求如下：很高的检测精度，较宽的检测范围；实时性强，反应速度快，良好的重复性和可靠性；能够抗击冶金震动、高温、潮湿及金属粉尘和雾气的干扰；对于某些检测仪表在输出时应采取隔离、屏蔽等措施以防干扰。

根据轧线自动化控制的需要，生产线检测仪表主要有以下几种：位移传感器，高温计，编码器，冷、热金属检测器，测厚仪，激光测距仪等。

板形仪：板形仪有接触式和非接触式两种。前者通常就是指板形辊；后者一般是指光学式板形仪。板形仪安装在最后一个机架和卷取机之间。

板形辊通过辊套、压力传感器检测带材张力，由此得到板形曲线。辊套表面有冷却装置。

光学式板形仪不与带材接触，完全利用光学原理检测带材的板形，测量误差比较大。

凸度仪：凸度仪主要用来检测和控制带材的凸度。凸度仪有单点扫描式凸度仪和多点固定式凸度仪两种。由于带材以一定的速度向前运动，所以单点扫描式凸度仪在检测过程中只能检测到带材对角线方向的厚度，而检测不到带材横断面方向的厚度。多点固定式凸度仪不但能够检测到带材横断面方向的厚度，而且能将带材断面上的厚度分布显示出来。

测厚仪：测厚仪大都使用 X 射线测厚仪。

测温仪：在连轧机列第一机架前和最后机架后配置非接触式测温仪，并参与轧制过程温度自动控制。

7）自动化控制系统。

轧铝自动化系统是以计算机为核心对轧制生产线进行在线实时控制和监督的自动化系统，系统配置的原则是：先进、可靠、开放、经济、合理。

热连轧过程中要控制的参数很多，如轧制力、厚度、张力、速度和温度等。这些参数的控制均由自动化控制系统来完成。根据自动化控制系统各主要部分所担负的任务不同，通常把自动化控制系统分为四级，即零级、一级、二级和三级。一般把第三级控制系统称之为管理自动化；第二级控制系统称之为过程自动化；第一级和零级统称为基础自动化。

基础自动化系统主要完成生产线的全线运转控制、逻辑控制、人机界面（HMI）、数据通信等功能。

基础自动化系统硬件包括上位机、PLC 装置、人机界面、设备故障诊断系统、基础自动化系统网络、编程和维护设备、操作台和本地操作箱、继电器柜和端子柜、传动连接柜、电磁阀控制等设备。

　　基础自动化系统软件包括 PLC 应用程序(带注释)、编程器系统软件、编程软件包、工具软件包和通信软件等。

　　热轧系统的运行方式以全自动方式为主,在特殊情况下,系统接收 HMI 的设定数据进行半自动轧铝。

　　3. 矫直、剪切设备

　　复合材料根据使用用途不同通常采用板、带、箔材三种供货方式,这三种供货方式涉及的共同要求就是产品的平整/平直度,然后是不同尺寸要求的剪切精度。所涉及的设备包括矫直设备、横切与纵切设备。

　　(1)矫直设备。

　　1)辊式矫直。

　　传统的辊式矫直法是使带材通过驱动的多辊矫直机,在无张力条件下使材料承受交变递减的拉—压弯曲应力,从而产生塑性延伸,达到矫直的目的。板材经过矫直辊时最外层纤维的受力情况如图 2-5 所示。矫直机工作辊数由 5~29 辊不等,辊径范围也很宽,一般来说,较薄的板、带材用较细辊径和较多辊数的矫直机矫直。这类矫直机通常是 4 重的,即由上下工作辊组和上下支撑辊组构成。对于表面敏感性材料,如铝和不锈钢,则采用 6 重矫直机,即在通常的上下工作辊组与盘式短支承辊组之间各增加一组通长的上下中间辊组。无论 4 重还是 6 重辊式矫直机都可用横向不同位置的盘式支撑辊组来弯曲工作辊,使材料短纤维区段产生较大的压下和延伸,从而达到矫直的目的。新型辊式矫直机还配有位移传感器和光标,可将辊形调节直观地显示出来。典型的辊式矫直机的基本参数见表 2-9。

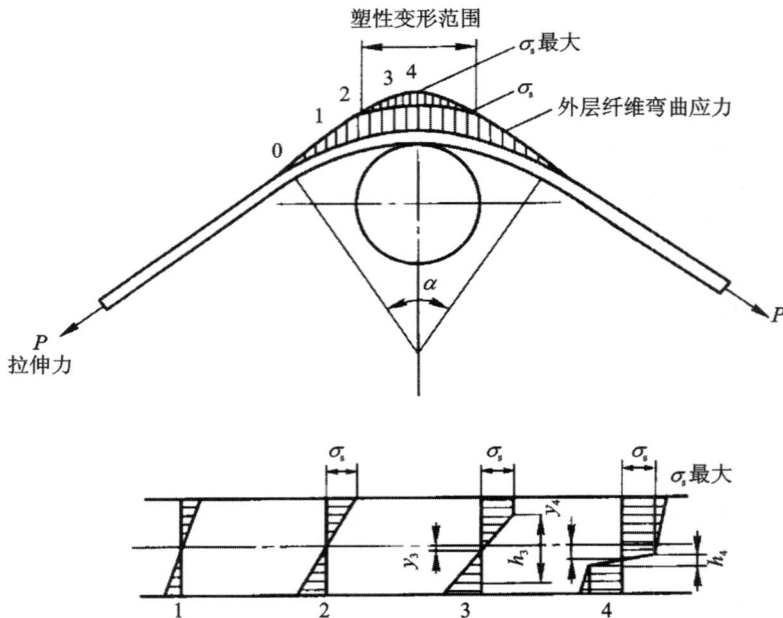

图 2-5　在一根辊上板材最外层纤维的弯曲应力分布

表 2 - 9　典型的辊式矫直机的基本参数

项目	不同辊数的矫直机的主要参数					
	13 辊	17 辊		23 辊	29 辊	
矫直带材厚度/mm	4 ~ 10.5	1 ~ 4	1 ~ 4	0.8 ~ 2	0.5 ~ 2	0.5 ~ 1.5
矫直带材宽度/mm	1200 ~ 2500	1000 ~ 1500	1200 ~ 1500	1200 ~ 2000	1000 ~ 1500	1200 ~ 1500
工作辊直径/mm	180	75	90	60	38	38
工作辊长度/mm	2800	1700	2800	2200	1700	1700
支承辊个数/个	60	57	90	60	186	186
支承辊直径/mm	210	75	76	125	38	38
支承辊长度/mm	210	350	400	200	150	150
传动电机功率/kW	—	40	65	65	55	65
转速/(r·min⁻¹)	—	620 ~ 1200	650 ~ 1180	650 ~ 1180	636 ~ 1180	650 ~ 1180
压下电机数/台	—	4	4	4	—	—
压下电机功率/kW	—	2.8	2.8	2.8	—	—
转速/(r·min⁻¹)	—	1420	1430	1430	—	—

2)拉伸弯曲矫直。

连续拉伸弯曲矫直工作原理是带材在拉应力和弯曲应力的叠加作用下,产生永久性的塑性变形得到延伸变长,构成示意见图 2 - 6。塑性延伸是由板材交替弯曲时的塑性压缩与塑性延伸的叠加而得。与纯拉伸相比较,拉伸弯曲矫直时增加了弯曲应力,改变了应力状态,因而应力状态较软,容易发生塑性变形。拉伸和弯曲相结合的矫平方式的优点是连续矫平、生产率高、功率消耗小、适用材料范围宽、矫平质量高等。目前流行的拉弯矫直机列唯一不足之处是设备造价和运行费用较高。

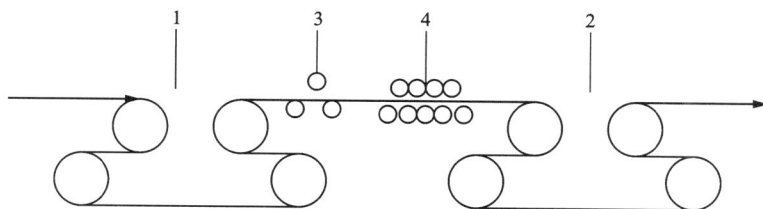

图 2 - 6　连续拉伸弯曲矫直设备构成示意图
1—制动 S 辊组;2—张力 S 辊组;3—三辊矫直辊组;4—九辊矫直机

(2)剪切机列。

剪切机列主要是针对所需的板材宽度、长度进行精确裁剪。主要包括横剪切和纵剪切两种。

1)横切机列的作用及组成。

横切机列的作用是将卷材切成长度、宽度和对角线尺寸精确、毛边少的板片，并将板片堆垛整齐，无边部和表面损伤。横切机列要达到其作用必须配置开卷机、切边剪、矫直机、对中装置、飞剪、废边缠绕装置、运输皮带以及垛板台等设备。图 2-7 中机列配置为一般配置，不同的生产厂根据生产的需要增减设置，如增加清洗装置、衬纸机以及涂油机等，矫直机从 3～17 辊辊数不一，辊径差异较大。垛片分为气垫式和吸盘式。

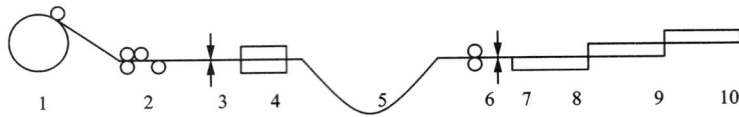

图 2-7　横切机列配置简图

1—开卷机；2—夹送辊与张紧辊；3—圆盘剪；4—矫直机；5—活套坑；
6—测速辊和夹送辊；7—飞剪或剪刀；8—检查平台；9、10—运输皮带和垛板台

剪切质量包括剪切后的边部质量和尺寸精度，剪切边部质量的控制包括两部分：一是切边圆盘剪控制长度方向的边部质量，二是飞剪控制宽度方向的边部质量。从三个方面保证剪切质量：一是刀具间隙的控制；二是刀具质量的控制（包括刃口状况、硬度、圆度和平直度；三是确保进入剪切的带材平直（来料板形要好，张力要合适，矫直机要合理调节）。

尺寸精度包括宽度精度、长度精度和对角线精度。宽度精度的保证通过圆盘剪控制：一是设备的制造精度，二是认真按工艺操作。长度精度的保证：一是测速辊的测量精度，二是飞剪的控制。对角线精度的保证：一是圆盘剪切边后带材应为矩形，二是保证进入飞剪的带材与飞剪剪刃侧向垂直。表 2-10 列出了剪刀间隙参考值。

表 2-10　剪刀间隙参考值

材料厚度/mm	≤0.3	0.3～0.5	>0.5
剪刀间隙	5%	6%	7%

2）纵切机列的作用及组成。

纵切机列的作用是提供一种连续转动的剪切方式，将卷材切成宽度精确、毛边少的带条。带材通过机列一个道次，即可在转动剪切的作用下单剪边或剪成若干条，并将带条卷成紧而整齐的卷，无边部和表面损伤。纵切机列一般由开卷机、纵剪机、张力装置和卷取机组成。

图 2-8 是纵切生产线三种主要生产方式简图，在实际生产中根据需要进行多种组合与调整。如活套有双活套生产方式的，张力装置有靠辊面摩擦力建立张力的，有利用张力垫建立张力的，有利用真空吸附建立张力的，还有"分条延伸器"的张力装置及与其他生产形式组合在一起的装置。

剪切质量包括宽度精度、毛刺、裙边、刀印等质量要求。

影响剪切质量的主要因素有工具质量、配刀工艺、设备状况及来料质量。

工具质量主要是指刀片、隔离套与垫片的尺寸精度、表面状况（表面光洁平整和表面硬

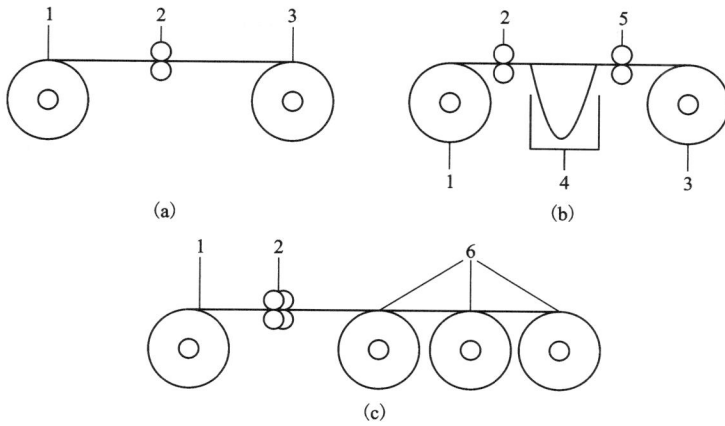

图 2 - 8　几种纵切生产线

（a）张紧型纵切生产线；（b）带活套的纵切生产线；（c）有多个卷取机的生产线
1—开卷机；2—纵剪机；3—卷取机；4—纵剪机；5—张力装置；6—多个卷取机

度）、边部状况和规格配套等内容。尺寸精度不高和规格不配套都会造成配刀间隙无法控制，从而影响产品宽度精度，产生毛刺、裙边、刀印、划伤等质量缺陷。刀片边部状况不好，有损伤、有毛刺，将使产品边部出现毛刺和边部不平整等质量缺陷。

配刀工艺主要是指对工具的选择与配合，从而达到对水平间隙、垂直间隙以及产品宽度精度的控

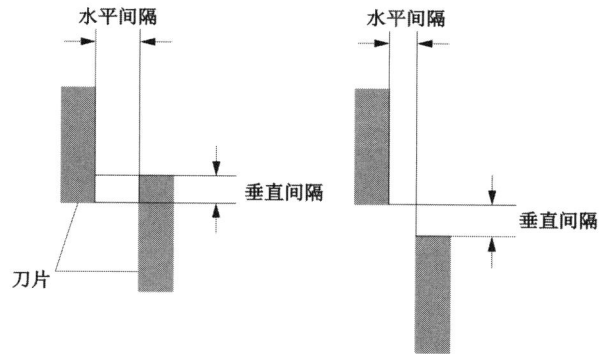

图 2 - 9　刀片间隙图

制。图 2 - 9 和图 2 - 10 分别为刀片间隙图和配刀示意图。

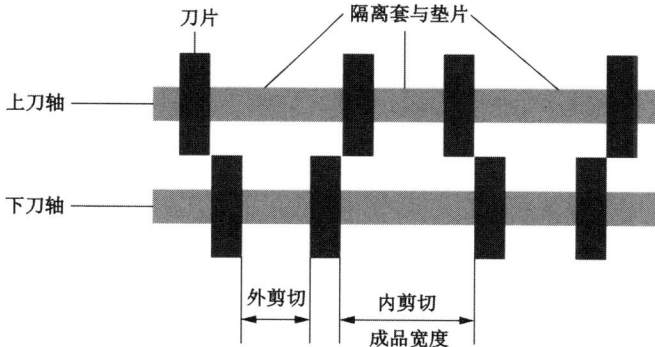

图 2 - 10　配刀示意图

　　水平间隙适宜，切出的产品边部截面状况是光滑平直的剪切面与无光撕裂平面界线平直，并且剪切面和无光撕裂平面的外边界线平直，与材料表面平齐。水平间隙太小，切出的产品边部截面状况是光滑平直的剪切面与无光撕裂平面界线弯曲，并且剪切面和无光撕裂平面的外边界线平直与材料表面平齐。剪切时设备负荷大，容易损伤刀片。水平间隙太大，切出的产品边部截面状况是光滑平直的剪切面与无光撕裂平面界线弯曲，并且剪切面和无光撕裂平面的外边界线弯曲，无光撕裂平面边界产生毛刺。

　　水平间隙一般应为带材厚度的 5% ~ 10%，对于特薄板(厚度小于 0.5 mm)水平间隙应为 0.02 mm。

　　垂直间隙小容易产生刀印，加大设备负荷，加剧刀片磨损。垂直间隙太大不能正常剪切。

　　垂直间隙的选择一般为带材厚度的 7% ~ 10%。厚度 $h \leqslant 0.3$ mm 垂直间隙选择为带材厚度的 7%；0.3 mm < 厚度 h < 0.5 mm 垂直间隙选择为带材厚度的 8% ~ 9%，厚度 $h \geqslant 0.5$ mm 垂直间隙选择为带材厚度的 10%。

　　根据产品质量的要求及来料质量状况选择不同形式、不同斜度和不同宽度的刀片。

　　外剪切时隔离环外径与刀片外径间的搭配关系：隔离环外径应该大于或等于刀片外径。当产品厚度 < 0.3 mm 时，隔离环外径等于刀片外径加 0.49 mm；当产品厚度大于 0.3 mm 时，隔离环外径等于刀片外径。具体见表 2 - 11。

表 2 - 11　隔离环外径值

带材厚度/mm	0.15 ~ 0.35	0.36 ~ 0.85	0.86 ~ 1.2	1.21 ~ 1.7	1.71 ~ 2.0
隔离环外径/mm	0	0.49	0.98	1.5	2.2

2.3　PS 和 CTP 版

　　PS 版是英文"presensitized plate"的缩写，中文意思是预涂感光版，1950 年由美国 3M 公司首先开发。PS 版的亲油部分是高出版基平面约 3 μm 的重氮感光树脂，是良好的亲油疏水膜，油墨很容易在上面铺展，而水却很难在上面铺展。重氮感光树脂还有良好的耐磨性和耐酸性，PS 版的亲水部分是三氧化二铝薄膜，高出版基平面为 0.2 ~ 1 μm，其亲水性、耐磨性、化学稳定性都比较好，因而印版的耐印率也比较高。随着科技的进步，软、硬件极大程度地提高，印刷行业不断的发展，逐步出现了高于 PS 版要求的 CTP 版和 CTCP 版。

　　CTP 是英文"computer to plate"的缩写，中文的意思是计算机制版，按制版成像原理分类主要有四种类型，即感光体系 CTP 版、感热体系 CTP 版、紫激光体系 CTP 版和其他体系 CTP 版。其中感光体系 CTP 版包括银盐扩散形版、光聚合形版和银盐/PS 版复合形版；感热体系 CTP 版主要是热敏形版，包括热交联形版、热烧蚀版和热转移版等。世界上第一台 CTP 装置于 1989 年问世，进入 21 世纪，CPT 印刷技术已在全球得到了普遍应用。CTP 印刷版采用的工艺是数码打样→印版信息输出→印刷，这样就省掉了表面粗化、晒版、修版等工序，这样无疑减少了很多中间过程，不仅节省了制版的时间和成本，而且无人为影响，无不可控因素，能使印版上的网点质量得到有效的保证，图文能够真实反映印刷的内容。

CTCP 版是"computer to conventional plate"的英文缩写，是指在传统 PS 版上进行计算机直接制版，是 CTP 工艺的一种形式，CTCP 版有很多优点，最明显的就是提高了生产效率和降低了生产成本，具体体现在以下几个方面：可在直接制版流程中采用常规的 PS 版，PS 版是印刷厂家使用了多年的印刷版，熟悉其性能和处理工序，技术成熟，而且 PS 版比热敏 CTP 版、紫激光版便宜。

2.3.1　PS 和 CTP 版的特点

PS/CTP 版可统称为印刷版或胶印版，是在铝板基上涂有感光层的经制版后即可上机印刷的版。现代印刷版的版基都是铝板。根据 YS/T421，PS 版铝板基分为三类：普通印刷 PS 版基，供报纸、书籍等普通纸张印刷用；彩色印刷 PS 版基，供图画、彩印文字及特种纸印刷用；CTP 印刷 PS 版基，供计算机直接制版用。CTP 版（计算机直接印刷），也是用铝板基作为其支持体的，即其感光（感热）树脂层也都是涂布在表面经砂目化处理的铝板基上。CTP 版是实现直接制版的技术核心，CTP 版的种类很多，可供选择的品种也比较丰富，根据成像原理的不同，可分为光敏型和热敏型，光敏型可分为银盐型和非银盐型。银盐版的最大优势是制版速度快，热敏版的最大优点是明室操作，分辨力高，光聚合 CTP 版的主要优点是成本较低，曝光、显影后经烤版其耐印力可达 100 万印。

CTP 与 PS 对所用铝板基材表面质量要求方向一致，都希望表面缺陷越少越好，越轻越好。对于印刷版和铝板基材生产双方当然都希望铝板基材表面没有缺陷，但是在铝板基材实际生产过程中，需要经过熔炼、铸造、机加工、热处理、热轧开坯、热精轧、冷轧、精整等几十道工序，每个卷长度多则近万米，少则上千米，大多数卷材往往都或轻、或重地存在一些表面缺陷，经济可行的办法是有针对地制定表面缺陷的控制要求。对铝板基材表面缺陷的要求确定可参考以下原则：

（1）参考印刷版生产线速度、电解腐蚀能力等相关工艺参数，提出对铝板基材的具体要求。一般供需双方需要进行多次交流、试用，找到一个合理的控制点。

（2）根据铝加工装备、技术、管理水平合理进行市场定位，寻找可行的经济技术平衡点。

（3）根据具体的印刷用途确定对铝板基材的质量要求，不能一刀切。

2.3.2　产品的主要要求及指标

在印刷工厂，生产高质量的印刷版的核心技术就是要在印刷版上制造出均匀的砂目和合理的砂目结构。均匀的细砂目可以使印刷网屏的分辨率更高、网线更多，网点更精细、更齐全，实现图像丰富细腻的层次，合理的砂目结构具有良好的耐脏性、抗亲水性、耐印刷性。无论是 CTP 版基、CTCP 版基还是 PS 版基，对于铝板基材的质量要求都是非常严格的，尤其是对其表面质量、板材平直度、内部组织等都要进行严格地控制。化学成分、尺寸公差、表面质量与力学性能指标汇总如下，内部组织控制要求详见本书 2.3.4 节阐述。

1. 化学成分

印刷版用铝板基使用的铝材合金牌号主要是 1050、1060、1070 及在此基础上进行微量元素调整开发的合金牌号，如 1052 合金等，其中 1050 牌号铝板、带材应用最为广泛。PS 版和 CTP 版用铝板、带的主要牌号的化学成分见表 2 - 12。

表 2 – 12　PS 版和 CTP 版用铝板、带的主要牌号的化学成分（质量分数）/%

牌号	Si	Fe	Cu	Mn	Mg	Zn	V	Ti	其他	Al
1050	0.25	0.40	0.05	0.05	0.05	0.05	0.05	0.03	0.03	≥99.50
1060	0.25	0.35	0.05	0.05	0.05	0.05	—	0.03	0.03	≥99.60
1070	0.20	0.25	0.05	0.03	0.03	0.04	0.05	0.03	0.03	≥99.70
1052	0.25	0.40	0.03	0.03	0.05 ~ 0.25	0.02		0.02	0.03	≥99.52

　　一般情况下，PS 版用铝板基仅含 0.50% 以下的合金元素及杂质元素，主要有 Si、Fe、Cu、Mn、Mg、Zn、Ti、Ni 等元素，铝版基含有的上述这些元素对其电解氧化质量有一定的影响，参考不同厂家生产的 PS 版用铝板的微量元素的对比分析，可以反映出 PS 版用铝材的化学成分对化学元素的要求，见表 2 – 13。

表 2 – 13　PS 版用铝材的化学成分（质量分数）/%

厂家	牌号状态	Si	Fe	Cu	Mn	Mg	Cr	Zn	Ti	V	其他杂质
日本三菱	A1050 – H18	0.25	0.40	0.05	0.05	0.05	—	0.05	0.03	—	0.03
日本天空	A1050 – H18	0.25	0.40	0.01	0.05	0.05	—	0.05	0.05	0.02	0.03
印度 INDAL	AW1050A – H18	0.08	0.30	0.005	0.002	0.002	0.002	0.004	0.01	—	
日本住友	A1050 – H18	0.25	0.40	0.01	0.05	0.05	—	0.05	0.02	0.05	
加拿大 ALCAN	AW1050A – H18	0.09	0.33	0.005	0.001	0.001	0.001	0.013	0.008	—	
德国 Hydro	HA1052 – H19	0.078	0.37	0.0004	0.0004	0.1941	0.005	0.018	0.005		

　　从表 2 – 13 可以看出，国际上知名的印刷铝板基生产厂家，对化学成分有着严格的控制，化学成分的不同和控制不当都会造成 PS/CTP 版使用时产生缺陷。

　　2. 尺寸公差

　　对于 PS/CTP 版基而言，主要尺寸控制要求一般符合表 2 – 14 的规定。

　　3. 外观质量

　　对铝版基表观的基本要求是洁净、平整，无裂纹、腐蚀坑、点、通气孔、擦划伤、折伤、印痕、起皮、松枝状花纹、油痕等弊病；表面不允许有非金属压入及黏伤、横皮、横纹等缺陷；不允许有轻微色差、亮条等问题；不能有鼓包、荷叶边等现象。

表 2－14　PS/CTP 版基板材主要尺寸要求

项目	单位	指标
厚度允许偏差	mm	±0.010
宽度允许偏差	mm	±2
长度允许偏差	mm	±2
版材两对角线长度允许偏差	mm	2～3
带材的不平度	mm	3
波浪数	个/m	≤3
塔形	mm	≤20
错层	mm	≤5
带材侧边直线允许偏差	mm	2
抗拉强度	N/mm²	≥127
伸长率	%	≥1
板带材表面粗糙度	μm	0.3

4. 力学性能

PS 版基、CTP 版基及 CTCP 版基用铝板带的状态一般为 H18、H16 状态，印刷版在印刷时受力状态复杂，这需要版基用铝材具有足够的抗拉强度、耐烘烤强度等性能要求，来保证印刷制版和耐印力的需要。YS/T 421 规定 PS 版基和 CTP 版基用铝板、带材的力学性能和模拟烘烤的工艺性能见表 2－15 和表 2－16。

表 2－15　YS/T 421 中规定 PS 版基和 CTP 版基用铝板、带材的力学性能和模拟烘烤的工艺性能

牌号	状态	抗拉强度，R_m/MPa	断后伸长率/% 标距 50 mm
1050，1052，1050，1070	H18	150	1
	H16	130～170	2

表 2－16　YS/T 421 中规定 PS 版基和 CTP 版基用铝板、带材模拟烘烤的工艺性能

牌号	状态	烤板温度/℃	保温时间/min	烘烤后室温抗拉强度 R_m/MPa	外观要求
1050，1052，1050，1070	H18、H16	260±2	5	≥115	烤板试样无目测可见的翘曲、变形
		280±2	5	≥100	

2.3.3 生产的基本流程

目前生产条件下，印刷用 PS/CTP 铝板基绝大部分仍然选用热轧坯料进行生产，仅有少数控制精细的专业化生产企业成功研制出了铸轧生产工艺。热轧坯料典型的生产工艺流程如下：熔炼铸造→均匀化处理→热粗轧→热连轧→均匀化处理→冷轧→精整。

2.3.4 生产的技术关键

生产 PS/CTP 版基必须过三关：第一应确保化学成分合格，并不是化学成分符合有关标准（YS/T 421）就可以生产出用户满意的产品，必须在成分上作适当的调整，各个大的铝业公司都有各自的内部控制标准；第二，表面品质好；第三，板形好，尺寸偏差应比标准的更严一些。

1. 化学成分控制

Si 含量一般控制在 0.05% ~0.35% 之间，超过 0.35% 对于铝板表面粗化的均匀性不利，另外单体游离硅容易析出，往往使印版非图文部分上脏。冷轧板中游离硅的含量限制在 0.012% 以下为好，因铝板基经阳极氧化处理后由于游离硅残存于阳极氧化膜中，易形成氧化膜缺陷使印品上脏。

Fe 有使铝板表面电解粗化均匀的作用。Fe 在铝合金中形成 Al - Fe 或 Al - Fe - Si 的化合物，这些化合物有使再结晶粒微细化的效果，能形成均匀、微细的电解砂目层。PS 版用铝板基中 Fe 的含量一般在 0.05% ~0.5% 之间，$w(Fe) < 0.05\%$ 时，再结晶粒微细化，铝板表面电解粗化的微细效果差；如 $w(Fe) > 0.5\%$，易形成粗大的化合物，使铝板表面电解粗化不均匀。

Cu 作为杂质在铝板基中有一定的固溶强化作用，并可加快腐蚀速度，有利于铝板表面电解粗化。Cu 的含量控制在 0.05% 以下为好，如超过 0.05% 对铝板基进行电化学处理时生成的凹部粗大，对粗化面均匀性有害，印刷版非图文部分的耐脏性较差，特别是对于耐脏性要求高的印刷品，最好把铝板基中的 Cu 含量控制在 0.004% ~0.02% 范围内。

Mn 作为杂质在铝板基中起细化组织的作用，对铝板的再结晶过程有明显影响，能阻止其再结晶过程，提高再结晶温度，并能显著细化再结晶晶粒。其含量一般不能超过 0.4%，如超过 0.4%，形成的铁锰金属化合物易粗化，导致印版印刷性能降低。PS 版用铝板基将 Mn 控制在 $w(Mn) < 0.4\%$。

Mg 有抑制再结晶粒粗化的倾向，有利于在铝板基电解过程中抑制砂目粗化。PS 版用铝板基中含一定量的 Mg 有提高其强度和韧性的作用。一般为 $w(Mg) = 0.05\% ~0.3\%$，但如超过 0.3%，虽然强度提高了，但在印刷中非图文部分容易上脏，而且压延板的平整度也难以控制；含 Mg 的 1052 铝板还拓宽了烤版温度范围，用 1050 铝板生产的 PS 版制成的印版烤版温度一般为 250 ~260℃；而用 1052 铝板生产的 PS 版烤版温度达到 290℃ 也不会变形。

Zn 对铝板有明显的强化作用，可提高其硬度，PS 版铝板基中加入适量的 Zn，在保证阳极氧化表面质量的前提下，可提高其硬度和强度，一般 $w(Zn) \leq 0.02\%$。

2. 内部组织

内部组织对于印刷版基的影响，主要与金属组织的内部晶粒大小、位错的数量、密度和分布、第二相（金属间化合物）的形状和尺寸有关。

铝板基的粗大的纤维组织将导致印刷版基在电解时出现表面不均匀问题，严重时会形成电解条纹。铝版基的粗大纤维组织开始产生于铸造工序，铸造的粗大晶粒组织在后续加工过程中会被破碎、延展，变形到一定程度后，形成粗大的纤维组织，从而产生遗传性的影响；加工过程的热处理也可能产生粗大晶粒，之后的继续变形使粗大晶粒拉长，最终形成粗大的纤维组织。因此，铝板基的晶粒越细，晶界数量越多，微观的不均匀腐蚀点越多，就能形成越细小的砂目。有关研究表明，铸造晶粒尺寸要控制在 $180\mu m$ 以下，热轧动态再结晶晶粒尺寸控制在 $60\mu m$ 以下，采用中间退火，经冷轧产生大量的位错，会达到优质印刷用铝板基细密均匀纤维组织的要求。

位错从产生、成长、合并反应，都与金属中能量分布有关，是金属塑性变形的载体。位错是热轧和冷轧变形的积累，位错边界分割会细化晶粒，就能在电解时形成新的腐蚀点，能够形成多层次、更细微的腐蚀砂目。金属间化合物的分布和尺寸对电解的影响主要是受微电池作用机理的影响，分布异常会导致局部形成较大的电解腐蚀坑。影响金属间化合物尺寸和分布，主要取决于铝基体的化学成分和铝板基材的加工工艺，化学成分的影响在 2.3.4 中已有说明，加工工艺上，主要采取热轧、冷轧、中间退火等工艺的合理制定，最终获得弥散、均匀、细小的第二项质点。

3. 表面质量

印刷版基用户对铝板基材的表面质量的要求是十分严格的，对影响印刷版表面的表面粗糙度及表面黑条、压过划痕、表面油痕、轧制振痕等表面缺陷都有严格的要求。

（1）表面粗糙度。

虽然铝板基表面的粗糙度本身不会影响电解腐蚀性能，但印刷版铝板基材的表面粗糙度和印刷版面的粗糙度存在着直接的对应关系，其粗糙度会对电解腐蚀砂目产生叠加效应。国际上通常用 Ra 值和 Rz 值来衡量印刷版铝板基材的表面粗糙度。

Ra 是轮廓的算数平均偏差，是指在取样长度 l 内轮廓曲线的偏离绝对值的算数平均值，见公式（2-1）及图 2-11。由于 Ra 值是所测量曲线长度内各点的代数和的平均值，包含了整个曲线的峰谷粗糙度的综合情况，光滑表面算数平均值小，则 Ra 值小，反之 Ra 值大。

$$Ra = \frac{1}{l}\int_0^l |z(x)|\,\mathrm{d}x \qquad Ra \approx \frac{1}{n}\sum_{i=1}^{n}|z_i| \qquad\qquad (2-1)$$

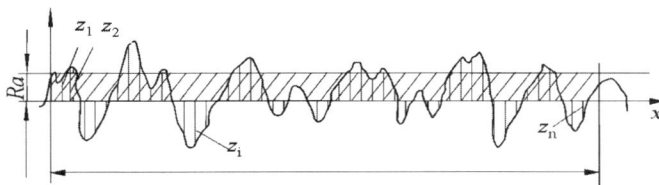

图 2-11　Ra 值示意图

目前正在使用中的一些表面粗糙度测量仪器大多测量 Rz 值是 GB/T 3505—1983《表面粗糙度术语表面及其参数》定义的，是指微观不平度的 10 点高度，为取样长度内 5 个最大的轮廓峰高的平均值与 5 个最大的轮廓谷的平均值之和，见公式（2-2）和图 2-12。而在 GB/T 3505—2009《产品几何技术规范（GPS）表面结构轮廓法术语、定义及表面结构参数》中 Rz 值的定义为：

在一个取样长度 l 内，最大轮廓峰高和最大轮廓谷深之和的高度，见公式(2-3)和图2-13，与 GB/T 3505—1983 规定的完全不同，这在研究对比 Rz 值时，要引起注意。Rz 的大小在一定程度上说明了砂目的平均颗粒度，Rz 值越大，说明印刷版面的粗糙度越不均匀。

$$Rz = \sum_{i=1}^{f} ypt + \sum_{i=1}^{f} yvt \qquad (2-2)$$

$$Ra = 2P_{max} + 2v_{max} \qquad (2-3)$$

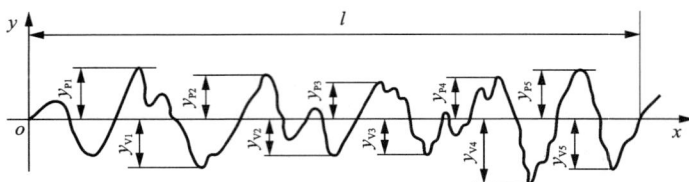

图 2-12　GB/T 3505—1983 标准定义的 Rz 示意图

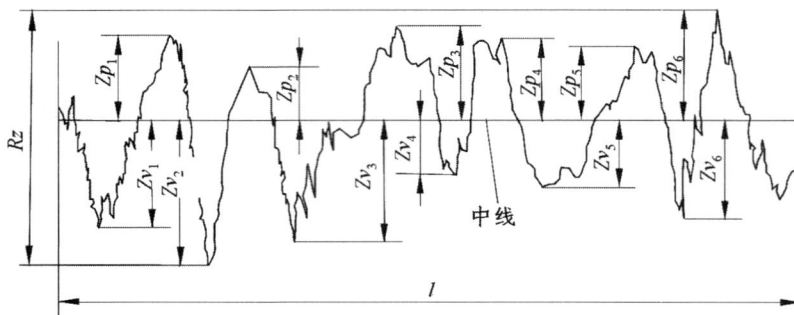

图 2-13　GB/T 3505—2009 标准定义的 Rz 示意图

目前，PS 版、CTP 版和 CTCP 版对铝板基材料的粗糙度比以往常规 PS 版的铝板基材料的要求都要高，要求 Ra 值≤0.20 μm，Rz 值≤1.20 μm。在印刷铝板基生产过程中，要从热轧、冷轧对表面粗糙度进行轧辊磨削表面质量、工艺控制以及精整工序对表面的保护等各个方面进行严格管理，为此，对铝板基材料的表面粗糙度要从以下方面进行控制。

从工艺上正确选择热粗轧、热精轧、冷轧轧辊表面粗糙度从粗到细逐步过渡进行控制。

轧辊磨削时，不但要控制好 Ra 及防止磨削震纹、斜纹等缺陷，而且也要控制好 Rz 值，保证轧辊磨削表面的均匀性。控制好轧机板形，使拉弯矫直或拉伸矫直的延伸率尽可能小，防止张力辊、矫直辊与带材之间的打滑。

（2）表面缺陷。

多数铝加工厂印刷版用铝板基材采用热轧卷生产的方式，也有部分铝加工厂采用铸轧坯料生产印刷版用铝板基材，但用铸轧坯料很难稳定提供高档的 CTP 版用铝板基材。印刷用铝板基材的生产工艺并不复杂，但每道工序的质量管理要求极高，对人、机、料、法、环各个管理环节都要达到严格受控，铝板基材的表观和内在质量才能稳定且达到要求。

在铝加工厂生产过程中，印刷铝板基的表面缺陷主要有：无裂纹、腐蚀、穿通气孔、严重擦划伤、折伤、印痕、起皮、松树枝状花纹、油痕等缺陷，在生产过程中对这些缺陷都要进行控制。

铝板基表面也不应有折伤或针孔,因为它们不仅会引起底片与 PS 版之间接触不实而造成图像发虚,还可能引起烧版或损坏设备。解决铝带的表面质量问题,要从产生缺陷的原因入手进行预防和解决,常见印刷用铝板基材的表面缺陷形貌和产生原因见表 2 - 17。

表 2 - 17 常见印刷用铝板基材的表面缺陷形貌和产生原因

序号	缺陷	产生原因	图例
1	印痕	①轧辊、工作辊、包装涂油辊及板、带表面黏有金属屑或脏物; ②其他工艺设备(如:矫直机、给料辊、导辊)表面有缺陷或黏附脏物; ③套筒表面不清洁、不平整及存在光滑的凸起; ④卷取时,铝板、带黏附异物	
2	孔洞	①坯料轧制前存在夹渣、黏伤、压划、孔洞; ②压入物经轧制后脱落	
3	非金属压入	①生产设备或环境不洁净; ②轧制工艺润滑剂不洁净; ③坯料存在非金属异物; ④板坯表面有擦划伤,油泥等非金属异; ⑤物残留在凹陷处; ⑥生产过程中,非金属异物掉落在板、带材表面	
4	金属压入	①生产中金属物屑落在带板上,经轧制压入带材表面; ②轧辊黏铝后,又将所黏的铝压在铝带上所致	
5	粘伤	①热轧乳液润滑不好; ②热状态下卷、带材承受局部压力; ③冷轧卷取过程中张力过大,经退火产生; ④热轧卷取时张力过大	
6	振纹	①轧机轧辊机械振动产生; ②轧机轧辊润滑过当产生; ③轧辊磨削产生的震纹印在铝带表面; ④拉弯矫矫直辊振动产生	

续表 2－17

序号	缺陷	产生原因	图例
7	黏铝	①热轧时铸锭温度过高； ②热轧时，铝卷与辊道之间干接触； ③轧制工艺不当，道次压下量大且轧制速度快； ④工艺润滑剂性能差	
8	黑条	①工艺润滑不良； ②原料存在表面黏铝缺陷； ③工艺润滑剂不干净； ④板、带表面有擦、划伤； ⑤板、带通过的导路不干净； ⑥铸轧带表面偏析或热轧用铸块铣面不彻底； ⑦金属中有夹杂； ⑧开坯轧制时，产生大量氧化铝粉，并压入金属，进一步轧制产生黑条	
9	压过划痕	①原料存在擦、划伤表面缺陷； ②轧机导管道路对铝带表面产生的划伤又经轧制； ③铝带松卷，造成层间错动擦、划伤又经轧制； ④中间退火前及二次轧制时张力使用不当，造成层间错动擦、划伤又经轧制	
10	水痕	①清洗后，挤干辊挤水不净或不均匀； ②清洗后，烘干不好，带材表面残留水分； ③淋雨等原因造成带材表面残留水分，未及时处理干净； ④因地域温差，铝卷在运输过程或异地储存中端面形成冷凝水造成	
11	亮暗条纹	①铸锭表面质量差，热轧前未铣面； ②工艺润滑不良； ③轧辊上存在亮带； ④板坯表面组织不均，有粗大晶粒或偏析带； ⑤先轧窄料，后轧宽料	
12	铸轧PS版表面黑白条	①Ti、Ca化合物出现偏聚； ②铸轧下铸嘴发生化合物聚集和积渣沉淀； ③冷轧总加工率不足； ④冷轧其他原因产生黑条	

4. 平直度

无论是 PS 版基，还是 CTP 版基，对于铝板基材的平直度都有很高的要求，YS/T 421 标准把板形分为不平整度和荷叶边两种。铝板基的平直度应适应印刷版电解的要求，因卷筒式印刷版生产线采用无接触喷射法砂目粗化，如板基的平直度不好，则电极板与铝板之间距离不一致，其电解液流量也不一致，铝板基表面上不同部位的电量差异大，电解反应程度强弱不一致，形成砂目粗细不均。其中细砂目储水少，达不到印刷要求，而粗砂目储水多，易造成印版空白部分起脏，如波浪太大还会造成铝板基与电极板局部接触引起短路击穿，铝板基就无法使用了。同时因击穿产生的附属物（铝渣、铝屑）会堵塞喷管，使电解液喷射量不均，甚至使喷管破裂，造成铝板基表面粗糙度差异大及损坏设备等问题。

PS 版板基的平直度要求小于 2.5I，CTP 版基板的平直度要求小于 2I。在铝加工厂，生产印刷版基板的工艺在冷轧后，经过拉弯矫工序进行板形矫直。而对于生产高档 CTP 版基板，则需要采用"纯拉伸"矫直机，纯拉伸矫直机没有弯曲辊，带材经二次反向包绕大直径的张力辊，带材在截面产生均匀的塑性延伸，使内应力分布均匀、对称，同时由于不接触小直径的钢质矫直辊，也使带材表面质量得到了保证。

综上所述，印刷铝板基的化学成分、内部组织、表观质量及平直度等都会影响印刷版基砂目状态、氧化膜的厚度及印刷套印精度等质量指标。同时，在卷筒式印刷版基生产线上，厂家为了自身的效益，一经开卷发现问题就停机退下铝卷，因为一次停机会造成 100 多米长的铝板基报废，从而使印刷版基生产成本上升，所以印刷版基生产厂家对铝板基的质量要求相当严格。而印刷厂对此要求更严格。我国虽已制定相关的标准，但随着人们对印刷品质量的要求越来越高，印刷机的精度不断提高，标准的要求已不能完全达到印刷厂的要求。因此，只有专业管理、严格控制，才能生产质量高档及稳定的印刷版用铝板基材。

2.3.5　需要的特殊装备

PS/CTP 版基生产过程与普通轧制板、带材最大的区别之处有两点：一是热轧一般选择热连轧来获得良好的产品表面质量，二是选择纯拉伸矫直工艺保证板、带材具有良好的平直度。

1. 热连轧

详见本书 1.5 节内容。

2. 纯拉伸矫直机

当前，在铝薄板带生产过程中，拉伸矫直是一道非常重要的工序。通过这种矫直，能消除带材在轧制过程中产生的边部浪、中间浪、板振纹痕（chatter mark）、鱼刺形纹及翘曲等缺陷。现在这些生产线有两种形式：一种是纯拉伸矫直，另一种是集拉伸矫直与连续涂层、清洗于一体的，后者更为普遍。经这类生产线矫平的 PS/CTP 版铝板基、带材不但其有理想的平直度，而且其有更高的表面质量。在生产 PS 及 CTP 铝带材时，不但要求带材有良好的板形，尽量平直，而且表面应光滑洁净，无任何瑕疵。

德国的 BWG 公司生产的 PS 版专线，该设备采用 BWG 公司的纯拉伸专利技术——纯拉伸矫直（Pure - Stretch - Levelflex®）和可膨胀张紧辊（inflatable bridle roll）设计；融合世界上最新的切边技术：带宽自动控制、精确的刀片间隙控制技术；由德国 Eisenmann 提供的高效自动控制碱洗技术；拉伸段传动采用高精度的行星齿轮箱对延伸率进行精确控制，使得该条生产线对板材具有良好的板形控制和高的表面质量,满足了下游客户对产品的高要求。至 2013 年 5 月中国引进的 BWG 公司提供的 4 条纯拉伸矫直机列(Pure - Stretch - Levelfles):这 4 条生产线的主导产品之一都是 PS 及 CTP 带材,设计生产能力 70 ~ 80 kt/a,产品最大宽度有 1700 mm 的,也有 2150 mm 的,因为印刷版铝板基的最大宽度为 1050 mm,厚度为 0.275 mm,生产线可处理带材厚度为 0.14 ~ 0.5 mm,图 2 - 14 所示。

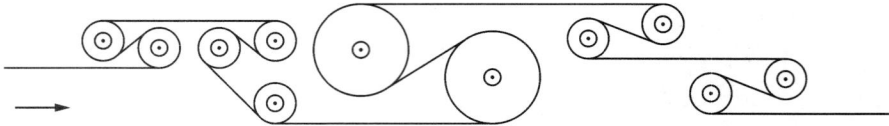

图 2 - 14　纯矫直拉伸机拉伸段示意图

铝带材经纯拉伸矫直机(BWG Pure - Stretch - Levelflex)整平后,其平直度比经常规拉弯矫直机整平的小得多,可小于 5 I,是高精铝板、带中的精品,是生产 CTP 板与其他最高档高精铝薄板带的必需设备。截止到 2006 年底,拥有 BWG 公司纯拉伸矫直机列的铝业公司有:美国铝业公司达文波特(Davenport)轧制厂,美国铝业公司欧洲轧制产品公司,加拿大铝业德国轧制产品公司,加拿大铝业公司纽布利萨克轧制厂(Newbrisack),美国凯撒铝业公司,德国海德鲁铝业公司格雷文布洛希轧制厂(Greevenbroich)。

纯矫直拉伸机主要参数见表 2 - 18。

表 2 - 18　纯矫直拉伸机主要参数

来料合金	1 × × × H18; 3003 H18
带材厚度	0.14 ~ 0.5 mm
带材宽度	900 ~ 2150 mm
卷重(包括套筒)	Max. 24.4 t
卷外径	1250 ~ 2600 mm
抗拉强度	145 ~ 235 MPa
屈服强度	135 ~ 220 MPa
卷取卷轴	$\phi400/\phi500/\phi600$
机列产能	7 万吨
机列速度	300 mpm
穿带速度	12 mpm
正常停车	30 mpm/s
快速停车	60 mpm/s
紧急停车	75 mpm/s

2.4 钎焊用铝合金复合材料

复合材料是由两种或两种以上不同性质的材料黏合而成、具有新性能的一种材料。复合材料按基体的不同分为聚合物基(PMC)、金属基(MMC)、陶瓷基(CMC)、碳/碳基(C/C)。铝基复合材料主要由基体和增强体组成。基体多采用可热处理强化的铝合金,多为 2×××和 7××× 系的合金。增强体主要采用连续(长)或非连续(短)纤维、晶须和颗粒。

层状复合材料大多是利用轧制复合技术,使两种或两种以上物理、化学、力学性能不同的金属,在接触界面上实现冶金结合而制备的一种新型复合材料。这种新型材料可极大地改变单一金属材料的诸多特性,如材料的热膨胀性、强度、密度、伸长率、电性能、磁性能和焊接性能等,因而被广泛应用于汽车、火车、飞机、船舶、电子、电力、医疗器械、环保和化工设备等领域。

铝基层状复合材料是众多金属基复合材料之一,而且铝具有密度小,导热,导电性能好,耐腐蚀,可加工性能好和易回收等诸多特性,因而在各个领域中被广泛应用。从理论上讲,铝及铝合金能与低碳钢、中碳钢、不锈钢、低合金钢、镍及镍合金、铜及铜合金、钛及钛合金、不同牌号的铝合金等金属轧制复合成双金属或多层金属新材料。国外在 20 世纪 30 年代就开始研究开发热传输设备用复合钎焊板、带、箔的生产技术,40 年代在西欧等国已获得了应用。直到 20 世纪 80 年代末,世界上也只有美、德、日、俄和瑞典等少数发达国家能生产热传输设备用复合钎焊板、带、箔材料,而且对生产技术高度保密。

20 世纪 80 年代,东北轻合金有限责任公司就自主研制成功并开始生产钎焊用铝合金复合板。20 世纪 90 年代,随着全球汽车工业减重节能、减少污染排放等理念的兴起,全球各大汽车企业开始采用铝合金复合材料作为热交换的材料,并逐步替代铜。2006 年伴随着铜原料价格的惊人增长,更加快了以铝代铜的趋势。至 2010 年底,生产铝热传输复合硬钎焊板、带、箔的企业已发展到 20 余家。其中,产能在 40 kt/a 以上的仅 2 家(萨帕、银邦),产能在 15 kt/a 左右的有 4 家,其余各企业产能都不足 10 kt/a。全国总产能达到 210 kt/a,是美国诺威力铝业公司产能(110 kt/a)的 2 倍多,占世界总产能(680 kt/a)的 30.9%,居世界首位。但平均产能仅为 11 kt/a,企业多、规模小是国内生产铝热传输复合硬钎焊板、带、箔的现状。产品质量,除萨帕比较稳定外,大多数企业质量不稳定,经营管理较差,经济效益较低。目前尚有多家企业正在建设或筹建铝热传输材料厂,如上海金山华峰铝业有限公司设计能力 130 kt/a,萨帕二期技改设计能力达 100 kt/a 等,到 2013 年底,国内生产能力将达到 400 kt/a。

2.4.1 钎焊用铝合金复合材料的特点

复合材料除具有被复合单一金属、合金或非金属材料的特性外,还具备单一材料不具备的性能或功能特点,包括光、电、声、磁、力学、可焊、阻尼、耐热、耐磨、耐蚀等。钎焊用铝合金复合材料具有强度高、重量轻、耐腐蚀、导热性高、可靠性高、成本低、易回收和钎焊性能优良等诸多特性,近年来广泛应用于航空、汽车、家用电器、空气化工和柴油机械制造等领域。

钎焊用铝合金复合材料(以下简称复合材料)通常情况下为两层或三层复合轧制而成,皮材采用熔点低且流动性好的 4××× 铝合金作为焊料,芯层采用具有中等强度的 3××× 防锈铝合金复合轧制而成。双面包覆钎焊料的铝合金复合带材具有良好的加工性能和钎焊性能,钎焊时不需手工施加焊料，易于在炉中实现自动钎焊，大大提高生产效率。目前钎焊用铝合金复合材料典型产品是厚度为 0.07 ~ 4.5 mm 不同应用领域的产品，一般情况下，厚度为 0.07 ~ 0.2 mm 的铝合金复合箔材，通常以卷带供货，主要用于汽车散热器和汽车空调器的翅片；厚度为 0.21 ~ 4.5 mm 的铝合金复合板材，主要用于化工和制氧机行业的板式散热器。

2012 年，有色标准化技术委员会编制组在广泛调研国内复合材料生产单位基础上，确定了复合材料的命名规则，复合材料牌号采用包覆层合金/基体合金或包覆层合金/基体合金/包覆层合金直列方式表示，如包覆层为 4343 合金、基体为 3003 合金的单面包覆的复合材料表示为 4343/3003；如包覆层为 4004 合金、基体为 3003 合金的双面包覆的复合材料表示为 4004/3003/4004。

2.4.2 产品的主要要求及指标

复合材料由于其独有的产品特点决定了产品所应具备的主要指标。不同的使用场合同时也对钎焊用铝合金复合材料产品提出了不同的使用要求。一般情况下，常规复合材料的主要技术指标包括包覆层厚度(包覆率)、钎焊温度、尺寸偏差、力学性能、化学成分；高端复合材料除上述要求外，控制指标还包括抗下垂性(抗塌陷性)、钎焊后力学性能等。此外，根据使用要求的不断变化，优化设计皮层和芯材化学成分配比也是近年来复合材料各主要生产企业和应用单位研究的热点之一。下面分别介绍复合材料主要的技术指标与控制典型指标。

1. 现有典型复合材料牌号、状态与规格

现有典型复合材料牌号、状态与规格见表 2-19。

表 2-19 现有典型复合材料牌号、状态与规格

复合材料牌号	状态	规格/mm			包覆率/%
		厚度	宽度	长度	
4045/3003/4045，4A14/3003，4A14/3003/4A14，4343/3003/7072 a，4045/3003/7072 a，4047/3003/4047，4A14/3A11/4A14，4343/3A11，4343/3A11/4343，4004/3003，4004/3003/4004，4343/3003，4343/3003/4343，4045/3003	O H14、H24	0.21 ~ 4.50	900 ~ 1600	2000 ~ 10000	5 ~ 18

2. 包覆层厚度

根据复合材料使用要求、产品规格不同，复合材料的包覆层厚度要求也不相同，但是一个普遍的要求就是用户往往希望包覆层厚度越均一越稳定、波动越小越好，包覆层范围越小、波动越小代表复合材料质量也越高。典型复合材料规格对应的包覆层厚度见表 2 – 20。

表 2 – 20　典型复合材料规格对应的包覆层厚度

复合材料厚度/mm	包覆层厚度/mm
1.2	0.11 ~ 0.15
1.6	0.13 ~ 0.18
2.0	0.17 ~ 0.22

3. 化学成分

复合材料中大部分合金的化学成分是按照 GB/T 3190 标准进行控制，但是近年来随着复合材料的不断发展，使用要求不断加严，专业复合材料生产厂家陆续开发出特殊的化学成分控制的合金与复合材料产品。典型的新合金化学成分见表 2 – 21。

表 2 – 21　典型新型复合材料合金化学成分

序号	牌号	化 学 成 分，%										其他		Al
		Si	Fe	Cu	Mn	Mg	Cr	Ni	Zn	Ti	Zr	单个	合计	
1	3Al1	0.6	0.7	0.05 ~ 0.20	1.0 ~ 1.5	—	—	—	0.50 ~ 1.5	—	—	0.05	0.15	余量
2	4Al4	9.0 ~ 11.0	0.8	0.30	0.05	0.05	—	—	0.50 ~ 1.5	0.20	—	0.05	0.15	余量

4. 尺寸偏差

复合材料尺寸偏差控制是为了满足产品最终组装与钎焊的使用要求，厚度偏差往往是控制钎焊质量的重要影响因素，根据典型的规格整理了复合材料的厚度、宽度、长度、对角线与侧边弯曲度偏差分别见表 2 – 22 至表 2 – 25。

表 2 – 22　复合材料厚度允许偏差

厚度	宽度/mm		
	900 ~ 1200	>1200 ~ 1400	>1400 ~ 1600
	厚度允许偏差		
0.21 ~ 0.40	±0.03	±0.04	±0.05
>0.40 ~ 0.70	+0.05 −0.03	+0.05 −0.03	+0.05 −0.03

续表 2 – 22

厚度	宽度		
	900 ~ 1200	> 1200 ~ 1400	> 1400 ~ 1600
	厚度允许偏差		
> 0.70 ~ 1.10	± 0.08	± 0.10	± 0.13
> 1.10 ~ 2.40	± 0.10	± 0.13	± 0.15
> 2.40 ~ 3.60	± 0.13	± 0.13	± 0.18
> 3.60 ~ 4.00	± 0.20	± 0.20	± 0.23

表 2 – 23　复合材料长度允许偏差

厚度	长度/mm	
	≤3000	> 3000
	长度允许偏差	
0.21 ~ 4.0	± 4	± 6

表 2 – 24　复合材料对角线允许偏差

板材宽度 W	板材长度/mm	
	≤3700	> 3700
	对角线允许偏差,不大于	
≥1000	$2.0 \times W/300$	$2.8 \times W/300$

注:当宽度(W)不是 300 mm 的整数倍时,用其整数倍加 1 来确定偏差。例如:宽度(W)为 1220 mm,长度为 2000 mm,则对角线允许差为:$2.0 \times 5 = 10$ mm。

表 2 – 25　复合材料不平度要求

板材宽度	不平度,不大于/mm	
	宽度方向	长度方向任意 2 m 之内
1000 ~ 1200	12	10
> 1200 ~ 1600	15	

5. 力学性能

复合材料最重要的使用要求是焊接,传统的复合材料对力学性能的要求并不严格,但是随着使用环境要求的不断提升,复合材料的力学性能尤其是钎焊后的力学性能逐步成为近年来复合材料生产企业的研究的焦点之一。典型复合材料的力学性能指标见表 2 – 26。

表 2 - 26　典型复合材料的力学性能指标

复合材料牌号	状态	厚度/mm	抗拉强度/MPa	断手伸长率 A50 mm/% 不小于
4Al3/3003，4Al3/3003/4Al3，4Al3/3Al1/4Al3，4Al3/7Al1/4Al3，4Al7/3003，4Al7/3Al1/4Al7，4Al7/7Al1/4Al7，4343/3003，4343/7Al1/4343，4343/3003/7072，4343/7Al1，4343/3003/4343，4343/7Al1/7072，4343/3003/1100，4343/7Al1/1100，4343/3Al1/4343	O	>0.20~1.30	95~150	18
		>1.30~5.00		20
	H12	>0.20~1.30	120~170	4
		>1.30~5.00		5
	H22	>0.20~1.30	120~170	6
		>1.30~5.00		7
	H14	>0.20~1.30	150~200	2
		>1.30~5.00		5
	H24	>0.20~1.30	150~200	3
		>1.30~5.00		5
	H16	>0.20~1.30	170~230	1
		>1.30~5.00		2
	H26	>0.20~1.30	170~230	2
		>1.30~5.00		3
	H18	>0.20~5.00	≥200	1
4004/3003，4004/3005，4004/3003/4004，4004/3Al1/4004，4004/3003/7072，4104/3003，4104/3003/4104，4104/7Al1/4104	O	>0.20~1.30	95~165	18
		>1.30~5.00		20
	H12	>0.20~1.30	125~205	3
		>1.30~5.00		6
	H22	>0.20~1.30	125~205	3
		>1.30~5.00		7
	H14	>0.20~1.30	145~225	2
		>1.30~5.00		4
	H24	>0.20~1.30	145~225	3
		>1.30~5.00		5
4004/6063，4104/6063/4104，4343/6951/4343，4045/6951/4045	O	>0.20~5.00	≤140	16

6. 钎焊温度

钎焊温度是衡量复合材料使用要求的关键指标之一，钎焊温度的选择直接决定加热设备的选择、工艺制定与产品的质量稳定性，典型复合材料芯材与皮材及复合材料钎焊的推荐温度见表 2 - 27。

表 2 - 27　典型复合材料芯材与皮材及复合材料钎焊的推荐温度

合金		参考		
		固相线温度/℃	液相线温度/℃	钎焊温度/℃
基体	3003	643	654	—
	3A11	641	653	
包覆层	4343	577	615	600 ~ 620
	4045	577	590	590 ~ 605
	4A14	576	588	590 ~ 605
	4004	559	591	590 ~ 605
	4047	577	580	580 ~ 605
	4A17	577	580	580 ~ 600

2.4.3　生产的基本流程

复合材料典型生产流程如图 2 - 15。

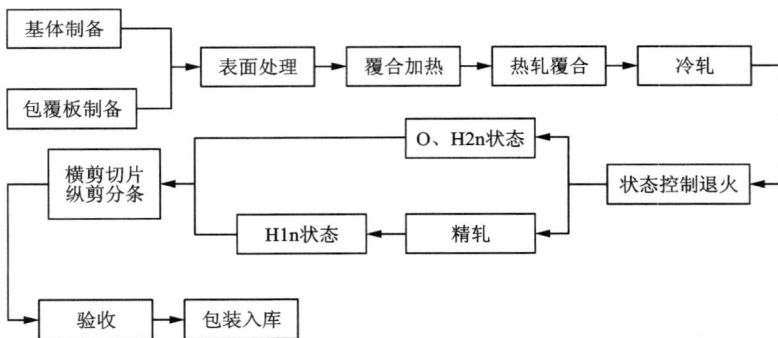

图 2 - 15　复合材料典型生产流程

从典型生产工艺流程可以看出,复合材料的生产涵盖了板、带材轧制产品所通用的工艺流程,但与普通板、带材不同之处是复合材料需要提前制备包覆板,并且需要进行覆合加热与热轧复合,热轧复合即是复合材料不同于普通产品的工艺区别,更是生产复合材料要控制的关键工序与关键过程。

2.4.4　生产的技术关键

复合材料的使用要求决定了生产过程的关键控制环节,根据不同的使用要求,将复合材料生产关键技术归纳为化学成分稳定性控制、复合过程控制与包覆层厚度设计。

1. 化学成分稳定性控制

复合材料在钎焊过程中皮材 4 ××× 合金起焊接作用,在复合材料的钎焊过程中,包覆层合金的流动性、润湿性、间隙填充能力、熔蚀性和接头强度等代表着钎焊质量的优劣。同时 4×××合金中的 Si 含量决定了钎焊的温度，一般情况下，要求皮材 4×××合金中 Si 含量控制越均匀、越稳定越有利于焊接过程和钎焊温度的控制，有利于钎焊质量的控制。在芯材合金设计和选择上，主要采用熔点高、高温强度适宜、钎焊过程中与焊料结合性好、弯曲变形小且焊料对其扩散影响不大，同时在使用中具有适中的强度和耐蚀性的铝合金。同时为了达到某种特有的性能，一般会控制合金中的 Zn 与 Mg 含量。下面简要介绍 Si、Zn、Mg 在复合材料使用过程中的作用：

（1）Si 元素的作用：Al – Si 合金在共晶点附近其熔点最低可达到 577℃，这是其作为钎焊材料的优势。复合后，Si 元素会因浓度梯度而向基体合金扩散，使基体的 Mn 元素固溶度随 Si 含量的增加而降低，并形成富含 $\alpha[Al(MnFe)Si]$ 弥散体的阳极带，从而改变了基体中 Al 和第二相之间的电位差，使腐蚀优先发生在基体的亚表面层，同时 Si 可以改变钎焊料的流动性，组织均匀细密，提高钎焊质量。

（2）Zn 元素的作用：一是可使合金的腐蚀电位降低，添加量越大，电位降低越多，冲制后的散热片作为阳极优先腐蚀，从而保护介质通道；二是降低合金表面氧化膜强度，使其表面容易剥落而全面腐蚀，达到抑制点蚀的目的。但是，若 Zn 含量过高，散热片腐蚀速度过快，会使散热片失去散热效果并降低其使用寿命。

（3）Mg 元素的作用：包覆层合金中的 Mg 是保证真空钎焊质量必不可少的金属活化剂、吸气剂，同时对复合板的耐蚀性产生一定的影响。腐蚀试验表明，Mg 元素的加入使包覆层合金腐蚀电位降低，腐蚀速度加快，有一定的抗点蚀作用。

2. 复合过程控制与包覆层厚度设计

（1）常规复合途径与方法。

层状复合材料的复合途径和方式多样，主要包括爆炸复合、铸造复合、轧制复合、沉积复合、离子喷涂复合和挤压复合等，详见图 2 – 16。目前比较成熟及应用较广的多采用轧制复合方式生产，是属于固固相复合。轧制复合是通过强大的轧制压力和较大的变形量，使两层或两层以上的不同合金界面原子相互扩散而形成冶金结合，然后通过多道次的轧制制备成不同厚度的目标合金板、带、箔材。

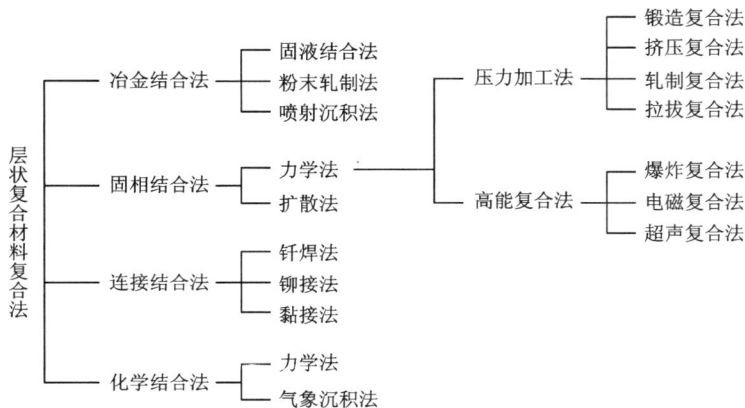

图 2 – 16 复合材料复合方法

（2）新型复合方法。

早在 2006 年美国诺威力公司（Novelis Inc.）对外宣布，经过多年的研究开发，该公司的复合锭铸造法已进入商业化生产，该公司位于纽约州的奥斯威戈轧制厂（Novelis Os‑wego Mill）已铸造 50 多种不同规格的铝合金锭。我国已经成功铸造出 4045/3004/4045 铝合金扁锭，填补了国内空白。

（3）轧制复合的机理。

双金属复合机理极为复杂，尽管长期以来人们为此做了大量的研究探索工作，但迄今为止，许多机理仍未被人们所揭示和了解。虽然如此，现在有些理论还是从某些方面解释了双金属的复合机理。

1）金属键理论。该理论是 N. S. Buton 在 1954 年提出的。其主要内容是，双金属间的结合是两组元金属中的原子在组元金属接近过程中产生的相互吸引作用的结果。这一理论是从化学角度来解释双金属复合机理的。

2）薄膜理论。该理论认为，双金属材料的复合性能并不取决于材料本身的性能，而是由金属材料的表面状态决定的。只要除净双金属表面上的油膜和氧化膜，在协调一致的塑性变形下，使新鲜金属以裂缝方式裸露出来，双金属接近到原子间力的作用范围内，就可以形成双金属的结合。此机理要求轧制加工率达到一临界值，使裸露金属达到足以使界面结合的最小面积，否则无法复合。

3）能量理论。该理论是 A·П·西苗诺夫在1958 年提出的。该理论认为，引起金属间相互结合的条件，不是金属原子的扩散，而是金属原子所具有的能量。

4）再结晶理论。该理论是 L·N·帕克斯在1953 年提出的。其根据是金属在变形量很大时，再结晶温度会显著下降的事实。该理论认为，双金属在高温加压条件下形成结合的主要过程是接触区的再结晶过程。在高温的作用下，会使双金属接触面边缘的晶格原子重新排列，形成同属于两组元金属的共同晶粒，这就使相互接触的两组元金属结合成一体。再结晶理论实际上所论证的问题是接触表面已经产生结合以后的组织变化过程，而不是双金属本身的结合过程。用这一理论没法解释冷轧条件下，双金属的复合过程。

5）扩散理论。该理论是卡扎可夫在 20 世纪 70 年代提出的。该理论认为，双金属在被加热到 $0.6 \sim 0.8$ 倍的熔化温度条件下，其相互接触区中存在着一层很薄的互扩散区。正是这一薄层扩散区实现了双金属的牢固结合。扩散作用就是使两金属原子相互作用的机会增加，进而加强双金属间的结合。

6）位错理论。该理论认为，当两种相互接触的金属产生协调一致的塑性变形。位错迁移到金属的接触表面，并使表面的氧化膜破裂，形成了高度只有一个写子间距的小台阶。这一方面可以看成是塑性变形阻力的减小；另一方面可以认为是增加了双金属接触表面的不平度，使接触表面产生比内部金属大得多的塑性变形。这等于说，双金属的结合过程就是其接触区金属的塑性流动的结果。这一理论无法解释在没产生塑性变形的条件下，所进行的双金属复合过程。如采用铸法进行的双金属复合过程。

7）双金属复合过程的三阶段理论。该理论认为，任何在高温加压条件下进行双金属复合的过程都包含如下三个阶段：第一阶段是双金属间物理接触的形成阶段，也就是双金属中的原子依靠塑性变形，在整个接触面上相互接近到能够引起物理作用的距离或足以产生弱化学作用的距离。第二阶段是化学相互作用阶段。双金属接触表面激活并形成化学键，实现双金属间的结合。第三阶段是扩散阶段。双金属在完成物理接触实现初步结合后，各组元金属的原子通过结合面相互扩散，以增进结合强度。此阶段要根据扩散区及新相的性质控制扩散过程。

8）N. Bay 机理：上述理论各具优、缺点，也由于实验手段的限制，它们并不能准确、完整地揭示固相结合过程的本质。进入 80 年代，丹麦学者 N. Bay 运用电镜技术对固相结合表面进行剥离观察，发现面上存在大量氧化膜碎片。此后在众多实验研究的基础上，针对表面氧化膜被去除后，金属一旦与空气接触，仍会不同程度地被氧化这一客观事实，提出了自己的机理。

他认为固相结合主要由以下 4 部分组成：①在一定压力下，覆膜破裂；②表面扩展导致纯净基材显露；③法向压力将基材挤压入覆膜裂缝中；④两种金属的活性面在间隙中汇合并形成真实结合。固相结合的本质在于压力使接触面接近至原子间距离，由原子吸附而产生大量结合点。实验也证明了结合强度基本由结合过程决定。扩散等理论只涉及结合后的变化，未触及本质，且扩散对结合强度无大影响。从一系列的研究中不难看出，结合强度的获得与结合表面状况、结合表面扩展率及焊后热处理等方面有着密切联系。

（4）复合轧制过程控制（包覆层厚度与焊合质量控制）。

轧制复合又分为热轧复合和冷轧复合两种。热轧复合时，由于被轧金属温度高，变形抗力小，塑性好，所需要的变形力小，较易实现复合。而冷轧复合则需要强大的变形力才能进行，对设备的要求高得多，所以在实际生产中大多采用热轧复合法。轧制复合技术在 20 世纪 30 年代开始就引起了一些材料科学工作者的高度关注，经过几十年的研究和发展，热轧复合工艺和装备已较为成熟。此法成本较低、产量高、效益好，因此被广泛采用。一般在复合轧制过程中需要进行如下几个方面的关键过程控制。

1）包覆率。

包覆率是指单面钎料包覆层厚度占总厚的百分比。这是一个非常重要的性能指标，直接影响钎焊过程能否成功地进行。若包覆率过小，钎焊时钎料就会供应不足，造成虚焊或假焊，影响热交换器的传热性和坚固性，严重时产品就得报废；包覆率过大，芯材的厚度就相对较小。因此，合适的包覆率既能够保证有充分的钎料供应而又不会出现灾难性的坍塌现象，是一个极其重要的问题。除此之外，包覆层厚度的均匀性是衡量钎焊复合材质量的重要指标，它直接影响钎焊材料的钎焊性能和钎焊质量，国内、外标准对钎料厚度及包覆厚比都作了严格的规定。包覆率在热轧复合过程中的变化如下：

包覆率在粗轧阶段随轧制的进行而逐步下降，而热精轧过程中则随轧制的进行而逐步升高；粗轧阶段包覆率（%）= 12.458 − 0.0712 × 总轧制加工率（%）；热轧精阶段包覆率（%）= exp[1.741 − 0.00846 × 精轧总变形量（%）]。

复合钎焊板在热轧复合后其包覆层的厚度在板带宽度方向上是不均匀的，在距离板边处的包覆层厚度变化较大，而板材中间的包覆层厚度大致不变，包覆层最厚出现在靠近板材的边部。再往中间，包覆层厚度减小直至中间稳定。热粗轧后及热精轧后其包覆层的厚度变化规律大体一致，说明其不均匀性有一定的遗传性。

2）复合界面的清理。

复合界面的清理质量是轧制复合能否复合成功以及复合质量好坏的影响因素之一。复合界面清理的目的是充分去除氧化层、表面油污等杂物，从而得到洁净的表面，有利于复合时原子间的相互扩散实现冶金结合。表面清理的方法又分为酸碱洗化学清理法和机械刷除物理清除法。

3）热轧复合时的道次加工率设计。

热轧复合时的加工工艺中，道次加工率的设计十分重要。热轧复合开始几道次的道次加工率设计的原则是：根据组合坯锭的厚度来进行计算，以保证变形区在复合界面产生。道次加工率一般为3%～7%，因为太小的道次加工率使塑性变形仅在皮材层产生，从而使皮材延伸向上翘起而不能实现皮材与芯材的结合；过大的道次加工率，使变形区深入到芯材深处，在复合界面上不能充分暴露新鲜金属，从而也难于实现皮材与芯材的有效结合。只有在前几道实现皮材与芯材的有效复合后，才可根据轧机的能力，加大道次压下率，使皮材与芯材达到同步延伸。

4）加热工艺和开轧温度的控制。

表面清理好后，组装的复合坯锭送入加热炉进行加热，必须根据不同成分的坯料控制好加热炉各温区的温度和加热时间。加热温度过高，有时会使皮材熔化。加热时间过短，坯锭温度不均匀，有时表面温度达到了工艺规定的开轧温度，而坯锭的中心部位温度较低，轧制时因温度差异而使金属延伸不均匀，严重时会出现轧裂现象而报废。因此，实践中认为加热温度（炉温）一般设计在低于皮材固相线温度10～20℃较为理想。开轧温度根据不同的皮材控制在420～520℃，加热时间则根据加热炉的性能和坯料的厚度通过实验确定。

5）终轧温度的控制。

终轧温度的控制也十分重要，理论上要求理想的终轧温度应控制在芯材的再结晶温度以上。实践认为，对于以3003合金为芯材的三层复合热轧坯，终轧温度控制在330～350℃，有利于获得后续冷轧加工和成品性能控制的热轧坯细晶组织，这对于带双卷取的热轧机并不困难。

6）材料状态和性能的控制。

复合钎焊板、带、箔的供货状态一般有H1n状态和O状态两种，各客户的装机设备有一定的差别，因此对材料的力学性能要求有差异。但不管怎样，同一状态下整卷材料性能的一致性十分重要。对于H14状态的复合带材软硬不一，除了化学成分的不均匀外，成品退火前道次的厚度公差控制尤其重要。这一点往往容易被人忽视，这对于控制材料性能的一致性十分重要，是客户使用时出现的垛片波峰高度不一致、波密度不一致，导致钎焊时出现虚焊的主要原因之一。

7）复合钎焊板、带、箔的力学性能与芯材成分和微观组织结构的关系。

复合钎焊板、带、箔的力学性能与芯材的成分和微观组织结构有着十分密切的关系。对于O状态供货的深拉复合板，合理的铁硅比和等轴细晶组织能大幅度提高硬钎焊板的伸长率，减少深拉时的橘皮状缺陷。为了获得等轴细晶组织，有必要优化退火工艺和成品退火前的冷轧总加工率。退火前的冷轧总加工率一般要控制在75%～85%。过大的冷轧加工率，在成品退火时有可能发生再结晶长大，形成粗大晶粒，从而降低伸长率；过小的冷轧加工率，在退火时由于再结晶形核能不足，形核率低而不能获得细晶组织，同样会降低伸长率。

2.4.5　需要的特殊设备

复合材料的生产工艺流程和生产关键控制技术直接决定了复合材料生产过程中需要采用特殊的、主要的设备。热轧机和冷轧机虽然是复合材料生产过程必须具备的设备，但是对于板、带材产品而言，热轧机和冷轧机是生产必备的设备，对于复合材料生产而言，并没有对轧机提出特殊要求，保证相应的尺寸控制精度即可，轧机相关参数不在本节进行论述，本节重点介绍复合材料生产过程中区别于其他产品所采用的设备，包括表面处理设备、焊合设备等。

1. 表面处理设备

复合材料需要两层或两层以上不同合金复合在一起进行轧制而成，因此对不同合金的表面处理要求极其严格。必须清除包覆板和芯材铸锭表面氧化皮、磕碰伤、脏物等。常用的表面处理方法包括酸、碱洗和打磨，酸、碱洗设备要求简单、表面处理效果好，但是操作环境差，一般只能对包覆板进行酸、碱洗，而且高锌合金等部分产品不适用于酸碱洗。打磨分为手工打磨和设备打磨两种，一般焊合机附带毛辊具备打磨功能，机械化程度高，打磨后表面也有利于轧制过程复合。打磨设备基本要求在"焊合机"部分进行阐述，本条重点介绍酸、碱洗相关要求。

复合材料皮材在轧制复合前必须经过表面洁净处理，目前比较常用的处理方式是蚀洗处理。蚀洗设备简单，一般采用一定规格的钢质槽体即可，蚀洗的生产工艺流程见图 2-17，酸碱液技术指标见表 2-28。需要注意的是，经过蚀洗后的皮材必须在 24 h 内进行复合，否则应重新蚀洗。

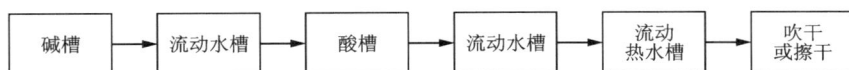

碱槽 → 流动水槽 → 酸槽 → 流动水槽 → 流动热水槽 → 吹干或擦干

图 2-17　蚀洗生产流程图

表 2-28　酸碱液技术指标

蚀洗材料	NaOH 溶液			HNO₃ 溶液		在槽中提升次数			
	浓度/%	温度/℃	蚀洗时间/min	浓度/%	蚀洗时间/min	碱槽	冷水槽	酸槽	热水槽
复合材料皮材	15~25	60~80	5~10	15~30	2~4	3~5	4~5	3~5	5~7

注：热水槽温度控制在 60~80℃ 之间。

2. 焊合机

复合材料装炉前一般要将皮材与芯材采用焊接方式（电焊或者通长焊）固定在一起，然后装炉进行轧制。焊合机主要部分一般包括上料辊道、焊接前辊道、对中装置、上料装置、整平装置、焊接装置、焊接后辊道、电气和液压装置等，新建的焊合机一般配备打磨装置（表面清洗干刷机），典型焊合机设备部件名称与功能描述见表 2-29。

表 2 – 29 典型焊合机设备部件名称与功能描述

序号	设备名称	描述
1	上料辊道	位置和功能：位于机组前端，用于承接铸锭 结构：双锥形辊子，集中传动，每根辊子上配有减速机，整组辊道安装在缓冲结构上，可以减缓铸锭下落时的冲击，保护辊道。缓冲结构为油缸带动的铰链机构，铸锭上料前，辊道升起，铸锭下落时，靠连接油缸有杆腔的压力控制阀起缓冲作用。 参数：辊子直径 230 mm；辊面长度 2300 mm；辊子表面处理为表面淬火 辊间距 750 mm；辊数 10 根；电机功率 2×5.5 kW；速度，0 ~ 12 m/min
2	表面清洁干刷机	位置和功能：上料辊道后，用于清理铸锭、包覆板表面缺陷 结构：由上下刷辊、压辊、刷辊传动装置、刷辊升降装置、换辊机构等组成 参数：刷辊直径 350 mm；刷辊转速 960RPM；驱动功率 45 kW；刷辊数量 2 根 刷辊材质为不锈钢钢丝；上刷辊开度 800 mm；下刷辊调节范围为 0 ~ 100 mm
3	焊接前辊道	位置和功能：位于表面清洁干刷机之后，是铸锭的焊接平台，铸锭和包覆板在此对中，并上包覆板 结构：锥形辊子，集中传动，每根辊子上配有减速机 参数：辊子直径 230 mm；辊子表面处理为表面淬火；辊间距 750 mm 辊数 9 根；电机功率 2× 5.5 kW；速度 0 ~ 12 m/min
4	对中装置	位置和功能：安装于焊接前辊道上，用于铸锭、包覆板的对中 结构：由镶有导辊的导尺、同步齿条对中装置、推进油缸等 参数：最大开度 2500 mm；最小开度 900 mm；对中精度 ±1 mm； 导尺推力 8T；速度 5 m/min
5	包覆板上料机	位置和功能：位于上料辊道上方，用于包覆板的上料，具有吸盘吸附、吸盘吊架升降等功能 结构：龙门式真空吸吊机 参数：最大负载 3T；吊架提升行程 800 mm；吊架升降速度 10 m/min； 吸盘数量 12；吸盘直径 420 mm；真空泵功率 2.2 kW
6	整平装置（压合机）	位置和功能：焊接前辊道之后，用于对包覆板进行整平作业 结构：六辊结构，上辊为 5 根被动短辊，呈"米"字形分布，下辊为主动长辊，数量 1 根。 参数：辊子直径：280 mm；辊子表面处理为表面淬火；辊开度 800 mm 电机功率 18.5 kW；速度 0 ~ 12 m/min；压力 60T
7	焊接装置	位置和功能：位于整平装置之后，用于对包覆板两侧同时进行焊接，采取工件移动方式进行焊接。预留端焊的位置空间等 结构：由焊接机、送丝机、焊嘴、焊嘴跟踪装置等组成 参数：焊接方式为氩气保护熔化极电弧焊；电流 1000 A；焊丝规格为 3 ~ 6 mm 铝合金焊丝；焊接小车行程 1.2 m；焊接速度 0.2 ~ 1.2 m；焊接机焊接小车数量 2 件

续表 2 - 29

序号	设备名称	描述
8	焊接后辊道	位置和功能：位于整平装置后，用于承载铸锭进行焊接，焊接好的铸锭从此处下料 结构：锥形辊子，集中传动，每根辊子上配有减速机 参数：辊子直径 230 mm；辊子表面处理为表面淬火；辊间距 750 mm； 辊数 12 根；电机功率 2 × 5.5 kW；速度 0 ~ 12 m/min
9	翻转装置	位置和功能：位于焊接后辊道后，用于夹紧翻转焊接后的铸锭，以备铸锭另一侧的焊接 结构：由滚筒、上下辊道、夹紧装置、翻转装置等组成，翻转装置采用液压马达驱动 参数：滚筒直径 3600 mm；支撑轮间距 4000 mm；辊子直径 230 mm；辊子表面处理为表面淬火；辊间距 750 mm；辊数 2 × 9；电机功率 4 × 5.5 kW；辊道速度 12 m/min；翻转速度 40 sec/次

2.5　铝合金预拉伸中厚板

　　铝合金预拉伸中厚板是航天、航空的重要材料之一，其产品质量和技术水平对主机装备的性能和可靠性有非常直接的影响。随着制造业水平的发展与提高以及循环经济的发展，近年来，铝合金厚板市场需求快速增长，铝合金厚板已经广泛应用于交通运输、石油化工、机械制造、船舶工业等多种领域。

　　美国铝业公司（Alcoa）是最大的生产者与供货商，在世界各地有 4 个生产厂，如美国的衣阿华州（IOWA）达文波特（Davenport）厂有 5588 mm 的 4 辊可逆式热粗轧机，1971 年投产，可生产 5100 mm 宽的厚板，不过 4000 mm 宽以上的厚板的厚度不得小于 40 mm，否则不易控制板形，可轧制厚达 660 mm 的锭；设在英国的基茨格林（Kitts Green）轧制厂，意大利的富西纳（Fusina）轧制厂和俄罗斯的别拉雅卡利特娃（Belaya Kalitva），美国铝业公司从 2005 年中期起投资 1 亿多美元对 4 个厂进行改、扩建，使其厚板生产能力提高 50%。美国凯撒铝及化学公司（Kaiser Auminum&Chemical co.），（HotTag）投入巨资对其华盛顿州的特雷特伍德（Trentwood）轧制厂的厚板系统进行了大规模的改、扩建。

　　日本铝合金预拉伸厚板和蒙皮铝合金板的产品生产技术还不能与美国相比。但是日本神户钢铁公司真冈轧制厂有 4000 mm 的热粗轧机、古河电气公司福井轧制厂更有宽达 4320 mm 的热粗轧机，可以生产 3600 mm 及 4000 mm 宽的厚板。

　　在欧盟国家中，德国、法国等的铝合金预拉伸中厚板产品生产技术与应用比较纯熟。目前，欧洲生产铝合金厚板的企业有：法国的伊苏瓦尔轧制厂和阿莱利斯公司（Aleris）设在德国的科布伦茨（Koblenz）轧制厂。欧盟各国在铝合金预拉伸中厚板生产及研发上处于领先地位，项目管理比较完善，能够生产质量较高的铝合金预拉伸中厚板。

　　目前，我国能够生产铝合金预拉伸中厚板材有东北轻合金有限责任公司、西南铝业（集团）有限责任公司等为数不多的企业，且生产的预拉伸板无论在合金、品种、规格、数量和质量等方面都远不能满足国民经济的需要。因此，生产出满足国防军工和国家经济建设需求的铝及铝合金厚板，大幅度提升我国铝加工工业的发展水平，是目前我国铝加工业迫切的任务。

2.5.1 预拉伸中厚板的特点

铝合金中厚板经淬火会产生较大的残余应力，在后续机械加工过程中，由于应力释放会引起零件严重变形，甚至报废，为了消除淬火后的残余应力，改进板材加工质量，以得到好的物理和化学性能，铝合金中厚板在生产过程中采用预拉伸工艺，即在淬火后进行一定变形量的拉伸，可以很好地消除淬火残余应力。美国铝业协会 1993 年出版的"铝标准和数据"上介绍了淬火后降低淬火残余应力的方法，我们已知铝合金预拉伸板的拉伸量为 1% ~ 3%。为了实现足够消除残余应力的拉伸量，拉伸机拉伸载荷的控制至关重要，拉伸载荷太小，不能起到预拉伸的作用。拉伸载荷太大，又易造成过拉伸，导致更大的拉伸残余应力，以致产品报废。故预拉伸中厚板具有精确的外观尺寸、均匀的力学性能、极低的内部残余应力、在后续机械加工中不易变形等特点。表 2 - 30 为部分预拉伸板的合金品种及其典型用途。

表 2 - 30 部分预拉伸板的合金品种、及其典型用途

合金	部分状态	厚度/mm	用途
2024	T351、T851	6.35 ~ 150	机身结构、翼抗拉伸部件、抗剪腹板肋、刚性结构区域
2124			高性能军用飞机上机加工部件、隔框、机翼蒙皮及其他结构件
2324	T39		新型商务运输机下翼面蒙皮和翼盒部件
7050	T7651、T7451	20 ~ 40	机身框架、隔框
7150	T6151、T7751	6.35 ~ 80	大型商务飞机上抗高压的上翼面蒙皮，民用和军用运输机的上翼面加强板和低水平安定面板
7055	T7751	10 ~ 40	上翼面结构、水平安定面、龙骨梁、座轨和运货滑轨
7075	T651、T7351、T7651	6.35 ~ 100	飞机上所有需要高强度、中等韧性和中等腐蚀抗力的结构件
7475	T651、T7351	6.35 ~ 90	机身蒙皮、机翼蒙皮、翼梁、机身隔框

2.5.2 产品的主要要求及指标

铝合金中厚板产品被广泛应用于航空航天等国防军工的关键领域，对产品的冶金质量与综合性能均提出了严格的要求，应用领域的特点及使用要求决定了铝合金中厚板产品的关键技术指标要求。铝合金预拉伸中厚板主要技术指标包括不平度、力学性能指标、预拉伸变形量、电导率、耐应力腐蚀、剥落腐蚀等主要指标。

1. 不平度要求

预拉伸板材最大的特点就是保证板材的平直度，我国预拉伸板材不平度控制指标一般参照国际标准执行，典型规格预拉伸板不平度要求见表 2 - 31。

表 2 - 31　典型规格预拉伸板不平度要求

标准名称	厚度/mm	长度方向平直度（不大于）/mm	宽度方向平直度（不大于）/mm
ASTMB209	6.3 ~ ≤80.0	5/2000 长度之内	4/(1000 ~ 1500) 宽度之内
	80.0 ~ ≤160.0	3.5/2000 长度之内	3/(1000 ~ 1500) 宽度之内
EN485 - 3	6.0 ~ ≤50.0	成品长度 ×0.2%	成品宽度 ×0.4%
	50.0 ~ ≤100.0	成品长度 ×0.2%	成品宽度 ×0.2%

2. 典型的铝合金预拉伸板的力学性能指标

预拉伸板材的力学性能是其关键指标之一，直接决定了板材的使用领域和环境要求，在材料设计时往往会根据材料的力学性能进行选材，表 2 - 32 中列举了目前国内典型的预拉伸板合金、状态对应的力学性能指标。

表 2 - 32　国内典型的预拉伸板合金、状态对应的力学性能指标

合金牌号	状态	厚度/mm	抗拉强度/MPa	屈服强度/MPa	断后伸长率/% A50 mm	断后伸长率/% A
				不小于		
2014, 2A14	T451	6.3 ~ 12.5	400	250	14	—
		>12.5 ~ 25	400	250	—	12
		>25 ~ 50	400	250	—	10
		>50 ~ 80	395	250	—	7
	T651	6.3 ~ 12.5	460	405	7	—
		>12.5 ~ 25	460	405	—	6
		>25 ~ 50	460	405	—	3
		>50 ~ 60	450	400	—	1
		>60 ~ 80	435	395	—	1
		>80 ~ 100	405	380	—	—
2017	T351	6.3 ~ 12.5	375	215	12	—
		>12.5 ~ 50	375	215	—	12
		>50 ~ 80	355	195	—	11
		>80 ~ 100	355	195	—	10
	T451	6.3 ~ 12.5	355	195	12	—
		>12.5 ~ 50	355	195	—	12
		>50 ~ 80	355	195	—	11
		>80 ~ 100	355	195	—	10

续表 2 – 32

合金牌号	状态	厚度/mm	抗拉强度/MPa	屈服强度/MPa	断后伸长率/%	
					A50 mm	A
			不小于			
2024，2A12	T351	6.3 ~ 12.5	440	290	12	—
		>12.5 ~ 25	435	290	—	7
		>25 ~ 40	425	290	—	6
		>40 ~ 50	425	290	—	5
		>50 ~ 80	415	290	—	3
		>80 ~ 100	395	285	—	3
	T851	6.3 ~ 12.5	460	400	5	—
		>12.5 ~ 25	455	400	—	4
		>25 ~ 40	455	395	—	4
7075，7A04，7A09	T651	6.3 ~ 12.5	540	460	9	—
		>12.5 ~ 25	540	470	—	7
		>25 ~ 50	530	460	—	5
		>50 ~ 60	525	440	—	4
		>60 ~ 80	495	420	—	4
		>80 ~ 90	490	400	—	4
		>90 ~ 100	460	370	—	2
7075	T7351	6.3 ~ 12.5	475	390	7	—
		>12.5 ~ 25	475	390	—	6
		>25 ~ 50	475	390	—	5
		>50 ~ 60	455	360	—	5
		>60 ~ 80	440	340	—	5
7B04	T651	11 ~ 25	530	460	—	7
		>25 ~ 50	530	460	—	6
		>50 ~ 60	520	440	—	5
		>60 ~ 80	490	420	—	4
	T7451	11 ~ 25	490 ~ 560	420 ~ 500	—	7
		>25 ~ 60	470 ~ 540	380 ~ 460	—	6
		>60 ~ 85	460 ~ 530	365 ~ 440	—	6
	T7351	11 ~ 50	470 ~ 540	400 ~ 480	—	7
		>50 ~ 60	450 ~ 520	365 ~ 440	—	6
		>60 ~ 85	440 ~ 510	345 ~ 420	—	6

注：断后伸长率 A 表示原始标距（L_0）为 $5.65 \times S_0 1/2$ 的断后伸长率。

3. 预拉伸变形量的要求

预拉伸，顾名思义就是板材要经过拉伸工序，那么拉伸量的控制就是预拉伸板材控制的又一个关键指标，拉伸量过小时，板材平直度得不到有效控制且残余应力消失不彻底，拉伸量过大时将造成板材表面出现滑移线，造成板材综合性能的恶化。表 2 - 33 给出了典型合金的预拉伸量控制目标值。

表 2 - 33　典型合金的预拉伸量控制目标值

合金牌号	预拉伸永久变形量/%
7A04，7A09	1.2 ~ 2.5
2D70	1.5 ~ 2.8
2024，7075	1.5 ~ 2.0
其他合金	1.5 ~ 3.0

4. 耐应力腐蚀及电导率的要求

耐应力腐蚀和电导率是反映板材综合性能的关键指标，直接影响材料使用环境要求。在某些关键使用场合必须对产品的耐应力腐蚀性能和电导率加以控制。以 7B04 板材和 7075 - T7351 板材为例，其耐应力腐蚀性能和电导率应见表 2 - 34、表 2 - 35。

表 2 - 34　7B04、7075 板材耐应力腐蚀性能

合金牌号	状态	厚度	试样方向	试验应力/MPa	试验时间/d
7B04	T7351	25 ~ 85	高向	0.75Rp0.2	>30
	T7451	25 ~ 85	高向	170	>30
7075	T7351	19 ~ 80	高向	0.75Rp0.2	>30

RP0.2 为表 8 中对应的下限值

表 2 - 35　7B04，7075 板材电导率值

合金牌号	状态	电导率 MS/m
7B04	T7351	≥22
	T7451	≥21
7075	T7351	≥22

2.5.3　生产的基本流程

铝合金预拉伸厚板的工艺流程包括熔铸、均匀化处理、铸锭加热、轧制、固溶、拉伸、时效（人工、自然）、锯切、无损检测、包装等工序，参见图 2 - 18。

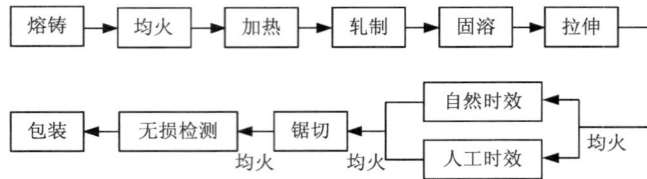

图 2-18　预拉伸板生产流程图

2.5.4　生产的技术关键

铝合金预拉伸中厚板产品是铝合金板材中应用最广、要求最高、生产工艺要求最为复杂的一类产品，要想得到综合性能优良、尺寸满足使用的预拉伸板材产品，必须从熔炼过程到热轧工艺选择最后到热处理过程每一个环节和工序都要进行严格的控制，可以说涉及的每一个工序都可以定义为生产的关键控制，采取的控制工艺技术都是关键技术。

1. 熔炼工序

熔炼的目的是熔炼出化学成分符合要求，并且获得纯洁度高的铝合金熔体，为铸造成各种形状的铸锭创造有利条件。铝是非常活泼的金属，在熔炼过程中发生的化学反应都是不可逆的，一经反应金属就不能还原，这样就造成了金属的损失。而且生成物（氧化物、碳化物等）进入熔体，将会污染金属，造成铸锭的内部组织缺陷。因此在铝合金的熔炼过程中，对工艺设备（如炉型、加热方式等）有严格的选择，对工艺流程也应有严格的选择和控制，如缩短熔炼时间，控制适当的熔化速度，采用熔剂覆盖等。

熔炼过程特别容易产生冶金缺陷，且以后加工中难以补救，而且冶金缺陷直接影响材料的使用性能。冶金缺陷的产生很大部分是在熔化过程中造成的，如含气量高、非金属夹渣、晶粒粗大、金属化合物的一次晶等。适当地控制化学成分和杂质含量以及加入变质剂（细化剂），可以改善铸造性能，同时对提高熔体质量是很重要的。

熔炼工艺的基本要求是尽量缩短熔炼时间，准确地控制化学成分，尽可能减少熔炼烧损，用最好的精炼方法以及正确地控制熔炼温度，以获得化学成分符合要求且纯洁度高的熔体。熔炼过程的正确与否，与铸锭的质量及以后加工材的质量密切相关。

对于 2×××系、7×××系铝合金预拉伸板在熔炼过程中特别应该注意熔体的气含量、氧化膜、金属化合物及夹杂等缺陷。

2. 铸造工序

铸造是将符合铸造要求的液体金属通过一系列转注工具浇入到具有一定形状的铸模中，冷却后得到一定形状和尺寸的铸锭的过程。要求所铸出的铸锭化学成分和组织均匀，内外质量好，尺寸符合技术标准。铸锭质量的好坏不仅取决于液体金属的质量，还与铸造方法和工艺有关。目前国内应用较多的是不连续铸造（锭模铸造）、连续铸造及半连续铸造。

半连续及连续铸造中，影响铸锭质量的主要因素有冷却速度、铸造速度、铸造温度、结晶器高度等。现将各参数的影响介绍如下。

（1）冷却速度对铸锭质量的影响。

1）对组织结构的影响。在直接水冷半连续铸造中，随着冷却强度的增加，铸锭结晶速度提高，熔体中溶质元素来不及扩散，过冷度增加，晶核增多，因而所得晶粒细小；同时过渡带尺寸缩小，铸锭致密度提高，减小了疏松倾向。此外提高冷却速度，还可细化一次晶化合物尺寸，减小区域偏析的程度。

2）对力学性能的影响。合金成分不同，冷却强度对铸锭力学性能的影响程度也不一样。对同一种合金来说，铸锭的力学性能随冷却强度的增大而提高。

3）对裂纹倾向的影响。随着冷却强度的提高，铸锭内、外层温差大，铸锭中的热应力相应提高，使铸锭的裂纹倾向增大。此外，冷却均匀程度对裂纹也有很大影响。水冷不均会造成铸锭各部分收缩不一致，冷却弱的部分将出现曲率半径很小的液穴区段，该区段局部温度高，最后收缩时受较大拉应力而出现裂纹。

4）对表面质量的影响。在普通模铸造条件下，随着冷却强度的提高，在铸造速度慢时会使冷隔的倾向变大，但会使偏析浮出物和拉裂的倾向降低。

（2）铸造速度对铸锭质量的影响。

1）对组织的影响。在一定范围内，随着铸造速度的提高，铸锭晶内结构细小。但过高的铸造速度会使液穴变深，过渡带尺寸变宽，结晶组织粗化，结晶时的补缩条件恶化，增大了中心疏松倾向，同时铸锭的区域偏析加剧，使合金的组织和成分不均匀性增加。

2）对力学性能的影响。随着铸造速度的提高，铸锭的平均力学性能沿铸锭截面分布的不均匀程度增大。

3）对裂纹倾向的影响。随着铸造速度的提高，铸锭形成冷裂纹的倾向降低，热裂纹倾向升高。这是因为提高铸造速度时，铸锭中已凝固部分温度升高，塑性好，因此冷裂倾向低。但铸锭过渡带尺寸变大，脆性区几何尺寸变大，因而热裂纹倾向升高。

4）对表面质量的影响。提高铸造速度，液穴深，结晶壁薄，铸锭产生金属瘤、漏铝和拉裂倾向变大；铸造速度过低易造成冷隔，严重的可能成为低塑性大规格铸锭冷裂纹的起因。

（3）铸造温度对铸锭质量的影响。

1）对组织的影响。提高铸造温度，使铸锭晶粒粗化倾向增加，铸锭液穴变深，结晶前沿温度梯度变陡，结晶时冷却速度大，晶内结构细化，形成柱状晶、羽毛晶组织的倾向增大。提高铸造温度还会使液穴中悬浮晶尺寸缩小，因而形成一次晶化合物倾向变低，致密度得到提高。降低铸造温度，熔体黏度增加，疏松、氧化膜缺陷增多。

2）对力学性能的影响。在一定范围内提高铸造温度，硬合金铸锭的铸态力学性能可相应提高，但软合金铸锭的铸态力学性能受晶粒度的影响，有下降的趋势。无论硬合金还是软合金铸锭，其纵向和横向力学性能差别均很大。降低铸造温度可能导致体积顺序结晶而降低力学性能。

3）对裂纹倾向的影响。其他条件不变时，提高铸造温度，液穴变深，柱状晶形成倾向增大，合金的热脆性增加，裂纹倾向变大。

4）对表面质量的影响。随着铸造温度的提高，铸锭的凝壳壁变薄，在熔体静压力作用下易形成拉痕、拉裂、偏析物浮出等缺陷，但形成冷隔倾向降低。

（4）结晶器高度对铸锭质量的影响。

1）对组织的影响。随着结晶器高度的降低，有效结晶区短，冷却速度快，溶质元素来不及扩散，活性质点多，晶内结构细。上部熔体温度高、流动性好有利于气体和非金属夹杂物的上浮，疏松倾向小。

2）对力学性能的影响。随着有效结晶区的缩短，晶粒细小，有利于提高平均力学性能。

3）对裂纹倾向的影响。采用矮结晶器，对裂纹的影响与提高铸造速度对裂纹的影响相似。

4）对表面质量的影响。使用矮结晶器时，铸锭表面光滑，这是因为铸锭周边逆偏析程度和深度小，凝壳无二次重熔现象，抑制了偏析瘤的生成。

3. 均匀化退火工序

均匀化退火的目的是使铸锭中的不平衡共晶组织在基体中分布趋于均匀，过饱和固溶元素从固溶体中析出，以达到消除铸造应力、提高铸锭塑性、减小变形抗力、改善加工产品的组织和性能的目的。

均匀化退火过程，实际上就是相的溶解和原子的扩散过程。空位迁移是原子在金属和合金中的主要扩散方式。

均匀化退火时，原子的扩散主要是在晶内进行的，使晶内化学成分均匀。它只能消除晶内偏析，对区域偏析影响很小。由于均匀化退火是在不平衡固相线或共晶线以下温度中进行的，分布在铸锭各晶粒间的不溶物和非金属夹杂缺陷，不能通过溶解和扩散过程消除，所以，均匀化退火不能使合金中基体晶粒的形状发生明显的改变。在铸锭均匀化退火过程中，除原子的扩散外，还伴随着组织上的变化，即富集在晶粒和枝晶边界上可溶解的金属间化合物和强化相的溶解和扩散，以及过饱和固溶体的析出及扩散，从而使铸锭组织均匀，加工性能得到提高。表 2－36 是典型合金铸锭的均火参数。

表 2－36　典型铝合金铸锭的均火参数

合金牌号	铸锭厚度/mm	制品种类	金属温度/℃	保温时间/h
2A11，2A12，2017，2024，2014，2A14	255～420	板材	485～495	15～25
2A06	255～420	板材	480～490	15～25
2219，2A16	255～420	板材	510～520	15～25
7A04，7075，7A09	255～420	板材	450～460	35～50

4. 轧制工序

铝及铝合金板、带材生产时，当采用铸锭供坯时，一般用热轧开坯，即将准备好的铸锭经加热后直接热轧。热轧可采用大铸锭，充分利用金属高温下良好的塑性，加工率大，生产率和成品率高。

（1）开轧温度。合金的状态图是确定热轧温度范围最基本的依据。理论上热轧开轧温度取合金熔点温度的 0.85～0.90 倍，但应考虑低熔点相的影响。热轧温度过高，容易出现晶粒粗大，或晶间低熔点相的熔化，导致加热时铸锭过热或过烧，热轧时开裂。塑性图在一定程度上反映了金属的高温塑性情况，它是确定热轧温度范围的主要依据。根据塑性图可选择塑性最高、强度最小的热轧温度范围。表 2－37 为典型铝合金的开轧温度。

表 2-37　典型铝合金的开轧温度

合金 \ 温度	开轧温度/℃	炉内最长停留时间/h
7A04，7A09，7075，7B04	370～410	30
2A12，2017，2024，2124，2014，2D70	400～420	30
6061	400～440	50
6082	450～480	

（2）终轧温度。塑性图不能反映热轧终了金属的组织与性能。当热轧产品组织性能有一定要求时，必须根据第二类再结晶图确定终轧温度。终轧温度要保证产品所要求的性能和晶粒度。温度过高，晶粒粗大，不能满足性能要求，而且继续冷轧会产生轧件表面橘皮和麻点等缺陷，当冷轧加工率较小时，缺陷很难消除。

终轧温度过低引起金属加工硬化，能耗增加，再结晶不完全导致晶粒大小不均及性能差。终轧温度还取决于相变温度，在相变温度以下，将有第 2 相析出，其影响由第 2 相的性质决定。一般会造成组织不均，降低合金塑性，造成裂纹以至开裂。终轧温度一般取相变温度以上 20～30℃。无相变的合金，终轧温度可取合金的熔点温度的 0.65～0.70 倍。

5. 固溶处理

铝合金厚板的热轧后变形率为 60%～80%，内部组织为热变形组织。由热轧机提供满足拉伸工艺要求的拉伸板坯料，板材经盐浴炉或空气炉固溶处理后，在冷水中进行淬火处理；淬火后的板材，在室温下和规定的时间内，沿纵向在拉伸机上进行 1.5%～3.0% 的拉伸永久性塑性变形，以消除淬火后板材内部的残余应力；对于淬火变形较大的板材，应预先进行辊式矫直处理，以改善拉伸板材的平直度；拉伸后的板材即可进行时效强化处理。

（1）盐浴炉淬火。盐浴炉的特点是设备结构简单，制造及生产成本低，易于温度控制，但安全性差，耗电量大，不易清理，常年处于高温状态，调温周期长。使用盐浴炉热处理具有加热速度快、温差小、温度准确等优点，充分满足了工艺对加热速度和温度精度的要求，对板材的力学性能提供了保证。缺点是转移时间很难由人工准确地控制在理想范围内，有不确定的因素，在水中淬火时，完全靠板材与冷却水之间的热交换而自然冷却，形成了不均匀的冷却过程，使得淬火后的板材内部应力分布很不均匀，板材变形较大，在随后的精整过程中易造成表面擦、划伤等缺陷，并且不利于板材的矫平，盐浴加热时，板面与熔盐直接接触，板面形成较厚的氧化膜，在淬火后的蚀洗过程中很容易形成氧化色（俗称花脸），影响表面均一性。发达国家已经逐渐淘汰该种淬火处理的方式，目前我国仍有部分大型国有企业保留盐浴淬火的方式进行生产。

（2）空气炉淬火。空气炉的特点是设备结构复杂，制造成本高，但安全性好，耗电量少，生产灵活，可随时根据生产需求调整温度。与盐浴炉相比，空气炉热处理同样具有温度准确、均匀性好、温差小等优点，同时转移时间也能规范地控制，由于采用了高压喷水冷却，不仅改善了不均匀的淬火冷却状态和应力分布方式，而且使板材的平直度和表面质量均大幅度提高，简化了工艺，易于实现过程自动化控制，降低劳动强度和手工控制的不便。缺点是相对盐浴炉而言加热过程升温时间相对较长，生产效率有所降低。

空气炉的加热方式分为辊底式空气炉和吊挂式空气炉加热。目前国际上，最为先进的淬火加热炉为辊底式空气淬火加热炉。用这种热处理炉生产铝合金淬火板，工艺过程简单、板材单片加热及单片冷却，可被均匀快速加热，冷却强度大，均匀性好，使得淬火板材具有优良的综合性能。表2-38列出了典型合金淬火温度。

表2-38　典型合金淬火温度

合金牌号	固溶温度	合金牌号	固溶温度
2024，2A12	498 ± 2	7075	465 ~ 475
2017	498 ~ 505	7475	475 ~ 485
2014，2A14	498 ~ 505	7050	475 ~ 485
2618	525 ~ 535	7022	460 ~ 480
2219	530 ~ 540	7A04	470 ± 2
6061，6082	520 ~ 530	7A09	470 ± 2

6. 拉伸工序

在淬火过程中，由于板材表面层和中心层存在温度梯度，产生了较大的内部残余应力，在进行机械加工时，会引起加工变形。铝合金板材进行拉伸处理的目的就是通过纵向永久性塑性变形，建立新的内部应力平衡系统，最大限度地消除板材淬火的残余应力，增加尺寸稳定性，改善加工性能。其方法是在淬火后的时效处理前的规定时间内，对板材纵向进行规范的拉伸处理，永久变形量为1.5% ~3.0%，经此过程生产的板材称之为铝合金拉伸板。

（1）铝合金拉伸板的应力分析。

1）厚板在热轧和淬火状态下的应力分布规律。

剖析轧制过程中轧件表面层和内层金属的变形，可以发现，当轧件进入轧辊附近时，由于与轧辊相接触的表面层金属在外摩擦力作用下，流动速度比内层速度快些，而由于刚端的作用，在表层金属产生拉应力，内层金属产生压应力。在离出轧辊的断面附近，由于金属的平均速度大于轧辊圆周速度的水平投影，因而在接触弧这一段上，轧辊对金属流动起着阻碍作用，这样必定造成金属表面层速度落后于内层流动速度。同样由于刚端的作用，仍将使表层金属产生拉应力，内层金属产生压应力，理论和实践证明，经过轧制以后的板材，沿厚度在轧制方向上，表层金属残余有拉应力，内层金属残余有压应力。

剖析淬火全过程的应力情况，板材被加热发生再结晶，轧制过程中所形成的残余内应力得以消除。将加热后的板材快速放入冷水槽中，此时由于板材表面金属冷却得比内层金属快，淬火初期表层金属剧冷、急剧收缩，基于板材的整体性，表层金属产生拉应力，内层金属产生压应力，随着板材的进一步冷却，最终是内层金属剧冷、急剧收缩，使应力重新分配，最后导致表层金属残余有压应力，内层金属残余有拉应力，与其轧制过程残余的内应力分布规律正好相反。

2）均匀变形时拉伸的应力分析。

拉伸均匀变形的条件：钳口咬入部分为均匀咬合，夹持状态完全一致，且牢固，形成理想刚端。计算结果表明，在钳口咬合的刚端附近区域和距宽度两侧边附近区域内，存在着不均匀变形区，其他区域为均匀变形区(应力消除区)。如在生产过程中，将此不均匀变形区域作为成品提交给用户时，则在随后的机械加工中将可能发生变形，影响最终使用，因此在成品锯切时，必须将此区域作为几何废料切掉。

3)非均匀变形时拉伸的应力分析。

拉伸非均匀变形的假定条件，假设钳口中的一组钳口松开，其他各组为均匀牢固夹持。计算结果表明，其不均匀变形的区域可能延伸至距刚端 1 m 的范围内，应力值也明显增大，因此，钳口咬合夹持的质量对于板材拉伸后残余应力的分布有很重要的影响，生产中必须严格控制。

4)拉伸板坯料尺寸的确定。

确定原则为：坯料尺寸 = 成品尺寸 + 几何废料。几何废料包括板材两端钳口咬合区、咬合区附近和两侧边的不均匀变形区域。根据生产实践、理论分析与实际测试结果，一般将板材长度两端各预留 400 mm，即钳口夹持区为 200 ~ 250 mm，不均匀变形区为 150 ~ 200 mm 作为几何废料；宽度两边各预留 30 ~ 50 mm 作为几何废料。

(2)铝合金中厚板的拉伸。

1)板材拉伸的工作过程。

在拉伸机上，将淬火后板材的两端放入钳口咬合区(理论上称之为"刚端"或称"不变形区")；牢固夹持后加载将挠度拉直，随后即进入板材的拉伸塑性变形阶段；达到设定的拉伸量后即可卸载结束拉伸过程。根据应力 – 应变曲线可知，塑性变形包含着一定的弹性变形，因此必须考虑到拉伸过程中的弹性变形(拉伸回弹量)，对不同合金、不同规格的板材，预先给定的拉伸量都有所不同，在自动化程度低的拉伸机上主要依靠经验操作来设定。此外，拉伸速度是保证板材各个部位得以均匀变形的重要因素之一。板材两端各个钳口咬合夹持的均匀程度也直接影响到均匀变形和最终应力消除的效果。

2)生产中拉伸板的质量控制。

①拉伸板的间隔时间。

淬火至拉伸的间隔时间是拉伸板材生产工艺的参数之一。对自然时效倾向大的铝合金板材，淬火后时效强化的速度很快，其结果会大大增加拉伸作业的难度，经验证明，它同时对残余应力的消除也有一定的影响。实际生产中一般控制在 2 ~ 4 h 以内。对自然时效倾向不敏感的时间控制可适当延长。

②拉伸板平直度的影响因素。

A. 钳口夹持质量对拉伸质量起着决定性的作用，钳口的均匀夹持，使板材纵向每一个单元都被拉伸到等量的长度，从而实现了均匀拉伸，也起到了对板材的矫直作用。

B. 伸机机架的刚度与预变形补偿的影响：由于板材拉伸机的两个拉力缸等量安置在两侧，对于横截面越大的板材，在拉伸过程中机架产生的变形将越大。因此，拉伸机机架应保持较大的刚度，设计与制造中应考虑机架预变形补偿，以克服和补偿拉伸过程中机架产生的变形。

C. 拉伸前板材尺寸的不规则性和应力分布的不均匀性，拉伸过程中有效地控制平稳的速度，使各个变形单元得以充分均匀地变形，是满足均匀拉伸的重要条件之一。

D. 实践证明，长度相对小一些、宽度相对大一些的板材，其横向展平效果要好得多。生产中应选择宽、长比大一些的工艺方案。

E. 对淬火后变形较大的板材，应利用辊式矫直机进行初步矫平，而后在拉伸机上进行最终的精矫平。

F. 由于拉伸机的主要作用是消除板材的残余应力，以纵向小变形量的塑性变形过程为主，因而对纵向有较好的矫直作用，对横向平直度的改善能力非常有限。

③拉伸板缺陷及产生原因。

A. 拉伸量超标。根据不同合金、不同规格板材的拉伸回弹量特性，设定合适的预拉伸量。对强度高、合金化程度高的板材，拉伸后(4 天左右)约有千分之一的自然回弹量，生产中必须加以考虑。根据我国 4500 拉伸机多年来的生产经验，总结出拉伸设定量的经验计算公式：

$$拉伸设定量 = k \cdot c \cdot \left[\frac{拉伸坯料实际长度 - 钳口长度}{1000} + \frac{厚度 \times 宽度}{25 \times 1000} \right]\% \qquad (2-4)$$

式中：k 为材料的弹性系数，$k = 0.6 \sim 1.0$；c 为淬火—拉伸间隔时间系数，$1.0 \sim 1.5$。

采用上述公式得出的拉伸设定量，基本可以满足拉伸工艺要求的 1.5% ~ 3.0% 的永久变形量。

B. 应力消除不当。通常是由于各个钳口夹持不均匀；拉伸前板料局部波浪过大，有限的拉伸量不足以消除该区域的残余应力；拉伸速度不平稳，产生新的不均匀应力分布；锯切工序对拉伸板的两端头和两侧边切除的尺寸过小。因此，保持良好的热轧板形、规范的拉伸过程和正确选择锯切尺寸是取得良好拉伸结果的重要条件。

C. 拉伸过程断片。通常是熔体质量不好，内部夹渣、疏松严重等导致拉伸断片；热轧道次加工率分配不合理，使其厚板的表面层和芯部的变形不均匀，导致芯部残留严重的铸态过渡夹层从而可引起拉伸断片；尤其是热轧板边部缺陷(开裂、裂纹和夹渣等)引起拉伸断片。

D. 拉伸滑移线。主要由于：拉伸量过大；拉伸前的整平工序的压光量过大(指压光矫直的加工方式)；淬火→拉伸→淬火→拉伸的多次重复生产。

7. 时效处理

经固溶淬火后的材料，在室温或较高温度下保持一段时间，不稳定的过饱和固溶体会进行分解，第二相粒子会从过饱和固溶体中析出(或沉淀)，分布在 $\alpha(\text{Al})$ 铝晶粒周边，从而产生强化作用，称之为析出(沉淀)强化。2×××系铝合金(如 2024、2A12 等)可在室温下产生析出强化作用，叫做自然时效。6×××、7×××系铝合金(如 7A04、7075 等)在室温下析出强化不明显，而在较高温度下的析出强化效果明显，称为人工时效。

人工时效可分为欠时效和过时效。欠时效：为了获得某种性能，控制较低的时效温度和保持较短的时效时间。过时效：为了获得某些特殊性能和较好的综合性能，在较高的温度下或保温较长的时间状态下进行的时效。多级时效：为了获得某些特殊性能和良好的综合性能，将时效过程分为几个阶段进行。典型合金状态时效温度及保温时间见表 2-39。

表 2 - 39　典型合金状态时效温度及保温时间

合金状态	成品规格/mm	保持时间/h	要求金属温度/℃
6061T6、6061T651		10	165 ~ 175
7075T6、7075T651		16	118 ~ 125
2024T6		12	180 ~ 190
2A14T651	所有规格	11.5	155 ~ 163
2219T651		18	160 ~ 170
6082T6		10	155 ± 5
7A04T651、7A09T651		16	118 ~ 125

2.5.5　需要的特殊装备

预拉伸中厚板生产线主要包括铸锭加热炉、热粗轧机列、辊底式淬火炉、预拉伸机、时效炉、锯床等设备,其中最重要也是最关键的设备包括热粗轧机、辊底式淬火炉、预拉伸机。

1. 热粗轧机

热粗轧机的主要作用是为连轧机提供坯料,也可以直接轧制出 H112 状态的板材。目前中国已经投产或在建的中厚预拉伸板专业生产线有西南铝业集团、东北轻合金有限责任公司、南南铝业等。

热粗轧机主传动大都采用交流变频传动。压下方式采用电动丝杆压下,简称电动压下。平衡方式采用液压推上缸进行平衡。辊缝调节用压下丝杆进行粗调。液压推上平衡缸进行精调。在现代铝热连轧机列中,由于粗轧机的终轧厚度比较大,弯辊的作用不明显,所以粗轧机一般不配置弯辊装置,东北轻合金及西南铝大规格热轧机均具备弯辊装置。粗轧机的刚度一般为 500 ~ 600 t/mm,为适应大铸锭的轧制,粗轧机的最大开口度已达 700 mm 以上。粗轧机的道次最大压下量可达 50 mm 以上。粗轧机都配置清刷辊。粗轧机的乳液流量在数值上按主电机功率的 0.5 ~ 2.0 倍来确定。粗轧机同时配置测厚仪、凸度仪、板形仪,测温仪等辅助设备。

2. 辊底式淬火炉

预拉伸中厚板固溶热处理生产线工作程序为:采用真空吸盘将铝板放在装料台上,根据合金牌号和板厚的不同,板材或连续通过加热炉,或借助炉底辊的摆动在加热炉内加热之后进入淬火区和干燥区,最后到卸料台,再由真空吸盘卸下。辊底式淬火炉生产线参见图 2 - 19,其关键技术如下所述。

(1)喷射加热技术。

在加热炉内铝板由上、下分布的空气喷嘴系统进行快速均匀地加热,喷射速度为 30 ~ 70 m/s,加热速率为 1 mm/min,喷射加热与其他加热相比可以提高传热系数,达到快速升温的目的。同时,均匀排列的喷嘴和精确的空气导流可以得到最小的温度偏差。为了达到最佳效果,要合理设计喷嘴的角度、排列、大小和多少;高温高压高流率风机,精确的循环系统以及特殊的密封系统。

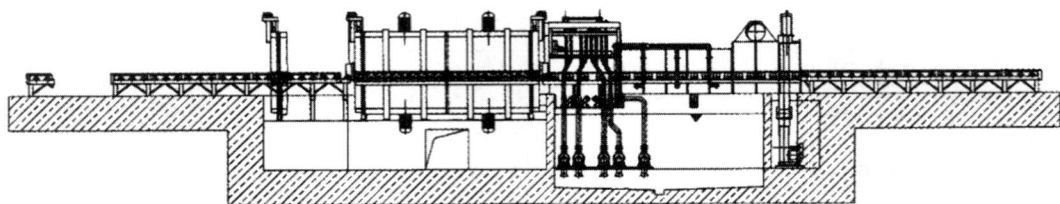

图 2 – 19　辊底式淬火炉简图

（2）喷射冷却技术。

为了使固溶热处理效果更好，辊底式淬火炉采用喷射冷却技术代替立式水槽淬火。主要特点是：高压大流量喷水系统是喷射冷却的主体，移动式喷嘴可满足不同尺寸规格铝板淬火的要求；上下喷嘴与铝板之间的距离，水和铝板的接触点位置，上下喷水的一致性，喷嘴的形状、角度等是能否保证铝板快速冷却、冷却变形小的关键。

（3）传动技术。

连续固溶热处理铝板的最关键技术就是如何保证在整个热处理过程中，铝板不划伤，无压痕和镶嵌物，保持铝板的表面光滑。传动刷辊既可保证铝板表面质量，又可保证铝板与辊子之间有热空气流动，铝板任意点加热均匀。另外，分段传动时的变频调速、摆动传动、伺服同步传动等都是影响铝板表面质量的关键因素。

（4）炉内温度均匀性。

固溶热处理的特点决定了辊底式淬火炉必须具备高精度的温度均匀性。选择固溶热处理温度必须考虑防止出现过烧、晶粒粗化、包铝层污染等弊病，尽可能采用较高的加热温度以使强化相充分固溶，但固溶热处理温度有一个高限和一个低限，如果温度过高，合金中的低熔点组成物（一般是指共晶体），在加热过程中发生了重熔（过烧）；如果温度过低，强化相不能完全固溶，而影响合金的强度。因此在热处理规范上规定了固溶热处理温度的均匀性，要求在 ±3℃ 内。

固溶热处理的传热主要是依靠对流，因此炉内气氛的强制循环对同一批炉料实现迅速而均匀的加热，以达到要求的温度均匀性是首要条件。其他影响炉温均匀性的因素还包括循环风量的大小，循环次数的多少，以及循环气流如何均匀地流过工件，导流系统的良好设计，保温材料的选择等。

（5）保温时间。

固溶热处理加热时间首先与合金性质、原始状态有关。当强化相比较细小时，因固溶较快，加热时间可缩短。例如冷轧状态的板材所需加热时间较热轧状态的短，重复淬火则更短，而一般退火状态因强化相较粗，保温时间应较长。另外，加热时间和加热介质、零件尺寸、批量等因素也有直接关系。

（6）淬火转移时间。

工件从出炉到进入淬火槽的间隔称转移时间，在转移过程中，工作温度下降可导致固溶体发生部分分解，从而降低时效强化效果，特别是增加合金的晶间腐蚀倾向。工件出炉后的温度降低5℃，可导致强度下降20%。为此，在生产中应尽可能缩短转移时间，尤其对热容量低的薄板来说，更为重要。一般淬火转移时间为 7～25 s，视工件大小、薄厚而定。

（7）淬火冷却速度。

由于铝合金中合金成分的溶解度随着温度的降低而急剧下降，所以铝合金固溶体在淬火状态下处于过饱和状态，这样便可以实现时效硬化。根据铝合金的等温分解曲线，为了避免过量固溶体产生任何沉淀，在淬火过程中，铝合金件从固溶加热温度应快速降到300℃左右，为达到理想的效果，应保证足够的冷却速度。淬火介质通常为水，为减少变形和内应力，水温一般为 20 ~ 50℃。

3. 预拉伸机

高强度、高韧性的铝合金预拉伸板材在军工和民用领域都有非常广泛的应用。特别是在现代航空工业中，高性能的铝合金预拉伸宽厚板材在飞机的机身、机翼等结构件的制造中占有相当大的比重。要获得高性能的航空铝合金板材，必须消除板材在轧制、淬火等工序中产生的残余应力。采用拉伸机对板材进行拉伸处理，是降低铝合金板材残余应力最方便有效的方法。因此，大型张力拉伸机是航空铝合金预拉伸厚板生产的关键设备。目前，全世界只有美国、德国、法国、俄罗斯、中国、英国、意大利、南非等 8 个国家的 12 个工厂装备了大吨位的拉伸机，具备航空级可热处理强化的铝合金厚板的生产能力。其中，美国是全球最大和最先进的铝合金厚板生产者，美国某公司下属的某厂装备了当前世界上最大的厚板生产设备，包括拉伸力达 136 MN 的拉伸机，可生产厚达 250 mm 的铝合金板材。欧洲的某轧制厂装备了一台拉伸力为 80 MN 的大型拉伸机，也能够生产高性能航空铝合金厚板。

国内能够生产铝合金厚板的企业只有东北某公司和西南铝业（集团）有限责任公司等为数不多的几家企业。2011 年以前，分别装备的是 45 MN 和 60 MN 的拉伸机，拉伸能力不足世界最大拉伸机的一半，只能生产少量、部分规格的铝合金预拉伸板材，生产能力和产品规格都落后于欧美发达国家（目前，西南铝业已经装备一套 120 MN 级拉伸机，东北轻合金正在建设一套大吨位拉伸机）。120 MN 级铝合金板材张力拉伸机是目前国内吨位最大、技术先进的铝合金厚板拉伸设备，该设备是由中国重型机械研究院股份公司（简称中重院）为西南铝业（集团）有限责任公司设计制造的 120 MN 级全浮动张力拉伸机（图 2 - 20），是中重院自行开发研制并拥有完全自主知识产权的第一套最大吨位铝合金宽厚板拉伸机，设备性能满足设计技术要求，部分参数和性能达到国际领先水平。

图 2 - 20　120 MN 拉伸机

此拉伸机总成配置由机械系统、液压系统、电气系统、检测系统和润滑与气动系统组成。其中机械设备包含有活动机头、固定机头、压梁、主拉伸缸、辅助设备等。其工作流程如图2-21所示。主要技术参数如表2-40所示。

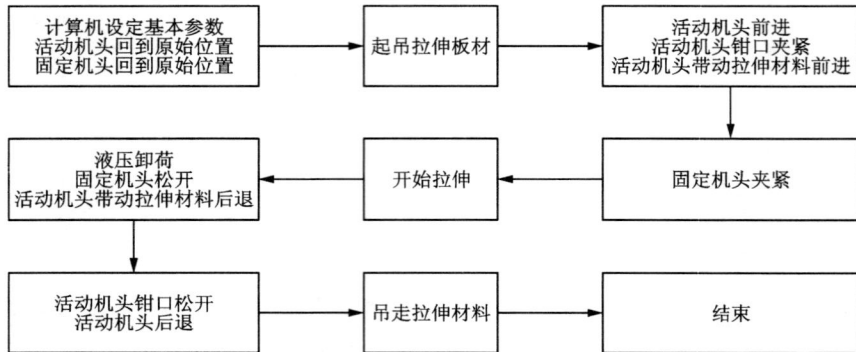

图 2-21　拉伸机工作流程

表 2-40　120 MN 拉伸机设备及技术参数

名称	参数
拉伸板材规格与性能参数	
拉伸材质	淬火、退火、加工硬化状态下的2×××、5×××、6×××、7×××系列材料
最大板材厚度/mm	300
最小板材厚度/mm	10
最大板材宽度/mm	4500
最小板材宽度/mm	1300
最大板材长度/mm	30000
最小板材长度/mm	6500
板材最大抗拉强度极限/MPa	≤270
拉伸机速度与控制精度参数	
最大拉伸速度/(mm·s^{-1})	30
板材延伸率/%	≤3
延伸量控制精度/%	≤0.3
操作缸快进速度/(mm·s^{-1})	≥65
操作缸回程速度/(mm·s^{-1})	≥65
最大拉伸力/MN	120
两夹头钳口承受的单位宽度内极限载荷/(kN·mm^{-1})	650

续表 2 – 40

名称	参数
拉伸机设备结构参数	
两钳口最短距离/mm	4000
两钳口最长距离/mm	32000
钳口最大开口度/mm	400
钳口钳块厚度/mm	20 ~ 250
拉伸机机组参数	
机械设备外形(长 × 宽 × 高)/mm	60000 × 12000 × 10000
最大工作压力/MPa	≤31.5
设计年产能/t	≥50000
机组总用电量/kW	≤1500
机组循环水耗量/(m³·h⁻¹)	≤100
压缩空气最大用量/(m³·min⁻¹)	≤7

该套拉伸机组采用的关键技术:

(1)传统的张力拉伸机在拉伸过程中采用固定机头和活动机头分别夹紧待拉伸材料的一侧,固定机头由插销或者挂钩通过横梁或具有类似功能的部件与基础连接,另一端的活动机头通过油缸或者其他动力装置驱动,相对固定机头通过位移来实现材料的拉伸。这种拉伸机的拉伸力最终作用到基础上,当拉伸外载荷突然消失时,瞬间释放的能量对设备产生的冲击力也会对设备的基础产生破坏。所以对设备的基础要求很高,这种设计仅适合于小型拉伸机,对于拉伸力超大的拉伸机这种结构很不适用。

120 MN 张力拉伸机组的机架梁本体采用了全浮动的设计结构,具体结构如图 2 – 22 所示。压梁 3 没有直接与基础作用,而是其一端和主拉伸缸 5 连接,另一端支撑在复位装置 1 的底座上。活动机头 2 和固定机头 6 通过其下方设置的行走装置作用在基础上,当发生断带冲击时复位装置 1 对设备起一定的缓冲保护作用,并及时使浮动的机架体复位,大大地减少了对

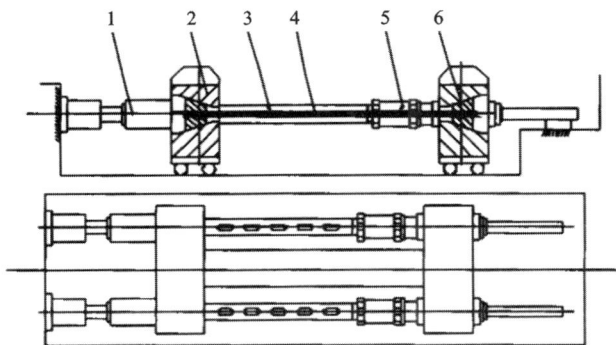

图 2 – 22　全浮动拉伸机的组成
1—复位装置;2—活动机头;3—压梁;
4—拉伸材料;5—主拉伸缸;6—固定机头

基础的冲击,这种设计不仅结构简单,成本不高,而且设计巧妙、合理、实用。

(2)活动机头与固定机头采用水平梁式组合结构,夹头钳口斜块有同步预夹紧功能,拉伸时宽度方向上各组钳口夹持力应均匀,满足拉伸高强度铝合金板材的生产工艺要求。

（3）主拉伸油缸装置采用大型套缸式结构，主缸选用柱塞缸，内嵌一快速移动缸。结构设计合理，且在拉伸工作中运动自如，具有很好的密封性。

（4）为了保证整个机组断带的安全，分别在两夹头钳口装置、机架梁装置和移动夹头上设有断带被动缓冲保护装置。

2.6 铝箔

铝箔是铝箔毛料经过箔轧到一定厚度的一类产品，铝箔因其优良的特性，广泛用于食品、饮料、香烟、药品、照相底板、家庭日用品等，通常用作其包装材料；电解电容器材料；建筑、车辆、船舶、房屋等的绝热材料；还可以作为装饰的金银线、壁纸以及各类文具印刷品和轻工产品的装潢商标等。在上述各种用途中，能最有效地发挥铝箔性能点的是作为包装材料。铝箔是柔软的金属薄膜，不仅具有防潮、气密、遮光、耐磨蚀、保香、无毒无味等优点，而且还因为其有优雅的银白色光泽，易于加工出各种色彩的美丽图案和花纹，因而更容易受到人们的青睐。特别是铝箔与塑料和纸复合之后，把铝箔的屏蔽性与纸的强度、塑料的热密封性融为一体，进一步提高了作为包装材料所必需的对水汽、空气、紫外线和细菌等的屏蔽性能，大大拓宽了铝箔的应用市场。由于被包装的物品与外界的光、湿、气等充分隔绝，从而使包装物受到了完好的保护。尤其是对蒸煮食品的包装，使用这种复合铝箔的材料，至少可以保证食物一年以上不变质。而且，加热和开包都很方便，深受消费者的欢迎。

随着人民生活水平的提高和旅游事业的发展，啤酒、汽水等饮料和罐头食品的需求量日益增多，这些都需要有现代化的包装与装潢，以利于国际市场上的竞争。近年来，为适应市场要求，人们开发出了屏蔽性好的塑料薄膜和喷镀箔等包装材料，但它们的综合性能都不如过涂层和层压加工能得到弥补和改善。因此可以说，铝箔是具有多种优良性能，比较完美的包装材料，在诸多领域中都充分显示出它广阔的应用前景。

为了提高轧制效率和铝箔产品的质量，现代化铝箔轧机向大卷、宽幅、高速、自动化四个方向发展。当代铝箔轧机的辊身宽度已达 2200 mm 以上，轧制速度达到 2000 m/min 以上，卷重达到 20 t 以上。相应的轧机自动化水平也大大提高，普遍安装了厚度控制系统（AGC），大多数安装了板形仪（AFC）。铝箔工业正面临一个高速发展的时期。

2.6.1 产品的特点

1. 铝箔品种

铝箔是铝及铝合金板、带、卷经轧制后所得到的一种厚度非常薄的铝卷材、带材或片材。铝箔的品种有多种归类方法，按铝箔的厚度、形状、状态或材质等都可以进行分类。

铝箔按厚度差异可分为厚箔、单零箔和双零箔。

厚箔：厚度为 0.1~0.2 mm 的箔。

单零箔：厚度为 0.01 mm 和小于 0.1 mm 的箔。

双零箔：所谓双零箔就是在其厚度以 mm 为计量单位时小数点后有两个零的箔，通常为厚度小于 0.01 的铝箔，即 0.005~0.009 mm 的铝箔。用英文表达时，厚箔称为"heavy gauge foil"，单零箔称为"medium gauge foil"，双零箔称"light gauge foil"。国外有时把厚度≤40 μm 的铝箔称为"light gauge foil"，而把厚度>40 μm 的铝箔统称为"heavy gauge foil"，参见表 2 –41。

表 2 –41　各国对铝箔厚度的定义

国家	中国	美国	俄罗斯	英国	法国	德国	意大利	瑞典	日本
最大厚度/mm	0.2	0.15	0.2	0.15	0.2	0.02	0.05	0.04	0.015

铝箔按状态可分为硬质箔、半硬箔和软质箔。

硬质箔(H18 状态)：轧制后未经软化处理(退火)的铝箔,不经脱脂处理时,表面上有残油。因此硬质箔在印刷、复合、涂层之前必须进行脱脂处理,如果用于成形加工则可直接使用。应用领域有加工铝箔器皿、装饰箔、药用箔等。

半硬箔(H14、H24 状态)：铝箔硬度(或强度)在硬质箔和软质箔之间的铝箔,通常用于成形加工。应用领域有空调箔、瓶盖料等。

软质箔(O 状态)：轧制后经过充分退火而变软的铝箔,材质柔软,表面没有残油。目前大多数应用领域,如包装、复合、电工材料等,都使用软质箔。应用领域有食品、香烟等复合包装材料,电器工业等。

1/4 硬箔(H12、H22 状态)：指铝箔的抗拉强度介于软状态箔和半硬箔之间的铝箔。应用领域有空调箔等。

3/4 硬箔(H16、H26 状态)：指铝箔的抗拉强度介于全硬箔和半硬箔之间的铝箔。应用领域有空调箔、铝 – 塑管用箔等。

铝箔按表面状态可分为一面光铝箔和二面光铝箔。

一面光铝箔：双合轧制的铝箔,分卷后一面光亮,一面发乌,这样的铝箔称为一面光铝箔。一面光铝箔的厚度通常不超过 0.025 mm。

二面光铝箔：单张轧制的铝箔,两面和轧辊接触,铝箔的两面因轧辊表面粗糙度不同又分为镜面二面光铝箔和普通二面光铝箔。二面光铝箔的厚度一般不小于 0.01 mm。

铝箔按加工状态可分为素箔、压花箔、复合箔、涂层箔、上色铝箔和印刷铝箔。

素箔：轧制后不经任何其他加工的铝箔,也称光箔。

压花箔：表面上压有各种花纹的铝箔。

复合箔：把铝箔和纸、塑料薄膜、纸板贴合在一起形成的复合铝箔。

涂层箔：表面上涂有各类树脂或漆的铝箔。

上色铝箔：表面上涂有单一颜色的铝箔。

印刷铝箔：通过印刷在表面上形成各种花纹、图案、文字或画面的铝箔,可以是一种颜色,也可以是多种颜色。

由以上6 种中的几种组合形成的多功能铝箔。

铝箔按照用途可分为包装铝箔、装饰铝箔、空调铝箔、电气用铝箔、航空航天用铝箔。

包装铝箔：经衬纸、印刷或涂漆后用于包装。如：食品包装、医药包装、烟草包装、化妆品包装等用铝箔。

装饰铝箔：经氧化着色、涂层等后续处理制成颜色鲜艳美观的装饰材料,如铝制百叶窗、铝基胶带等。

空调铝箔：用于直接或经亲水处理后制作空调器散热器、换热器翘片。

电气用铝箔：电路板保护用铝箔、电容器用铝箔，如高压阳极箔、低压阳极箔、阴极箔等。

航空航天用铝箔：由铝箔制成的蜂窝结构由于重量轻、强度高而被广泛应用到航空器、航天器上。20 世纪 70 年代人类最伟大的创举之一月球登陆船的外层绝热材料也使用了铝箔。

虽说不同用途的铝箔都有其独特的生产工艺和技术关键，但是在这些应用领域中最为关键的要数电气用铝箔，不仅对铝箔的通用指标提出了较高的要求，同时对产品的内部微观组织也提出了更高的要求，将在本书的 2.7 节进行详细论述。

2. 铝箔的特点

（1）铝箔的防潮性。

铝箔与其他包装材料相比，透湿性低，具有良好的防潮性能，同时具有安全、方便及保存期长的优点，虽然随着铝箔厚度的减薄(0.02 mm 以下)不可避免地出现针孔且随着铝箔厚度的减薄而增加，但其防潮性能比没有针孔的塑料薄膜及其他包装材料仍有优势，这是因为塑料的高分子链相互间距较大，不能防止水气渗透。如果铝箔表面涂树脂或与纸、塑料薄膜复合，其防潮性能更好。不同厚度的铝箔和塑料薄膜的透湿度见表 2 - 42。

表 2 - 42 不同厚度的铝箔和塑料薄膜的透湿度

材料种类	透湿度 /[g·(m²·24h)⁻¹]	材料种类	透湿度 /[g·(m²·24h)⁻¹]
0.009 mm 铝箔	1.08 ~ 10.70	0.09 mm 聚氯乙烯膜	7
0.013 mm 铝箔	0.6 ~ 4.8	0.1 mm 聚氯乙烯膜	4.8
0.018 mm 铝箔	0 ~ 1.24	0.02 mm 聚氯乙烯膜	157
0.025 mm 铝箔	0 ~ 0.46	0.065 mm 聚氯乙烯膜	28.4
0.03 ~ 0.15 mm 铝箔	0	0.095 mm 聚氯乙烯膜	41.2
玻璃纸	1670	0.008 ~ 0.009 mm 聚酯膜	26
防潮玻璃纸	50 ~ 70	乙烯涂层纸	60 ~ 95
焦油纸	20 ~ 50	—	—

通过实验还证明透气孔直径是临界的。当直径小于 5 μm 时，在可测量到的范围内不传递氧气和水蒸气。

（2）铝箔的绝热性。

铝箔是良好的绝热材料，它的绝热性能可表现在它的表面热辐射性能上。铝是一种温度辐射性能极差而对太阳光反射能力很强的金属。铝箔对辐射能的吸收率和反射率特别小。由于铝箔的反射率与吸收率十分相近，因此在热工计算时把铝箔视为灰体。

铝箔的反射率仅取决于它的表面状态，与厚度无关，不同表面状态的铝箔的反射率差异很大。当表面状态从粗糙变为平滑时，反射率从 0.3 变为 0.080。

当温度达到 350℃ 时,铝箔表面将开始变黑,即发生氧化反应,其将失去绝热性能。

(3)铝箔的光反射率。

铝的纯度对铝箔的反射率有明显影响。铝箔中有杂质时,会发生杂质散射而使其辐射吸收增加。要获得高反射率的铝箔,纯度应不小于 99.6%。由于铝箔轧辊表面光洁度不同,铝箔的光反射率也不同。当铝箔表面比较粗糙时,反射率受照射光线波长的影响明显,总的趋向是随波长的增加反射率提高,当光线波长为 650 μm 时反射率最高。但是,单面光的铝箔,暗面的反射率随光线波长的增加而下降。有趣的是,当照射光倾斜 10° 从纵向照射时,暗面的反射率比光面的高。当光线从横向照射单面光的铝箔时,光面的反射率比暗面的高。对于光面铝箔来说,横向的反射率比纵向的约高 10%。

在可见光波长 0.38 ~ 0.76 nm 范围内,反射率可达 70% ~ 80%。在红外线波长 0.76 ~ 50 nm 范围内,反射率可达 75% ~ 100%。

(4)铝箔的电学性能。

铝是仅次于金、银、铜的良好导体。铝的等体积导电率为 57% ~ 62% IACS,当把铝箔绕成线圈或绕组时,因其表面积增大,所以,铝箔的等体积电导率将进一步增大,能够达到 60% ~ 80% IACS。

2.6.2　产品的主要要求及指标

1. 通用质量要求

铝箔的产品的质量要求主要是外观质量要求,主要包括端面质量、表面质量、针孔、除油、黏附性等,详细要求如下所述。

(1)错层、塔形:铝箔端面错层不大于 1 mm,塔形不大于 2 mm。

(2)偏心度:卷径不小于 600 m 的铝箔偏心度不大于 4 mm。

(3)针孔:根据用途不同和厚度不同,GB/T 3198 规定,铝箔表面允许有对光目测可见的针孔,但在任意 4 mm × 4 mm 面积内或任意 1 mm × 16 mm 面积内,针孔数不能超过 8 个。医药包装用铝箔的针孔直径不得大于 0.3 mm,并且每平方米不能超过 5 个。其他工业用铝箔针孔直径最大不得超过 0.3 mm,针孔数量的评价标准见表 2 – 43。

表 2 – 43　针孔数量的评价标准

公称厚度/mm	针孔数/[个·m⁻²(不大于)]		
	A 级	B 级	C 级
0.0060	500	800	1500
>0.0060 ~ 0.0065	300	500	1000
>0.0065 ~ 0.0080	200	400	600
>0.0080 ~ 0.010	50	100	200
>0.010 ~ 0.020	10	20	30
>0.020 ~ 0.050	0	10	20
>0.050	0	0	0

（4）黏附性：铝箔开卷性能良好，展开时不允许黏连或撕裂。铝箔借自重自然展开所需的脱落长度值不小于 1 m。

（5）刷水试验结果：铝箔表面刷水试验结果应达到 B 级或优于 B 级。

（6）表面润湿张力：铝箔表面润湿张力值不小于 33×10^{-3} N/m。

（7）外观质量：不允许存在腐蚀、波浪、印痕、压折、油斑、开缝、起皱等影响使用的缺陷。铝箔暗面不允许存在亮点、白条等缺陷。

2. 铝箔的尺寸要求

GB/T 3198 规定，铝箔的局部厚度偏差应符合表 2 - 44 的规定，铝箔的平均厚度偏差应符合表 2 - 45 的规定，铝箔的宽度允许偏差应符合表 2 - 46 的规定。

表 2 - 44   铝箔的局部厚度偏差

厚度/mm	厚度允许偏差/%	
	高精级	普通级
0.006 ~ 0.010	名义厚度的 ±8	名义厚度的 ±10
>0.010 ~ 0.100	名义厚度的 ±6	名义厚度的 ±8
>0.100 ~ 0.200	名义厚度的 ±5	名义厚度的 ±7

表 2 - 45   铝箔的平均厚度允许偏差

卷批量/t	平均厚度允许偏差/%	
	单张轧制铝箔	双张轧制铝箔
≤3	名义厚度的 ±6	名义厚度的 ±8
>3 ~ 10	名义厚度的 ±5	名义厚度的 ±6
≥10	名义厚度的 ±4	名义厚度的 ±4

表 2 - 46   铝箔的宽度允许偏差

宽度/mm	宽度允许偏差/%
≤1000	±1.0
>1000	±1.5

3. 铝箔的性能要求

铝箔产品的机械性能主要包括抗拉强度、延伸率，对于一些用于冲制的产品，还需要进行杯突值的检测。

双零箔（软包装箔）机械性能要求应满足表 2 - 47 的要求。药用包装铝箔机械性能应满足表 2 - 48 的要求。软管用铝箔机械性能应符合表 2 - 49 的要求。

表 2 - 47　双零箔(软包装箔)机械性能要求

厚度/mm	拉伸试验结果	
	抗拉强度/MPa	断后伸长率/%
0.006 ~ 0.009	50 ~ 100	≥1.0
0.009 ~ 0.012	60 ~ 100	≥1.5

表 2 - 48　药用包装铝箔机械性能要求

牌号	状态	厚度/mm	拉伸试验结果	
			抗拉强度/MPa	断后伸长率,不小于/%
1235	O	0.018 ~ 0.025	40 ~ 100	1
		0.025 ~ 0.040	50 ~ 110	4
		0.040 ~ 0.100	55 ~ 110	8
1100,1200,1235	H18	0.018 ~ 0.10	≥135	—
1100,1200	O	0.018 ~ 0.025	40 ~ 100	1
		0.025 ~ 0.040	50 ~ 110	3
		0.040 ~ 0.100	55 ~ 110	6
8011,8011A,8079	O	0.018 ~ 0.025	55 ~ 105	1
		0.025 ~ 0.040	60 ~ 110	4
		0.040 ~ 0.100	60 ~ 120	8
	H18	0.018 ~ 0.10	≥150	1
8006	O	0.018 ~ 0.025	80 ~ 140	1
		0.025 ~ 0.040	85 ~ 140	2
		0.040 ~ 0.100	90 ~ 145	6
	H18	0.018 ~ 0.10	≥180	1
3003	O	0.018 ~ 0.025	80 ~ 130	1
		0.025 ~ 0.040		4
		0.040 ~ 0.100		8

表 2 - 49　软管用铝箔机械性能要求

牌号	状态	厚度/mm	拉伸试验结果	
			抗拉强度/MPa	断后伸长率,不小于/%
1235,1235	O	0.009 ~ 0.012 0.012 ~ 0.040	50 ~ 90	0.5 1
8011,8011			65 ~ 110	1.5 2.0
3003,3003			80 ~ 135	1.5 2.0

2.6.3　生产的基本流程

　　铝箔的生产工艺流程主要有以下两种方式，见图 2 - 23 和图 2 - 24。由于老式设备规格小，需要的铝箔坯料窄，要经过剪切分成小卷退火后再进行轧制，轧制时老式设备采用的是高黏度轧制油。需经过一次清洗处理，双合轧制前还要经过一次中间低温恢复退火。图 2 - 24 是现代铝箔生产工艺流程。由于轧制油黏度的下降与轧制速度的提高，就不需要清洗和中间恢复退火工序。现代铝箔生产工艺流程短，缩短了生产周期，减少了中间生产环节，从而减少了缺陷的产生，降低了成本，提高了铝箔的产品质量和成品率。

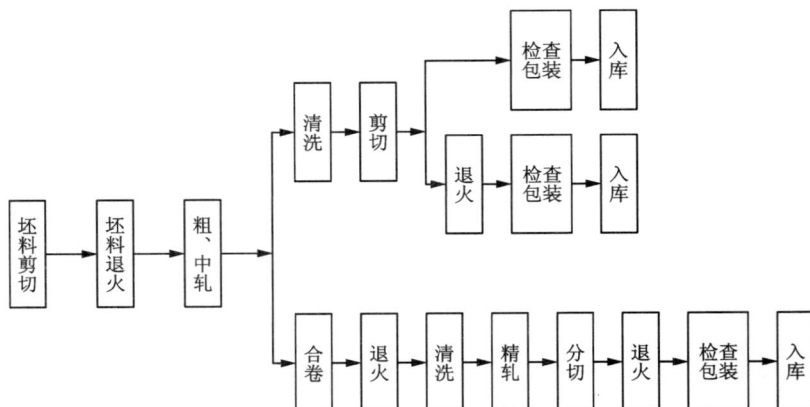

图 2 - 23　老式铝箔生产基本流程

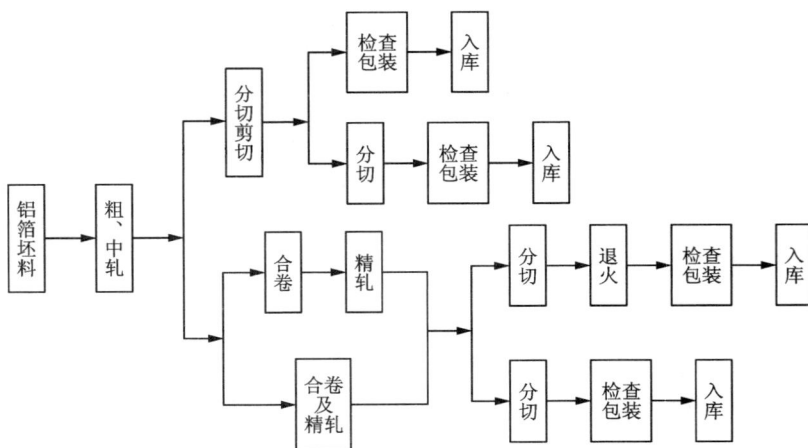

图 2 - 24　现代铝箔生产工艺流程

2.6.4　生产的技术关键

　　铝箔产品的品质主要受冶金质量和轧制质量的影响。生产的技术关键包括两大方面：一是熔体净化，二是外观质量。

铝箔的冶金质量直接决定着针孔、开裂、夹杂等缺陷的产生。针孔主要与含气量、夹杂、化合物及成分偏析有关。采取有效的铝液净化、过滤、晶粒细化等均有助于减少针孔。采用合金化等手段改善材料的硬化特性也有助于减少针孔。优质的铝箔坯料轧制的 6 μm 铝箔针孔每平方米可在 100 个以下。

在铝箔轧制过程中，其他造成针孔等表面缺陷的因素也很多，甚至是灾难性的，每平方米数以千计的针孔出现并不稀奇。加强对轧制油的过滤，轧辊短期更换及防尘措施均是减少铝箔针孔所必备的条件；采用大轧制压下力，小张力轧制也会对减少针孔有所帮助。

1. 熔铸

铝箔的产品质量取决于铝箔坯料的质量，即轧制铝箔用的毛料质量。根据其来源的加工工艺不同可分为：热轧坯料、连铸连轧坯料、铸轧坯料、高速铸轧坯料。以上四种不同坯料轧制工艺不同，但它们的基础都是熔铸，熔铸工艺的好坏直接决定了内部冶金质量，内部冶金质量对最终产品质量具有不可逆的决定性影响，最终产品上的缺陷 70% 以上均来自熔铸过程。为了得到稳定的优质铝箔，必须对熔铸过程进行详细了解。不很好地了解熔铸过程就无法预防和消除因熔铸而带来的缺陷。对于铝箔坯料熔铸过程重点介绍以下几个方面。

（1）化学成分。

合金的化学成分决定了合金的性能。标准的铝合金化学成分可以很容易查到。要满足特定性能要求，成分仅仅满足"国标"或"ISO"是不够的，能满足特定性能的铝箔的铝合金的化学成分不同厂家各有不同。

1）Fe 对铝箔性能的影响。

把厚 8 mm 的铸轧试料毛坯（0.3% ~ 1.0% Fe；0.15% Si）冷轧到 0.6 mm，在 350℃ 及 550℃ 退火 10 h，保温 2 h，然后冷轧到 0.1 mm，并在 200 ~ 250℃ 退火 10 h，保温 2 h。对按上述制度制取的 0.1 mm 厚铝箔试样作了力学性能试验。随着 Fe 含量的增加（由 0.3% 增到 1%）R_m 和 $R_{P0.2}$ 也相应地增大 10% 及 15%，随着中间退火温度的升高，A 及埃利可森数（IE 值）也增大。A 及埃利可森数的增大只决定于 Fe 含量和中间退火温度，与最终退火温度无关。如图 2 - 25。

2）Mn、Mg 铝箔性能的影响。

镁、锰虽然是纯铝中含量较少的杂质，

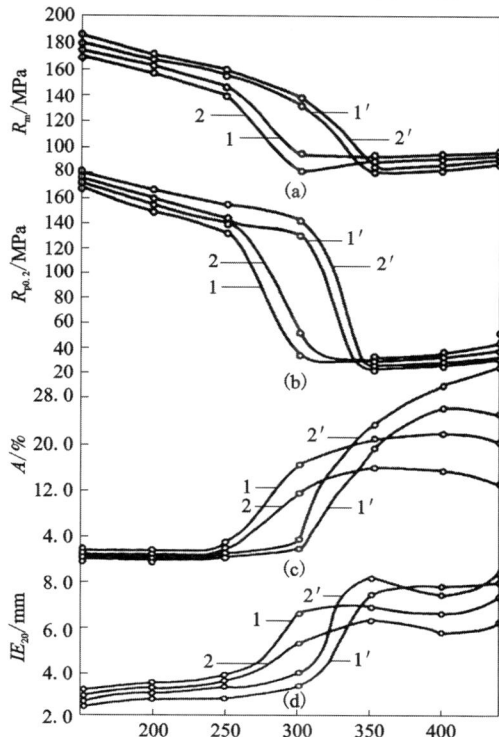

图 2 - 25　Fe 含量对 0.1 mm 铝箔性能的影响
(a)R_m；(b)$R_{P0.2}$；(c)A；(d)IE；1—0.3Fe%；2—0.7Fe%；
(1，2 t = 350℃中间退回火；1'，2' t = 550℃中间退火)

但其含量的影响也是不容忽视的，如图 2 - 26 所示。把厚度为 0.5 mm、退火状态纯度为 99.30% 的铝带材轧至 0.01 mm，由于镁、锰含量不同，其冷作硬化的程度是不同的。为了最大程度地发挥轧机的能力、提高生产率，在选择铝箔坯料时对这一影响必须加以考虑，图也说明，要使一种合金具备一定性能，化学成分组成是必要的基础，同时还要有后续的、严格的工艺条件相随。仅仅套用某种化学成分，并不能得到期望的性能，对 3003 合金、高纯铝尤其如此。对于纯铝，m(Fe)/m(Si) 比也是不可忽视的因素。

3）Fe/Si 对铝箔性能的影响。

Fe/Si 不同的 1××× 合金结晶时产生的初生相也不同。控制好 1××× 合金的 Fe/Si，就能控制好初生相，使其完全进入三元化合物之内，减少有害相的生成。如其比例不恰当，则在合金的显微组织中会出现共晶组织，影响铝的塑性。从合金相的形成方式而言，铝箔坯料中

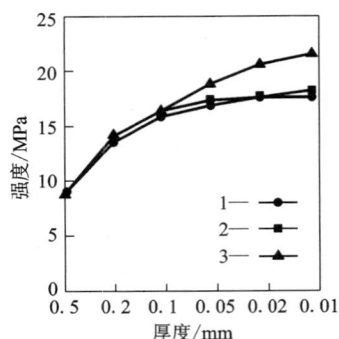

图 2-26　Mn、Mg 含量对 99.30% 纯铝硬化程度的影响

的化合物可以分为初生结晶相颗粒和沉淀析出相粒子。析出相的尺寸通常较小，不会对塑性产生较大的危害。因此，铝箔中合金相的控制重点是对粗大初生化合物相的控制。如果铁/硅的比例大于 1，就可生成 Al-Fe 二元化合物，而铁/硅的比例小于或等于 1，就可生成 Al-Fe-Si 三元金属间化合物，并且可以产生游离硅。由于金属间化合物一般均具有更高的熔点、硬度和脆性，当合金中出现金属间化合物时，金属的强度、硬度、耐磨性、耐热性提高，塑性、韧性降低。为便于铝箔的轧制，对纯铝系列 Fe/Si 比热轧带坯料应控制在 3.5~5，铸轧带坯料应控制在 2.6~3.5。

（2）炉料选择。

常用的炉料有来自电解槽的原铝和原铝锭、复化铝锭及不同等级的废料。使用原铝必须有强化的净化处理工艺。复化铝锭的验收要特别小心，不同等级的废料要根据用途确定适当的添加比例。特别是对于性能有严格要求的产品。例如，生产 0.006 mm 铝箔的炉料，就不允许使用废料。使用废料比例越大，金属中非金属夹杂所占比例就越多。

（3）氢含量。

溶解在铝熔体中的气体主要是氢，占气体总量的 80% 左右。依靠自然除气过程铝中氢气含量无法达到 0.2 mL/(100 g Al)。为减少铝箔成品的针孔量，厚度在 0.01 mm 以下的铝箔坯料的氢含量应在 0.12 mL/(100 g Al) 以下。为此只能通过专门的除气措施来减少铝中氢的含量（除气措施详见本书 2.1.4）。

（4）非金属夹杂。

铝熔体中的非金属夹杂会在铝箔轧制过程中使其出现表面条纹和针孔。表面条纹也是铝箔所不允许的缺陷。为满足生产高档铝箔的需要，减少铝熔体中的非金属夹杂和检测熔体中非金属夹杂的大小以及分布已成为铝箔生产中的重要环节。过滤的目的就是要尽可能去掉铝熔体中的非金属夹杂。20 世纪 70 年代中期以来，国外做了大量研究工作，但受到检测手段的限制国内做得还较少。

目前常用的铝熔体过滤装置是双层多孔陶瓷过滤板。过滤效果取决于铝熔体通过过滤板的流速、单层过滤板的孔眼数和双层过滤板孔眼数的组合（过滤详情见本书 2.1.4）。

（5）晶粒细化。

晶粒细化是熔炼过程中不能忽视的影响产品品质的重要环节，特别是某些合金（高纯铝、3004 合金）和个别工艺过程（铸轧）容易产生组织上的大晶粒缺陷，从而影响产品品质。粗大

晶粒的危害有：

1）粗大晶粒的边界上存在有大量的低熔点共晶物和杂质相，在随后轧制过程中不易变形，使板、带具有明显的方向性（各向异性），降低塑性。

2）粗大晶粒材料的轧制表面容易形成裂口，特别是在轧制带材表面上尤为明显，如马蹄裂。

3）粗大晶粒材料的轧制表面粗糙，有明显的条纹，在轧制过程中影响操作手对产品表面的观察，轧制后，特别是在氧化着色后材料表面会形成色差、花脸。

4）粗大晶粒坯料在铝箔轧制过程的最后阶段容易断带，明显降低成品率。

2. 生产环境

铝箔生产对环境的要求如下：

（1）铝箔生产的厂址应远离多风沙，大量释放尘埃、烟气和腐蚀性气体的工业区。

（2）生产铝箔的车间的建筑结构应密封。空气的清洁度应能达到 30000 级，即每升空气中大于或等于 0.5 μm 的尘粒数的平均值不超过 30000 粒。在华北地区，只有通风而没有密封的某车间的空气清洁度在 40000~50000 级。所有车辆进出的门都应当是两层联锁的，通向室外的门打开时，通向室内的门就要关闭。反之亦然。在车辆的入口前面要有车轮清洗设施，在车辆进入车间之前洗去泥土。

（3）人员进出的门也应当是两层联锁的，通向室外的门打开时，通向室内的门就要关闭，这时，对进来的人员进行空气吹扫，然后进入车间。在车间放置灭虫灯，防止昆虫进入。由于车间是密封的，通风就显得十分重要，既要考虑过滤出尘、除湿，还要考虑室内温度的控制。风量要稍大于轧机顶部的排风量，使车间保持微正压。

（4）车间的最低温度应在 10℃ 以上，这对保持稳定的辊型十分重要，最高温度应按照电气要求确定，一般不超过 40℃。

（5）车间的地面要防油、防滑、不起尘土。

（6）车间地面要留有通畅的消防通道，除了轧机上的自动灭火设备外，电控室、电缆地沟都要设有有效的灭火设备。

3. 轧制

铝箔轧制可以看作是轧制工艺的极限状态。与冷轧相比，被轧制的材料变得很薄，辊缝变得很小，进一步加大轧制力，增大了轧辊的弹性压扁，使工作辊辊身在铝箔宽度以上的部分也相互接触，进一步增大轧制力，只能使机架拉长，带材并不减薄，即所谓的无辊缝轧制，进一步减薄要靠张力和轧制速度的作用，这样就存在一个最小可轧厚度。这时的铝箔厚度称为铝箔的极限轧制厚度。在现有的轧制设备和工艺条件下，当轧辊直径在 230~300 mm 时，极限轧制厚度一般为 0.01 mm。为了获得厚度小于 0.01 mm 的铝箔，必须在最后一个轧制道次之前进双合。

双合的目的有三个：一是成品铝箔厚度可以小于轧制极限厚度；二是能够得到一面光、一面暗的铝箔；三是比单张轧制能承受更大的张力，可以减少断带次数，可以提高生产效率。

双合轧制同时进行，简化了工艺流程，缩短了轧制周期，头、尾料损失少，有利于生产管理。但相对来讲轧制难度大一些，如果来料品质差，对轧制影响比较大，成品率将大受影响，而且不适宜高速轧制。一般现代化的高速铝箔轧机系列都单独配置合卷机，这样更加有利于提高铝箔轧制速度和轧制品质。

合卷的另一种方式是在单独的合卷机上双合,这种方式可以消除来料带来的缺陷(边部、表面),在很大程度上提高了箔材的品质,有利于提高轧制成品率,并能够保证高速轧制,有利于提高生产效率。从操作效率和投资来看,精轧机超过3台时,单独设置合卷机是适宜的。

为了保证经双合轧制的铝箔轧制后能很好地分开和保证两张铝箔表面品质,合卷时,铝箔之间要均匀分布一定数量的双合油。双合油的成分与轧机的基础油基本一致。从提高铝箔暗面和退火品质角度来讲,双合油黏度越低,暗面品质越好,退火除油效果也好。在采用大压下量(超过50%)轧制时,为有利于分切时两张铝箔容易分离,双合油黏度大一些较好。

2.6.5 需要的特殊装备

生产铝箔产品的关键工艺和设备均是在铝箔毛料的基础上增加,铝箔毛料的关键设备也是生产铝箔产品的关键设备,本节重点介绍铝箔毛料生产铝箔过程中所需要的关键设备,铝箔毛料在生产铝箔过程中需要对产品厚度进一步减薄,同时根据不同的使用要求也将对铝箔产品进行分切,主要设备包括箔材轧机、合卷机与分切机。

1. 箔材轧机

铝箔轧机是铝箔生产的主要设备,也是最为关键的设备。目前生产铝箔所使用的轧机,大部分为四重可逆式轧机。根据其生产能力、生产品种的不同,又可分为粗中轧机、中精轧机、精轧机及万能轧机。一般来说,铝箔轧机与普通的板、带轧机没有本质区别,不同之处就是精轧机一般具备双开卷功能,有两个开卷机,用于双张箔材的生产。同时现代铝箔轧机一般配备先进的厚度自动控制系统与板型自动控制系统。

2. 合卷机

需要叠轧的铝箔首先需要合卷,合卷有两种方式:一种是在专用合卷机上进行合卷、切边,然后送入精轧机上叠轧。另一种是直接在精轧机上进行合卷、切边和叠轧。

铝箔合卷机主要设备组成为:双开卷机、入口导向辊、轧制油喷射系统、圆盘剪切边装置、吸边系统、出口导向辊、穿带装置、卷取机、气动系统、电气传动及控制系统等。典型的铝箔合卷机技术性能见表2-50。独立合卷机组见图2-27。

表2-50 典型的铝箔合卷机技术性能

剪切材料	铝箔厚度/mm	铝箔宽度/mm	卷重/kg	卷内径/mm	卷外径/mm	机组速度/(mm·min⁻¹)
1×××、3×××	2×0.012~2×0.04	1000~1880	12000	560~670	2140	600~1000

3. 分卷和分切机

根据分切铝箔厚度不同,铝箔分卷机有厚规格铝箔分卷机和薄规格铝箔分卷机之分。铝箔分卷机的卷取机配置方式有立式和卧式两种。图2-28为立式铝箔分卷机结构示意图。

铝箔分卷机主要设备组成有双锥头开卷机、入口导向辊、分切装置、圆盘剪切机、吸边系统、出口导向辊、气动轴式双卷取机、气动系统、电气传动及控制系统等。典型的铝箔分卷机技术性能见表2-51。

图 2 - 27　独立合卷机组

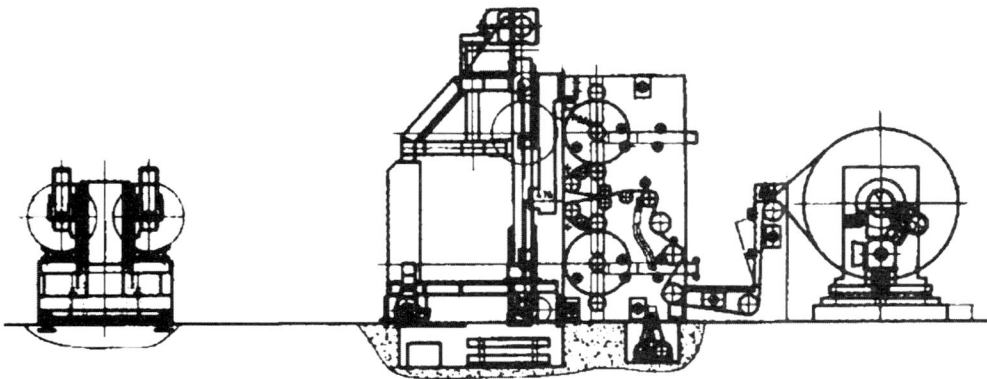

图 2 - 28　立式铝箔分卷机结构示意图

表 2 - 51　典型的铝箔分卷机技术性能

名称	厚规格分卷机	薄规格分卷机
剪切材料	1×××、3×××	1×××、3×××
铝箔厚度/mm	最大 2×0.05	最小 2×0.005
铝箔宽度/mm	600 ~ 1880	600 ~ 1880
来料内径/mm	570 ~ 670	570 ~ 670
来料外径/mm	最大 2140	1570 ~ 2140
来料卷重/kg	最大 12000	最大 12000
成品内径/mm	12、75、100、1500	12、75、100、1500
成品外径/mm	最大 800	最大 760
分切宽度/mm	最小 200	最小 200
中间抽条数/条	最多 5	最多 5
机组速度/(mm·min^{-1})	800 ~ 1200	800 ~ 1200

在分卷机上不仅仅可以分卷，还可以同时完成分切的任务。由于分卷是分在两个轴上，但分切之后的卷是分别卷在两个成品轴上，为避免切开的箔相互咬合，所以在切口处必须抽走宽 8～10 mm 的一条，每个成品轴上四条成品，中间抽走三条。这种切法分切条数不宜太多，否则会影响分切效率，几何损失也多。在分卷的同时进行分切，分切刀的布置如图 2－29 和图 2－30 所示。

图 2－29　铝箔分切机

图 2－30　分切刀分布位置

2.7　高压阳极铝箔

高压阳极铝箔是铝电解电容器用中高压化成箔的一种，由特制的高纯铝箔经过电化学或化学腐蚀后扩大表面积，再经过电化成作用在表面形成一层氧化膜(三氧化二铝)后的产物。按电压分，化成铝箔一般分为极低压、低压、中高压和高压四种，属电子专用材料，是基础产业之一，是中国电子行业的薄弱环节，现已纳入国家重点发展和扶持的产业。高档次中高压化成箔又是中国电子工业代替进口的基础工业关键材料。由于中国生产铝电解电容器用化成箔材料起点较晚，发展较慢，国内产品主要依靠进口，目前国内供不应求。预计到 2015 年国内每年的需求会以平均 15% 左右的速度增长，因此生产中高压化成箔产品具有广阔的市场前景。

在电解电容器家族中，铝电解电容器因性能上乘、价格低廉、用途广泛，近 20 年来在世界范围内得到很大发展。仅以日本为例，1995 年电解电容器用铝箔的产量约 3000 t，到 2001 年产量已达 7 万～8 万 t，几乎在以惊人的速度递增。中国的铝电解电容器发展也很快。从中国电子行业的发展状况看，近几年铝电解电容器的产量还会有较大的提高。目前中国电解电容器用铝箔一部分用国产箔，还有相当一部分依赖进口。为了改变这种局面，国内厂家在国产化方面做了许多工作。目前，西南铝电解电容器用高压铝箔研究项目开发成功，产品质量达到国际先进水平，已完全可以代替进口。应该说，经过 10 多年发展，特别是最近五六年来，中国电子铝箔的质量已有了很大提高。

电解电容器中用的铝箔属于电子铝箔的范畴，这是一种在极性条件下工作的腐蚀材料。不同极性的电子铝箔要求有不同的腐蚀类型。高压阳极箔为柱孔状腐蚀，低压阳极箔为海绵状腐蚀，中压段的阳极箔为虫蛀状腐蚀。

20 世纪 80 年代以前，电解电容器大都是沿用手工化学腐蚀，80 年代之后采用联动电化学腐蚀。手工腐蚀用的铝箔纯度较低(99.3% ~ 99.7%)，对铝箔加工质量的要求也不高。联动电化学腐蚀要求铝箔的纯度越来越高，对铝箔的加工质量也要求越来越精。从铝的纯度而言，20 世纪 80 年代铝纯度为 99.99%，迄今为止铝纯度已达 99.993%。这说明铝加工行业的技术在进步。

铝箔纯度提高，当然对电极箔质量提高带来好的影响，但另一方面导致了成本在提高。与此同时，腐蚀介质也在不断变化，有的介质浓度提高，有的介质类型在变化，这些都对环保工作不利，导致生产企业环保任务繁重，由此可能会要求铝的纯度有所降低。从日本铝箔的最新成分分析中，发现已有这方面的趋势。

高压阳极箔可以分成两类，一类是优质高压箔；一类是普通高压箔。

优质高压阳极箔特点是"二高一薄"，即高纯、高立方织构和薄的表面氧化膜。这类产品质量上乘，但成本高。铝纯度 >99.99%，立方织构 96%。真空热处理在 $10^{-3} ~ 10^{-5}$ Pa 条件下进行。

普通高压阳极箔是一种经济实用的高压阳极箔，铝纯度 >99.98%，立方织构 >92%，真空热处理在 $10^{-1} ~ 10^{-2}$ Pa 条件下进行。

2.7.1　高压阳极的特点

1. 铝电解电容器的简介

铝电解电容器是一种主要电极均由铝箔制造、具有正负极的电容器。通用型铝电解电容器的基本结构为箔式卷绕型结构，图 2 – 31 为极性干式铝电解电容器的基本结构，它由一层阳极铝箔和一层负极铝箔中间夹以一层浸有饱和电解质糊体的纸张卷绕而形成。阳极为铝金属箔，阴极为多孔性电解纸所吸附的工作电解质，此电解质为用电化学方法在阳极金属箔表面上形成的金属氧化膜 Al_2O_3。负极箔是阴极的引箔，电容器的静电容随负极表面积的增加而增大。

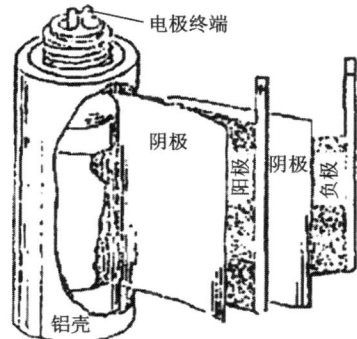

图 2 – 31　极性干式铝
电解电容器基本结构

2. 铝电解电容器的特点

与其他类型电容器的结构相比，铝电解电容器的结构有以下显著不同之处：

(1)铝电解电容器的两个电极板有正极和负极之分。

(2)铝电解电容器的工作介质是通过电化学方法，在腐蚀过的阳极铝箔表面上生成一层 $0.1 ~ 1~\mu m$ 厚的 Al_2O_3 薄膜，此氧化铝薄膜同阳极铝箔结合为一体，二者不能相互独立。由于该介质氧化膜的厚度与电化学处理时所施加的电压成正比。根据此原理，可以精确控制铝电解电容器的介质层厚度。

(3)工作阳极为高纯铝箔经腐蚀化后制成的阳极铝箔，工作阴极实际为电解质，而非阴极箔。

(4)为使电解电容器的阴极与外电路相接，必须从结构上由阴极箔作为阴极引出线与电路的其他部分构成完整的电气回路。

在性能上，铝电解电容器同其他类型的电容器相比具有如下优越性：

（1）比电容大，即单位体积具有很高的电容量。在电容量相同的情况下，产品的体积更小，从而有利于电器产品向微型化方向发展。

（2）介质氧化膜（Al_2O_3）能承受极高的工作电场强度，与其他类型电容器相比，更利于小型化。

（3）具有自愈作用。铝电解电容器在工作时依靠电解质中氧的负离子（O^{2-}），能自动修复 Al_2O_3 膜中存在的缺陷，使得该处的绝缘性能可以随时得到修复和改善，从而使产品的耐电压特性提高。

（4）额定静电容量高。低压铝电解电容器的静电容量很容易达到几千甚至几万微法。

除上述优点之外，铝电解电容器由于自身结构的特点也存在一些缺点：

（1）工作电压有一定的上限值，最高为 500 V 左右。

（2）具有单向导电性。普通铝电解电容器的两个电极具有极性，不能反接。

（3）损耗角正切值比较大，温度特性和频率特性均较差。

（4）绝缘性较差，容易产生漏液。

（5）电解质易变质，导致电性能下降，使用寿命相对较短。

3. 铝电解电容器用电极箔

电极箔是指电子箔（未经浸蚀和化成的铝箔）在特殊的腐蚀溶液中进行浸蚀、阳极氧化处理后制成的铝电解电容器电极用箔，主要有腐蚀箔和化成箔两类。其中，腐蚀箔为只经浸蚀而未经阳极氧化处理的铝箔，主要用于负极；化成箔则是电子箔经浸蚀后又经阳极氧化处理过的铝箔。

负极箔为铝电解电容器阴极的引箔，也称阴极箔。由于只经过浸蚀处理，负极箔亦称腐蚀箔。

阳极箔是指用作铝电解电容器阳极的铝箔，因其经过浸蚀工艺后还需进行阳极氧化处理，通常也称之为化成箔。在铝加工行业中，阳极箔有时也泛指制造铝电解电容器阳极所用的铝原箔。本文中所提及的高压阳极铝箔，大多是指加工出来未经腐蚀化成的用于制造高压铝电解电容器阳极的铝原箔。

中、高压电解电容器用阳极铝箔根据其使用电压的不同，有低压箔、中压箔和高压箔之分。对于划分标准，各国有所不同：欧美规定 160 V 以下为低压，高于 160 V 为高压；日本规定 6.3 ~ 100 V 为低压，110 ~ 250 V 为中压，250 V 以上为高压；我国的电子行业标准（SJ/T 11140）规定低压为 7.7 ~ 170 V，中高压为 170 V 以上。

阳极铝箔的性能在很大程度上能够影响铝电解电容器的性能及其小型化。为满足电子产品微型化、高性能的发展要求，需开发出小体积、高比容的铝电解电容器。电容器的比电容通常按下式计算：

$$C = \xi_0 \xi_r S/d \qquad (2-5)$$

式中：ξ_0 为真空介电常数，其值为 8.85×10^{-12}（F/m）；ξ_r 为介电薄膜的相对介电常数，其值为 8 ~ 10；S 为电极板有效表面积，cm^2；d 为电介质厚度，即极板距，cm。

从式（2-5）中可以看出，电解电容器的比电容与相对介电常数及极板有效表面积成正比，与电介质厚度成反比。因此，可通过提高介电常数、增大电极板有效表面积和减小电介质厚度等三种途径来增大电解电容器的比电容。而电介质的厚度由工作电压决定，铝氧化膜的介电常数为定值，均不能随意改变，因此，只能通过增大电容器极板的有效面积来提高电容器的比电容。为避免因单纯增大铝箔面积而导致电容器的体积增大，可通过特殊的电化学腐蚀工艺，在铝箔表面腐蚀出大量隧道状蚀坑，使得在不增加铝箔体积甚至减小铝箔体积的前提下有效增加铝箔表面积，从而增大铝箔比电容，最终使铝电解电容器的静电容量得到提高。

中高压阳极箔的腐蚀均为直流电化学腐蚀，要求铝箔中｛100｝织构具有很高的取向密度。由于铝晶体中｛001｝＜100＞方向具有最小的弹性模量和最低的强度，在此方向上原子键键能最低，于是在腐蚀介质中由于直流电的作用，腐蚀沿着＜100＞方向扩展，并通过与铝箔表面平行的｛001｝面向晶粒内部扩展继而形成隧道状腐蚀，最终在晶粒内部腐蚀出粗大的隧道状蚀坑，才能使腐蚀箔在 170 V 以上的高压下进行阳极氧化腐蚀处理时，蚀孔不至于因堵塞而使扩面效果变差。因此，中高压阳极铝箔最理想的腐蚀条件为铝箔表面全部由｛001｝＜100＞立方织构构成且晶粒的(001)面均平行于铝箔表面。为使中高压阳极铝箔在腐蚀化成后能够获得尽可能大的有效表面积，就必须使成品退火后的铝箔中｛001｝＜100＞立方织构含量尽可能的高，一般要求成品退火后的铝箔中立方织构含量要达到95%以上。

此外，铝箔基体强度和塑性、铝箔晶粒尺寸大小及表面质量也应满足一定的要求。

铝箔是电解电容器铝箔的关键原材料，电解电容器用铝箔是铝箔的一种深加工产品，它是一种在极性条件下工作的腐蚀材料，对铝箔的组织结构有较高要求，所用铝箔分为三种：阴极箔，厚度为 0.015 ~ 0.06 mm；高压阳极箔，厚度为 0.065 ~ 0.1 mm；低压阳极箔，厚度为 0.06 ~ 0.1 mm。

电解电容器的阳极铝箔使用的是工业高纯铝，纯度要求均在 99.93%（质量分数）以上。其中，高压电解电容器用阳极铝箔的纯度要求达到 99.99%（质量分数）。工业高纯铝中的主要杂质为 Fe、Si、Cu，其次尚有 Mg、Zn、Mn、Ni、Ti 等微量元素。我国国家标准仅对 Fe、Si、Cu 的含量有规定，但作为杂质元素，其限定含量明显高于国外同类优质铝箔。从国内外的趋势来看，电解电容器铝箔不但对 Fe、Si、Cu 含量要求控制得更低，而且对其他微量杂质元素含量也做了严格的规定。

高纯铝是生产阳极箔的必要原料，电解电容器铝箔的光箔加工主要涉及从高纯铝至腐蚀加工前的生产过程。半连续铸造生产过程中首先将高纯铝锭溶解，然后按照成分设计进行适当的配料微成分调整，最后在浇注中借助在结晶器的连续冷凝过程制成 200 ~ 250 mm 厚的半连续铸造板坯。

2.7.2　产品的主要要求及指标

高压阳极箔是铝箔的一个品种，其主要要求和指标与铝箔没有特别的区别，仅是高压阳极箔由于其使用要求的不同，对内部组织与织构分布有相当高的要求。

1. 晶体结构性能

软状态高压原箔的表面平均位错密度每平方厘米不大于 106 个。软状态高压原箔的 (100) 晶面占有率不小于80%。软状态高压原箔的表面氧化膜厚度不大于 6 nm。

2. 其他性能

其他性能详见本书 2.6 节铝箔相关内容介绍。

2.7.3　生产的基本流程

铸造→均匀化退火→热轧→预备退火→冷轧→中间退火→附加冷轧→成品退火

2.7.4　生产的技术关键

内部组织与织构分布是高压阳极箔的主要技术指标,同样控制内部组织与织构分布也是生产高压阳极箔的技术关键点,详细控制要点整理如下。

1. 化学成分对高压阳极铝箔组织性能的影响和微量元素的控制

铝电解电容器用阳极铝箔所使用的原材料为工业高纯铝,纯度均要求在 99.93%(质量分数)以上,其中,高压阳极铝箔中 Al 的质量分数要求达到 99.99% 以上。工业高纯铝中的杂质元素有 Fe、Si、Cu、Mg、Zn、Mn、Ni、Ti 等,其中以 Fe、Si、Cu 为主。高纯铝的纯度能够影响其回复温度,在退火过程中其杂质元素的固溶原子分布于亚晶界,能够阻碍晶界迁移,从而影响立方取向晶粒的生长,继而影响电解电容器的性能。国内外目前的趋势是要求电解电容器用铝箔中 Fe、Si、Cu 的含量更低,同时严格控制其他杂质元素的含量。

(1)Fe 的影响。

Fe 是高纯铝中危害最为显著的杂质元素,其含量和分布形态均能影响铝电解电容器的性能。Fe 在高纯铝箔中一般以固溶形式存在,Fe 含量增多会降低立方织构含量;Fe 的不均匀分布会导致铝箔的晶粒粗大、腐蚀不均、电性能恶化。相较于其含量,Fe 的存在状态和分布对铝电解电容器性能的影响更大。Fe 在 Al 中的溶解度极小,不同温度下,Fe 可溶于 Al 中,亦可以偏聚态或是以 $FeAl_3$ 和 $FeAl_6$ 等颗粒形式析出。

当较多的 Fe 固溶在 Al 基体中时会阻碍退火过程中大角度晶界的迁移,抑制立方织构的形成和长大,并且能提高再结晶温度,导致 R 织构的形成,使立方织构的含量减少。而当 Fe 以 $FeAl_3$ 和 $FeAl_6$ 化合物形式析出时,则会使腐蚀后的铝箔性能恶化。

由此可见,不论 Fe 以何种状态存在于高纯铝中,都不利于铝箔退火过程中立方织构的形成、长大以及铝箔的腐蚀化成。因此,国内外的企业在高压阳极铝箔的生产过程中,都严格控制 Fe 的含量。

(2)Si 的影响。

高纯铝中 Si 杂质的来源主要是耐火材料的污染,Si 杂质比 Fe 杂质更难控制。Si 含量过高会影响立方织构的生长,容易发生过溶解,同时也会造成铝再结晶时晶粒粗大。与 Fe 相比,Si 在 Al 中的溶解度较大,主要以固溶形式存在,其固溶析出能力较 Fe 弱,对立方织构形成过程的不利影响也远不如 Fe 的影响显著。

Si 与 Fe 在高纯铝中共存时能够相互影响彼此的存在状态。在高纯铝中加入 Si 后,使 Fe 的体扩散速度增大,能够改变 Fe 的过饱和固溶状态与 $FeAl_3$ 的弥散状态,有利于立方织构的形成和长大。Si 对铝箔性能的影响还与 Si、Fe 含量比有关,当 Fe 含量低且 Si、Fe 含量比较大时,铝箔静电容增大。Fe 含量在 $(10 \sim 20) \times 10^{-6}$ 以内时,Si、Fe 含量比对铝箔静电容量的影响较为显著。而当 Fe 含量超过 30×10^{-6} 时,对静电容无明显影响。当 Si 含量过高时,过量的 Si 形成的 Al-Fe-Si 三元化合物比 Al 的电位高,不利于腐蚀化成时 Al 基体的溶解。当 Si 含量超过 500×10^{-6} 时,会延长铝箔的化成时间,其含量继续增加会使铝箔的比电容降低。因此,高压阳极铝箔中 Si 含量一般要求控制在 30×10^{-6} 以下。

（3）Cu 的影响。

研究发现，Cu 含量过低铝箔可腐蚀性差，过高易产生过腐蚀。高纯铝中 Cu 含量增大时可以增大铝箔静电容。而当 Cu 含量达到 $(27 \sim 30) \times 10^{-6}$ 时，Cu 含量的增加又会使铝箔的比电容随之减少。Umezawa Atsushi 等人通过对高纯铝中再结晶织构演变规律的研究，发现在高纯铝箔中 Cu 含量为 50×10^{-6} 时，退火后的再结晶织构中立方织构含量为不含 Cu 时的两倍，且未见 $\{123\}$ $<634>$ R 织构。Cu 含量较低和晶粒长大温度较高时有利于高纯铝箔立方织构含量的提高。一定量的 Cu 可提高铝箔腐蚀化成过程中的发孔率，增加铝箔的比电容。因此，国内外厂家一般会在高纯铝中加入一定量的 Cu 以增大铝箔的比电容。而高纯铝箔中 Cu 含量较高时，铝电解电容器的工作电解质内易形成微电池，会破坏介质的氧化膜，使电容器的性能变差。因此，高纯铝箔中 Cu 含量一般应控制在 60×10^{-6} 以下。

（4）其他微量元素的影响。

高压铝箔中其他主要微量元素还有 Mg、Be、Pb、Sn、Ni、Ti 等，这些固溶的微量元素容易在铝的位错附近偏聚，对铝箔后续的轧制及退火工艺中晶格的形成、晶粒大小、立方织构的形成、漏电流和腐蚀工艺产生重要的影响，最终影响到电容器的性能，因此必须严格控制其含量。

Mg 过多会降低铝的形核率和形核速度，不利于立方织构的形成与发展等。这些微量元素在铝箔中不会一直以单体形式存在，随着条件的改变会与其他微量元素和 Al 形成不同种类的化合物固溶或析出。通过研究微量元素在铝箔不同形态时的存在状态，可以有效控制其在铝箔中的含量。Mg 的存在会造成铝箔腐蚀隧道的侧向发展，且能促使铝箔表层腐蚀组织剥落，不利于其比电容的提高。同时加入适量的稀土和 Be 能够降低 Fe 对高纯铝箔中立方织构形成的阻碍作用，促进立方织构的形成与长大，从而提高立方织构含量。

目前控制微量元素含量较好的方法有：在高纯铝中加入微量稀土（Y）能改变铝箔中变形织构组分的相对强度；加入较少的 Be 能增加成品箔材中立方织构强度。稀土和 Be 在 Al 中的溶解度都极小，能与 Fe 等微量杂质形成一系列化合物，析出后可净化基体，降低基体中 Fe 的浓度，消除杂质对铝箔中立方织构的不利影响。随稀土含量增加，黄铜取向密度增加，S 织构组分减少，成品退火箔材中立方织构含量相应减少。稀土含量为 0.003% 时，Pb^{2+} 的标准电极电位明显高于 Al^{+3}。在高纯铝箔中加入 Pb 可以有效增加晶粒及蚀坑数量，有利于铝箔表面的腐蚀，从而增加铝箔有效表面积。而随着 Pb 含量的增加，铝箔成品中的立方织构含量逐渐降低。当 Pb 含量达到 0.3×10^{-6} 时，高纯铝箔可获得最大比电容。铝箔中微量 Pb 会富集在铝箔表面促使表面的腐蚀发孔，进而增加比电容，且不会影响铝箔的强立方织构，因此，添加微量 Pb，是提高常规无铅铝箔性能的重要技术手段。但 Pb 是致癌物质，毛卫民等研究用 Sn 代替 Pb，取得了不错的效果。

高纯铝箔中 Sn 含量在 20×10^{-6} 以下时可使退火后的铝箔中立方织构含量达到 95% 以上，而当 Sn 含量超过 20×10^{-6} 时则会降低铝箔中的立方织构含量。Sn 含量对铝箔比电容的影响与 Pb 类似，因此可以取代 Pb 以减少环境污染。

在高压阳极铝箔的生产过程中，不仅限制了单个微量元素的含量，还要求对其他微量元素的总量进行严格控制。为了避免对铝电解电容器的综合性能造成不利影响，高压阳极铝箔中其他微量元素的含量一般应控制在 10×10^{-6} 以内。

2. 组织结构对高压阳极铝箔比电容的影响

以往对高压阳极铝箔比电容的研究大多集中在化学成分、生产工艺及腐蚀化成等方面，而近年来国内、外学者已越来越多地从材料组织结构方面进行深入研究。研究表明：晶粒尺寸、位错密度及晶粒取向是高压阳极铝箔组织结构因素中对其比电容影响最大的三个因素。

(1) 晶粒尺寸的影响。

目前的研究表明，高压阳极铝箔的晶粒大小对其比电容无明显影响。高压阳极铝箔的腐蚀过程为晶内腐蚀而非晶间腐蚀，无法通过细化晶粒来增加腐蚀点以提高比电容。相反，晶粒尺寸越大，对高压阳极铝箔来说，腐蚀后其比电容越大。因为在盐酸中铝箔的腐蚀为晶体学腐蚀，腐蚀是从发孔处沿其 <100> 方向快速进行，继而贯穿至整个晶体内。晶粒尺寸越大，其腐蚀后得到的蚀坑越大、越深，从而使铝箔有效表面积越大。但晶粒过于粗大时，既会影响高压阳极箔再结晶织构的形核与长大，又会影响高压阳极铝箔的机械性能。另外，晶粒过大还会使高压阳极铝箔腐蚀不均，从而使铝电解电容器的比电容不稳定。而晶粒过小时，不仅会降低铝箔的腐蚀速率，还会使铝箔中产生过多的晶间腐蚀，造成表面剥落，使铝箔厚度减薄、表面积减小，从而使比电容降低。因此，铝箔的晶粒尺寸需控制在一定范围之内，一般在 $60 \sim 200 \ \mu m$ 为宜。

(2) 位错密度的影响。

高压阳极铝箔的比电容在某些条件下还受到铝原箔中位错密度的影响。理论上，位错周围的畸变能较高，又因为有杂质析出，从而有利于铝箔腐蚀过程中点蚀的发孔及其进行。虽然成品退火后高压阳极铝箔中位错密度的大幅降低可有效提高立方织构含量，从而增大高压阳极铝箔的比电容，但仍需保证成品退火后的高压阳极铝箔中具有一定的位错密度。在退火过程中，位错因热激活而产生运动时，可能因位错反应而聚集于 {001} 面上。随着立方取向晶粒的增多，聚集在 {001} 面上的位错能够增加腐蚀发孔率，反而能增大高压阳极铝箔的比电容。因此，在退火过程中，高压阳极铝箔中位错密度的变化和晶粒尺寸大小是影响其比电容最重要的因素。

(3) 晶粒取向的影响。

关于晶粒取向对高压阳极铝箔性能的影响，目前国内外已进行了许多研究，一致认为：铝箔的扩面腐蚀是一种晶体学腐蚀，箔原箔的晶粒取向能够影响阳极铝箔腐蚀化成后的形貌及比电容。大量实验结果表明，沿 <001> 方向铝箔的腐蚀速率最快，而 {001}<100> 立方取向晶粒正好具备此条件，在腐蚀过程中能够产生众多与铝箔表面平行的立方形蚀坑。图 2-32 为三种不同取向的晶粒腐蚀后的蚀坑示意图，从图中可见，若沿 <001> 方向腐蚀出相同的深度，则 {100} 面平行于铝箔表面时，腐蚀后的蚀坑体积最大；而 {110} 面和 {111} 面平行于铝箔表面时，腐蚀后的蚀坑体积仅为 {100} 面的 1/2 和 1/6。由此可见，铝原箔中 {001}<100> 立方取向的晶粒在腐蚀后能取得最大的扩面增容效果。

另外，晶粒取向差异会导致铝箔表面腐蚀速率不同，从而造成铝箔腐蚀不均。在相同的时间内，腐蚀速率越快的晶粒其内部产生的蚀坑越大。过大的蚀坑会彼此连在一起，形成并孔，影响扩面增容效果。而腐蚀速率过小的晶粒产生的蚀坑则过小，甚至不产生蚀坑。因此，要使高压阳极铝箔获得高比电容就必须腐蚀出大小合适且分布均匀、密度大但又无并孔现象的蚀坑。故为获得最佳的扩面增容效果，必须要求成品退火后的铝箔中 {001}<100> 立方织构的含量尽可能高。

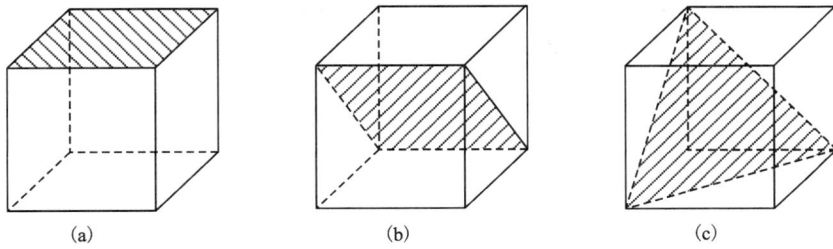

图 2 - 32　腐蚀坑与铝箔表面相切的图解

(a) {100} 面平行于铝箔表面; (b) {110} 面平行于铝箔表面; (c) {111} 面平行于铝箔表面

3. 铝箔表面状态对高压阳极铝箔比电容的影响

铝箔的表面状态能对其腐蚀过程产生很大的影响。铝箔表面与腐蚀液之间的界面状态产生微小差异时便会使铝箔的腐蚀状态出现较大的差异,从而使腐蚀后铝箔的比电容有所差异。铝箔轧制过程中轧制界面往往处于混合润滑状态,此状态下轧制表面与铝箔表面存在一定的接触,轧制后的铝箔表面会留下大量沿轧制方向的机械划痕。

研究发现,在铝箔的腐蚀过程中,其表面的位错、晶界及机械划痕等结构不均匀处会优先产生蚀坑,通过研究表面划痕对不同晶面指数的高纯铝箔腐蚀发孔的影响,发现高纯铝箔表面的点蚀坑由畸变能较高、表面张应力梯度较大的位错露头发孔腐蚀而形成,表面机械划痕与位错应力场作用可使腐蚀发孔率提高。铝箔表面粗糙度也能在一定程度上影响铝箔的腐蚀过程,国内外高压阳极铝箔的表面粗糙度及均匀性尚存在一定的差距。目前国内铝箔的表面粗糙度 Ra 一般控制在 $0.5 \sim 0.8~\mu m$,国外铝箔的表面粗糙度则控制在 $0.3 \sim 0.5~\mu m$。许多进口箔材表面就存在着大量较均匀的轧制纹路,这些轧制纹路可以增大铝箔的有效表面积,有利于提高其比电容。

轧制过程中的润滑条件是影响铝箔表面状态的另一个因素。铝箔表面残留的轧制润滑油对其后续的腐蚀过程影响较大,既会影响腐蚀后铝箔表面氧化的膜厚度及结构的均匀性,又会使微量元素聚集于铝箔表面,导致铝箔表面状态不均匀。采用合适黏度的乳制润滑油可以提高铝箔轧制后的表面质量,能使铝箔表面油膜均匀、残留润滑油减少,从而保证铝箔表面状态的均匀性。因此,为保证腐蚀化成后高压阳极箔比电容的均匀性,箔原铝表面必须无油污和退火油斑,且板型平整、无划伤、色泽均匀。

4. 生产工艺对高压阳极铝箔织构的影响

为了制定高效的高压阳极铝箔生产工艺,有必要研究各个生产环节的技术参数对其性能的影响规律。

(1) 铸造织构的影响。

高纯铝铸锭中存在较强的铸造织构时,有利于轧制过程中形变织构和退火过程中再结晶织构的形成。在金属凝固过程中,由于热量的散失具有方向性,使得晶粒的长大也具有一定的方向性,从而导致晶粒的择优生长,使得只有快速生长方向与散热方向平行的晶核才能长大,形成铸造织构。研究表明,铸锭中柱状晶的方向与立方金属铸造过程中的快速生长方向和枝晶生长方向相同,均为 <100> 方向,因此可视柱状晶为铸造织构。所以,在高压阳极铝箔的生产过程中常常采用快速冷却的方法来使铸锭中获得尽可能发达的柱状晶。

（2）均匀化处理的影响。

在热加工前对高纯铝铸锭进行均匀化退火处理可使其获得良好的加工性能。均匀化退火能在很大程度上影响高压阳极铝箔中立方织构的形成和演变，不仅能影响高纯铝中微量元素的扩散和析出，还能影响热轧时高纯铝中析出的二次相的大小、形态及分布。均匀化处理工艺不同时对高纯铝组织产生的作用也不同，组织遗传效应使得这些作用能够影响到铝箔成品退火后的组织和性能。因此，合适的均匀化处理工艺是提高高压阳极铝箔质量的有效方法。

（3）热轧工艺的影响。

在影响高压阳极铝箔性能的诸多工艺因素中，热轧是一个起关键性作用的工艺因素。热轧工艺参数主要是热轧温度、变形量及变形速率。热轧工艺的控制一方面决定着高纯铝中晶粒的原始取向，另一方面决定着杂质元素的最终存在状态。研究发现，热轧温度高时可以促进高纯铝中交滑移的进行，有利于 $\{112\}$ $<111>$ Cu 织构的形成，同时还能提高热轧后高纯铝的再结晶程度，使立方取向晶粒增多；而低温热轧则不利于立方织构的形成。高纯铝的热轧温度对其杂质存在状态的影响受到均匀化退火温度的制约。若采用高温均匀化退火，在后续的热轧工艺中不论采用高温热轧还是低温热轧都不利于立方织构的形成。而采用低温均匀化退火后，热轧温度在 520℃ 左右时，加热过程中高纯铝铸锭中未能溶解的析出物为热轧过程中化合物的析出提供了形核核心，有利于含 Fe 析出物的析出，从而有利于立方织构的形成和发展。

因此，为了使立方织构具有较高的取向密度，热轧过程中的最佳热轧温度应为 520℃ 左右。

（4）中间退火及附加冷轧变形率的影响。

中间退火是指对大变形量冷轧后的铝板所进行的不完全再结晶退火工艺，主要是在冷轧最终轧制道次之前进行。铝板经大变形量冷轧后进行中间退火，会产生少量 $\{001\}$ $<100>$ 立方取向和 $\{124\}$ $<211>$ R 取向的再结晶晶粒。中间退火后再经小变形量轧制，铝箔基体和再结晶晶粒会再次产生变形，但立方取向晶粒比较稳定，不易发生偏转，同时立方取向晶粒中的位错密度相对而言也较低。采用不同温度对高纯铝板进行中间退火后，冷轧后箔材中的形变织构差异不大，但成品箔中的再结晶织构组分却存在很大差异。与未经中间退火的铝箔相比，经过中间退火的铝箔其最终成品箔中 R 织构取向密度大幅降低，立方织构取向密度更高。采用 300℃/2h 的中间退火制度，能使成品箔中的立方织构取向密度最高。

中间退火后的铝箔还需要进行最后一个道次的轧制（附加冷轧），以达到铝箔成品所要求的厚度。附加冷轧的变形率一般应控制在 10% ~ 70%，通常为 20% ~ 40%。变形量过大或过小均不利于立方织构的形成：变形量过小产生的畸变太小，不足以产生立方取向畸变晶界；变形量太大则易使立方取向晶粒产生过大的转动，破坏亚晶组织，致使中间退火过程中所形成的立方取向晶粒偏离其原始位置，从而降低立方织构取向密度。

（5）最终冷轧变形率的影响。

一般而言，越大的最终冷轧变形率越有利于立方织构的形成。在大变形率下，冷轧后的高压阳极铝箔中易形成 $\{112\}$ $<111>$ Cu 织构及 $\{123\}$ $<634>$ S 织构，这两种织构在再结晶退火过程中容易转变为立方织构和被立方织构吞噬。同时，大变形率冷轧后的铝箔在退火过程中能产生较多的细小晶粒，此时优先生长的立方取向晶粒更有可能同与其有 40° $<111>$ 取向关系的 S 织构的全部四个组分相接触，从而产生发达的立方织构。因此，当高压阳极铝箔的生产工艺中不进行低温中间退火和附加轧制时，其最终冷轧变形率当控制在 98% 以上。

（6）成品退火条件的影响。

在成品退火过程中，高纯铝再结晶织构的形核与长大受到固溶元素、析出物的尺寸与分布、再结晶过程中的固溶与析出程度、立方织构与 R 织构之间的竞争等诸多因素的影响。这些影响均与退火温度、升温速率、保温时间、冷却方式以及退火环境气氛等条件有关。

高纯铝中立方织构的形核与长大受到定向形核与定向长大的联合作用，但以定向长大为主导。提高高纯铝退火过程中的升温速率，可以在短时间内形成大量的再结晶核，有利于立方晶核数量的增加及其与 S 取向晶核的接触。

在保温过程中，立方取向晶核与晶粒迅速长大，从而获得较高的立方织构取向密度和较为粗大的晶粒。而升温速率过快时，在退火温度高于 325℃ 时高纯铝中再结晶晶粒较粗大，立方织构取向密度较低。为了消除因升温速度过快而导致的晶粒粗大问题，可以采用分级退火制度。

总而言之，单就提高高压阳极铝箔立方织构来说，成品退火温度对其的最为关键，升温速率影响在其次，保温时间的长短则对其影响并不明显。但保温时间过长则会使晶粒过于粗大，从而使铝箔表面氧化层厚度增加，进而减小静电容量，最终使电容器性能降低。

2.7.5　需要的特殊装备

生产高压阳极箔所采用的生产设备与普通铝箔相比没有较大的差别，生产铝箔的特殊设备同样适用于高压阳极箔。但是由于高压阳极箔后续需要进行腐蚀处理，因此随箔材成品退火提出了较高的要求，需要严格控制铝箔表面的氧化膜的厚度，因此一般高压阳极箔会选择真空连续式退火工艺进行生产。

传统的真空退火技术及其特点，自然状态下纯铝表面会附着一层很薄的氧化铝膜。在非真空加热条件下，随加热温度的提高和加热时间的延长，氧化铝膜会越来越厚，不利于后续在铝箔表面实施腐蚀工艺。因此，在工业上通常采用真空加热的方式对铝箔作热处理。加热炉中一般可以借助对流、传导、辐射三种方式把发自热源或由加热体产生的热量传递给被加热金属。在真空加热设备中，由于没有空气或其他气体，不可能借助对流的方式把热量输送给被加热金属。加热体与被加热金属之间没有直接的接触，因此也不能在两者之间产生直接的热量传导过程。

图 2-33 为铝箔卷真空退火加热过程的热量输送示意图，其中真空炉腔内矢量虚线表示热辐射方向。辐射传递把热量输送到铝箔卷的卷面和端面后，热量才能够借助铝箔的热传导过程把热量向铝箔卷内部传递。图中的矢量实线表达了铝箔卷热传导时热量传递的方向。可直接接受辐射热量的铝箔卷的卷面和端面可称为辐射加热的辐射接受面。应该注意到，铝箔卷的一些侧面或底部端面并不与加热体对峙，这些面称为加热的辐射阴影面；它们温度的升高需主要依赖热量从辐射接受面而来的内部热传导过程。由图所示的真空退火加热量输送途径可以看出，加热过程中铝箔卷各部位的升温和保温等过程会存在明显差异。铝箔卷内部及辐射阴影面的主要受热过程会滞后于辐射接受面。同时，阴影面一方面加热过程滞后，另一方面因不与尚存余热的加热体对峙而造成冷却过程中降温较快。热处理过程中铝箔卷各部位这种在加热经历上的差异会造成各部位内部组织结构上的差异和不均匀性，从而影响到后续腐蚀性能的不均匀性或不稳定性。如果提高升温速度或加大铝箔卷的尺寸都会加剧上述不均

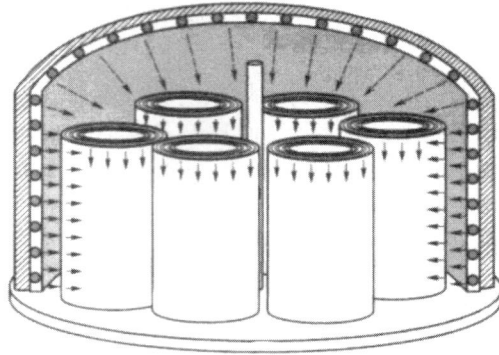

图 2 - 33　真空退火加热过程中的热量输送示意图

（虚线：热辐射方向；实线：热传导方向；灰圈：加热体）

匀性。加大装炉量也会因阴影面相对面积的增加而加剧上述不均匀性。由此可见，传统真空退火处理不仅会带来一定的性能不稳定性，而且只能以小批量、低效率的方式对铝箔卷作退火处理。

　　连续退火工艺与设备是近 20 年以来现代冶金企业金属板材生产中快速发展的先进生产技术，参见图 2 - 34。板材连续退火技术的主要优点在于生产效率高、产品质量均匀稳定、生产自动化程度高、产品质量优异等，因此受到了广泛的关注，尤其在钢板生产上已经成为普遍使用的生产技术。连续式的退火加热流程类似于铝箔的腐蚀、化成工艺流程。板材依从头至尾的顺序进入非氧化保护气氛下的连续退火炉加热，板卷的每一部位均经历完全相同的加热过程，由此可以保证处理过程的非氧化性、均匀性和质量稳定性。同时，连续式的退火加热也可以摆脱板卷式加热对板卷重量和尺寸的限制，进而丰富产品的规格，增强满足对产品特殊需求的能力。另外，连续式退火加热时可使厚度很低的箔板瞬时加热到目标温度，进而显著缩短加热周期，提高冷却速度，明显提高生产效率。

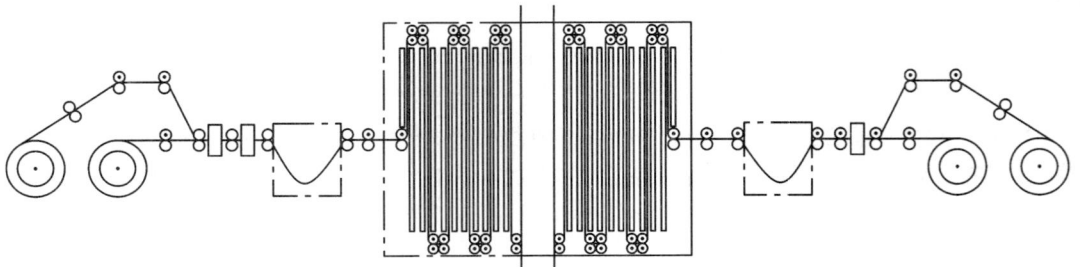

图 2 - 34　铝薄带连续退火炉设备示意图

　　铝箔内不可避免地会存在一定量的微量元素，且有向表面偏聚的倾向。在确保铝箔纯度和微量元素适当在表面富集的前提下，降低铝箔表面均匀分布氧化膜的厚度，保持微量元素分布的均匀性，就可以获得均匀的腐蚀结构和较高的比电容值。提高真空退火温度或延长退火时间可以促使微量元素分布均匀，但会增加铝箔表面氧化膜的厚度，真空退火的加热条件也会同时增强氧化膜厚度的不均匀性。因此采用真空退火技术时会在进一步提高腐蚀比电容方面遇到一定障碍。

连续退火技术可以使铝箔各部分在短时间内均匀达到高温，缩短了铝卷温度均匀化所需要耗费的保温时间，可以在氧化膜厚度低而均匀的前提下实现微量元素均匀分布，有利于腐蚀过程中铝箔表面发孔的均匀性，因而是一种有发展前景的退火技术。另一方面，采用真空退火技术时退火加热完成后需要很长时间的降温，其间已经均匀化分布的微量元素又会因热激活的降低而逐步发生偏聚现象；在整体向表面偏聚的同时也会更多地向表面的晶界、位错密集部位更多地偏聚，对腐蚀性能带来不利影响。

连续退火技术降低了微量元素表面的偏聚程度，因而可以降低对铝箔纯度的要求，有利于推广使用偏析法铝锭，降低铝箔的成本。连续退火技术还可以与铝箔腐蚀前的表面连续预处理结合，为后续腐蚀的均匀发孔提供必要条件，也为进一步提高铝箔的比电容奠定了基础。

2.8　建筑装饰铝板

最近几年来，国内外新型建材行业新品迭出，构成了当今全球支柱性产业蓬勃发展兴旺的一大景观。尤其是以轻便、美观、高雅为特色的铝制建材，更是新潮建筑物争相拥有的美妙"外衣"。由此，制作这些新潮"外衣"，便成为新型建材企业的市场追求目标之一。铝单板是铝建材产品中的一个深度加工系列。相对于其他外墙材料而言，铝单板由于具有几大优点而形成了自己的特色：它重量轻、刚性好、强度高；耐候性和耐腐蚀性好；加工工艺好，可焊性强，可加工成平面、弧形面和球面等各种复杂的形状；色彩可选性广泛，装饰效果好；耐污染性好，便于清洁、保养；施工安装方便、快捷并且可回收再生处理，有利环保。由于单层铝板容易折弯加工成弧形的复杂形状，能够适应如今变化无穷的外墙装饰的需要，因而它的出现使装饰用铝合金板在加工成形和安装构造成形方面都丰富了许多。

铝单板幕墙相对于其他金属板幕墙来说，装饰面板的抗风压、防雷、防火等技术参数方面都有很大的优势。同样作为铝板家族的成员，脱胎换骨后漂亮成型的铝单板可以在建筑幕墙中独当一面，由于其优良的安全可靠性、加工形状的可变性以及外表色彩的丰富多样性，在中外建筑外墙上大量运用。

装饰用铝单板主要用途有：用于建筑物内、外墙的装修（帷幕墙），门厅，门面，包柱，网架结构，户外飘棚，隧道壁板，屋内造型天花，汽车车皮，游艇内外机械器具，器具外壳，老建筑物的翻新，包厢，隔间，广告招牌等，是近年来在国际上十分流行的新型装饰材料，其产品具有良好的防火性能、耐腐蚀、易清洁，符合环保潮流，广泛适用于宾馆、酒楼、商场、展览馆、机场、银行、写字楼、车站、住宅、透光灯箱、包柱、展台、货架、吊顶造型、家具制作、室内外装修等一切须防潮、防火的场所。效果高雅，是现代时尚之理想选择。它采用厚质铝板加工而成，表层采用氟碳喷涂，不受紫外线、温度、气温和大气侵蚀，具有全铝质、美观大方、环保及永不褪色等全新概念，更具有良好的抗弯曲度及优良的抗风压性能，并且能够发挥特长，二次开发使用。由于装饰用铝单板性能出色，规格众多，使用寿命长，备受人们青睐，在现代居室中被广泛应用，市场前景好。

建筑装饰用铝合金板中广泛应用的有 1×× 系，3×× 和 5×× 系三种铝合金。3×× 系中 Mn 是此合金的主要合金元素，其强度较 1×× 系合金高 20% 以上，广泛应用于屋顶、幕墙、遮篷、公路标志上，常用的有 3003、3015 等几种状态的合金。5×××系的主要合金是 Mg，当镁用作主要合金元素或与锰一起使用时能形成一种具有中等强度或高强度的可加工硬化合金。作为一种硬化剂，镁在很大程度上比锰更有效，大约 0.8%的镁的作用等于1.25%的锰，而且可以高出很多的数量加到铝中，使这个系列的合金具有良好的焊接性能，并在海洋空气中具有良好的抗腐蚀性，广泛用于建筑上及形状复杂的异形件、标志、形象产品上，常用的有 5005、5754 等几种状态的合金。

建筑装饰应用的铝合金板主要以 3×××系的铝锰合金为主。实际应用中 5×××系铝镁合金较硬，对于异形件需多次变形加工时，仍以加工性能较好的 3×××系合金为主。

2.8.1　建筑装饰铝板的特点

铝合金装饰板具有质量轻、不燃烧、耐久性好、施工方便、装饰效果好等优点，适用于公共建筑室内、外墙面和柱面的装饰。颜色有本色、金黄色、古铜色、茶色等。

铝合金装饰板是采用铝及铝合金为原料，经铸造、热轧、冷轧、后续处理等工序生产出的装饰用饰面板材。其主要分类有：

1. 铝单板

铝单板品种比较多，而且是一种新型材料，因此至今还没有统一的分类方法，通常按用途、产品功能和表面装饰效果进行分类。

(1)按表面装饰效果来分类。

1)涂层装饰铝单板：在铝板表面涂覆各种装饰性涂层。普遍采用的有氟碳、聚酯、丙烯酸涂层，主要包括金属色、素色、珠光色、荧光色等颜色，具有装饰性作用，是市面最常见的品种。

2)氧化着色铝单板：满足设计师的创意和业主的个性化选择。

3)拉丝铝单板：采用表面经拉丝处理的铝合金面板，常见的是金拉丝和银拉丝产品，给人带来不同的视觉感受。

4)镜面铝单板：铝合金面板表面经磨光处理，宛如镜面。

(2)按产品功能分类。

1)防火板：选用阻燃芯材，产品燃烧性能达到难燃级(B1 级)或不燃级(A 级)；同时其他性能指标也须符合铝单板的技术指标要求。

2)抗菌防霉铝单板：将具有抗菌、杀菌作用的涂料涂覆在铝单板上，使其具有控制微生物活动繁殖和最终杀灭细菌的作用。

3)抗静电铝单板：抗静电铝单板采用抗静电涂料涂覆铝单板，表面电阻率在 109 Ω 以下，比普通铝单板表面电阻率小，因此不易产生静电，空气中的尘埃也不易附着在其表面。

(3)按用途来分类。

1)建筑幕墙铝单板：其上、下铝板的最小厚度不小于 0.50 mm，总厚度应不小于 4 mm。铝材材质应符合 GB/T 3880 的要求，一般要采用 3×××、5×××等系列的铝合金板材，涂层应采用氟碳树脂涂层。

2)外墙装饰与广告用铝单板：上、下铝板采用厚度不小于 0.20 mm 的防锈铝，总厚度应不小于 4 mm。涂层一般采用氟碳涂层或聚酯涂层。

3)室内用铝单板：上、下铝板一般采用厚度为 0.20 mm，最小厚度不小于 0.10 mm 的铝板，总厚度一般为 3 mm。涂层采用聚酯涂层或丙烯酸涂层。

2. 铝 – 塑板

铝 – 塑板是指由铝和塑料复合而成的板材。具体说是铝板和塑料芯材在一定工艺条件下通过专用黏合剂黏接复合而成的板材。实际一般是先将用作正、背面的铝板进行涂装，然后再与塑料芯材复合。正面板一般涂覆装饰性涂层，背面板涂覆保护性涂层。关于铝 – 塑板的结构，一般来说是三明治式结构，这是一种比较形象的比喻——两层铝板中间夹了一层塑料芯材。实际上铝 – 塑板的结构要复杂得多。

铝 – 塑板品种比较多，而且是一种新型材料，通常按用途、产品功能和表面装饰效果进行分类。

（1）按产品功能分类

1）防火板：选用阻燃芯材，产品燃烧性能达到难燃级（B1 级）或不燃级（A 级）；同时其他性能指标也须符合铝 – 塑板的技术指标要求。

2）抗菌防霉铝 – 塑板：将具有抗菌、杀菌作用的涂料涂覆在铝 – 塑板上，使其具有控制微生物活动繁殖和最终杀灭细菌的作用。

3）抗静电铝 – 塑板：抗静电铝 – 塑板采用抗静电涂料涂覆铝 – 塑板，表面电阻率在 109 Ω 以下，比普通铝 – 塑板表面电阻率小，因此不易产生静电，空气中的尘埃也不易附着在其表面。

（2）按表面装饰效果来分类

1）涂层装饰铝 – 塑板：在铝板表面涂覆各种装饰性涂层。普遍采用的有氟碳、聚酯、丙烯酸涂层，主要包括金属色、素色、珠光色、荧光色等颜色，具有装饰性作用，是市面最常见的品种。

2）氧化着色铝 – 塑板：采用阳极氧化及时处理铝合金面板拥有玫瑰红、古铜色等别致的颜色，起到特殊的装饰效果。

3）贴膜装饰复合板：即将彩纹膜按设定的工艺条件，依靠黏合剂的作用，使彩纹膜黏合剂在涂有底漆的铝板上或直接贴在经脱脂处理的铝板上。主要品种有岗纹、木纹板等。

4）彩色印花铝 – 塑板：将不同的图案通过先进的计算机照排印刷技术，将彩色油墨在转印纸上印刷出各种仿天然花纹，然后通过热转印技术间接在铝 – 塑板上复制出各种仿天然花纹。可以满足设计师的创意和业主的个性化选择。

5）拉丝铝 – 塑板：采用表面经拉丝处理的铝合金面板，常见的是金拉丝和银拉丝产品，给人带来不同的视觉感受。

6）镜面铝 – 塑板：铝合金面板表面经磨光处理，宛如镜面。

普通铝 – 塑板常见规格有总厚度 3 mm、4 mm、6 mm。宽度 1220 mm、1500 mm。长度 1000 mm、2440 mm、3000 mm、4000 mm、6000 mm。尺寸 1220 mm×2440 mm 的铝 – 塑板在行业内被称为标准板。

3. 花纹板

采用防锈铝、纯铝或硬铝，用表面具有特制花纹的轧辊轧制而成，花纹美观大方、纹高适中（大于 0.5 ~ 0.8 mm）、不易磨损、防滑性能好、防腐能力强、易于清洗。花纹板板面平整、裁剪尺寸准确、便于安装，广泛用于车辆、船舶、飞机等内墙装饰和楼梯、踏板等防滑部位。

铝制花纹板根据花纹深浅分为普通花纹板和浅花纹板。铝质浅花纹板是我国特有的一种优良金属装饰板材。刚度大、抗划伤、抗擦伤能力强、抗污染、易清洗，具有良好的金属光泽和热反应性能。浅花纹板耐氨、硫和各种酸的侵蚀，抗大气侵蚀的能力强，浅花纹板可用于室内和车厢、飞机、电梯等内饰面。

4. 铝波纹板和压型板

波纹板和压型板都是采用纯铝或铝合金平板经机械加工而成的异型断面板材，由于截面形式的变化，增加了其刚度，具有质量轻、外形美观、色彩丰富、耐腐蚀、利于排水、安装容易、施工进度快等优点。具有银白色表面的波纹板或压型板对于阳光有很强的反射能力，利于室内隔热保温。这两种板材十分耐用，在大气中可使用 20 年以上，被广泛应用于厂房、车间等建筑物的屋面和墙体饰面。

5. 铝及铝合金穿孔吸声板

铝及铝合金穿孔吸声板是为满足室内吸声的功能要求，而在铝或铝合金板材上用机械加工的方法冲出孔径大小、形状、间距不同的孔洞而制成的集功能性、装饰性合一的板材。

铝及铝合金穿孔吸声板除吸声、降噪的声学功能外，还具有质量轻、强度高、防火、防潮、耐腐蚀、化学稳定性好等特点。使用在建筑中造型美观、色泽幽雅、立体感强，同时组装简便、维修容易。被广泛应用于宾馆、饭店、观演建筑、播音室和中高级民用建筑及各类厂房、机房、人防地下室的吊顶作为降噪、改善音质的措施。

6. 蜂窝芯铝合金复合板

蜂窝芯铝合金复合板的外表层为 0.2 ~ 0.7 mm 的铝合金薄板，中心层用铝箔、玻璃布或纤维制成蜂窝结构，铝板表面喷涂以聚合物着色保护涂料——聚偏二氟乙烯，在复合板的外表面覆以可剥离的塑料保护膜，以保护板材表面在加工和安装过程中不致受损。蜂窝芯铝合金复合板的主要特点是精度高、外观平整；强度高、重量轻；隔声、防震、保温隔热；色泽鲜艳、持久不变；易于成形、用途广泛。

蜂窝芯铝合金复合板作为高级饰面材料，可用于各种建筑的幕墙系统，也可用于室内墙面、屋面、天棚、包柱等工程部位。

2.8.2 产品的主要要求及指标

1. 铝单板

(1)化学成分及力学性能。

铝单板所用铝及铝合金板材的化学成分应满足 GB/T 3190 的要求，其力学性能的要求应满足 GB/T 3880 的要求。室外用铝单板宜选用 3×××和 5×××铝合金。

(2)铝板基厚度。

室外用铝单板基材公称厚度不宜小于 2.0 mm。室内用铝单板基材公称厚度由用户提出。室外用铝单板表面宜采用耐候性能优异的氟碳喷涂层。当采用聚偏二氟乙烯氟碳树脂(PVDF)时，PVDF 树脂占树脂原料的质量比不应低于 70%。

(3)外观质量。

板材边部应切齐，无毛刺、裂边，外观整洁、图案清晰、色泽基本一致、无明显划伤。装饰面不得有明显压痕、印痕和凹凸等残渣。无明显色差。装饰板面外观质量一般要符合表 2 - 52 的规定。

(4)尺寸要求。

根据使用要求的不同，铝单板的尺寸要求应满足表 2 - 53 的要求。

表 2 – 52　装饰板外观质量要求

分类	要求
辊涂	不得有漏涂、波纹、鼓泡和穿透涂层的损伤
液体喷涂	涂层应无流痕、裂纹、气泡、夹杂物和其他表面缺陷
粉末喷涂	涂层应平滑、均匀，不允许有皱纹、波痕、鼓泡、裂纹、发黏
陶瓷	表面无裂纹，颗粒和缩孔≤2 个/m²
阳极氧化	不允许有电灼伤、氧化膜脱落及开裂等影响使用的缺陷

表 2 – 53　装饰板的尺寸要求

项目	基本尺寸	允许偏差	
		室外用	室内用
基材厚度/mm	符合 GB/T 3880.3 的要求		
边长/mm	边长≤2000	±2.0	– 1.5 ~ 0
	边长 >2000	±2.5	– 2.0 ~ 0
对角线/mm	边长≤2000	≤2.5	≤2.0
	边长 >2000	≤3.0	≤2.5
对边尺寸/mm	边长≤2000	≤2.5	≤1.5
	边长 >2000	≤3.0	≤2.5
面板平整度/(mm·m⁻¹)	—	≤2.0	
折边角度/(°)	—	±1	
折边高度/mm	—	≤1.0	

（5）膜厚。

铝单板膜厚根据不同的生产工艺也有不同的要求，一般情况下应满足表 2 – 54 的要求。

表 2 – 54　装饰板膜厚要求

表面种类			厚度要求
辊涂	氟碳	二涂	平均膜厚≥25，最小局部厚度≥23
		三涂	平均膜厚≥32，最小局部厚度≥30
	聚酯、丙烯酸		
液体喷涂	氟碳	二涂	平均膜厚≥30，最小局部厚度≥25
		三涂	平均膜厚≥40，最小局部厚度≥34
		四涂	平均膜厚≥65，最小局部厚度≥55
	聚酯、丙烯酸		平均膜厚≥25，最小局部厚度≥20

续表 2 – 54

表面种类			厚度要求
粉末喷涂	氟碳		最小局部厚度≥30
	聚酯		最小局部厚度≥40
陶瓷			25 ~ 40
阳极氧化	室内用	AA5	平均膜厚≥5，最小局部厚度≥4
		AA10	平均膜厚≥10，最小局部厚度≥8
	室外用	AA15	平均膜厚≥15，最小局部厚度≥12
		AA20	平均膜厚≥20，最小局部厚度≥16
		AA25	平均膜厚≥25，最小局部厚度≥20

注：AA 为阳极氧化膜厚度级别的代号。

（6）膜性能。

针对不同的使用要求，铝单板膜性能应符合表 2 – 55 的要求。

表 2 – 55　装饰板膜性能要求

项目			膜性能要求			
			氟碳	聚酯、丙烯酸	陶瓷	阳极氧化
光泽度偏差	光泽度＜30		±5			—
	≤光泽度＜70		±7			
	光泽度≥70		±10			
附着力	干式		划格法 0 级			
	湿式		划格法 0 级			
	沸水煮		划格法 0 级			
铅笔硬度			≥1H		≥4H	
耐化学腐蚀性	耐酸性	耐盐酸	—			
		耐硝酸	—			
	耐砂浆性		无变化			—
	耐溶剂性		丁酮，无漏底	二甲苯，擦拭无漏底或静置法涂层无发暗，刻划试验应无明显划痕	丁酮，无漏底	—
封孔质量			—			≤30 mg/dm²
耐磨性			≥5 L/μm	—	≥5 L/μm	≥300 g/μm

（7）耐冲击性、气候耐候性。

装饰用铝板一般都将用于建筑外起装饰、保护作用，因此对耐冲击性和气候的耐候性都提出了较为严格的要求。一般情况下，经 50 kg·cm 冲击后，正、反面铝材应无裂纹，涂层应无脱落。氟碳、聚酯和丙烯酸涂层应无开裂。陶瓷涂层允许有轻微开裂。阳极氧化膜不做要求。用于建筑外装饰的铝单板的加速耐候性能应满足表 2－56 的要求。如果用户需要对铝单板进行耐自然气候暴露等特殊要求时可以参照表 2－57 要求。

表 2－56　建筑外装饰的铝单板的加速耐候性能

项目			试验时间	性能要求
耐盐雾性	铜加速盐雾（CASS）试验①	AA15	24 h	≥9 级
		AA20	48 h	
		AA25	48 h	
	中性盐雾②		4000 h	不次于 1 级
耐人工气候加速老化			4000 h	色差≤3.0
				光泽保持率≥70%
				其他老化性能不次于 0 级
耐湿热性			4000 h	不次于 1 级

注：①适用于阳极氧化铝单板；②适用于除阳极氧化铝单板外的其他涂层铝单板。

表 2－57　装饰铝单板耐特殊自然气候要求

级别	试验时间	性能要求
Ⅰ	10 年	色差≤5.0
		光泽保持率≥50%
		粉化不次于 4 级，其中白色不次于 3 级
		涂层无开裂和剥落
Ⅱ级	5 年	色差≤5.0
		光泽保持率≥30%
		粉化不次于 4 级
		涂层无开裂和剥落
Ⅲ级	1 年	涂层无变色、开裂和剥落，仅有轻微粉化、失光和褪色

图 2－35 为装饰用铝板的样品外观，图 2－36 是采用装饰铝板装饰建筑物的效果图。

2. 铝－塑板

铝－塑板是以经过化学处理的涂装铝板为表层材料，用聚乙烯塑料为芯材，在专用铝－塑板生产设备上加工而成的复合材料。

图 2 - 35　铝单板

图 2 - 36　装饰效果图

(1)铝 - 塑板的组成。

皮材:铝 - 塑板的皮材应选用 3 × × × 或 5 × × × 铝合金板材以及耐腐蚀性及力学性能更好的其他系铝合金板材。板材应进行清洗和化学预处理,以清除铝材表面的油污、脏物和氧化膜,并形成一层化学转化膜,以利于皮材与涂层和芯层的牢固粘接。

涂层:涂层材质宜选用耐候性能优异的氟碳树脂,也可采用与其性能相当的材质。目前广泛应用的是耐候性能优异的偏聚二氟乙烯氟碳树脂。

芯材:普通铝 - 塑板芯材所用原料的材质性能应符合 GB 11115、GB 11116、GB/T 15182 或其他相应国标或行标的要求。芯材原料的品质与铝 - 塑板的质量密切相关,劣质废旧塑料中往往含有大量有害杂质及严重老化的塑料,对铝 - 塑板的质量极为不利。

(2)外观质量。

铝 - 塑板外观应整洁,非装饰面无影响产品使用的损伤,装饰面外观应符合表 2 - 58 的要求。

表 2 - 58　铝 - 塑板外观质量要求

缺陷名称	技术要求
压痕	不允许
印痕	不允许
凹凸	不允许
正反面塑料外露	不允许
漏涂	不允许
波纹	不允许
鼓泡	不允许
疵点	最大尺寸≤3 mm, 不超过 3 个/m²
划伤、擦伤	不允许
色差	目视不明显, $\Delta E \leqslant 2$

（3）尺寸偏差。

铝－塑板的尺寸偏差应符合表 2－59 要求。

表 2－59　铝－塑板的尺寸偏差要求

项目	技术要求
长度/mm	±3
宽度/mm	±2
厚度/mm	±0.2
对角线差/mm	≤5
侧弯/mm	≤1
不平度/mm	≤5

（4）涂层厚度。

铝－塑板的皮材厚度及涂层厚度应符合表 2－60 的要求。

表 2－60　铝－塑板皮材厚度及涂层厚度要求

项目			技术要求
铝－塑板厚度/mm	平均值		≥0.50
	最小值		≥0.48
涂层厚度/μm	二涂	≥20	≥25
		≥20	≥23
	三涂	≥30	≥32
		≥30	≥30

（5）力学性能。

铝－塑板的各项力学指标应符合表 2－61 的要求。

表 2－61　铝－塑板的各项力学指标

项目		技术要求
表面铅笔硬度		≥HB
涂层光泽度偏差		≤10
涂层柔韧性		≤2
涂层附着力/级	划格法	0
	划圆法	1

续表 2 – 61

项目			技术要求
耐冲击性/kg·cm			≥50
涂层耐磨耗性/(L·μm^{-1})			≥5
涂层耐盐酸性			无变化
涂层耐油性			无变化
涂层耐碱性			无鼓泡、凸起、粉化等异常色差 $\Delta E \leqslant 2$
涂层耐硝酸性			无鼓泡、凸起、粉化等异常色差 $\Delta E \leqslant 5$
涂层耐溶剂性			不露底
涂层耐沾污性			≤5
耐人工气候老化	色差		≤4.0
	失光等级/级		不低于2
	其他老化性能/级		0
耐盐雾性/级			不低于1
弯曲强度/MPa			≥100
弯曲弹性模量/MPa			$\geqslant 2.0 \times 10^4$
贯穿阻力/kN			≥7.0
剪切强度/MPa			≥22.0
剥离强度 /(N·mm·mm^{-1})	平均值		≥130
	最小值		≥120
耐温差性	剥离强度下降率/%		≤10
	涂层附着力/级	划格法	0
		划圆法	1
	外观		无变化
热膨胀系数/℃$^{-1}$			$\leqslant 4.0 \times 10^{-5}$
热变形温度/℃			≥95
耐热水性			无异常
燃烧性能/级(只针对阻燃铝 – 塑板)			不低于C

图 2 – 37 是几种铝 – 塑板的外观图。

3. 花纹板

(1)铝合金花纹板材的一般参数。

铝合金花纹板合金牌号、图案及规格等参数见表 2 – 62。

图 2 - 37　几种铝 - 塑板的外观图

表 2 - 62　铝合金花纹板合金牌号、图案及规格

花纹代号	图案	牌号	状态	底板厚度	筋高	宽度	长度
				mm			
1	方格，图 2 - 38(a)	2A12	T4	1.0 ~ 3.0	1.0	1000 ~ 6000	2000 ~ 10000
2	扁豆，图 2 - 38(b)	2A12，5A02，5052	H234	2.0 ~ 4.0	1.0		
		3003，3105	H194				
3	五条，图 2 - 38(c)	1×××，3003	H234	1.5 ~ 4.5	1.0		
		5A02，5052，3105	O、H114				
4	三条，图 2 - 38(d)	1×××，3003	H194				
		5A02，5052，5052	H234				
5	指针，图 2 - 38(e)	1×××	H194				
		5A02，5052	O、H114				
6	菱形，图 2 - 38(f)	2A11	H234	3.0 ~ 8.0	0.9		
7	四条，图 2 - 38(g)	6061	O	2.0 ~ 4.0	1.0		
		5052，5A02	O、H234				
8	三条，图 2 - 38(h)	1×××	H114、H234、H194	1.0 ~ 4.5	0.3		
		3003	H114、H194				
		5052，5A02	O、H114、H194				
9	星月，图 2 - 38(i)	1×××	H114、H234、H194	1.0 ~ 4.0	0.7		
		2A11	H194				
		2A12	T4	1.0 ~ 3.0			
		3003	H114、H234、H194	1.0 ~ 4.0			
		5A02，5052	H114、H234、H194				

（2）产品的尺寸偏差。

底板厚度、宽度及长度的偏差见表 2 – 63。筋高偏差见表 2 – 64。不平度偏差见表 2 – 65。

表 2 – 63　底板厚度、宽度及长度的偏差

底板厚度/mm	底板厚度偏差/mm	宽度偏差/mm	长度偏差/mm
1.0 ~ 2.0	+0，– 0.18	±5	±5
>1.2 ~ 1.6	+0，– 0.22		
>1.6 ~ 2.0	+0，– 0.26		
>2.0 ~ 2.5	+0，– 0.30		
>2.5 ~ 3.2	+0，– 0.36		
>3.2 ~ 4.0	+0，– 0.42		
>4.0 ~ 5.0	+0，– 0.47	—	
>5.0 ~ 8.0	+0，– 0.52		

表 2 – 64　花纹板筋高偏差

花纹板代号	筋高偏差/mm
1、2、3、4、5、6	±0.1
7	±0.5
8、9	±0.1

表 2 – 65　花纹板不平度偏差

状态	不平度	
	长度方向	宽度方向
O、H114、H234、H194	≤15	≤20
T4	≤20	≤25

（3）产品的外观质量。

花纹板的外观质量根据使用要求而决定，但花纹板不应该存在裂纹、花纹失真等，一般条件下，还对板材表面均一性等有一定的要求。图 2 – 38 是几种花纹板的花纹图案。图 2 – 39 是 3 号花纹板实物图，图 2 – 40 是 2 号花纹板实物图。

（4）产品的力学性能。

一般条件下，花纹板不要求力学性能，仅特殊的应用场合对花纹板的力学性能提出要求，典型花纹板的力学性能应符合表 2 – 66 的要求。

(a)1号花纹板　　　(b)2号花纹板　　　(c)3号花纹板

(d)4号花纹板　　　(e)5号花纹板　　　(f)6号花纹板

(g)7号花纹板　　　(h)8号花纹板　　　(i)9号花纹板

图 2 - 38　几种花纹板的花纹图案

图 2 - 39　3 号花纹板实物图　　　　图 2 - 40　2 号花纹板实物图

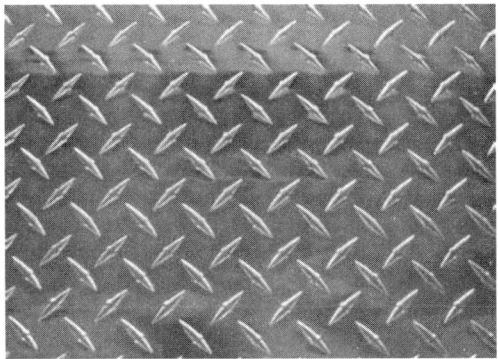

表 2 - 66　典型花纹板的力学性能

花纹代号	牌号	状态	抗拉强度/MPa	屈服强度/MPa	延伸率/%	弯曲系数
1、9	3A12	T4	405	255	10	—
2、4、6、9	2A11	H234，H194	215	—	3	
4、8、9	3003	H114，H234	120	—	4	4
		H194	140	—	3	8
3、4、5、8、9	1×××	H114	80	—	4	2
		H194	100	—	3	6
3、7	5A02，5052	O	≤150	—	14	3
2、3		H114	180	—	3	3
2、4、7、8、9		H194	195	—	3	8
3	5A43	O	≤100	—	15	2
		H114	120	—	4	4
7	6061	O	≤150	—	12	—

注：计算截面时所用厚度为底板厚度。

4. 铝合金波纹板

（1）铝合金波纹板的一般参数。

建筑装饰用铝合金波纹板的合金牌号、状态、波形代号及规格见表 2 - 67。

表 2 - 67　建筑装饰用铝合金波纹板的合金牌号、状态、波形代号及规格

牌号	状态	波形代号	规格/mm				
			坯料厚度	长度	宽度	波高	波距
1050A，1050，1060，1070A，1100，1200，3003	H18	波 20 - 106 波形见图 2 - 41	0.60 ~ 1.00	2000 ~ 10000	1115	20	106
		波 33 - 131 波形见图 2 - 42			1008	33	131

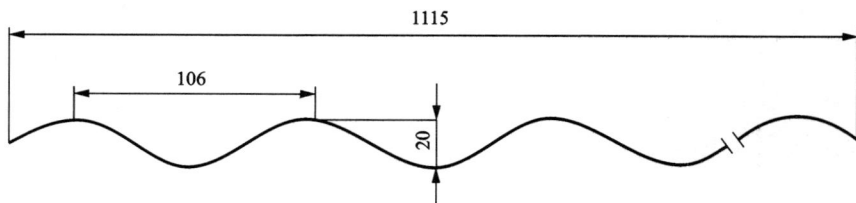

图 2 - 41　波 20 - 106 波形

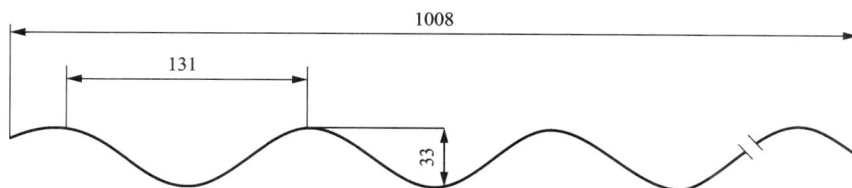

图 2 - 42　波 33 - 131 波形

（2）铝合金波纹板的尺寸偏差。

1）波纹板坯料的厚度偏差应符合 GB/T 3880 的要求。

2）波纹板长度偏差为 + 25 ~ - 10 mm。

3）波形板宽度及波形偏差见表 2 - 68。

表 2 - 68　波形板宽度及波形偏差

波型代号	宽度及偏差		波高及偏差		波距及偏差	
	宽度/mm	偏差/m	波高/mm	偏差/m	波距/mm	偏差/m
波 20 - 106	1115	+ 25 ~ - 10	20	± 2	106	± 2
波 33 - 131	1008	+ 25 ~ - 10	25	± 2.5	131	± 3

（3）外观质量及性能要求。

1）波纹板的力学性能应符合 GB/T 3880 的要求。

2）波纹板表面应清洁，不允许有裂纹、腐蚀、起皮及贯通气孔等影响使用的缺陷。

3）波纹板波形应规整，两侧均可搭接。

图 2 - 43　波纹板实物图

图 2 - 44　波纹板实物图

5. 铝合金压型板

（1）铝合金压型板的一般参数。

建筑装饰用铝合金压型板的型号、板型、合金牌号、状态及规格见表 2 - 69。表中各种型号的截面见图 2 - 45 至图 2 - 56 所示。

表 2 - 69   建筑装饰用铝合金压型板的型号、板型、合金牌号、状态及规格

型号	牌号	状态	规格/mm				
			波高	波距	坯料厚度	宽度	长度
V25 - 150 Ⅰ	1050A，1050，1060，1070A，1100，1200，3003，5005	H18	25	150	0.6 ~ 1.0	635	1700 ~ 6200
V25 - 150 Ⅱ						935	
V25 - 150 Ⅲ						970	
V25 - 150 Ⅳ						1170	
V60 - 187.5		H16、H18	60	187.5	0.9 ~ 1.2	826	1700 ~ 6200
V25 - 300		H16	25	300	0.6 ~ 1.0	985	1700 ~ 5000
V35 - 115 Ⅰ		H16、H18	35	115	0.7 ~ 1.2	720	≥1700
V35 - 115 Ⅱ						710	
V35 - 125			35	125	0.7 ~ 1.2	807	≥1700
V130 - 550			130	550	1.0 ~ 1.2	625	≥6000
V173			173	—	0.9 ~ 1.2	387	≥1700
Z295		H18	—	—	0.6 ~ 1.0	295	1200 ~ 2500

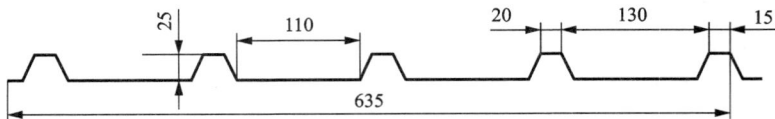

图 2 - 45   V25 - 150 Ⅰ 型压型板

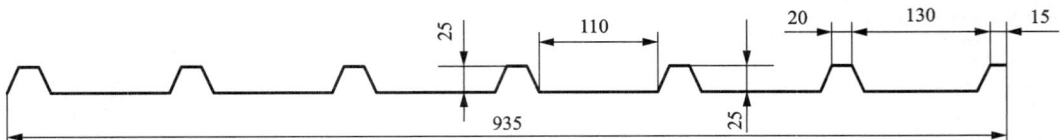

图 2 - 46   V25 - 150 Ⅱ 型压型板

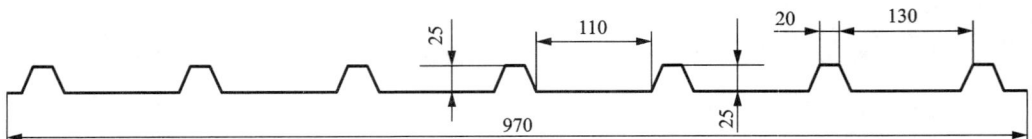

图 2 - 47   V25 - 150 Ⅲ 型压型板

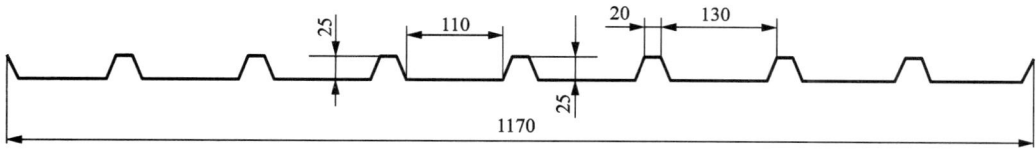

图 2 – 48　V25 – 150 Ⅳ 型压型板

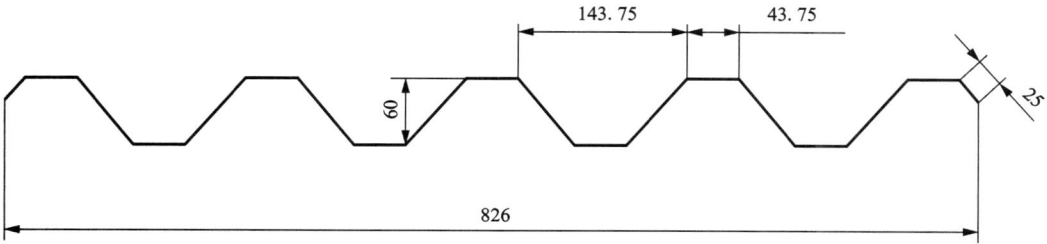

图 2 – 49　V60 – 187.5 型压型板

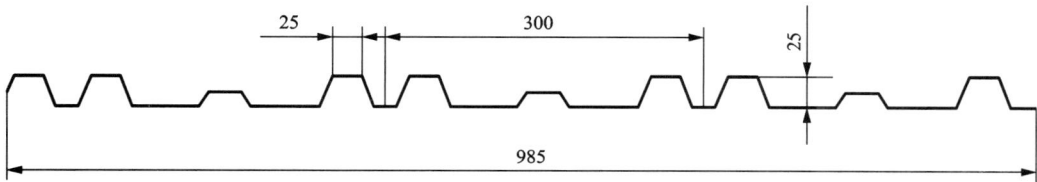

图 2 – 50　V25 – 300 压型板

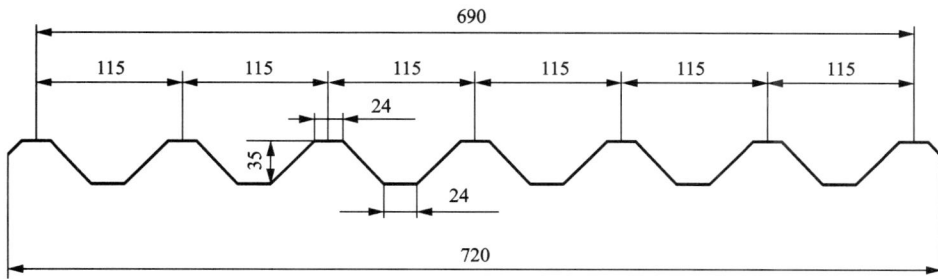

图 2 – 51　V35 – 115 Ⅰ 型压型板

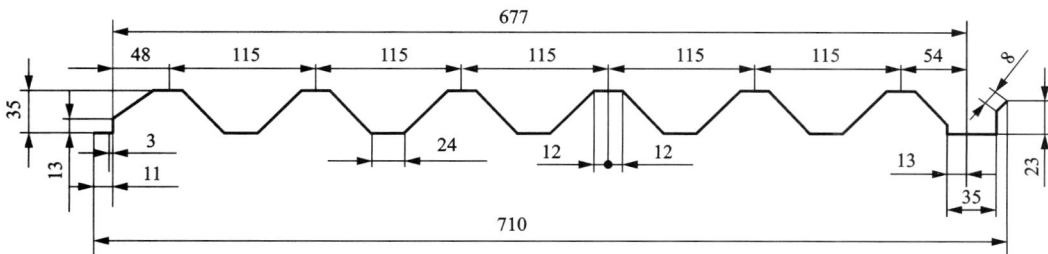

图 2 – 52　V35 – 115 Ⅱ 型压型板

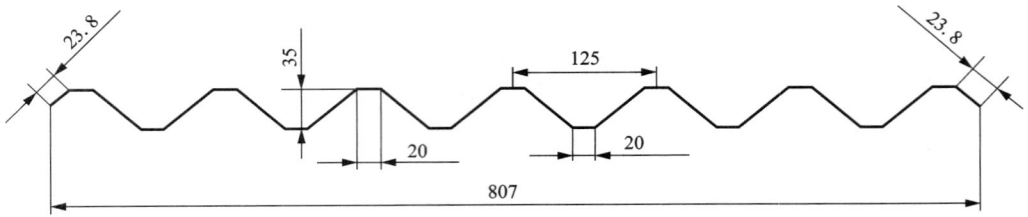

图 2 - 53　V35 - 125 型压型板

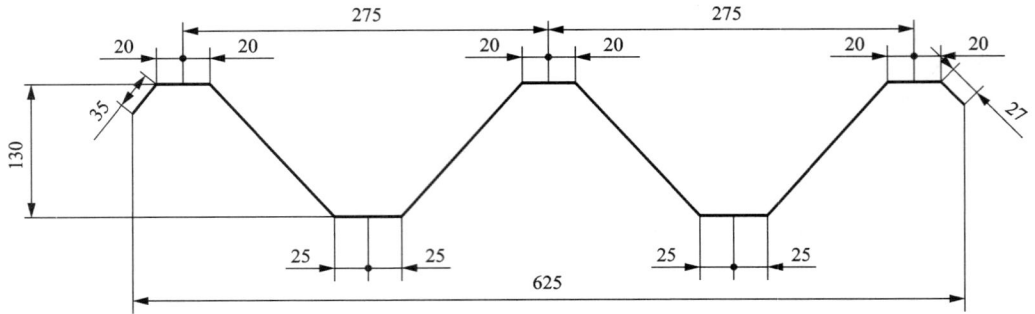

图 2 - 54　V130 - 550 型压型板

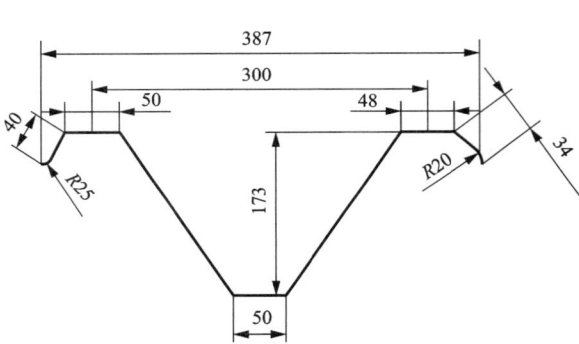

图 2 - 55　Y173 型压型板

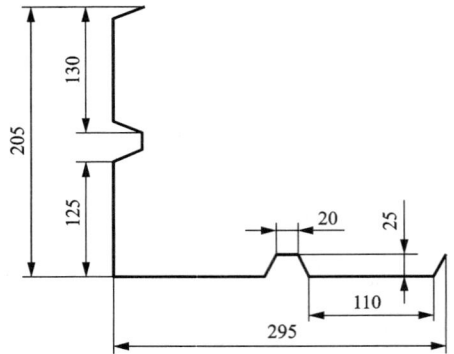

图 2 - 56　Z295 型压型板

（2）铝合金压型板的尺寸偏差。

铝合金压型板除对波形要求较高外，对于其余尺寸偏差只须满足通用标准和用户加工使用要求即可。一般情况下，按照如下要求进行尺寸偏差的控制：

1）压型板坯料的厚度偏差应符合 GB/T 3880 的要求。

2）压型板的宽度公差为 + 15 ～ - 5 mm。

3）压型板的长度公差为 + 25 ～ - 5 mm。

4）压型板的波高及波距偏差为 ± 3 mm（波高、波距偏差为 3 至 5 个波的平均尺寸与其公称尺寸的偏差）。

5）压型板边部波浪高度每米长度内不大于 5 mm。

6）压型板纵向弯曲每米长度内不大于 5 mm（距端部 250 mm 内除外）。

7）压型板侧向弯曲每米长度内不大于 4 mm，任意 10 m 长度内的侧弯不大于 20 mm。

8）压型板对角线长度偏差不大于 20 mm。

（3）铝合金压型板的外观质量及力学性能

1）铝合金压型板的力学性能应符合 GB/T 3880 的要求。

2）压型板边部应整齐，不允许有裂边，压型板实物见图 2 − 57 及图 2 − 58 所示。

3）压型板表面应清洁，不允许有裂纹、腐蚀、起皮及贯通气孔等影响使用的缺陷。

图 2 − 57　压型板实物图

图 2 − 58　压型板应用实物图

6. 铝及铝合金穿孔吸声板

（1）穿孔吸声板的规格及偏差。

铝合金穿孔吸声板的规格及产品尺寸偏差应符合表 2 − 70 中尺寸偏差要求。

表 2 − 70　铝合金穿孔吸声板的规格及产品尺寸偏差要求

产品名称	产品型号	产品规格/mm					
		宽度	偏差	长度	偏差	厚度	偏差
平板	BW − 1	500 1000 1200	±2	1000 2000 2500	±2	1.0 ~ 3.0	±0.1
加延压筋板	BW − 2	500 1000 1200	±2	1000 2000 2500	±2	1.0 ~ 3.0	±0.1
扣板	BW − 3	150 300 450 600 1000 1200 2000		300 450 600 1000 1200 2000			

（2）力学性能。

板材的抗拉强度≥130 MPa，延伸率≥3%，硬度≥4.0HW。

（3）吸声性能。

产品的降噪系数应符合表2-71的要求。

表2-71　穿孔吸声板的降噪系数

频率/Hz		250	500	1000	2000	降噪系数/NRC（不小于）
吸声系数 as	50 空腔	0.22	0.65	0.82	0.69	0.60
	70 空腔	0.30	0.87	0.91	0.56	0.65
	100 空腔	0.35	0.87	0.82	0.48	0.65

注：50 空腔、75 空腔、100 空腔为测试时的安装距离。

（4）不燃性。

产品的不燃性不低于 C 级。

（5）加速耐候性。

产品经 1000 h 疝灯照射人工加速老化，变色≤5，光泽 >50% 。

产品经 1000 h 乙酸盐雾试验后，涂层表面应无起泡、脱落或其他明显变化，划线两侧膜下单边渗透性腐蚀宽度应不超过 4 mm。

图2-59　穿孔吸声板实物图

图2-60　穿孔吸声板应用图

7. 蜂窝芯铝合金复合板

蜂窝芯铝合金复合板结构见图2-61所示。

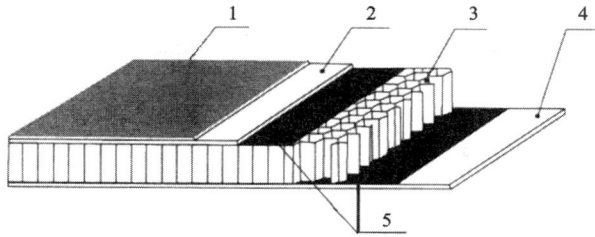

图 2 – 61　蜂窝芯铝合金复合板结构示意图

1—装饰面层；2—铝板（面板）；3—铝蜂窝芯；4—铝板（背板）；5—胶粘剂

蜂窝芯铝合金复合板材料的构成及其技术要求如下：

（1）铝板（面板、背板）。

应采用力学性能符合 GB/T 3880 规定的 3×××系列、5×××系列或耐腐蚀性及力学性能相同或更好的其他系列铝合金。

（2）涂层。

采用耐候性能优异的氟碳树脂，也可采用其他性能相当或更优异的材质。

目前最广泛采用的是耐候性能优异的聚偏二氟乙烯氟碳树脂（PVDF），但纯 PVDF 树脂不宜在铝材上直接涂装，而要适当加入一些其他材料以改变其涂装性能，即构成通常所称的 70% 氟碳树脂（指生产氟碳涂料的各种原材料中，PVDF 占树脂原料的 70%）。

（3）铝蜂窝芯。

宜为六边形结构，边长不宜大于 10 mm。边长不大于 6 mm 的铝蜂窝芯其铝箔厚度不宜小于 0.05 mm，边长 6 ~ 10 mm 的铝蜂窝芯其铝箔厚度不宜小于 0.07 mm。

（4）胶粘剂。

应具有耐候性和韧性，不应对铝材产生腐蚀，有害物质限量应符合 GB 18583 的规定，拉伸剪切强度和剥离强度宜符合表 2 – 72 规定。

表 2 – 72　蜂窝芯铝合金复合板拉伸剪切强度和剥离强度

项目	技术指标	试验方法
以铝合金为基材的拉伸剪切强度	≥10 MPa	GB/T 7124
以不锈钢和铝合金为基材的浮辊法剥离强度	≥5.0 N/mm	GB/T 7122

（5）外观质量。

复合板外观应整洁，切边平直整齐无毛刺，正反面无铝蜂窝芯外露，折边处无明显裂纹，非装饰面无影响产品使用的损伤，产品无脱胶。装饰面外观质量应符合表 2 – 73 的规定。

（6）厚度。

复合板的面板标称厚度不应小于 1.0 mm，背板标称厚度不应小于 0.7 mm，铝板允许正偏差。

对装饰面层为涂层的产品，装饰面层厚度应符合表 2 – 74 的规定。

表 2-73　蜂窝芯铝合金复合板外观质量要求

缺陷种类		技术指标
凹痕		不允许
印痕		不允许
漏涂		不允许
鼓泡		不允许
疵点	最大尺寸/mm	≤3
	数量/(个·m^{-2})	≤3
擦伤和划伤	深度	不大于表面装饰层厚度
	总长度/(mm·m^{-2})	≤50
	总面积/(mm^2·m^{-2})	≤150
	总处数/(处·m^{-2})	≤4
色差		不明显 $\Delta E \leqslant 2.0$

表 2-74　蜂窝芯铝合金复合板面板厚度技术指标

项目				技术指标/mm
氟碳喷涂厚度	二涂	辊涂	平均值	≥25
			最小值	≥23
		喷涂	平均值	≥30
			最小值	≥25
	三涂	辊涂	平均值	≥32
			最小值	≥30
		喷涂	平均值	≥40
			最小值	≥35
阳极氧化膜厚度			平均值	≥20
			最小值	≥16

（7）装饰面层性能。

复合板的装饰面层性能应符合表 2-75 的规定。除有特殊说明外，以下所称的涂层均指产品装饰面层。

（8）物理性能。

复合板的物理性能应符合表 2-76 的规定。

表 2 - 75 蜂窝芯铝合金复合板的装饰面层性能要求

项目		技术指标	
		氟碳涂层	阳极氧化膜
涂层光泽度差		≤10	≤10
涂层柔韧性		≤2	—
涂层附着力/级	标准实验室条件	0	—
	耐热水性试验后	0	—
	耐温差性试验后	0	—
涂层耐磨性	$SiO_2/(L\cdot\mu m^{-1})$	≥5	—
	$SiC/(g\cdot\mu m^{-1})$	—	≥300
涂层耐盐酸性		无变化	—
涂层耐油性		无变化	—
涂层耐碱性		无鼓泡、凸起、粉化等异常,	—
涂层耐硝酸性		色差 ΔE≤2.0	—
封孔质量/$(mg\cdot dm^{-2})$		—	≤30
涂层耐溶剂性		不露底	—
涂层耐沾污性/%		≤5	≤5
耐盐雾性/级		无脱胶、涂层腐蚀等级不大于1级	无脱胶、涂层腐蚀等级≥9级
耐人工气候老化	色差 ΔE	≤4.0	≤3.0
	失光等级/级	不次于2	不次于2
	涂层其他老化性能/级	0	0
	外观	无脱胶	无脱胶

表 2 - 76 蜂窝芯铝合金复合板的物理性能要求

项目		技术指标
滚筒剥离强度/$(N\cdot mm\cdot mm^{-1})$	平均值	≥50
	最小值	≥40
平拉强度/MPa	平均值	≥0.8
	最小值	≥0.6
平压强度/MPa		≥0.8
平压弹性模量/MPa		≥30
平面剪切强度/MPa		≥0.5
平面剪切弹性模量/MPa		≥4.0

续表 2 – 76

项目		技术指标
弯曲刚度/(N·mm²)		$\geq 1.0 \times 10^8$
剪切刚度/N		$\geq 1.0 \times 10^4$
耐撞击性能		无明显变形及破坏
耐热水性	外观	无异常
	滚筒剥离强度最小值/(N·mm·mm^{-1})	≥ 30
耐温差性	外观	无异常
	滚筒剥离强度最小值/(N·mm·mm^{-1})	≥ 40

注：复合板的燃烧性能不能低于 GB 8624 规定中的 B – s2, d2, t1 级。

2.8.3 产品的基本流程

装饰用铝合金坯料板材生产一般分为热轧坯料(DC 材)、铸轧坯料(CC 材)。
其典型工艺流程如下：
流程1：熔炼→铸造→均火→铣面→加热→热轧→中间退火→冷轧→精整→包装。
流程2：熔炼→连续铸轧(连铸连轧)→冷轧→精整→包装。

2.8.4 生产的技术关键

下游用户主要进行钣金加工、直接折边、焊植加强筋、后期进行多次喷涂等工序。铝合金单板皮料容易加工成弧形及多折边或锐角，能够适应如今变化无穷的饰面装饰。主要以1、3、5系合金为主，厚度在2～3mm为主，要求抗拉强度在90～160 MPa，90°折弯合格，表面质量要求双面光，清洁无油污、无明显辊印划伤，板形平直等。根据产品的用途及性能要求，幕墙装饰板坯料生产过程中要重点关注点见表2–77。

表 2 – 77 幕墙装饰板坯料生产过程要点

项号	关键指标	设备	具体控制点
1	板形	铸轧机	凸度
		轧机	保证产品厚度的均匀性；板形和板弯平直稳定，特别是头尾的板形及横向弯曲，以便后续厚板剪矫直；头尾升降速的板形控制
		厚板剪	根据来料板形进行矫直辊的校调，确保切板后板形平直
2	成分、组织性能	铸轧机	铸轧化学成分控制；熔体质量控制
		退火炉	退火工艺
3	表面质量	轧机	辊道清洁，避免凹凸包，辊印；润滑油品，轧辊，确保板面光泽度，粗糙度；轧制速度，边部吹扫，减少板面表面含油量
		厚板剪	辊道清洁，避免凹凸包，辊印及铝粉聚集，擦划伤；切边质量

2.8.5　需要的特殊设备

由于铝加工企业主要是生产装饰用铝板坯料,本节讲述的各类建筑装饰用板材坯料在后续仍需要经过多个工序后才能最终进入市场。除花纹板外,其他的建筑装饰用铝板坯料在生产过程中不需要特殊设备。生产花纹板所需的特殊设备主要是冷轧机花纹辊。

用四重冷轧机上在板材毛料上按照实际需要轧制方格花纹板,在轧制时需要将方格花纹辊装在板材毛料下面,平辊装在板材毛料的上面,冷轧时第一道次空跑,第二道次轧制成花纹板,轧制时需要注给润滑油并且控制轧机的轧制速度为 0.01 ~ 1 m/s,得到花纹板,典型冷轧花纹棍形貌见图 2 - 62 至图 2 - 65。

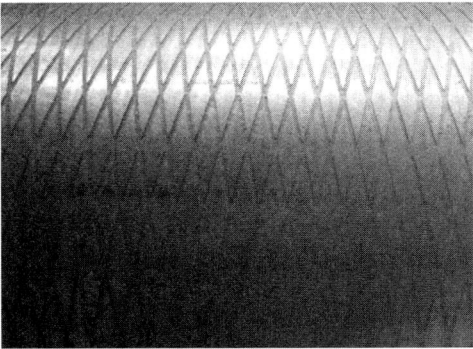

图 2 - 62　菱形块

图 2 - 63　三条筋

图 2 - 64　小方格

图 2 - 65　条形纹

2.9　汽车车身铝板

铝合金是既提升汽车性能又能满足法规要求的轻量化材料。近些年来,铝合金在汽车上的用量不断增加,用作发动机、热交换器、涡轮增压器、变速箱体、车轮以及车身等部件。铝合金板的冲压性能已经接近或在某些方面超过了钢板,因此可替代钢板来制备汽车车身板。铝合金的应用可起到很好的减重效果,如采用铝合金板冲制汽车车身,质量可以降低约 10% 。

欧美等发达国家汽车工业发达，非常重视汽车节能和环保，铝合金在汽车轻量化方面的使用量和比例逐年提高。例如：德国奥迪 A8 首创了 ASF 铝合金空间桁架车身轻量化技术，成为世界上首辆全铝合金车身的产量型轿车，其采用 ASF 铝合金空间桁架车身结构，整体结构刚性则提升 25% ，但车辆结构因大量采用铝合金材质而节省 6.5 kg。ASF 组件大多以铝制成，不仅帮助奥迪减轻车身重量，也保证了良好的吸能和制动的效果。与此同时，这些铝制零件还可以大规模回收再利用。

据有关数据表明，到 2015 年，欧洲主要国家平均每辆汽车铝使用量将增长至 180 kg，铝材料占整部汽车的重量也将由目前的 9% 提高到 12% 。而中国汽车铝合金使用比例较低，2010 年中国平均每辆汽车铝使用量为 99 kg，低于全球平均 112 kg 的使用量，与欧洲、北美发达国家汽车用铝量的差距则更大。但是据有关数据预测，2011—2015 年，随着中国汽车工业节能减排的深入，中国汽车单车铝材料用量将以每年 10% ~ 12% 的速度增长，到 2015 年中国汽车用铝量将从目前的 190 万吨增长至 314 万吨。

目前，我国汽车生产量已经在 2009 年超越美国、日本、德国之后，居世界第 1 位，表 2-78 为近年汽车产量表。而在汽车铝化率方面，我国的技术还相对比较落后。当前发达国家汽车上铝材的使用已达 138 kg，铝化率达 12% ，而我国汽车上铝材的使用与国外差距很大，平均用铝量仅为 60 kg，铝化率不到 5% 。因此，我国汽车用铝合金市场的发展前景非常广阔。

表 2-78　近年汽车产量

年份	中国排位	中国/万辆	美国/万辆	日本/万辆
2000	8	206.82	1279.99	1014.08
2001	8	234.15	1142.47	977.72
2002	5	325.37	1227.96	1025.73
2003	4	444.35	1211.50	1028.62
2004	4	507.08	1198.94	1051.15
2005	4	507.07	1194.67	1079.97
2006	3	727.97	1126.40	1148.42
2007	3	888.25	1078.07	1159.63
2008	2	934.51	870.52	1156.36
2009	1	1379.10	573.14	793.41
2010	1	1826.47	776.14	962.59
2011	1	1840.00	864.60	839.87
2012	1	1900.00	1032.89	994.27

2.9.1　汽车车身用铝合金板材的特点

进入 21 世纪以来,世界性能源问题变得越来越严重,这使得减轻汽车自重、降低油耗成了各大汽车生产厂提高竞争能力的关键。据有关数据介绍,汽车重量每减少 50 kg,每升燃油行驶的距离可增加 2 km;汽车重量每减轻 1%,燃油消耗下降 0.6% ~ 1% 。而铝及其合金加工材料由于具有密度小、比强度高、抗冲击性能好、耐腐蚀、良好的加工成形性以及极高的再回收、再生性等一系列优良特性,义不容辞地担负起这一历史使命,成为实现汽车轻量化最理想的首选材料。汽车用铝合金板材具有如下特性:

(1)良好的成形性。为提高材料的成形性,铝材有较低的屈强比、较高的加工硬化速率和均匀延伸率。

(2)有一定的抗时效稳定性。铝合金板材在室温下存放时不发生时效的特性,因为时效会使铝合金在拉伸变形时出现屈服点伸长,即吕德丝(Luders)带,从而在冲压时造成表面变形不均和起皱,影响冲压件的外观,要求 6 个月不发生时效;有良好的烘烤硬化性。

(3)高的烘烤硬化特性会赋予零件高的抗凹痕性。汽车冲压件在冲压后经油漆烘烤处理而产生时效,使屈服强度上升的特性称之为烘烤硬化性。高的烘烤硬化将会赋予零件高的抗凹性。由于目前大部分汽车企业的油漆烘烤方法是针对钢板的油漆烘烤工艺,而铝合金的油漆烘烤硬化性能和钢的明显不同,因此希望铝合金板的烘烤硬化性可和钢板的油漆工艺兼容;材料的烘烤硬化性可按标准进行评定。烘烤硬化性通常是以单轴拉伸试样预应变 2%,然后于 170 ~ 180℃,烘烤 30 min,测量其屈服强度增量来衡量;而铝合金板材的烘烤硬化性和合金系列、预处理工艺以及烘烤工艺(温度和时间)均有关系。当烘烤温度一定时,随烘烤时间的延长,烘烤硬化量上升,如烘烤时间一定(30 min),则 100 ℃ 以下烘烤对屈服强度影响不大,但在高于 150℃ 时,则屈服应力迅速上升。

(4)高的抗凹痕性。板材和构件抵抗外力和物件压入而不发生凹陷或永久变形的能力称为抗凹性。板材或者汽车覆盖件的凹痕抗力是指抵抗由于准静态加载(或能量)、外加载荷冲击或外加能量作用而抵抗产生的塑性变形的抗力。由于多数材料对高速冲击和准静态载荷的响应不同,故凹痕抗力又分为静态凹痕抗力和动态凹痕抗力。静态凹痕抗力作用是表征板材或者汽车覆盖件抵抗准静态载荷而分类,抗凹性能的测试方法也分为静态测试方法和动态测试方法两种。对 6016 铝合金汽车板(板厚为 0.8 ~ 1.2 mm)的动态和静态抗凹性的研究表明:铝合金的屈服强度每提高 80 MPa,其动态抗凹性将提高 25%;板材厚度每降低或提高 0.1 mm,其对板材静态抗凹性的影响与铝合金屈服强度增加或降低 30 MPa 的效果相当。但在高冲击速率下,大刚度铝合金板的厚度增加并不会引起动态抗凹性的很大提升。由于铝合金汽车板应变速率小于汽车钢板,因此,在低的冲击速率下,两者动态抗凹性的差异小于高速冲击下的差异。构件抗凹性还和构件表面的曲率大小相关,表面曲率对动态抗凹性的影响小于对静态抗凹性的影响。板材冲压试样或构件的刚度对抗凹性的影响,由于不同研究者的测试方法和条件不同结果尚不可比。静态抗凹性是变形和载荷的关系。动态抗凹性则包含载荷、构件吸收动态能量等两种因素。

(5)良好的翻边延性。即汽车外覆盖件在冲压翻边时,板材抵抗开裂的特性。它与板材总伸长率有关,也与材料的内部组织有关。对于 6022 和 6016 铝合金而言,晶粒大小对力学性能有明显影响,并影响其预处理效果。在其他条件相同的情况下,细晶粒直径 50 ~ 70 μm

左右时将具有良好的综合机械性能；预处理后，可具有较好的成形性。第二相的大小和分布，将明显影响翻边延性；当具有细小，均匀分布的 Mg、Si、Mn 的化合物时，板材具有良好的翻边延性，如果具有粗的，且呈尖角或立方形形状的夹杂物，在冲压翻边时很难避免开裂。晶粒细化和第二相细化可以明显改善力学性能，即强度提高，延性改善。

（6）较好的表面光鲜性。铝合金板材和钢板不同，其晶粒度远大于钢材，且十分均匀。如果晶粒度不均匀则会导致冲压件的表面沿轧制方向出现像绳索圈（roping）样的变形不均匀，这种表面缺陷又叫罗平线（roping line），导致油漆后表面光鲜不一致，这种缺陷也与变形各向异性有关，另一种表面缺陷是在表面形成橘皮状的起皱或不平，这与组织均匀性有关。

（7）表面处理和涂装性能。钢铁材料在油漆之前，其表面要进行酸洗磷化处理，以改善冲压件表面与油漆的结合力，提高其耐蚀性。铝合金表面有一层结合紧密的氧化膜，油漆前的表面处理方法与钢铁材料不同，要采用铬化处理，考虑到六价铬对人体的毒性，近年来采用了无铬或低铬处理技术，其中典型的方法是 Arodine 方法，并已有成熟的生产线，另一种方法是在含氟离子的特殊磷化液中进行表面处理。

2.9.2　产品的主要要求及指标

变形铝合金产品在汽车上主要用于制造车门、行李箱等车身面板、保险杠、发动机罩、车轮的轮辐、轮毂罩、轮外饰罩、制动器总成的保护罩、消声罩、防抱死制动系统、热交换器、车身构架、座位、车箱底板等结构件以及仪表板、装饰件等等，表 2-79 为各种典型合金的不同用处。

表 2-79　典型合金在汽车上的应用

牌号	用途	牌号	用途
2117	内外覆盖件、结构件	5657	装潢
2002	内外覆盖件（壳板）、结构件	5754	内壳板、挡泥板、隔热屏蔽、空气清洁器盘和罩、结构和焊接零件、承载地板
2036	内外覆盖件、承载地板、座位架	6010	壁板、天窗板、门内板、栅栏内板、备用轮架、轮毂、座架和轨道
5182	内壳板、挡泥板、隔热屏蔽、空气清洁器盘和罩、结构和焊接零件、承载地板	6009	车身钣金件（横托架、前翼板、滑动翼板、外翼板）、天窗内板、发动机盖内外板、内门板、栅栏内板、前闸板、承载地板、座架、减震器加强筋、结构和焊接零件
5052	覆盖件和零件、卡车减震器	6111	车身钣金件、壁板等
5252	装潢	6022	内外壳板
5457	装潢	6016	车身钣金件
5005	装潢、铭牌、镶饰	6181A	车身板

目前研究阶段，汽车用铝合金板材主要有三类合金：Al-Cu-Mg（2×××系）、Al-Mg

（5×××系）和 Al – Mg – Si（6×××系）。

（1）2×××系汽车用铝合金。

2×××系铝合金具有良好的锻造性、高的强度、焊接性能好等特点，其强化相为 $CuAl_2$ 或 $CuMgAl_2$，由于 2×××系合金也是一种热处理强化合金，具有烘烤强化效应，但其抗蚀性比其他工业铝合金差，故常采用包铝方式生产以增加其抗蚀性能，表 2 – 80 列出了 2×××系铝合金车身板力学性能。

AA2036 和 AA2008 被认为是 2×××系铝合金中较为适用于车身板的合金。AA2036 合金是以 $CuAl_2$ 为强化相的合金，具有良好的成形性而用于汽车外板，如车盖、底板盖，司机室等。取代钢板时，可使外壁减轻 55% ~ 60%。但这种材料在低温人工时效时表现为强度下降，烤漆时要获得足够的强度，则需要较高的温度和较长的时间。然而，未来的烤漆温度很可能会因为新改进的环保型漆在汽车行业的应用而进一步降低，这样就限制了其在烤漆过程中获得强化。而 AA2008 合金为 $CuMgAl_2$ 作强化相的合金，具有较好的成形性，而且在烤漆过程中不会表现出性能的降低。但这种材料由于强化相形核困难，时效硬化速度慢，烤漆硬化能力较低，因而其应用被限制于车身内板。

表 2 – 80　2×××系铝合金车身板力学性能

合金状态	σ_b /MPa	$\sigma_{0.2}$ /MPa	δ /%	完全伸长率 /%	均匀伸长率 /%	应变硬化指数 n 值	塑性应变化 r 值	埃里克森值 /mm
2002T4	330	180	26	26	20	0.25	0.63	9.6
2008T4	245	125	28	—	—	—	—	—
2117T4	275	180	25	25	20	0.25	0.59	8.8
2036T4	340	195	24	24	20	0.23	0.75	9.1
2038T4	325	170	25	25	—	0.26	0.75	—

（2）5×××系汽车用铝合金。

5×××系铝合金中的 Mg 固溶于铝中，形成固溶强化效应使该合金在强度、成形性和抗腐蚀性等方面具有普碳钢板的优点，可用于汽车内板等形状复杂的部位。

5×××系合金强度主要由 Mg 原子的固溶强化和晶粒尺寸强化所决定。由于铸造、均匀化、冷轧加工及随后进行的专门退火处理等工艺参数的变化会改变合金的显微组织，因而将直接影响合金最终的强化效果。虽然有许多因素影响 5×××系合金的屈服强度，但晶粒尺寸对 5×××系强度的影响比对其他系铝合金强度的影响大得多。5×××系合金的强化取决于 Mg 含量及晶粒尺寸，使其具有两个明显的缺点：勒德斯线和勒德斯延迟。勒德斯线是产品表面出现的"一系列新台阶或锯齿状变形带"引起表面粗化的一种形式。如果晶粒尺寸过大，且在变形时进一步发展，便会出现"橘皮"现象，造成不雅外观。一般来说，晶粒尺寸为 25 μm 时，基本上可以避免板材对勒德斯线的敏感性；晶粒尺寸超过 45 μm 时，从视觉上便不可接受。而一旦晶粒尺寸在 100 μm 以上，勒得斯线和橘皮效应的出现便容易导致板材表面起皱，使板材的表面质量变坏。所谓勒德斯延迟是指材料最初屈服时的变形不均匀，此时出现应变而屈服应力并不增加。这源于 Mg 溶质气团的位错源的释放，导致合金在显著的应变强化之前出现很大的形变量，这种现象会造成用烤漆涂层难以掩饰的令人讨厌的外观。勒德斯延迟随晶粒尺寸的减小而增加，而且大都发生在含 Mg 量大于2%（质量分数）的 Mg 合金中。但含 Mg 量低于3%（质量分数）时，又会影响合金的加工硬化速度，使其强度不足。于是对于 5××× 系合金关键是控制 Mg 含量及晶粒尺寸以获得强度和表面质量的最佳组合。此外，5××× 系合金的延展性和弯曲能力，随含 Fe 量的增加急剧下降，且烤漆过程中常伴有软化现象。表 2-81 列出了 5××× 系铝合金车身板力学性能。

　　日本过去主要以 5××× 系为基础开发轿车车身用铝合金板材。通过调整 Mg 含量以及微量元素，控制加工过程和进行适当的热处理来提高成形性，并在不影响成形性的前提下，加入适量的 Cu，提高合金的强度，使烤漆处理时不软化。具有代表性的 5182-O 和 5182-SSF 合金板特别适合于要求用延展方法成形的零部件，如车盖、后行李箱盖、负载底板和空气过滤器等。但近年来日本也开始转向开发 6××× 系车身板。

表 2-81　5××× 系铝合金车身板力学性能

合金状态	σ_b /MPa	$\sigma_{0.2}$ /MPa	δ /%	完全伸长率 /%	均匀伸长率 /%	应变硬化指数 n 值	塑性应变化 r 值	埃里克森值 /mm
5182-O	275	130	26	26	19	0.33	0.80	9.9
5182SSF	270	125	24	—	—	—	—	—
X5182-O	295	145	30	30	20	0.30	0.66	—
5023-O	280	124	32	32	22	0.23	0.65	—

　　（3）6××× 系汽车用铝合金。

　　6××× 系合金是可热处理强化的合金。该系合金强度适中，成形性和耐蚀性好，易着色，综合性能优良。其最大的特点是能在固溶处理淬火后具有较低屈服强度的状态下供货，具有良好的冲压成形能力，并能在最终的烤漆处理过程中获得进一步强化。

　　尽管 6××× 系合金也要从显微组织以及相关的加工考虑，但与 5××× 系合金不同，6××× 系合金的 Petch 参数 σ_0 相对较高，其原因主要是室温时效时形成了共格原子集团；而且 6××× 系合金变形时不会出现勒德斯延迟，这是因为合金中的含 Mg 量较低，其他可溶性的元素 Si、Cu 以共格原子集团的形式束缚了 Mg，降低其扩散速度，而不易于形成钉扎位错的有效原子气团。此外，6××× 系合金与 5××× 系合金的另一不同之处是屈服强度对晶粒尺寸的依赖较弱，亦即晶粒尺寸对材料屈服强度的贡献不明显，于是有益于成形部分保持光滑表面。但对于 6××× 系合金，重要的是通过固溶处理来获得时效硬化效应，同时控制再结晶组织特别是晶粒形态和织构来实现板材性能的各向同性。

　　在 6××× 系合金中，AA6009 和 AA6016 合金具有相近的力学性能，其 T4 状态下的屈服强度较低，因而表现出优异的成形性，可与 5182-O 板相媲美，且不出现勒德斯线，但烤漆后的强度相对较低，约为 180 MPa。而 AA6010 合金虽然烤漆后的强度较高，但 T4 状态下的强度也高，其成形性与 2036-T4 相似。AA611 合金 T4 状态下的强度为 150~170 MPa，烤漆后的强度超过 200 MPa，为制造车身板提供了良好的最初成形性和最终的使用性能。目前，欧美国家主要以 6××× 系合金为基础开发铝合金车身板，如车盖、后行李箱盖以及车门等

车身构件。在欧洲广泛使用的是 AA6016 合金，在北美由于更注重强度，主要用 AA6111 合
金，最近还开发了抗蚀性更好的 6022 合金，其 6022 - T4E29（为 Alcoa 内部热处理）已专利
化，并投入工业化生产。6×××系合金的研究愈来愈受到关注，目前的发展趋势是重点开
发 6×××系车身板铝合金。表 2 - 82 列出了 6×××系车身用铝合金板材力学性能。
表 2 -83 给出了 6×××系车身用铝合金板材烤漆前后力学性能对比。

表 2 - 82　6×××系车身用铝合金板材力学性能

合金 状态	σ_b /MPa	$\sigma_{0.2}$ /MPa	δ /%	完全伸长率 /%	均匀伸长率 /%	应变硬化 指数 n 值	塑性应 变化 r 值	埃里克森值 /mm
6009 - T4	230	125	25	25	20	0.23	0.7	9.7
6010 - T4	290	120	24	24	19	0.22	0.7	9.1
6111 - T4	290	160	27.5	28	—	—	—	8.4
6016 - T4	235	125	28.1	28	24.6	0.26	0.7	—
6022 - T4	238	122	30	23	19.0	0.25	0.7	—

表 2 - 83　6×××系车身用铝合金板材烤漆前后力学性能对比

合金	T4			2% 冷变形 + 175℃/30min			5% 冷变形 + 175℃/30min		
	$\sigma_{0.2}$ MPa	σ_b MPa	δ /%	$\sigma_{0.2}$ /MPa	σ_b /MPa	δ /%	$\sigma_{0.2}$ /MPa	σ_b /MPa	δ /%
6016	125	235	28	173	245	23	—	—	—
6111	165	283	25	216	306	23	252	322	19
6022	118	228	27	—	—	—	—	—	—

2.9.3　生产的基本流程

在汽车板生产工艺流程中，上游流程熔炼、铸造、铣面、均匀化处理，热轧、冷轧等工序
与普通板材的生产工艺流程基本相同，只是在熔体的净化处理应更精细些，热轧及冷轧时更
应关注带材的表面质量。下游流程的各工序则是至关重要的，而有一些还是独特的，如预时
效处理（T4P）与钝化处理、涂干、湿润滑剂等。需要有：精密裁剪线、气垫炉热处理生产线、
批量式控制气氛或真空热处理炉或感应加热自动热处理生产线、表面处理生产线、润滑剂涂
覆线、拉弯或纯拉伸矫直线等，区别于普通铝合金板、带材。汽车板、带生产流程
见图 2 - 66。

工艺流程可以是一条连续的生产线，位于不同的标高上，也可以分成上、下层，也可
以分为二三条独立的生产线，如开卷、活套塔储料、热处理（固溶处理、水淬火、空气淬火，
也可以进行退火处理）、预时效处理卷取为一条线；开卷、表面处理（水洗、碱洗、酸洗、水
洗、转化膜处理）、拉弯矫、涂干湿润滑剂、出口侧活套储料、卷取为另一条生产线；开卷、
横剪、垛板、包装为又一条生产线。

```
                        带卷
                         │
                         ↓
                        开卷 ←──────── 此间可有压平辊设备
                         │
                         ↓
                    进料侧活套储料
                         │
                         ↓
              热处理固溶(退火),水淬/空淬
                         │                    ──────→ 控温卷取
                         ↓
            表面处理：酸、碱洗、化学处理
                         │
                         ↓
                      拉弯矫直
                         │
                         ↓
               涂干湿润滑剂与固化
                         │
                         ↓
                  出料侧活套储料
                         │                   ──────→ 横剪
                         ↓                              │
                        卷取                            ↓
                         │                            板材
                         ↓
                        带卷
```

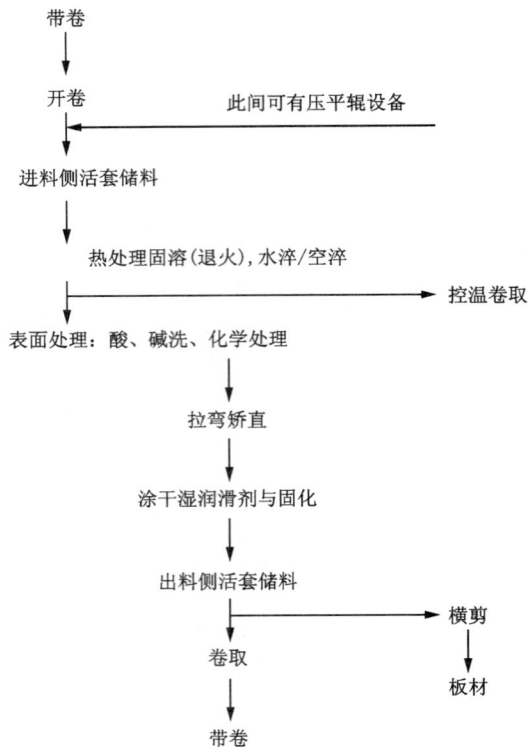

图 2 – 66   汽车板带材生产工艺流程示意图

　　热处理炉须是气垫式的，可进行退火处理，也可以进行固溶处理，最高温度应能达到 600℃，温度应能精密控制。所谓 T4 状态的预时效(preaging)处理，状态代号为 T4P，就是在淬火时带材温度不能一下降到室温，必须在带温状态下卷取，即在温度控制下卷取，T4P 材料相当稳定、柔软，有很好的可成形性。汽车板、带材生产线比较长，建成一条连续流水生产线必须是大企业，生产能力≥12 万吨/年。这样的生产线全球有 2 条：一条在德国的纳切特斯德特(Nachterstedt)轧制厂，2009 年扩建后投产；另一条在美国奥斯威戈(Oswego)轧制厂，它们都属诺威力斯铝业公司(Novelis)，后者正在建设。

2.9.4　生产的技术关键

　　汽车用铝合金板材，尤其是汽车用铝合金外板是铝合金板材生产中的顶级产品，在其产品设计开发及生产过程中应重点关注的是其抗时效稳定性、成形性、烘烤硬化性、翻边延性、油漆光鲜均匀性、抗凹性、表面处理技术等这些既相互联系又相互矛盾性能的合理匹配和统一，同时满足铝合金汽车板的力学性能、工艺性能以及零部件的功能要求。其生产过程中，以首先满足板材的成形性为依据，确定铁、锰、镁、硅、钛和锌等合金元素含量对板材不同性能的影响，以达到最高的性价比及最佳的性能匹配。另外，通过产品的轧制、热处理、预处理等方式保证产品的各项指标，为此，应注意以下的生产关键工艺。

1. 热轧组织的均匀化及细化处理技术

包括板材坯料组织均匀性、铸锭均匀化加热工艺、保温时间、冷却速率的控制技术、始轧温度及压下量、终轧温度及压下量等，使得板材晶粒度、成形性和翻边延性的关系达到强度和延性的合理匹配。

（1）铸锭均匀化处理。

均匀化退火的目的是使铸锭中的不平衡共晶组织在基体中分布趋于均匀，过饱和固溶元素从固溶体中析出，以达到消除铸造应力，提高铸锭塑性，减小变形抗力，改善加工产品的组织和性能。

均匀化退火过程，实际上就是相的溶解和原子的扩散过程。空位迁移是原子在金属和合金中的主要扩散方式。均匀化退火时，原子的扩散主要是在晶内进行的，使晶内化学成分均匀。它只能消除晶内偏析，对区域偏析影响很小。由于均匀化退火是在不平衡固相线或共晶线以下温度中进行的，分布在铸锭各晶粒间的不溶物和非金属夹杂缺陷，不能通过溶解和扩散过程消除，所以，均匀化退火不能使合金中基体晶粒的形状发生明显的改变。在铸锭均匀化退火过程中，除原子的扩散外，还伴随着组织上的变化，即富集在晶粒和枝晶边界上可溶解的金属间化合物和强化相的溶解和扩散，以及过饱和固溶体的析出及扩散，从而使铸锭组织均匀，加工性能得到提高。表 2－84 列出了常用的铝合金均匀化处理温度。

表 2－84　常用铝合金均匀化处理制度

合金牌号	铸锭厚度/mm	金属温度/℃	保温时间/h
2002	300～520	485～495	15～25
2017	300～520	485～495	15～25
2036	300～520	480～490	15～25
5182	300～520	460～475	15～25
5052	300～520	455～465	15～25
5754	300～520	455～465	15～25
6010	300～520	525～540	12～20
6111	300～520	525～540	12～20
6016	300～520	525～540	12～20

（2）热变形对铝材组织性能的影响。

1）热变形对铸态组织的改善。

铝合金在高温下塑性高、抗力小，加之原子扩散过程加剧，伴随有完全再结晶，有利于组织的改善。在三向压缩应力状态占优势的情况下，热变形能最有效地改变铝及铝合金的铸态组织。给予适当的变形量，可以使铸态组织发生下述有利的变化：

一般热变形是通过多道次的反复变形来完成的。由于在每一道次中硬化和软化过程是同时发生的，变形破碎了粗大的柱状晶粒，通过反复的变形，使材料的组织成为较均匀细小的等轴晶粒。同时，还能使某些微小的裂纹得以愈合。由于应力状态中静水压力的作用，可促进铸态组织中存在的气泡焊合,缩孔压实,疏松压密,变为较致密的组织结构。由于高温原子热运动能力加强,在应力作用下,借助原子的自由扩散和异扩散,有利于铸锭化学成分的不均匀性相对地减少。通过热变形,铸锭组织改善成了变形组织(或加工组织),使其具有较高的密度、均匀细小的等轴晶粒及比较均匀的化学成分,因而塑性和抗力的指标都有明显的提高。

2)热变形产品晶粒度的控制。

热变形后制品晶粒度的大小,取决于变形程度和变形温度(主要是加工终了温度)。在完全软化的温度范围内加工铝及铝合金材料时,为了获得均匀细小的晶粒,每道次的变形量应大于临界变形程度。通常每道次的变形量应大于10%,如2024合金的临界变形程度,在变形速度大时(如冲击变形时)为2%～8%,在变形速度小时(如在液压机上模锻或挤压时)应大于10%。

3)热变形时的纤维组织。

在热变形过程中,金属内部的晶粒、杂质和第二相及各种缺陷将沿最大延伸主变形方向被拉长、拉细,而形成纤维方向的强度高于材料其他方向的强度(如有挤压效应时更为明显),材料表现出不同程度的各向异性。此外,热变形时也可能同时产生变形结构及再结晶结构,它们也会使材料出现方向性及不均匀性。

4)热变形过程中的回复与再结晶。

热变形过程中,在应力状态作用下,铝及铝合金材料一般发生动态回复与再结晶。

① 铝及铝合金在热变形过程中的回复。

铝及铝合金在热变形过程中的堆垛层错能较大,自扩散能较小。在高温下,位错的滑移和攀移比较容易进行。因此,动态回复是它们在热变形过程中的唯一软化机构。高温变形后,对铝合金材料立即观察,在组织中可看到大量的回复亚晶。将动态回复的组织保持下来,以成功地用来提高6063合金挤压型材的强度。

研究证明,发生动态回复有一个临界变形程度,只有达到此值时才能形成亚晶,形成亚晶的变形程度与变形温度、变形速度有关。当变形达到稳态后,亚晶也保持一个平衡形状(针状、条状或等轴状等);亚晶的取向一般分散在1°～7°的宽广范围内,热变形达到稳态后,亚晶的平均尺寸有一个平衡值。铝材在热变形后的力学性能仅取决于最终的亚晶尺寸,而与其他变形条件无关,因而有可能采用控制变形条件的方法,来获取所需要的亚晶尺寸,然后通过足够快的冷却速度来抑制产生静态再结晶,而将该组织保持下来。

② 热变形过程中的再结晶。

热变形进入稳态后,铝材内部发生全面的动态再结晶,随着变形的继续,回复与再结晶又反复进行,其组织状态已不随变形量的增加而变化。但是,由动态再结晶而导致软化的铝材,其组织一般难于保持,因为就在热变形完结后,静态再结晶即迅速发生而替代了那种"加工结构"。所以,热变形过程中的再结晶,包括与变形同时发生的动态再结晶和各道次之间,变形完结后冷却时所发生的静态再结晶。但热变形时起软化作用的主要还是动态再结晶。

研究结果表明:动态再结晶的临界变形程度很大;动态再结晶易于在晶界及亚晶界处形核;由于动态再结晶的临界变形程度比静态再结晶大得多,因此,一旦变形停止,马上会发生静态再结晶;变形温度愈高,发生动态再结晶与静态再结晶所需时间就愈短。应控制变形条件,以获得最佳的组织结构。

表 2 – 85　典型合金铸锭热轧加热制度

合金	状态	定温/℃	加热时间/h	出炉温度/℃	炉内最长停留时间/h	备注
2002，2017，2036	所有	620	4.5 ~ 6	390 ~ 430	8	
5052	H112	620	4 ~ 7	420 ~ 450	24	终了温度 ≤350℃
5754，5182	所有	620	5 ~ 8	470 ~ 500		—
6A02，6B02	H112 T4 T6	620	5.5 ~ 8	420 ~ 500	48	—
	O(M)		定温585℃，加热7 h，改定温500℃，加热6 h，改定温450℃，保持3 h	450 ~ 500		
6061，6063	所有	620	5 ~ 8	400 ~ 440	48	
6082				450 ~ 480		

2. 冷轧工艺控制及优化，轧辊表面处理，为保证表面的涂漆质量做准备

（1）组织变化。

1）晶粒形状的变化。铝材冷加工后，随着外形的改变，晶粒皆沿最大主变形发展方向被拉长、拉细或压扁。冷变形程度越大，晶粒形状变化也越大。在晶粒被拉长的同时，晶间的夹杂物也跟着拉长，使冷变形后的金属出现纤维组织。

2）亚结构。金属晶体经过充分冷塑性变形后，在晶粒内部出现了许多取向不同、大小约为 10^{-3} ~ 10^{-6} mm 的小晶块，这些小晶块（或小晶粒间）的取向差不大（小于1°），所以它们仍然维持在同一个大晶粒范围内，这些小晶块称为亚晶，这种组织称为亚结构（或镶嵌组织）。亚晶的大小、完整程度、取向差与材料的纯度、变形量和变形温度有关。当材料中含有杂质和第二相时，在变形量大和变形温度低的情况下，所形成的亚晶小，亚晶间的取向差大，亚晶的完整性差（即亚晶内晶格的畸变大）。冷变形过程中，亚晶结构对金属的加工硬化起重要作用，由于各晶块的方位不同，其边界又为大量位错缠结，对晶内的进一步滑移起阻碍作用。因此，亚结构可提高铝及铝合金材料的强度。

3）变形织构。铝及铝合金在冷变形过程中，内部各晶粒间的相互作用及变形发展方向因受外力作用的影响，晶粒要相对于外力轴产生转动，而使其动作的滑移系有朝着作用力轴的方向（或最大主变形方向）作定向旋转的趋势。在较大冷变形程度下，晶粒位向由无序状态变成有序状态的情况，称为择优取向。由此所形成的纤维状组织，因具有严格的位向关系，称为变形织构。变形织构可分为丝织构（如在拉丝、挤压、旋锻条件下形成的织构）和板织构（如轧制织构）。具有冷变形织构的材料进行退火时，由于晶粒位向趋于一致，总有某些位向的晶块易于形核长大，往往形成具有织构的退火组织，这种组织称为再结晶织构。

冷变形材料中形成变形织构的特性，取决于变形程度、主变形图和合金的成分与组织。

变形程度越大,变形状态越均匀,则织构越明显。主变形图对产生织构有决定性的影响,如拉伸、拉丝和圆棒挤压时可得到丝织构,而宽板轧制、带材轧制和扁带拉伸时可得到板织构等。织构使材料具有明显的各向异性,在很多情况下会出现织构硬化。在实际生产中,要控制变形条件,充分利用其有利的方面,而避免其不利的方面。

4)晶内及晶间的破坏。因滑移(位错的运动及其受阻、双滑移、交叉滑移等)、双晶等过程的复杂作用以及晶粒所产生的相对移动与转动,造成了在晶粒内部及晶粒间界处出现一些显微裂纹、空洞等缺陷使铝材密度减小,是造成显微裂纹和宏观破断的根源。

(2)冷变形对铝材性能的影响:

1)理化性能。

①密度。冷变形后,因晶内及晶间出现了显微裂纹或宏观裂纹、裂口空洞等缺陷,使铝材密度减小。

②电阻。晶间物质的破坏使晶粒直接接触、晶粒位向有序化、晶间及晶内破裂等,都对电阻的变化有明显的影响。前两者使电阻随变形程度的增加而减少,后者则相反。

③化学稳定性。经冷变形后,材料内能增高,使其化学性能更不稳定而易被腐蚀,特别是易于产生应力腐蚀。

2)力学性能。

铝材经冷变形后,由于发生了晶内及晶间的破坏,晶格产生了畸变以及出现了第二类残余应力等,使塑性指标急剧下降,在极限状态下可能接近于完全脆性的状态;另一方面,由于晶格畸变、位错增多、晶粒被拉长细化以及出现亚结构等,而使其强度指标大为提高,即出现加工硬化现象。

3)结构与各向异性。

铝材经较大冷变形后,由于出现织构而使材料呈现各向异性。例如,铝合金薄板在深冲时易出现明显的制耳。应合理控制加工条件以充分利用织构与各向异性的有利方面,而避免或消除其不利的方面。

3. 抗时效稳定性及烘烤硬化性

通过预处理技术使板材达到高成形性和抗时效稳定性,包括板材固溶处理、淬火冷却方式及淬火速率控制技术、强化相形核过程的控制技术、预时效等达到成形性、抗时效稳定性和高烘烤硬化性的合理匹配和统一。

铝合金板材在室温存放时不发生时效的特性称之为抗时效稳定性。因为时效在拉伸变形时会出现屈服点伸长,即吕德斯带,从而在冲压时造成表面变形不均和起皱,影响冲压件的外观;板材从生产出厂到构件冲压成形往往需要运输和储存一段时间,通常要求板材在室温下存放6个月而不发生时效,即具有抗时效稳定性,预处理是提高铝合金汽车板抗时效稳定性的有效方法,经预处理后的6×××系铝合金具有良好的抗时效稳定性。

汽车冲压件在冲压后经油漆烘烤处理而产生时效,使屈服强度上升的特性称之为烘烤硬化性。高的烘烤硬化将会赋予零件高的抗凹性。由于目前大部分汽车企业的油漆烘烤方法是针对钢板的油漆烘烤工艺,而铝合金的油漆烘烤硬化性能和钢的明显不同,因此希望铝合金板的烘烤硬化性可和钢板的油漆工艺兼容;材料的烘烤硬化性可按标准进行评定。烘烤硬化性通常是以单轴拉伸试样预应变2%,然后于170~180℃烘烤3 min后用其屈服强度增量来衡量;而铝合金板材的烘烤硬化性和合金系列、预处理工艺以及烘烤工艺(温度和时间)有关。6022 合金板材在合适的预处理后，当烘烤温度一定时，随烘烤时间的延长，则烘烤硬化量上升；如烘烤时间一定(30 min)，则 100℃以下烘烤对屈服强度影响不大，但在高于 150℃时，则屈服强度迅速上升。

合金预时效制度的可行性，不仅要确保在烤漆处理过程中的时效强化，同时又要兼顾在烤漆前板材冲压时的低强度成形性。于是，预时效处理所获得的 T4P 性能至关重要。研究发现对于烤漆硬化性来说，单级预时效效果大都优于双级预时效。

6×××系车身板固溶处理后立即进行适当的预时效处理(即 T4P 状态)，不仅能消除 T4 态板材烤漆软化现象，在汽车烤漆过程获得更高的强度，而且还能保证在 T4P 交货条件下具有比 T4 态更低的屈服强度，有利于汽车车身覆盖件的冲压成形。但是 6×××系铝合金板材预时效热处理时间一般不要超过 10 min。当增加预时效时间，其 T4P 态的硬度及随后的烤漆硬化性随之增大；但预时效处理时间超过 10 min 后，T4P 态板材的硬度已超过 T4 态板材的硬度，不利于汽车车身覆盖件的冲压成形。

6×××系车身板的新型热处理工艺为固溶处理水淬后立即进行预时效处理，即 T4P 状态交货，合适的预时效处理工艺为：板材固溶处理后在室温停留不超过 30 min 立即进行170℃、5 min 的预时效处理。

4. 板材晶粒度和第二相细化及均匀性的控制技术

当板材的晶粒度及第二相达到均匀分布，应呈细棒状，长宽比 2～5，平均长度不超过10 μm，平行于轧制方向的平均晶粒度不超过 80 μm，并达到均匀性，以保证翻边延性和拉延涂装后不出现滑移线。

对于 6022 和 6016 铝合金而言，晶粒大小对力学性能有明显影响，并影响其预处理效果。在其他条件相同的情况下，细晶粒直径 50～70 μm 左右时将具有良好的综合机械性能；预处理后，可具有较好的成形性。第二相的大小和分布，将明显影响翻边延性；当具有细小，均匀分布的 Mg、Si、Mn 的化合物时，板材具有良好的翻边延性，如果具有粗的，且呈尖角或立方形形状的夹杂物，在冲压翻边时很难避免开裂。晶粒细化和第二相细化可以明显改善力学性能，即强度提高，延性改善。

5. 铝合金汽车板抗凹性

板材和构件抵抗外力和物件压入而不发生凹陷或永久变形的能力称为抗凹性。板材或者汽车覆盖件的凹痕抗力是指抵抗由于准静态加载(或能量)、外加载荷冲击或外加能量作用而抵抗产生的塑性变形的抗力。由于多数材料对高速冲击和准静态载荷的响应不同，故凹痕抗力又分为静态凹痕抗力和动态凹痕抗力。静态凹痕抗力作用是表征板材或者汽车覆盖件抵抗准静态载荷而分类，抗凹性能的测试方法也分为静态测试方法和动态测试方法两种。对 6016铝合金汽车板(板厚为 0.8～1.2 mm)的动态和静态抗凹性的研究表明：铝合金的屈服强度每提高 80 MPa，其动态抗凹性将提高 25%；板材厚度每降低或提高 0.1 mm，其对板材静态抗凹性的影响与铝合金屈服强度增加或降低 30 MPa 的效果相当。但在高冲击速率下，大刚度铝合金板的厚度增加并不会引起动态抗凹性的很大提升。由于铝合金汽车板应变速率小于汽车钢板，因此，在低的冲击速率下，两者动态抗凹性的差异小于高速冲击下的差异。构件抗凹性还和构件表面的曲率大小相关，表面曲率对动态抗凹性的影响小于对静态抗凹性的影响。板材冲压试样或构件的刚度对抗凹性的影响，由于不同研究者的测试方法和条件不同结果尚不可比。静态抗凹性是变形和载荷的关系。动态抗凹性则包含载荷、构件吸收动态能量等两种因素。

6. 表面处理特性

钢铁材料油漆之前，其表面要经过酸洗磷化处理，以改善冲压件表面与油漆的结合力，提高其抗蚀性；由于铝合金表面会有一种结合紧密的氧化膜，油漆前的表面处理方法就和钢铁材料不同，不能用一般的酸性磷化方法，而是采用铬化处理；考虑到六价铬对人体的毒性，近年来开发了无铬式或低铬处理技术，其中典型处理方法是 Arodine 方法，并已有较成熟的生产线；另一种方法是在含 F 离子的特殊磷化液中进行表面处理得到良好的表面处理结果。

国内一些学者通过铝合金板漆前处理材料与油漆配套性的试验研究，基本了解铝合金板与冷轧钢板磷化的异同点，摸清了铝合金板涂装抗蚀性对前处理的相依关系。尽管铝合金板基本组成元素与冷轧钢板有本质差别，但铝合金板上的磷化反应与冷轧钢板上的磷化反应仍然很相似，铝合金板上低锌磷化与冷轧钢板上的低锌磷化同样为圆粒状结晶，与电泳漆、粉末涂料配套后的耐盐雾试验结果证明，在冷轧钢板上抗腐蚀最好的低锌磷化在铝合金板上也仍然最好。铝合金板经铬酸盐处理与电泳漆、粉末涂料的配套性能也比较好。考虑到环保等实际问题，对现有汽车涂装油漆线使用的磷化处理液进行适当的调整，均可以进行冷轧钢板和铝合金件的混合涂装。

2.9.5　需要的特殊装备

汽车板材独特的生产工艺流程直接决定了其在生产过程中需要特殊装备——气垫式热处理炉。气垫式热处理炉机组结构参见图 2 – 67 所示。

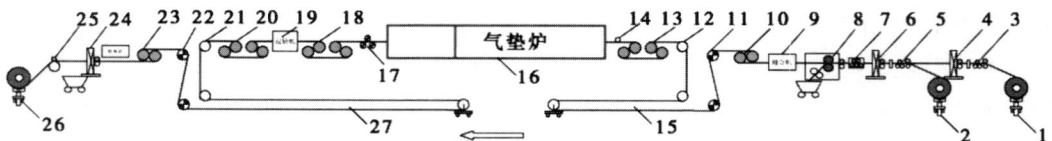

图 2 – 67　气垫式热处理炉机组结构示意图

1，2—开卷机；3，5—夹送矫直机；4，6—夹送剪切机；7—五辊矫直机；
8—圆盘剪；9—缝合机；10，23—张力辊；11，17，22—纠偏辊；12，21—转向辊；13，18，20—张力辊；14—炉前稳定辊；
15—入口活套；16—气垫炉；19—拉矫机；24—出口分切剪；25—出口转向夹送辊；26—卷取机；27—出口活套

1. 机组结构

铝合金固溶处理的实质是将材料加热到一定温度淬火，使其强化相充分地固溶在铝材中，在随后的时效过程中获得最大的强化效果。在固溶热处理时，要将铝合金加热到一定温度，然后以最快的速度冷却，气垫炉连续固溶热处理机组就是借助气垫炉来实现多品种铝合金带材的固溶淬火热处理。铝合金带材通过炉子时，借助于配置在炉前和炉后张力辊的作用，炉内气流从铝合金带材上、下方垂直喷射带材，依靠下方较大的喷射气流使铝合金带材浮动在热空气垫上，而不与炉内设备接触。气垫炉能避免在铝合金带材表面留下划痕，从而获得高表面质量的产品。气垫炉由加热段和冷却段(淬火)组成，加热段用天然气加热，预热的喷射气流把热量传给铝合金带材，并且把它加热到要求的温度，保温一定时间，使其温度均匀。冷却段即淬火处理段，在冷却段根据不同的合金、不同的带材厚度和宽度，通过选择合适的冷却方式及相应的冷却空气量或淬火水量，把铝合金带材冷却到 50 ~ 60℃。

2. 工艺流程

铝合金带材气垫炉连续固溶热处理工艺流程如图 2 - 68 所示。机组全长约 130 m，可分为入口段、工艺段、出口段。

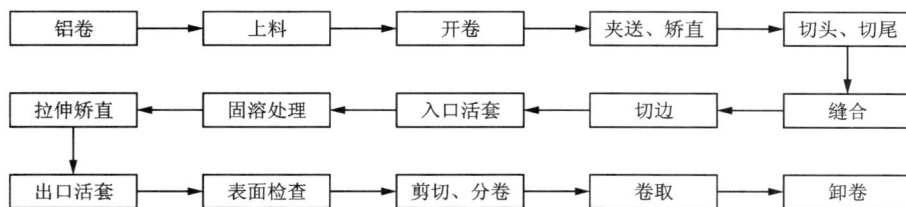

```
铝卷 → 上料 → 开卷 → 夹送、矫直 → 切头、切尾
                                        ↓
拉伸矫直 ← 固溶处理 ← 入口活套 ← 切边 ← 缝合
   ↓
出口活套 → 表面检查 → 剪切、分卷 → 卷取 → 卸卷
```

图 2 - 68　工艺流程简图

入口段：2 台开卷机共用 1 台上卷小车交替开卷，作为入口段张力控制的主要设备。为铝合金带材开卷提供后张力，带材通过夹送矫直机，被送入切头剪，切头剪切掉带材头部超厚及不良部分。五辊矫直机全线矫直带材，经圆盘剪切边后带材进入缝合机，在缝合机上进行带头和带尾搭接缝合，实现连续生产。No. 1 张力辊为入口速度主控装置，提供张力辊和开卷机区域间的张力，并提供活套后张力。水平式入口活套将入口段和工艺段分开，当入口段进行准备工作时，活套贮存量可确保工艺段继续运行。

工艺段：No. 2 张力辊建立入口活套前张力，在 No. 2 张力辊入口处安装了缝合缝探测器，为炉内铝合金带材工艺控制和炉子出口拉矫机带材跟踪提供信号，气垫炉出口拉伸弯曲矫直机在一定张力作用下，对带材进行拉伸弯曲矫直，用于改善带材的板形，提高其平直度。No. 3 张力辊为工艺段的速度基准辊，为拉矫提供后张力的同时为炉子提供前张力。No. 4 增加或减少矫直机需要的张力，同时为出口活套提供后张力，与入口活套共用活套小车。轨道的出口卧式活套将工艺段和出口段分开，当出口进行分切取样和卸卷工作时，出口活套贮存量可确保工艺段以所需速度连续运行。

出口段：No. 5 辊为出口段的速度主控装置。该张力辊按照出口活套的设定张力，将带材拉出活套，并按带材卷取张力把带材送入卷取机 No. 2。缝合缝探测器位于水平检查站前，准确检测缝合缝位置，为出口剪提供剪切信号卷取机提供并控制生产线出口运行张力，铝合金卷由卸料小车从卷取机卷筒上卸下。

3. 机组张力

连续生产线的带材必须在张力之下运行，张力的最基本作用是保证带材的正常运行，使带材尽可能沿着机组中心线运行而不致因走偏造成边部刮伤甚至断带。同时，纠偏辊也只有在张力足够的情况下才能起到纠偏的作用。

在气垫炉连续机组上，连续进行着各种工序，不同的工序各有其功能及特点，张力的产生和作用也不尽相同。有了张力辊，就可以把各个区域的张力隔开，在不同的区域设置不同大小的张力。开卷张力主要是防止开卷时铝合金卷带头发生松动，带卷层之间产生划伤，防止铝合金卷在开卷机轴上发生横向偏移而影响带材沿着中心线进入生产线。该机组开卷张力最大为 45 kN

卧式活套的张力过小除易造成带材走偏之外，还会使带材因自重产生下垂，活套摆臂开合时对带材造成刮伤甚至断带，也会使带材和卷扬机钢丝绳产生振动而引起张力的波动。入口卧式活套之后带材便进入炉区，活套张力过大会影响到炉区张力的稳定。入出口活套张力最大为 86 kN。

炉区张力控制是气垫炉生产线张力控制的重点和难点，在机组正常运行情况下，张力不稳定会使炉区带材受到拉伸而发生宽度变窄的现象。一旦机组出现故障，生产速度下降或停车时，带材的温度更高。如果此时张力较高，甚至由于张力波动造成瞬时张力过高，会使带材拉断而造成停产事故的发生。而在相同张力作用之下铝合金带材在炉内宽度变窄的数值也随炉温的升高而加大。因而，在保证带材正常运行情况下炉内张力必须尽可能小，该气垫炉炉内单位张力限制在 $(0.8 \sim 5.0)\,N/mm^2$。

拉矫机处为机组的张力最高点，正是在极高的张力作用之下，铝合金带材在尺寸较小的矫直辊上产生塑性变形，消除波浪改善板形。拉矫机使带材产生的最大延伸率为 2%，拉矫铝合金带材厚度范围最大为 2.5 mm，拉矫机张力最大可达 280 kN。

卷取张力影响到铝合金卷的松紧。张力过小铝合金卷易塌卷，张力过大又会使带材边缘过厚，带材表面缺陷的影响扩大化，造成卷取翘边等缺陷，铝合金卷再打开时产生严重的边浪或中部波浪。卷取张力最大为 144 kN。

4. 气垫炉主要技术参数

气垫炉主要是由加热段和冷却段组成。加热段分为 5 个加热分区。热风从炉子的顶部和底部垂直方向吹向铝合金带材表面，使带材尽可能快速加热。炉风通过径向流动风机循环流通冷却段紧接在加热段之后，分为两个封闭冷却区，冷却方式分为三种：空气冷却、空气水混合冷却加干燥、水冷加干燥。

炉子上部分通过液压缸可被打开，在炉内断带的情况下可实现 2 h 内降温，缩短停工时间。炉子净高度 200 mm，加热段净长度 24500 mm，冷却段长度 12000 mm。

气垫炉主要技术参数见表 2 - 86。

表 2 - 86　气垫炉主要技术参数

处理的铝合金卷材	6 × × × 系	2 × × ×, 7 × × × 系
炉内带材速度/(m·min^{-1})	25 ~ 2.0	
最大小时产量/(kg·h^{-1})	8500	5500
工作温度(带材温度)/℃	540 ~ 570	475 ~ 495
最高带材表面温度/℃	带材温度 + 5	带材温度 + 3

注：炉内最高温度600℃；炉内温度范围420 ~460℃/±3℃；最高气流温度为带材 +30℃。

5. 机组装备水平

机组采用两套双锥头开卷机交替开卷；五辊矫直机采用四重式结构，全线矫直带材；圆盘剪为单塔主动剪，圆盘剪切下的废边由滚筒式碎边剪剪碎，履带运输机运送至料箱内；铝合金带材头尾连接采用双位单排模压式缝合机；入、出口活套均采用水平卧式活套，活套车由电机卷扬驱动，两活套车共用水平轨道；热处理炉采用气垫式连续固溶热处理炉；炉子出口设置两弯一矫张力拉伸弯曲矫直机；机组出口设置水平检查装置，用于人工检查带材表面质量；采用不锈钢丝带助卷器助卷，卷取机带活动支撑；机组设置 3 套 CPC 自动纠偏系统用于带材纠偏，同时炉前设有手动纠偏功能用于带材进入气垫炉前的跑偏修正，卷取机设置有 EPC 系统，用于带材齐边卷取。

机组参与全线速度控制的设备采用直流传动，采用可编程序控制器（PLC）对机组的运行系统实施全面控制。在运行操作中，监控管理系统通过不同画面分别监视全线所有设备的各工艺参数及运行状态。铝合金带材速度张力活套位置等也均能通过监视系统实时显示。故障系统一旦检测到故障，能分别作出相应处理措施提示。为了确保机组自动运行，设置了入口段自动减速、铝合金卷尾部自动降速、停车，工艺段运行、停车，出口段运行、停车以及机组各段建张力、卸张力等自动功能。在气垫炉入口及 5# 张力辊出口设置缝合缝检测仪，以保证炉内铝合金带材工艺控制及出口铝合金卷分卷处自动减速。

为了便于机组内各操作点对生产情况的随时联络，设置一套扩音对讲系统，具有广播呼叫、双向通话功能，机组上共设 10 个对讲点。同时机组在开卷、剪切、活套、拉矫、卷取等 7 处设置了工业电视摄像机，在机组入口、出口操作室共设有 3 台监视器，可显示铝合金带材实际运行状况，便于操作者随时调整。

第 3 章

铝及铝合金管材的生产技术及装备

3.1　厚壁管

3.1.1　厚壁管的特点

　　厚壁管主要用热挤压法生产，壁厚一般为 5～35 mm，有的厚度可达 50 mm。铝及铝合金厚壁管可用于一般工业用管、公路、桥梁和建筑用管、航空航天用管等领域。表 3-1 列出了铝及铝合金厚管材的品种、规格和应用范围。

表 3-1　铝及铝合金厚管材的品种、规格和应用范围

技术标准代号	规格范围		合金	状态	用途
	外径/mm	壁厚/mm			
GB/T4 437.1 —2000	25～400	5～50	1070A, 1060, 1100, 1200, 2A11, 2017, 2A12, 2024, 3003, 3A21, 5A02, 5052, 5A03, 5A05, 5083, 5086, 5454, 6A02, 6061, 6063, 7A09, 7075, 7A15, 8A06	H112、F	适用于一般工业用铝及铝合金热挤压无缝圆管
			1070A, 1060, 1050A, 1035, 1100, 1200, 2A11, 2017, 2A12, 2024, 5A06, 5454, 5086, 6A02	O	
			2A11, 2017, 2A12, 6A02, 6061, 6063	T4	
			6A02, 6061, 6063, 7A04, 7A09, 7075, 7A15	T6	

续表 3 - 1

技术标准代号	规格范围		合金	状态	用途
	外径/mm	壁厚/mm			
GB/T4 437.2 —2000	8 ~ 350	5 ~ 40	1070A，1060，1050A，1035，1100，1200，3003，5A06，5083，5454，5086	O、H112、F	适用于公路、桥梁和建筑等行业用铝及铝合金有缝管
			5A02，5A03，5A05	H112、F	
			5052	O、F	
			2A11，2017，2A12，2024	O、H112、F、T4	
			6A02	O、H112、F、T4、T6	
			6061	F、T4、T6	
			6005A，6005	T5、F	
			6063	F、T4、T5、T6	
GJB1745 —93	25 ~ 185	5 ~ 32.5	2A14	H112、T6	适用于航天工业
GJB2379 —95	6 ~ 120	0.5 ~ 5	1070A，1060，1050A，1035，1200，8A06，5A02，5A03，5A05，5A06，3A21，6A02，2A11，2A12	O	适用于航空航天用铝及铝合金拉(轧)制无缝管材、矩形管及多边形管
			6A02，2A11，2A12	T4	
			6A02	T6	
			5A02，5A03，5A05，3A21	H、34	
			1070A，1060，1050A，1035，1200，8A06，5A02，3A21	H18	
GJB2381 —95	25 ~ 250	5 ~ 35	1070A，1060，1050A，1035，1200，8A06	H112	适用于航空航天工业用铝及铝合金热挤压无缝圆管
			5A02，5A03，5A05，5A06，3A21	H112、O	
			2A11，2A12	H112、O、T4	
			6A02	H112、O、T4、T6	
			7A04，7A09	T112、T6	
			7075	T73	

3.1.2　产品的主要要求及指标

通过热挤压生产的厚壁管材是一次成形的管材,在随后的加工工序中,管材的断面几何形状和尺寸不再发生变化。也就是说,除对管材进行适当矫直外,不再进行加工。

GB/T 4437.1—2000 技术标准是 2000 年发布的热挤压管材技术标准。其尺寸控制特征为:管材外径尺寸、管材壁厚尺寸。

管材的外径尺寸除控制任一外径与公称外径的偏差之外,还控制平均外径与公称外径的偏差。管材壁厚在控制任一壁厚与平均壁厚的壁厚不均度外,同时还要控制壁厚与公称壁厚的偏差。

GB/T 4437.1—2000 热挤压管材尺寸及偏差见表 3 - 2 和表 3 - 3。

表 3 - 2　GB/T 4437.1—2000 热挤压管材壁厚及其偏差

技术标准	公称壁厚 /mm	任一壁厚与平均壁厚的允许偏差	平均壁厚与公称壁厚的允许偏差/mm						
			公称外径/mm						
			≤30		>30 ~ 75		>75 ~ 125		>125	
			高镁合金	其他合金	高镁合金	其他合金	高镁合金	其他合金	高镁合金	其他合金
普通级	5 ~ 6	平均厚度的15%最大值 ±2.30	± 0.54	± 0.35	± 0.54	± 0.35	± 0.77	± 0.50	± 1.10	± 0.77
	>6 ~ 10		± 0.65	± 0.42	± 0.65	± 0.42	± 0.92	± 0.62	± 1.50	± 0.96
	> 10 ~ 12		—	—	± 0.87	± 0.57	± 1.20	± 0.80	± 2.00	± 1.30
	> 12 ~ 20		—	—	± 1.10	± 0.77	± 1.60	± 1.10	± 2.60	± 1.70
	> 20 ~ 25		—	—	—	—	± 2.00	± 1.30	± 3.20	± 2.10
	> 25 ~ 38		—	—	—	—	± 2.60	± 1.70	± 3.70	± 2.50
	> 38 ~ 50		—	—	—	—	—	—	± 4.30	± 2.90
高精级	5 ~ 6	平均厚度的10%最大值 ±2.30	± 0.36	± 0.23	± 0.36	± 0.23	± 0.50	± 0.33	± 0.76	± 0.50
	>6 ~ 10		± 0.43	± 0.28	± 0.43	± 0.28	± 0.60	± 0.41	± 0.96	± 0.64
	> 10 ~ 12		—	—	± 0.58	± 0.38	± 0.80	± 0.53	± 1.35	± 0.88
	> 12 ~ 20		—	—	± 0.76	± 0.51	± 1.05	± 0.71	± 1.73	± 1.14
	> 20 ~ 25		—	—	—	—	± 1.35	± 0.88	± 2.10	± 1.40
	> 25 ~ 38		—	—	—	—	± 1.73	± 1.14	± 2.49	± 1.65
	> 38 ~ 50		—	—	—	—	—	—	± 2.85	± 1.90

注:1. 当规定的尺寸是外径和内径而不是壁厚本身时,则壁厚偏差只检查任一壁厚与平均壁厚的允许偏差。

2. 当产品标准或合同中要求壁厚偏差全为(+)或全为(-)时,其偏差值为上表对应数值的 2 倍。

3. 表 3 - 2 中任一壁厚是指在管材断面上任一点测得的壁厚;平均壁厚是指在管材断面的任一外径两端测得壁厚的平均值。

4. 高镁合金是指化学成分中,其平均镁含量大于或等于 3% 的铝镁合金,如 5A03,5A05,5056 合金等。

表 3 – 3　GB/T 4437.1—2000 热挤压管材外径及其偏差

公称外径 /mm	普通级/(±)mm		高精级/(±)mm			
	任一外径与公称 外径的允许偏差		任一外径与公称 外径的允许偏差		平均外径与公称 外径的允许偏差	
	高镁合金	其他合金	高镁合金	其他合金	高镁合金	其他合金
25	0.99	0.66	0.76	0.54	0.38	0.25
>25 ~50	1.30	0.85	0.96	0.64	0.46	0.30
>50 ~100	1.50	0.99	1.14	0.76	0.58	0.38
>100 ~150	2.50	1.70	1.90	1.25	0.96	0.61
>150 ~200	3.70	2.50	2.85	1.90	1.35	0.88
>200 ~250	5.00	3.30	3.80	2.54	1.73	1.14
>250 ~300	6.20	4.10	4.78	3.18	2.10	1.40
>300 ~350	7.40	5.00	5.70	3.80	2.49	1.65
>350 ~400	8.70	5.80	6.68	4.45	2.85	1.90

注：1. 当产品标准或合同中要求壁厚直径偏差全为(+)或全为(-)时，其偏差值为上表对应数值的 2 倍。

2. 当要求的直径偏差为内径时，应根据该管材的外径取表中对应的外径偏差值作为内径偏差，并在合同中注明"直径偏差要求内径"字样。

3. 表中的任一外径是指在管材断面上任一点测得的外径；平均外径是指在管材端面上任意测量两个互为指教的外径所得到的平均值。

4. 高镁合金是指化学成分中，其平均镁含量大于或等于 3% 的铝镁合金(如 5A03，5A05，5056 合金等)。

3.1.3　产品生产的基本流程

厚壁管材的热挤压生产工艺流程图见图 3 – 1。

3.1.4　产品生产的技术关键

1. 热挤压

热挤压技术因其金属变形抗力小，适用范围宽，工艺技术成熟而被广泛应用于厚壁管材生产。热挤压管材可采用空心锭 - 挤压针法、实心锭 - 穿孔针法，也可用实心锭 - 组合模法进行挤压。管材主要采用正向挤压生产法生产。但近年来，由于反向挤压技术的快速发展，生产的管材尺寸精度高、生产效率高、成品率高，被各厂家普遍认可，反向挤压技术在国内得到快速发展。挤压管材时，

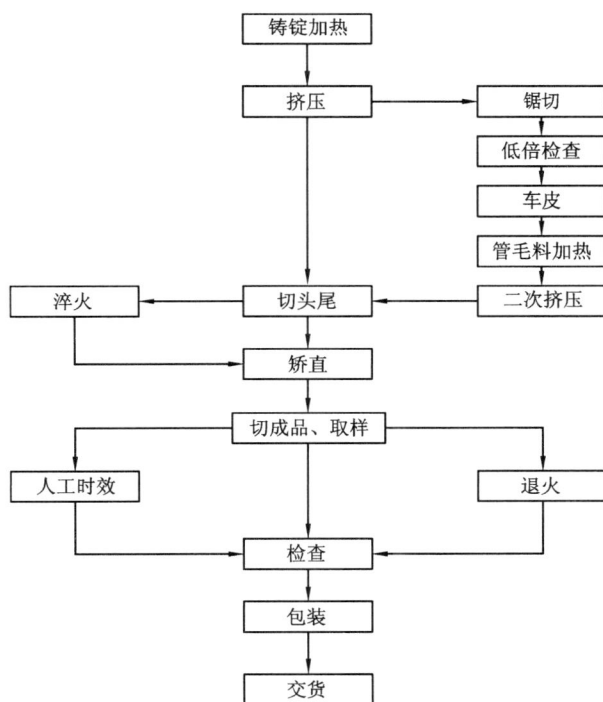

图 3 – 1　厚壁管材热挤压工艺流程图

可采用润滑挤压或无润滑挤压工艺，润滑挤压可降低挤压力，降低穿孔针的负荷，而无润滑挤压有利于穿孔挤压的实现。挤压中金属需经过弯曲变形方可流出模孔，提高了金属变形程度，有利于金属力学性能的提高。由于被挤金属与挤压针之间存在摩擦力，减少了内层金属的超前流动，其金属流动比挤压棒材时均匀，降低了缩尾废品的产生。图 3-2 为空心锭挤压管材示意图。

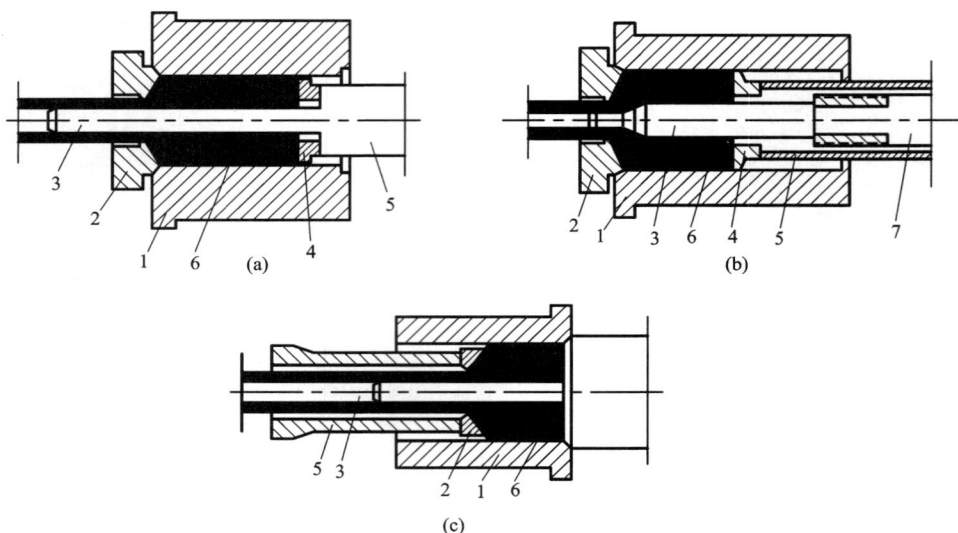

图 3-2　管材挤压示意图
（a）随动针挤压；（b）用固定的圆锥—阶梯针挤压；（c）反向挤压
1—挤压筒内套；2—模子；3—挤压针；4—挤压垫片；5—挤压轴；6—锭坯；7—针支承

（1）空心锭正向挤压管材。

挤压时金属制品的流动方向与挤压轴运动方向相同的挤压方法，称为正向挤压，简称正挤压。正向挤压是管材最基本的，也是最广泛采用的生产方法。正向挤压可以在卧式挤压机上进行，也可以在立式挤压机上进行。空心锭正向挤压就是将内径大于穿孔针的空心锭坯放入挤压筒中，穿孔针在穿孔的过程中，锭坯不发生变形的方式。该工艺主要应用在穿孔针润滑挤压上，可大大降低穿孔针的拉力，有利于降低工具损耗。按照穿孔针的结构形式，可分为固定针和随动针挤压。

固定针挤压是将挤压针固定在具有独立穿孔系统的双动挤压机的针支承上。生产过程中，固定针的位置相对模子是固定不变的。当更换产品规格时，一般只更换其针尖、模子即可。固定针正向挤压管材的特点是穿孔针只受拉应力的作用，提高了穿孔针的稳定性，可使用较长的穿孔针。使用较长的空心锭可提高生产效率，提高成品率，灵活性较大，可生产各种规格的管材，适用性较宽。但空心锭铸造困难，特别是铸造性能差的合金及大规格的空心锭因裂纹倾向性较大而难以提供，以及小规格空心锭因内孔镗孔困难而不能生产；空心锭需镗孔，使锭坯的成品率下降5%左右；镗孔质量较差时，润滑挤压容易产生螺旋状擦伤。

随动针挤压是将挤压针固定在无独立穿孔系统挤压机的挤压轴上。生产过程中，由于随动针是固定在挤压轴上，随着挤压过程的进行，挤压针也随着挤压轴同步移动，因而随动针与模孔工作带的相对位置是随着挤压过程的进行而变动的。当改变挤压管材规格时，必须更换整根挤压针，同时还需要相应地变更铸坯的内孔尺寸。随动针的特点有：锭坯与挤压针无相对移动，降低了摩擦力；工具和设备简单，操作简便。其不足之处有：生产的产品主要以小规格为准，适应范围较小；随动针带有锥度，生产的管材前端和尾端的壁厚不一致；挤压中心调整困难，挤压机的整体对中心要求较高。

（2）穿孔挤压管材。

穿孔挤压分全穿孔挤压和半穿孔挤压，其主要特点是所用的锭坯是实心的或采用内径小于挤压针外径的空心铸锭进行挤压。在穿孔（半穿孔）时，首先对锭坯进行墩粗变形，使其充满整个挤压筒中，随后穿孔针穿入锭坯内部，直到正常挤压的位置。在穿孔过程中，因穿孔针进入到锭坯内部，根据体积不变原理，金属将从模孔部分挤出，另一部分将向垫片方向运动，故在此阶段，挤压轴不能给予锭坯挤压力，以便金属向后端运动。在穿孔挤压时，应降低穿孔速度，提高锭坯的加热温度，防止断针，减少因穿孔针不稳造成穿孔偏心而影响产品质量。在正常挤压过程中，穿孔针表面黏有一层与挤压筒内表面基本相同的均匀铝套，铸锭内、外表面摩擦条件基本相似，所以流动比较均匀，即使到挤压最后阶段，管材中间层仍然不会卷入油污、脏物，因此不容易产生点状擦伤、气泡、缩尾等缺陷。

穿孔挤压的优点主要是：采用实心锭坯或空心锭坯，减少了锭坯的加工量，简化了工艺，缩短了生产周期，减少了几何废料，从而降低成本；金属流动均匀，可减少缩尾、气泡等缺陷，提高组织、性能的均匀性；管材内、外表面质量好；采用无润滑挤压工艺，穿孔针不用涂油润滑，可减轻劳动强度，降低对人员和环境的影响；与组合模挤压相比，穿孔挤压所用的工具和模具设计、制造简单，使用寿命较长，而且产品无焊缝，适于制作重要受力部件。但在管材生产中穿孔挤压仍存在很大的局限性。该方式适用于挤压纯铝和软合金异性管和管坯毛料，而且多适于采用短锭、高温、慢速的挤压工艺，对于硬合金以及大直径管材，采用穿孔挤压比较困难。实心锭穿孔挤压时，因头端金属被挤出而将管材封闭，造成挤压管材内孔为真空态，挤压出来的管材容易变形，使后续加工困难而造成报废。因管材前端为实心棒材，所占比重较大，几何废料大，成品率低。穿孔针在穿孔时受到压应力的作用，容易产生弯曲变形而影响产品偏心，以及穿孔针报废，对穿孔针的强度提出更高的要求。

（3）反挤压管材。

图 3 - 3 为反挤压管材原理示意图。反挤压管材的主要优点是：挤压筒与锭坯无相对运动，可降低挤压力，增大挤压系数，提高设备挤压能力；可采用长锭挤压，减少几何废料，提高成品率；金属受力状况较好，可提高挤出速度，减少能耗和提高生产效率；金属流动较均匀，制品在纵向上尺寸、组织及性能较均匀，可生产出无粗晶环产品，有利于后续加工；用实心锭穿孔反挤压时，不利于发挥长锭坯的优势，尽量不采用穿孔挤压。因穿孔针较长，为提高其稳定性，对锭坯的偏心及内、外径尺寸要求较高。锭坯表面应保持清洁，以提高制品表面质量。由于反挤压技术起步较晚，工模具的设计与制造比较复杂，挤压机造价较高，生产成本大，受挤压模轴限制，挤压范围较窄，在生产中的应用远不如正挤压法。随着反向挤压技术的逐步完善，以及为适应高质量要求，反向挤压已逐渐被广泛应用。

（4）管材的焊合挤压（分流组合模挤压）法。

焊合挤压又称为组合模挤压，是利用挤压轴把作用力传递给金属，流动的金属通过模子的前端模桥被分劈成两股或多股金属流，然后在模子焊合室内重新组合，并在高温、高压、

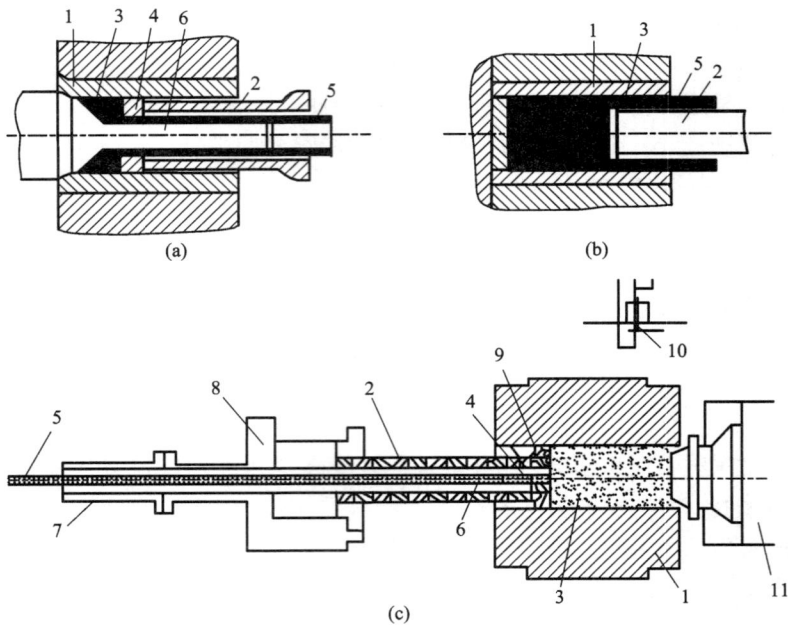

图 3 - 3　反向挤压管材原理示意图

(a)空心锭反向挤压；(b)实心锭穿孔反向挤压；(c)TAC 反向挤压
1—挤压筒；2—挤压模轴；3—锭坯；4—挤压模；5—管材；6—挤压针；
7—导路；8—压型嘴；9—模支承；10—残料分离冲头；11—主柱塞

高真空条件下焊合获得管材。用这种方法可在各种形式的挤压机上采用实心铸锭获得任何形状的管材，所以，在软合金挤压及对焊缝没有严格要求的民用产品上得到广泛的应用。由于组合模的芯头与模子为一个整体，并能稳定地固定在模子中间，所以，可以生产内孔尺寸小、壁薄、精度高、内表面质量好、形状复杂的管材。挤压中应尽量采用大的挤压比，提高焊合室的焊合效果，以保证焊缝质量。图 3 - 4 为不同结构的组合模挤压示意图。平面组合模主要用于挤压纯铝及软合金管材。舌模挤压的挤压力较平面分流组合模的低 15% ~ 20%，主要用于挤压硬合金管材。

2. 热挤压管材的工艺制定

(1)锭坯种类的选择。

铝及铝合金管材可用空心锭坯挤压，也可以用实心锭坯挤压。空心锭坯可用铸造方法直接铸成空心锭坯，也可以用实心锭坯通过机械加工方式获得。采用实心锭坯主要应用在对焊缝要求不高的民用产品上，而对焊缝有要求的则采用空心锭坯进行挤压。另外铸造的工艺水平高低、设备的形式和能力等也决定着采用何种锭坯进行挤压。采用固定针挤压时，考虑到挤压针的成本及规格的分布上，一般在一个挤压筒上配置 2 ~ 4 个挤压针，在挤压针上配置多个挤压针尖，在更换规格时，只需更换挤压针尖即可，所以锭坯的规格相对较少一些。采用随动针挤压时，每一个挤压规格均需配置随动针，故锭坯的尺寸随着成品的规格变化而变化。

(2)挤压系数的选择。

用挤压针法挤压管材时，只能进行单孔挤压，不能用孔数调整挤压系数，所以管材允许

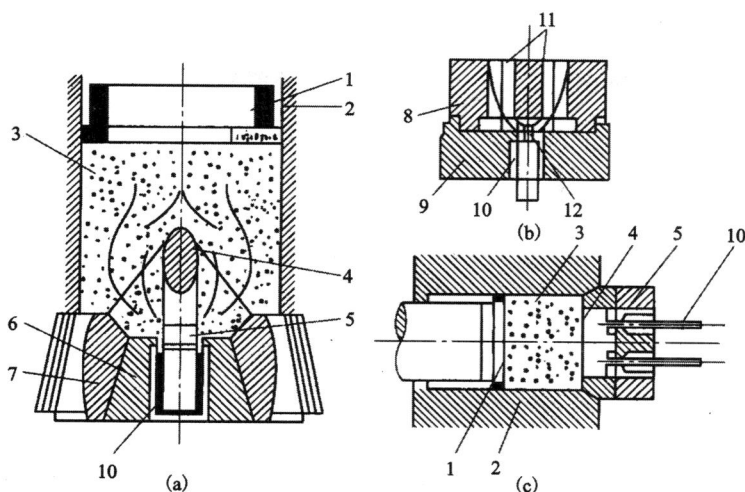

图 3-4　不同结构的组合模挤压示意图

（a）舌模挤压管材；（b）平面分流组合模挤压管材；（c）星形分流组合模挤压管材
1—挤压垫片；2—挤压筒；3—锭坯；4—模桥；5—芯头（针）；6—模内套；
7—模外套；8—上模；9—下模；10—管子；11—分流孔；12—芯子（舌头）

的挤压系数范围很宽。由于挤压系数较宽，在工艺制定上就有多种选择，故应考虑工作台的长度，反推到锭坯的长度，从中选出更合理的挤压系数。各种挤压管材的挤压系数范围可参考表 3-4。二次挤压毛料的挤压系数一般为 10 左右。考虑到力学性能的要求，厚壁管材的挤压系数不应小于 8，但也不宜过大，否则锭坯过短影响成品率，或挤压时容易造成闷车而影响正常生产。管毛料的合理挤压系数是：当挤压壁厚较薄的硬合金管材时，挤压系数应取下限；挤压软合金管材时，挤压系数可超出表中的最大值，但应保证表面品质。

表 3-4　热挤压管材用的合理挤压系数范围

挤压机能力/MN	挤压筒直径/mm	合适的挤压系数范围	
		硬合金	软合金[①]
6.3	100	12~25	12~30
	120	12~20	12~23
	135	10~16	10~25
12	115	20~40	30~50
	130	20~35	30~40
	150	15~30	20~35
16.3	140	30~45	30~60
	170	20~40	20~50
	200	15~30	20~40
25	260	25~57	30~117

续表 3 – 4

挤压机能力/MN	挤压筒直径/mm	合适的挤压系数范围	
		硬合金	软合金①
35	230	10 ~ 50	10 ~ 60
	280	10 ~ 45	10 ~ 55
	370	10 ~ 20	10 ~ 40
45	320	10 ~ 50	10 ~ 75
	420	10、30	10 ~ 45

注：①纯铝和 6063 等软铝合金的挤压系数最大可达 80 ~ 120。

　　挤压系数为挤压筒断面积减挤压针断面积，再除以制品的断面积。在实际生产中，为了工艺计算简便，挤压管材时的挤压系数可以用下列近似公式计算：

$$\lambda = \frac{F_0}{F_1} = \frac{(D_0 - S_0) \cdot S_0}{(D_1 - S_1) \cdot S_1} \tag{3 – 1}$$

式中：D_0 为空心锭坯外径，mm；D_1 为管材外径，mm；S_0 为空心锭坯壁厚，mm；S_1 为管材壁厚，mm。

　　用组合模挤压管材时，因多数情况下为纯铝和软合金，所以，挤压系数可达到 100 以上。某些情况下，为防止挤压系数过大，可同时挤压多根管材，用以调节挤压系数的范围。但是，为了保证管材的焊缝品质，挤压系数应大于 25。

　　(3) 锭坯断面尺寸的确定。

　　锭坯断面尺寸与被挤压合金、产品规格、挤压机能力、挤压筒大小以及所需的挤压力有关。在生产实际中，一般是根据经验，以挤压系数作为重要依据，先确定挤压筒直径后，再按表 3 – 5 数据确定铸锭断面尺寸。一般小规格锭坯选下限，大规格锭坯选上限。同规格挤压筒，反向挤压的尺寸应小于正向挤压的尺寸。

表 3 – 5　管坯断面尺寸的确定（内外间隙）

挤压机类型	挤压筒，坯料外径/mm	坯料内径，挤压针直径/mm
卧式	4 ~ 20	4 ~ 15
立式	2 ~ 5	3 ~ 5

　　(4) 铸锭长度的确定。

　　在挤压系数已确定的情况下，根据挤压管材挤出长度，可按式 (3 – 2) 计算铸锭的长度。

$$L_0 = \frac{L_i}{\lambda} + H \tag{3 – 2}$$

　　定尺管材铸锭长度计算公式如下：

$$L_0 = \frac{nL_{定} + L_{切}}{\lambda} + H \tag{3 – 3}$$

式中：λ 为挤压系数；L_i 为挤压长度，mm；$L_定$ 为成品管材的定尺长度，mm；L_0 为铸锭的长度，mm；n 为倍尺个数；H 为管材挤压残料的长度，mm，按表 3 - 6 确定；$L_切$ 为留作切除的工艺余量，mm。（其中包括切头、切尾、试样长度，并考虑挤压偏差）其数值应根据实际生产条件灵活确定。一般厚壁管材为 800 mm，管毛料为 600 mm。

表 3 - 6　铝及铝合金管材热挤压残料长度

挤压筒直径/mm	挤压管材种类	挤压残料长度/mm
420 ~ 800	所有品种	60 ~ 80
150 ~ 230	所有品种	20 ~ 30
80 ~ 130	所有品种	10 ~ 15
所有挤压筒	所有品种	$(0.1 \sim 0.15)D_筒$ 或 1.5 ~ 2 倍桥高（组合模）
280 ~ 370	中间毛料	50
	厚壁管	40
	管毛料	30

（5）对锭坯的品质要求。

1）表面品质。锭坯的内、外表面经过车皮、镗孔，加工后表面粗糙度 Ra 应小于 6.3 μm，不应有气孔、裂纹、起皮、气泡、成层、外来压入物、油污、端头毛刺和严重碰伤等；车削刀痕深度不大于 0.5 mm，反向挤压用锭坯的车削刀痕深度不大于 0.3 mm；表面可用锉刀修理局部，但锉刀痕要均匀过渡，且深度不大于 4 mm。对半穿孔用锭坯，可不对内表面进行车削加工。用于分流模挤压的实心锭坯，可不车皮。

2）尺寸偏差。为了保证锭坯与设备、工具间的同心度，减少管材的偏心，穿孔用实心锭坯尺寸公差可参见表 3 - 7，空心锭坯和中间毛料尺寸公差可参见表 3 - 8。

表 3 - 7　穿孔用实心锭坯尺寸公差

种类	偏差值/mm		
	外径	长度	切斜度
实心锭坯	±1.0	±4	2 ~ 5

表 3 - 8　空心锭坯和中间毛料尺寸公差

种类	偏差值/mm				
	外径	内径	长度	切斜度	壁厚不均度
空心锭坯	±2.0	±1.0	+8 ~ +10	1 ~ 5	1.0 ~ 1.5
中间毛料	-1.5	±0.5	+4	1.5 ~ 2.0	0.75

3）内部组织。低倍试片不允许有夹渣、裂纹、气孔、疏松、氧化膜、偏析聚集物、光亮晶

粒、金属间化合物、缩尾、分层等缺陷,在企业的内部标准中有明确规定。

4)为消除铸造过程中产生的晶内成分偏析和锭坯的内应力,改善锭坯的工艺性能,提高金属的塑性,降低变形抗力,对硬合金及内应力较大的合金锭坯应进行均匀化退火处理。铝及铝合金锭坯的均匀化处理制度见表3-9。

表3-9　铝及铝合金锭坯均匀化处理制度

合金种类	均匀化制度/℃	保温时间/h
5A02,5A03,5A05,5A06,5B06	460~475	24
5A12,5A13	445~460	24
3A21	600~620	4
2A11,2A12	480~495	8~12
2A16	515~530	24
6A02,2A50,2B50,	515~530	12
2A70,2A80,2A90,2A14	485~500	12
7A04,7A09,7A10	450~470	12~24

(6)挤压温度-挤压速度规范。

挤压温度和挤压速度是挤压过程中的重要参数,挤压温度过高,表面容易产生挤压裂纹,降低表面质量;挤压温度过低,容易产生挤压闷车,影响到生产效率。提高挤压速度虽可提高生产效率,但需要的挤压力较大;管材表面受到的拉应力增大,容易产生挤压裂纹;挤压后的尺寸变化较大,容易产生尺寸不合格;挤压速度过慢,降低了生产效率;对采用润滑挤压针挤压的润滑效果不利,恶化了内表面质量。所以,挤压温度和挤压速度对制品的表面品质、尺寸精度、力学性能、生产效率、成品率及设备性能、工模具的损耗都有影响。表3-10列出了无润滑正向挤压时锭坯的典型挤压系数、加热温度和金属流速。表3-11列出了采用随动针和固定针挤压时的金属流动速度,表3-12列出了冷却或不冷却工具挤压时的金属流动速度。表3-13列出了一次挤压锭坯和挤压筒加热制度,表3-14列出了二次毛料和挤压筒温度制度,表3-15列出了铝及铝合金的平均挤压速度。

表3-10　挤压系数和温度-速度范围

合金牌号	挤压温度/℃		挤压系数 λ	金属流动速度 /(m·min⁻¹)
	锭坯	挤压筒		
1×××,6A02,6063	300~500	300~480	≥15~120	15~100
2A50,3A21	350~430	300~380	10~100	10~20
5A02	350~420	300~350	10~100	6~10
5A06,5A05	430~470	370~400	10~50	2~2.5
2A11,2A12	330~400	300~350	10~60	2~3
7A04,7A09	420~460	380~420	10~45	0.5~2.5

表 3 – 11　用随动针和固定针挤压时的金属流动速度

合金牌号	尺寸/mm		坯料加热温度/℃		金属流动速度/(m·min⁻¹)	
	锭坯	管材	固定针挤压	随动针挤压	固定针挤压	随动针挤压
2A12	150 × 64 × 340	29 × 22	400	380	2.7	3.3
5A06	256 × 64 × 260	44 × 38	470	440	2.45	3.2
2A11	225 × 94 × 430	76 × 66	330	300	4.4	6.0

表 3 – 12　用随动针挤压时在冷却或不冷却模具条件下的金属流动速度

合金牌号	尺寸/mm		挤压条件	金属流动速度/(m·min⁻¹)		流动速度/(m·min⁻¹)
	锭坯	管材		固定针挤压	随动针挤压	
2A12	156 × 64 × 290	29 × 23	不冷却/冷却	400/420	350/380	3.2/4.25
6A05	156 × 64 × 360	50 × 40	不冷却/冷却	400/430	350/360	4.1/5.1
6A06	156 × 64 × 230	45 × 37	不冷却/冷却	430/400	340/400	3.2/4.5

表 3 – 13　一次挤压锭坯和挤压筒加热制度

合金	铸锭加热温度/℃	加热炉仪表温度/℃	挤压筒温度/℃
2A11，2A12，2A50，2A14，5A02，5A03，5052	350 ~ 450	490	350 ~ 450
5A04，5A05，5A06，3A21	350 ~ 450	470	350 ~ 450
7A04，7A09，157	360 ~ 440	460	350 ~ 450
1070，8A06，6A02，3A21，6063	350 ~ 450	550	350 ~ 450
6A02 厚管(H112、T4、T6)	460 ~ 520	550	400 ~ 450
1070，8A06，5A02，5052，3A21 厚管	400 ~ 450	500	400 ~ 450
1070，8A06，6A02，3A21，穿孔挤压	400 ~ 480	550	400 ~ 450
6063(T5)	500 ~ 530	550	400 ~ 450

表 3 – 14　二次毛料和挤压筒温度制度

合金	二次毛料加热温度/℃	加热炉仪表最高温度/℃	挤压筒温度/℃
1070，8A06	350 ~ 450	500	
5A02，5A03，2A11，2A125052	350 ~ 450	490	
5A04，5A05，5A06，3A21	350 ~ 450	470	350 ~ 450
7A04，7A09，	350 ~ 440	460	
6A02，3A21，6063	350 ~ 480	500	
6063(T5)	500 ~ 530	550	400 ~ 450

注：如铸锭或二次毛料加热温度达不到规定温度时，可适当调整炉子定温。对有特殊要求的制品，其加热温度应在加工卡片上注明。

表 3 – 15　铝及铝合金管材的平均挤压速度

合金	加热温度（℃）		金属平均流出速度 /(m·min⁻¹)
	锭坯	挤压筒	
6A02，6061，6063	490 ~ 510	450 ~ 480	10 ~ 15
3A21，纯铝	300 ~ 450	320 ~ 400	15 ~ 30
5A02，5A03	350 ~ 430	350 ~ 400	6 ~ 8
5A05	430 ~ 460	370 ~ 400	0.8 ~ 6
2A11，2A14	330 ~ 400	300 ~ 380	1.0 ~ 4.0
2A12	330 ~ 400	300 ~ 380	0.8 ~ 3
5A06，7A04，7A09	360 ~ 440	360 ~ 440	0.5 ~ 3

（7）工艺润滑。

为了获得内表面品质良好的管材，必须采用有效的工艺润滑以保证挤压针和金属间保存有一层良好的润滑膜。表 3 – 16 为目前热挤压管常用的润滑剂。涂抹方法仍以手工操作为主，但某些挤压机上已出现了机械涂抹方式，如采用干粉喷涂法对穿孔针喷涂。用组合模挤压管材时，为了保证焊缝品质，禁止润滑或弄脏模子、挤压筒和锭坯。

表 3 – 16　管材热挤压常用的润滑剂

编号	润滑剂名称	质量/%
1	71 号或 72 号汽缸油	60 ~ 80
	山东鳞片状石墨（0.038 mm 以上）	20 ~ 40
2	750 号苯甲基硅油	40 ~ 60
	山东鳞片状石墨（0.038mm 以上）	60 ~ 70
3	汽缸油	65
	硬脂酸铅	15
	石墨	10
	滑石粉	10
4	鳞片状石墨	10 ~ 25
	汽缸油	55 ~ 80
	铅丹	10 ~ 20
5	四氢松香脂乙醇（40%）	6
	四氢松香脂乙醇（45%）	
	松香脂乙醇（15%）	
	2，6—2 代丁基—4—甲基酚	0.1
	无机矿物油	余量

采用润滑穿孔针方式挤压管材时,润滑剂的使用应注意以下几点:

1)润滑剂的配比要适当。如果润滑剂中石墨偏少,润滑剂过稀,涂抹在穿孔针上的油膜很薄,润滑膜强度低、易破裂,在挤压过程中穿孔针易黏金属,造成管材表面出现擦伤缺陷。如果石墨过多,润滑剂过稠,管材内表面易产生石墨压入缺陷。

2)配置润滑剂时搅拌要均匀,避免其中有未搅拌开的石墨团块存在,造成管材内表面石墨压入缺陷。特别是在冬天气温低时,润滑剂流动性能差,不易搅拌均匀。在这种情况下可适当将矿物油加热,以增加流动性。

3)润滑剂涂抹要均匀。如果涂抹不均匀,在润滑剂少的部位易较早地出现干摩擦,造成穿孔针黏金属,使管材表面产生擦伤缺陷。如果穿孔针表面上某些部位没有涂抹上润滑剂,则会出现更严重的擦伤缺陷。

4)穿孔针上涂抹润滑剂时要迅速,特别是涂抹润滑剂后应立即进行挤压操作,防止间隔过长,降低润滑效果。

5)要防止穿孔针上的润滑剂淌掉到挤压筒中,造成管材外表面产生起皮、气泡缺陷。

6)使用润滑剂前,应及时清除掉穿孔针上的金属黏结物及润滑剂燃烧后留下的残焦,以免影响润滑效果。

(8)工艺操作要点。

1)挤压之前应把挤压针、挤压模、垫片等工具预先在专用加热炉中加热。挤压工具的加热温度不应低于300℃,工具到温后的保温时间不少于1 h。难挤压产品及组合模挤压时,加热温度不应低于450℃,挤压筒温度一般为450 ~ 480℃。

2)挤压针的润滑应均匀,并应防止淌滴到挤压筒中及锭坯表面,避免产生起皮、气泡、成层等缺陷。润滑挤压时应使用合适的润滑剂,并均匀涂抹。使用组合模挤压时应严禁使用润滑剂润滑锭坯、模子和其他工具。

3)挤压前用较干的润滑剂薄薄地涂抹模子工作带及附近模面,但挤压垫片上不应润滑。

4)模子工作带和挤压针上黏有金属屑时,可用刮刀和砂布清理,但不要破坏均匀的铝套。

5)锭坯可用工频感应电炉、电阻炉、燃油或燃气炉加热,加热时应严格测温和控温。

6)挤压铝合金管材时,特别是挤压硬合金管材和用组合模挤压管材时,应采用高温、慢速挤压工艺。

7)为保证管材直线度,可采用与管子外形一致的导路装置。导路的相应尺寸每边应比管材大 10 ~ 30 mm。在现代化挤压机上,可借助牵引装置减少管材的弯曲度。

8)纯铝和软铝合金管材,可在现代化的由 PLC(程序逻辑控制)装置控制的全自动连续挤压生产线上进行。

9)在立式挤压机上进行润滑挤压时,挤压残料借助于冲头来分离。冲头直径较模孔小0.5 ~ 1 mm。

10)在更换工具时,若需要敲击时必须使用铝制锤,严禁用钢铁锤或钢铁件击打工具。

11)为了防止挤压闷车,开始挤压或更换工具时,头几块铸锭按挤压温度的中、上限控制,待挤压3 ~ 5 块料后再转入正常挤压温度。

当发现制品产生起皮、气泡、成层等缺陷时,应及时用工具清理挤压筒。

3.1.5　需要的特殊装备

挤压机是铝及铝合金厚壁管材加工方法的主要生产设备之一。挤压机按结构形式分为立式挤压机和卧式挤压机，按挤压方法分为正向挤压机和反向挤压机，按传动方式分为油压式（油泵直接传动）、水压式（水泵—蓄势器集中传动）和机械传动式挤压机，按用途分为单动式（无独立穿孔系统）和双动式（有独立穿孔系统）挤压机。

1. 正向挤压机

（1）立式挤压机。

立式挤压机的特点是其运动部件和出料方向与地面垂直，占地面积小，但需制作较深的竖井。立式挤压机的运动部件只有液压缸，其磨损小，挤压机的对中性较好，工作不易失调。由于结构形式为立式，要求建筑较高的厂房和很深的竖井，所以只适用于小吨位挤压机，竖井深度决定了挤压长度。

立式挤压机按穿孔装置分为无独立穿孔装置和带独立穿孔装置的挤压机。带独立穿孔装置的立式挤压机由于结构和操作较复杂，调整困难，应用不广。无独立穿孔装置的立式挤压机挤压管材时采用随动针挤压，即穿孔针同挤压轴同时运动。这种挤压机结构简单，设备高度不大，操作方便，其产品质量取决于挤压铸锭的质量，即铸锭的壁厚偏差及表面质量，这就要求对铸锭的内、外表面进行机械加工。其结构形式如图3-5所示。

（2）卧式挤压机。

目前铝及铝合金挤压机普遍采用卧式油压挤压机，其特点是运动部件的运动方向与地面平行。挤压机按其用途分为单动挤压机和双动挤压机，单动挤压机是国际上使用最普遍的挤压机，图3-6为卧式单动挤压机示意图。

根据挤压轴的行程长短，也可以把挤压机分成短行程挤压机和长行程挤压机。短行程挤压机是近些年来发展起来的一种挤压机，其挤压轴行程短，缩短了辅助运行时间，提高了生产效率，同时也缩短了整机长度。普通挤压机（长行程）和短行程挤压机的区别是装铸锭方式不同，见图3-7所示。

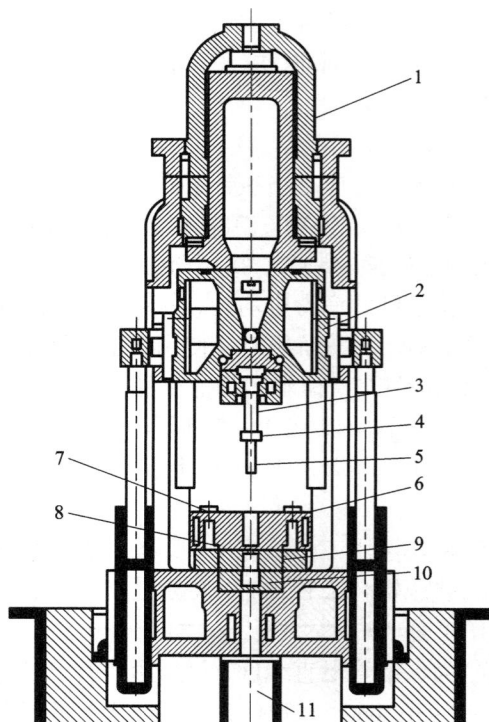

图3-5　立式挤压机结构图（不带独立穿孔系统）

1—主柱塞；2—活动梁；3—挤压轴；4—挤压轴头；
5—穿孔针；6—挤压筒外套；7—挤压筒内衬；8—挤压模；
9—模套；10—模座；11—挤压制品护套

短行程挤压机主要有两种形式，一种是由供锭机将铸锭放到挤压筒和模具之间；另一种是铸锭位置与普通挤压机相同，挤压轴位于供锭位置处，供锭时，挤压轴移开，由推料杆将铸锭推入挤压筒内，这种挤压机的挤压轴行程短，整机长度也短。短行程挤压机结构示意见图3-8。

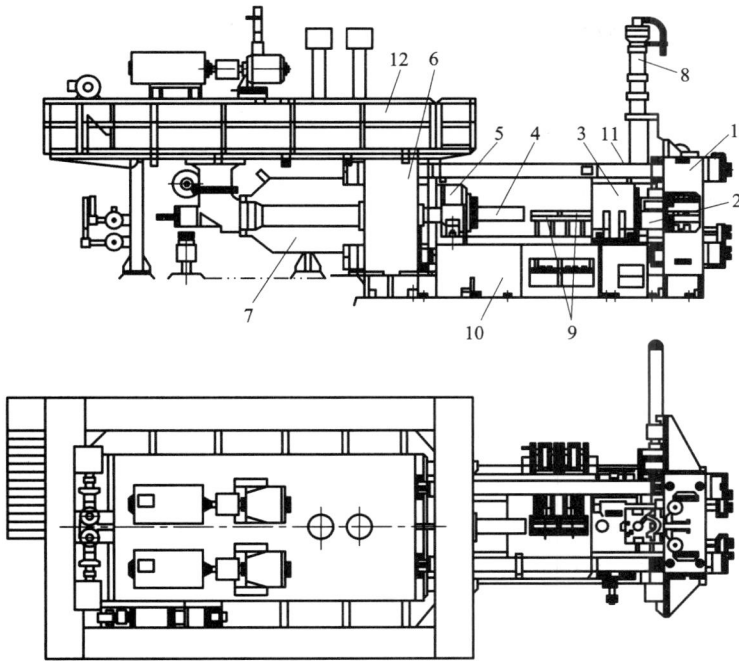

图 3 - 6　卧式单动挤压机示意图

1—前梁；2—滑动模架；3—挤压筒；4—挤压轴；5—活动横梁；6—后梁；
7—主缸；8—压余分离剪；9—供锭机构；10—机座；11—张力柱；12—油箱

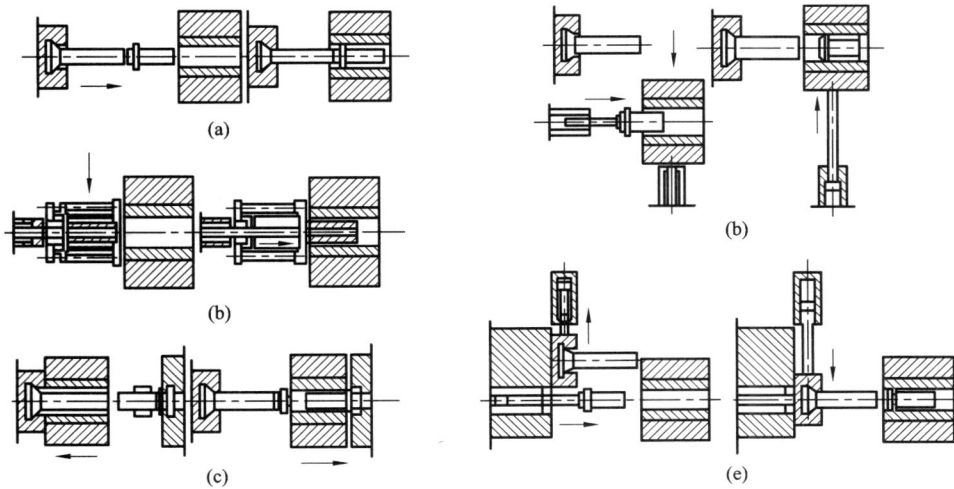

图 3 - 7　挤压机主柱塞行程长短与装锭方式

（a）、（b）铸锭在挤压轴与挤压筒之间装入，为普通（长行程）挤压机；
（c）、（d）、（e）挤压轴或挤压筒移位后装锭，为短行程挤压机

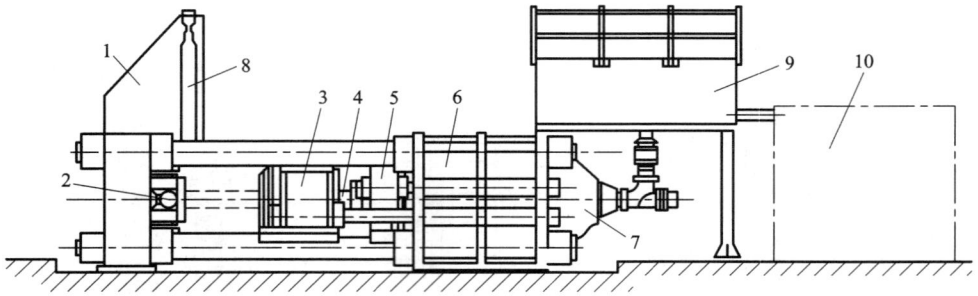

图 3 – 8 短行程单动挤压机结构示意图

1—前梁；2—滑动模架；3—挤压筒；4—挤压轴；5—活动横梁；6—后梁；7—主缸；8—分离剪；9—油箱；10—泵站

2. 反向挤压机

反向挤压的主要特点是金属流出的方向与挤压轴前进(实际为挤压模轴)的方向相反，挤压筒与铸锭之间无相对运动。

反向挤压机按挤压方式分为正、反两用和专用反向挤压机两种形式，每种形式又可分为单动(不带独立穿孔装置)和双动(带独立穿孔装置)两种结构形式。反向挤压机按本体结构又可分为三大类，即挤压筒剪切式、中间框架式和后拉式。

反向挤压机采用预应力张力柱结构，普遍采用快速更换挤压轴和模具装置，挤压筒座采用"X"型导向，模轴移动滑架快速锁紧装置，设有挤压筒清理装置、内置式穿孔针，设有穿孔针旋转及清理装置。

(1)挤压筒剪切式。

挤压筒剪切式反向挤压机是目前最常用的结构形式，其特点是前梁和后梁固定，通过四根预应力张力柱联成一个整体，在挤压筒移动梁(即挤压筒座)上安装有压余剪切装置，这种结构仅应用于反向挤压机，如图 3 – 9 所示。

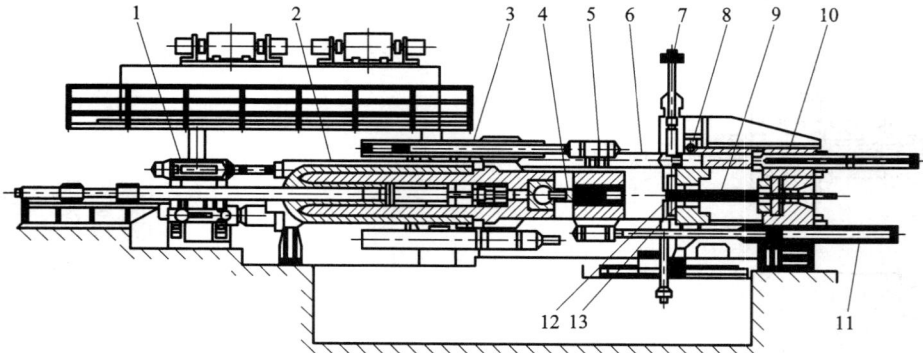

图 3 – 9 挤压筒剪切式双动反向挤压机

1—主缸；2—液压连接缸；3—张力柱；4—挤压轴；5—压余分离剪；
6—挤压筒；7—挤压模轴；8—前梁；9—挤压筒移动缸；10—穿孔挤压针

(2)中间框架式。

中间框架式用于正、反两用挤压机，其特点是前梁和后梁固定，通过四根张力柱连接成一个整体，在前梁和挤压筒移动梁之间安装有压余剪切用的活动框架，剪切装置就安装在活动框架上。图 3 - 10 为中间框架式反向挤压机正在进行压余剪切式的状况。当进行正向挤压时卸下模轴，把挤压筒移到靠紧前梁的位置，同一般挤压机一样进行正向挤压。

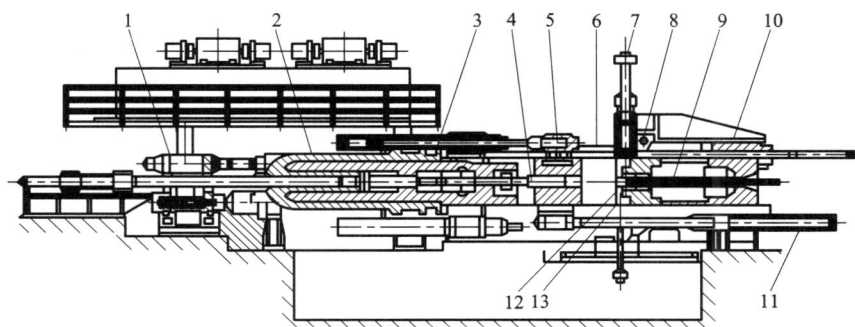

图 3 - 10　中间框架式正反两用挤压机

1—穿孔缸锁紧；2—主缸；3—液压连接缸；4—挤压轴；5—挤压筒；6—张力柱；7—压余分离剪；
8—中间框架；9—挤压模轴；10—前梁；11—挤压筒下移动缸；12—挤压垫片；13—挤压压余

（3）后拉式。

后拉式的结构特点是中间梁固定，前、后梁通过四根张力柱连成一个整体的活动梁框架，图 3 - 11 所示为该反向挤压机正在挤压时的状况。该结构形式仅适用于单动式的型、棒材反向挤压机。

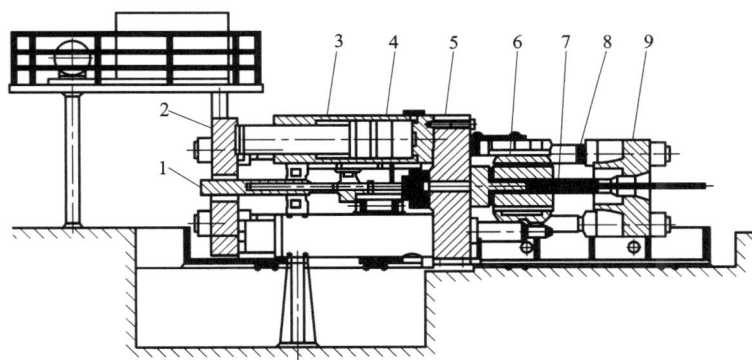

图 3 - 11　后拉式反向挤压机

1—剥皮缸；2—后移动梁；3—主缸；4—铸锭；5—固定梁；6—压机筒；7—模轴；8—张力柱；9—前移动梁

3.2　薄壁管

3.2.1　薄壁管的特点

薄壁管的壁厚一般为 0.5 ~ 5 mm，薄壁管可用热挤压、冷挤压、冷轧制及其他冷变形法制造。薄壁管可应用于公路、桥梁和建筑行业、凿岩机、航空航天等领域。表 3 - 17 列出了铝及铝合金薄壁管材的品种、规格和应用范围。

表 3 - 17　铝及铝合金薄壁管材的品种、规格和范围

技术标准代号	规格范围		合金	状态	用途
	外径/mm	壁厚/mm			
GB/T 6893 —1995	6～120	0.5～5	1035，1050，1050A，1060，1070，1070A，1100，1200，8A06，3003，3A21，5052，5A02	O、H、14	适用于一般用途铝及铝合金拉（轧）制无缝管材
			2017，2024，2A11，2A12	O、T4	
			5A03	O、H、34	
			5A05，5056，5083	O、H、32	
			5A06	O	
			6061，6A02	O、T4、T6	
			6063	O、T6	
GB/T 4437.2 —2000	8～350	0.5～5	1070A，1060，1050A，1035，1100，1200，3003，5A06，5083，5454，5086	O、H112、F	适用于公路、桥梁和建筑等行业用铝及铝合金有缝管
			5A02，5A03，5A05	H112、F	
			5052	O、F	
			2A11，2017，2A12，2024	O、H112、F T4	
			6A02	O、H112、F T4、T6	
			6061	F、T4、T6	
			6005A，6005	T5、F	
			6063	F、T4、T5、T6	
YS/T 97—1997	65～85	4.5～5	2A11，2A12	T4	适用于凿岩机用铝合金拉制管材
GJB 1744—93	6～120	1～5	2A14	T4、T6、O	适用于航天工业
GJB 2379—95	6～120	0.5～5	1070A，1060，1050A，1035，1200，8A06，5A02，5A03，5A05，5A06，3A21，6A02，2A11，2A12	O	适用于航空航天用铝及铝合金拉（轧）制无缝管材、矩形管及多边形管
			6A02，2A11，2A12	T4	
			6A02	T6	
			5A02，5A03，5A05，3A21	H34	
			1070A，1060，1050A，1035，1200，8A06，5A02，3A21	H18	

3.2.2　产品的主要要求及指标

1. 薄壁管材产品尺寸偏差要求

拉伸和轧制是薄壁管材的主要生产方法。拉伸、轧制薄壁圆管产品的壁厚允许偏差应符合表 3-18 中相关要求,外径允许偏差符合表 3-19 中相关要求。

表 3-18　GB/T 4436 冷拉、冷轧薄壁圆管的壁厚允许偏差/mm

级别	公称壁厚/mm	平均壁厚与公称壁厚的允许偏差	任一壁厚与公称壁厚的允许偏差		
			高镁合金	其他合金管材	
				不淬火状态	淬火状态
普通级	≤0.8	±0.10		±0.14	不超过公称壁厚的 ±15% 最小值 ±0.12
	>0.8~1.2	±0.12	±0.20	±0.19	
	>1.2~2.0	±0.20	±0.20	±0.22	
	>2.0~3.0	±0.23	±0.30	±0.27	
	>3.0~4.0	±0.30	±0.40	±0.40	
	>4.0~5.0	±0.40	±0.50	±0.50	
高精级	≤0.8	±0.05	±0.05	±0.05	不超过公称壁厚的 ±10% 最小值 ±0.08
	>0.8~1.2	±0.08	±0.08	±0.08	
	>1.2~2.0	±0.10	±0.10	±0.10	
	>2.0~3.0	±0.13	±0.15	±0.15	
	>3.0~4.0	±0.15	±0.20	±0.20	
	>4.0~5.0	±0.15	±0.20	±0.20	

注:1. 当规定的尺寸是外径和内径而不是壁厚本身时,只检查任一壁厚与平均壁厚之间的偏差值,其高精级为公称壁厚的 ±10%,普通级为公称壁厚的 ±15%。

2. 当要求壁厚偏差全为(+)或全为(-)时,其偏差值为上表对应数值的 2 倍。

3. 任一壁厚是指在管材断面上任一点测得的壁厚;平均壁厚是指在管材断面的任一外径两端测得壁厚的平均值。

4. 高镁合金是指化学成分中,其平均镁含量大于或等于 3% 的铝镁合金,如 5A03、5A05、5056 合金等。

表 3-19　GB/T 4436 冷拉、冷轧圆管的外径允许偏差/mm

公称外径	普通级(±)					高精级(±)			
	任一外径与公称外径的允许偏差				外径与公称外径的允许偏差	任一外径与公称外径的允许偏差			外径与公称外径的允许偏差
	退火	高镁	淬火	其他	所有管材	退火	淬火	其他	所有管材
6~12	0.72	0.20	0.23	0.12	0.12	0.48	0.15	0.08	0.08
>12~25	0.90	0.20	0.30	0.15	0.15	0.60	0.20	0.10	0.10
>25~50	1.20	0.30	0.38	0.20	0.20	0.75	0.25	0.13	0.13

续表 3 – 19

公称外径	普通级（±）					高精级（±）			
	任一外径与公称外径的允许偏差				外径与公称外径的允许偏差	任一外径与公称外径的允许偏差			外径与公称外径的允许偏差
	退火	高镁	淬火	其他	所有管材	退火	淬火	其他	所有管材
>50 ~ 75	1.38	0.35	0.45	0.23	0.23	0.90	0.30	0.15	0.15
>75 ~ 120	1.80	0.50	0.62	0.30	0.30	1.20	0.41	0.20	0.20

注：1. 当要求壁厚外径偏差全为（＋）或全为（－）时，其偏差值为上表对应数值的 2 倍。

2. 任一壁厚外径是指在管材断面上任一点测得的壁厚外径；平均外径是指在管材断面上任意测量两个互为直角的外径所得到的平均值。

3. 高镁合金是指化学成分中，其平均镁含量大于或等于 3% 的铝镁合金，如 5A03、5A05、5056 合金等。

4. 当管材即是退火状态又是高镁合金时，其偏差按退火状态确定。

2. 薄壁管材产品表面品质控制

冷轧、冷拉薄壁管材表面品质控制要求如下：

（1）拉伸后的管材内、外表面不允许有裂纹、起皮、气泡、擦伤、金属或非金属压入物等缺陷。允许有在整径前可用刮刀修掉的擦伤、碰伤、划道、金属或非金属压入等个别小缺陷。

（2）整径后的管材内、外表面应光滑、清洁，不允许有裂纹、起皮、气泡、分层、擦伤、划道、金属或非金属压入物、磕碰伤、跳车环、椭圆、表面粗糙等缺陷。允许有轻微的擦划伤、碰伤、压坑、金属或非金属压入物等缺陷，其深度不允许超过壁厚负公差，并保证最小壁厚。

（3）导管和拉杆用管，当外径不大于 20 mm 时，横向划伤深度应不超过 0.02 mm；当外径大于 20 mm 时，横向划伤深度应不超过 0.03 mm。纵向划伤深度应不超过 0.03 mm。表面缺陷要求每米长度上的缺陷面积不超过表面积的 0.5% 。

（4）用作导管的管材，内表面不允许有擦伤和疤痕，允许有轻微的纵向皱纹。

（5）要求尺寸精度高精级的结构管，当壁厚不大于 2 mm 时，其横向、纵向划伤深度不大于 0.04 mm；当壁厚大于 2 mm 时，其横向、纵向划伤深度不大于 0.04 mm；当壁厚大于 2 mm 时，其横向、纵向深度不大于 0.05 mm。

（6）普通制品的 5A05、5A06 合金管材允许有深度不大于 0.15 mm 的拉道。

3.2.3　生产的基本流程

典型的挤压—拉伸生产薄壁管材的工艺流程见图 3 – 12，典型的挤压—轧制—拉伸生产薄壁管材的工艺流程见图 3 – 13。

3.2.4　生产的技术关键

1. 薄壁管材轧制技术

管材轧制是生产无缝管材的主要方法之一，管材轧制中，根据管坯的变形温度不同，可分为热轧和冷轧两大类。目前，在铝管生产中，热轧已很少使用，大多数情况下被热挤压的方法取代。管材冷轧是将通过热挤压获得的管材毛坯在常温下进行轧制，从而获得成品管材的加工方法。

```
                          ┌──────────┐
                          │ 铸锭加热 │
                          └────┬─────┘
                               │
                          ┌────┴─────┐        ┌──────────┐
                          │  挤压    ├───────→│   锯切   │
                          └────┬─────┘        └────┬─────┘
                               │                   │
                               │              ┌────┴─────┐
                               │              │ 低倍检查 │
                               │              └────┬─────┘
                               │                   │
                               │              ┌────┴─────┐
                               │              │ 车皮镗孔 │
                               │              └────┬─────┘
                               │                   │
                               │              ┌────┴─────┐
                               │              │ 管毛料加热│
                               │              └────┬─────┘
                               │                   │
                          ┌────┴─────┐        ┌────┴─────┐
                          │  切断    │←───────┤ 二次挤压 │
                          └────┬─────┘        └──────────┘
                               │
          ┌──────────┐    ┌────┴─────┐
          │ 毛料退火 │←───┤  检查    │
          └────┬─────┘    └────┬─────┘
               │               │
               │          ┌────┴─────┐
               └─────────→│  打头    │
                          └────┬─────┘
                               │
                          ┌────┴─────┐
                          │  刮皮    │
                          └────┬─────┘
                               │
     ┌──────────┐         ┌────┴─────┐        ┌──────────┐
     │中间退火1 ├────────→│  拉伸    ├───────→│  淬火1   │
     └──────────┘         └────┬─────┘        └────┬─────┘
                               │                   │
                          ┌────┴─────┐             │
                          │  整径    │←────────────┘
                          └────┬─────┘
                               │
                          ┌────┴─────┐        ┌──────────┐
                          │  矫直    │←───────┤  淬火2   │
                          └────┬─────┘        └──────────┘
                               │
                          ┌────┴──────┐
                          │取样、切成品│
                          └────┬──────┘
                               │
     ┌──────────┐         ┌────┴─────┐        ┌──────────┐
     │ 人工时效 │←────────┤  检查    ├───────→│  退火    │
     └────┬─────┘         └────┬─────┘        └────┬─────┘
          │                    │                   │
          │               ┌────┴─────┐        ┌────┴─────┐
          └──────────────→│  包装    │←───────┤  复查    │
                          └────┬─────┘        └──────────┘
                               │
                          ┌────┴─────┐
                          │  交货    │
                          └──────────┘
```

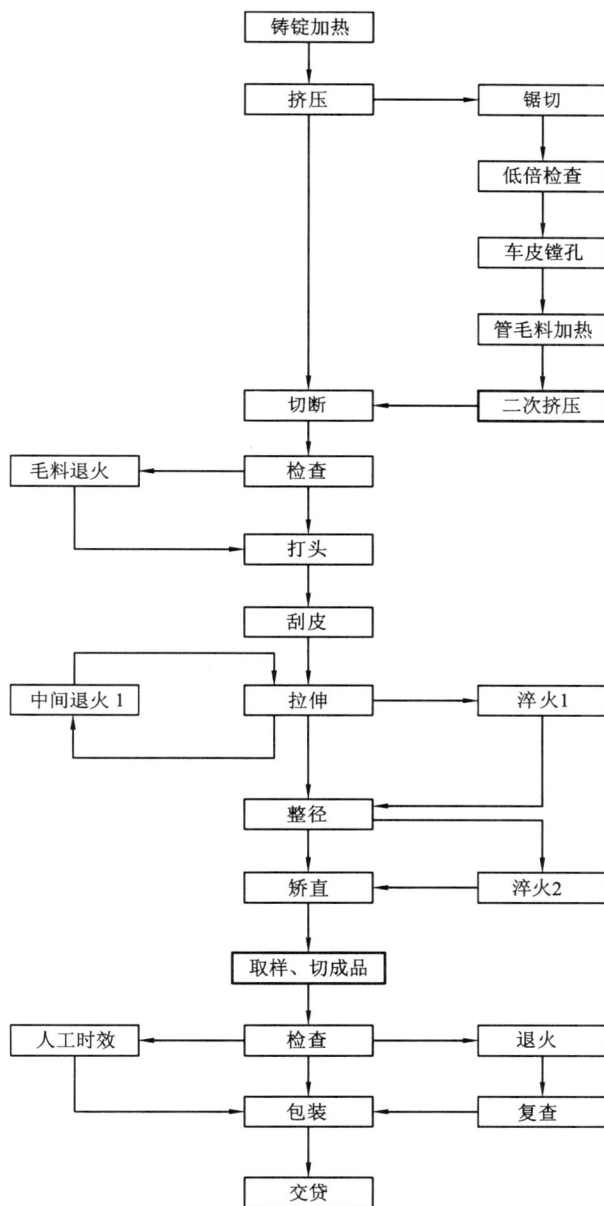

图 3 - 12   挤压—拉伸薄壁管材工艺流程图

　　冷轧管材应用最广泛和最具代表性的方法是周期式冷轧管法。根据轧机所具有的轧辊、轧槽的结构形式，主要有二辊式冷轧管法和多辊式冷轧管法。

　　(1)冷轧管的孔型选择。

　　冷轧管机的孔型制造工艺复杂，材料昂贵，同时更换也比较困难。因此，不可能对每一种规格配置一对孔型，只能对一定的尺寸范围采用一对孔型。而对管材外径则靠拉伸工艺控制。冷轧管机的孔型选择见表 2 - 3。

铸锭加热

挤压 → 锯切

锯切 → 低倍检查

低倍检查 → 车皮、镗孔

车皮、镗孔 → 管毛料加热

管毛料加热 → 二次挤压

矫直 ← 二次挤压

切断

检查 → 退火

刮皮

轧制 ← 中间退火

切断

打头

减径 → 淬火

整径 → 淬火

矫直

取样、切成品

人工时效 ← 检查 → 退火

复查　　　包装　　　复查

交货

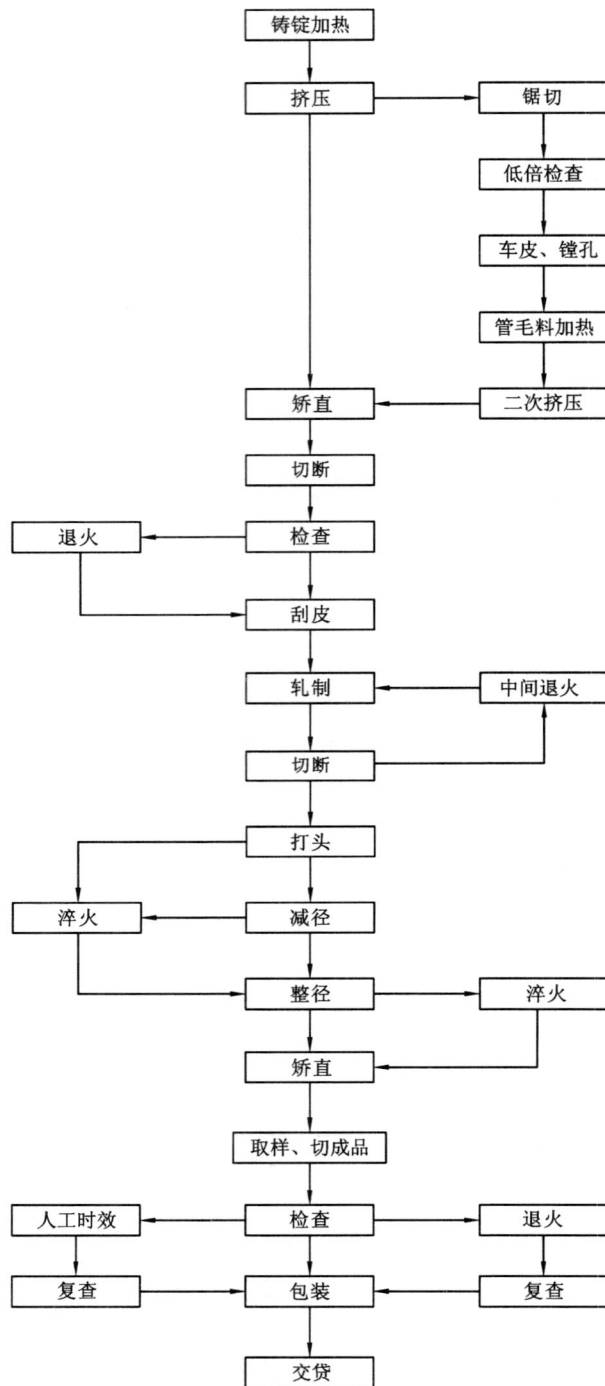

图 3 – 13　挤压—轧制—拉伸薄壁管材工艺流程图

（2）芯头的选择。

冷轧管机的芯头一般标有大头和工作段头端两个尺寸。为了便于轧制管材壁厚的调整，芯头一般每隔 0.25 mm 配置一种芯头规格。根据孔型的磨损程度和孔型间隙的调整，有时要选择相邻规格芯头。

（3）轧制壁厚的确定。

由于冷轧管机生产的半成品管材必须经拉伸减径，而管材拉伸减径时壁厚要有相应的变化。因此，管材的轧制壁厚必须考虑到后道拉伸工序时壁厚的变化。管材拉伸时壁厚的变化与管材的合金、外径与壁厚之比、拉伸减径量、拉伸道次、拉伸模模角大小、倍模等因素有关。因此，不同的工厂选择的压延壁厚也略有不同。一般要在计算和实测的基础上确定最佳的压延壁厚。

由于管材坯料挤压时存在尺寸的不均匀性，压延管材的平均壁厚要控制在 $^{+0.02}_{-0.01}$ mm 范围内。同时，实测壁厚与轧制公称壁厚的偏差，按表 3 - 20 控制。

表 3 - 20　轧制管材实测壁厚与公称壁厚的允许控制范围偏差

成品壁厚/mm	0.5	0.75 ~ 1.0	1.5	2.0 ~ 2.5	3.0 ~ 3.5
GJB 2379—95	± 0.04	± 0.07	± 0.12	± 0.15	± 0.20
GB n221—84	± 0.04	± 0.07	± 0.12	± 0.15	± 0.20
GB 6893—86	± 0.06	± 0.09	± 0.15	± 0.20	± 0.25

（4）冷轧管送料量。

冷轧管机的送料由轧机的分配机构完成。通过凸轮驱动摇杆和棘轮，使送料小车前进。送料量的大小将直接影响到轧机的生产效率，轧制管材的质量和设备与工具的安全和使用寿命。当送料量过大时，轧制管材将出现飞边、棱子、壁厚不均甚至裂纹等严重缺陷。同时，过大的送料量又直接导致轧制力和轴向力的增加，加大了孔型、芯头和设备的过快磨损和破坏。当送料过小时，轧机的生产效率也将明显下降。因此，在保证产品质量和设备、工具安全的前提下，选用尽可能大的送料量，将是轧管机的十分重要的现实问题。

确定冷轧管机的送料量。要考虑轧制管材的合金性质、压延系数，孔型精整段的设计长度等。一般情况下，要保证被轧制管材在精整段要经过 1.5 ~ 2.5 个轧制周期。具体通过下式计算：

$$m = \frac{L_{精}}{k\lambda} \tag{3 - 4}$$

式中：m 为允许的最大送料量，mm；λ 为压延系数；k 为系数，取 1.5 ~ 2.5；$L_{精}$ 为孔型精整段长度，mm。

计算的最大允许送料量，并非在任何情况下都能采用，要根据轧制管材的质量和能使轧机正常运行的情况而定。有时，在轧制时由于轴向力过大造成管材坯料端头相互切入（插头），使轧制过程不能正常进行。最佳的送料量要根据现场的实际情况合理确定和调整。

（5）冷轧管的工艺润滑。

为有利于金属的塑性变形和对工作锥及工具进行冷却，提高轧制管材表面质量，管材轧制时要进行工艺润滑。对润滑剂要求具备良好的润滑效果，对铝不产生腐蚀，对人身无害等条件。目前多采用纱绽油做工艺润滑剂。

冷轧管机都配置有专门的工艺润滑专门机构。对润滑油要进行循环过滤。润滑油要求清洁，不得有砂粒和铝屑等脏物，并定期进行分析。润滑油的杂质含量要少于3%。

2. 薄壁管材拉伸技术

所谓管材拉伸就是金属坯料在拉伸力的作用下，通过截面积逐渐减小的拉伸模孔，获得与模孔尺寸、形状相同的制品的金属塑性成形方法。铝和铝合金管材的拉伸过程一般在室温下进行，所以常称为冷拉。用拉伸方法生产的管材直径可以从几毫米到600 mm，壁厚最薄可达到0.3 mm。

管材的拉伸方法分为无芯头拉伸和带芯头拉伸两种形式。无芯头拉伸又称为空拉，即管材只受到外径方向的压应力，直径尺寸变小，而壁面不变或微量变化。带芯头拉伸又称衬拉，即管材受到外径和内径方向的压应力，直径变小，壁厚减薄（扩径拉伸除外）。带芯头拉伸按照芯头的类型不同，可分为短芯头拉伸、游动芯头拉伸、长芯头拉伸等。

（1）管坯的准备。

铝及铝合金拉伸用的管坯，一般由热挤压或冷轧方法获得。管坯质量应符合有关规定。拉伸之前应进行以下准备工作：

1）切断。

根据工艺要求切断成规定长度。用于带芯头拉伸的管坯，须保证有一端无椭圆，以便顺利装入芯头。对于工艺中须重新打头的应切掉夹头。

2）退火。

带芯头拉伸的管坯，除纯铝之外，所有铝合金都必须进行坯料退火。对于空拉减径或整径的管坯，凡能承受空拉塑性变形的软合金和变形量不大的硬合金，可不进行退火。只有当拉伸的延伸系数大于1.5时，硬合金坯料需进行退火。其中2A11，2A12和5A03合金采用低温退火；5A05和5A06等高镁合金管坯在减径前进行退火。当拉伸的延伸系数小于1.5时，还应根据拉伸后的表面质量，选择是否对管坯退火。

3）制作夹头。

为了使管坯能够顺利穿入模孔以实现拉伸，管坯可通过锻打或辗制的方法制作夹头。对于软合金的管坯及经过热处理后的硬合金管坯可以在冷状态下进行打头。对于未经热处理的硬合金管坯，在打头之前必须在端头加热炉内加热后趁热打头。淬火后须打头的管材，必须在淬火出炉后2小时之内于冷状态下完成。对于小直径管材（ϕ18 mm以下）最好在旋锻碾头机上碾头。直径较大的管材在空气锤上打头或在液压锻头机上打头。液压锻头机工作时无噪音、无冲击，是较先进的环保型打头设备。

打过头的管材，如果在以后的加工中还需进行中间退火或其他热处理时，在打头的同时要在夹头的根部钻一个孔，以便在热处理时，保证热空气的流通。

4）刮皮。

带芯头拉伸的管材在第一次和最后一次拉伸之前，应对管坯外表面上存在的划道、毛刺、起皮、磕碰伤等局部缺陷进行刮皮修伤，以便消除表面缺陷，保证拉制管材的外观质量。刮皮一般在打头之后进行。空拉的管材正常情况下无须刮皮，但对表面较严重的划伤、磕碰伤等缺陷应及时刮皮修理，避免因变形量较小而无法消除。

5）内外表面润滑。

带芯头拉伸的管坯，在拉伸前必须充分润滑内表面。铝合金拉伸润滑剂多采用38号或

72 号汽缸油。通过油泵将润滑油经给油嘴喷涂到管材内表面上。为了改善油的流动性，允许加入少量机油或把油加热到100℃左右，但拉伸时一定要等到润滑油冷却至室温后进行。

所有的拉伸方法都必须润滑管材外表面和拉伸模。润滑油应纯净，无水分、机械杂质或金属屑。润滑油在循环使用中应进行过滤并定期更换。

（2）拉伸配模。

1）无芯头拉伸。

空拉圆管的配模，应注意以下 3 个原则：

①拉伸的稳定性。对于壁厚较薄的管材，即：壁厚/直径≤0.04 时，必须使道次减径量不大于临界变形量 $\varepsilon_{d临}$，否则会出现拉伸失稳现象，管材表面出现纵向凹下。

②合理的延伸系数。空拉时的延伸系数应根据管材的工艺及状态来确定。对于纯铝、5052、6063、6061、3A21、5A02 等软合金，可以在轧制后不经过退火而进行空拉减径，总延伸系数不应大于1.5，超过1.5时需要退火。冷轧后经退火的2A11，2A12 等硬合金，总延伸系数可达2.5~3.0。对于5A05、5A06 等高镁合金管材，退火延伸系数不大于1.5。对于通过冷作硬化提高强度的合金，应加大冷变形量，如纯铝的冷变形量应控制在50%以上，3A21合金的冷变形量应控制在25%以上。

为了提高最终成品管材的尺寸精度，减小弯曲度，最后一道次空拉选用整径模空拉方式。其延伸系数较小，一般整径量为0.5~1 mm，小直径管材选下限，大直径管材选上限。当直径大于φ120 mm 时，由于整径量太小，容易产生空拉或脱钩，所以整径量可适当增大，根据管材直径大小，一般为2~4 mm。

③拉伸时管材的壁厚既与合金特点有关，也与空拉时的工艺有关。因此，即使是成品壁厚相同的管材，所要求的管坯轧制壁厚也不相同。通常采用三种常用的配模方法：公式计算法配模、图算法配模和经验配模法，供设计工艺时和生产中参考。

2）短芯头拉伸配模。

铝合金管材短芯头拉伸配模计算，主要是确定壁厚减薄量和外径收缩量，并最后确定总变形量及管坯规格，其基本原则如下：

①适当安排壁厚减薄量。短芯头拉伸铝合金管材时，由于合金的塑性不同，其变形量的大小也不尽相同。塑性较好的纯铝、3A21、6063、6A02 等合金，在满足实现拉伸过程的条件下，应给予较大的变形量以提高生产效率。对于变形较困难的高镁合金，则应适当控制变形量，除满足实现拉伸过程，还要保证制品的表面质量。当拉伸变形量增大时，因金属变形热和摩擦热会迅速提高金属与工具的温度，导致润滑效果的恶化，造成芯头粘金属、划伤管材表面。

②根据实际经验，按拉伸程度由难到易的顺序为：5A06，5A05，5083，7001，2A12，5A03，2A11，5A02，3A21，6A02，6061，6063，纯铝。

③毛料壁厚的确定。短芯头拉伸管毛料壁厚的确定，首先要满足工艺流程是最合理的，其次是保证成品管材符合技术标准的要求。

④由于拉伸管毛料多为热挤压制品，表面质量较差，因此在拉伸前须刮皮修理。为了在拉伸过程中能消除刮刀痕迹和较浅的缺陷，从毛料到成品的壁厚减薄量不得小于0.5~1 mm。因各种合金的冷变形程度不同，其减壁量一般为：高镁合金减壁0.5 mm，硬合金减壁1.0 mm，软合金减壁1.5 mm。

⑤减径量的控制。为了在管毛料内能顺利地装入芯头，在管毛料内径与芯头之间应留有一定间隙。由于拉伸后的管材内径即为芯头的直径，所以保留的间隙应是拉伸时内径的减径量。带芯头拉伸时，每道次的内径减径量为 3～4 mm。当管材的内径大于 100 mm 或弯曲度较大时，第一道拉伸的减径量可选取 4 mm。对于内径小于 25 mm，且壁厚大于 3 mm 的管材，为了避免减径量过大而增加内表面的粗糙度，减径量可适当减小。

⑥拉伸力计算及校对。制定短芯头拉伸工艺时，必须进行拉伸力计算即校对各道次安全系数，以便确定在哪一台拉伸机上拉伸。

⑦管毛料长度的确定。管材的长度对拉伸管的质量有直接关系，一般最终拉伸长度不超过 6 m。当拉伸长度超过 6 m 时，因芯头温度升高而使管材内表面质量下降，尤其是 Al – Mg 系合金管材内表面质量更难保证；另外在装料时容易形成封闭内腔，空气排不出来而使装料困难；其三对拉伸设备要求长度要长，设备费用上升。当毛坯长度较短时，拉伸头尾料较多，几何废料上升，生产效率较低。

3）游动芯头拉伸配模。

游动芯头适用于小规格盘圆管材拉伸生产，拉伸变形程度相对较低，拉伸成立条件受到模角与芯头的角度配合及变形程度等条件的限制。

①游动芯头锥角和模角的不同对拉伸稳定性影响较大，一般采用芯头锥度 $\beta = 7° \sim 10°$，模角 $\alpha = 11° \sim 12°$ 进行不同的搭配。当 $\alpha - \beta = 1° \sim 6°$ 时均可进行拉伸。当其他条件都相同时，选择 $\beta = 9°$ 与 $\alpha = 12°$、11°相配合，其所需的拉伸力前者比后者小 8.8%，说明前者拉伸较后者稳定。由此可得，$\alpha - \beta = 3°$ 时，拉伸过程比较稳定。

②变形程度控制应合理。当采用较大的变形程度时，拉伸应力相应增大，拉制出的管材表面光亮，但拉伸倾向不稳定。而采用较小的变形程度时，虽然拉伸过程稳定，但生产效率较低，表面质量也不好。主要原因是变形程度大，拉伸后的晶粒细小，组织均匀，故表面质量好。但变形程度过大时，拉伸应力接近材料的抗拉强度，拉伸时管材易断。因此，在保证拉伸稳定的前提下，尽量采用大的变形程度，以便提高生产效率。

③拉伸开始时，应采用较慢的拉伸速度，当稳定的拉伸过程建立起来后，就可采用较高的拉伸速度，以达到提高生产效率和管材表面质量的目的。这是因为开始拉伸时，芯头进入工作区后，需有一个稳定过程，当拉伸速度过快，芯头容易前冲，而与模孔之间形成较小空间，壁厚减薄，造成断头现象。所以开始时应采用较慢的拉伸速度。拉伸过程中，在变形区内芯头与管材内壁间形成锥形缝隙。由于管内壁的润滑剂吸入锥形缝隙而产生流体动压力（润滑楔效应），可以使拉伸时管材与芯头的接触表面完全被润滑层分开，实现最好的液体润滑条件，从而降低了摩擦系数。而流体动压力的大小随润滑剂黏度和拉伸速度的增大而增大。因此，采用黏度较大的润滑剂和提高拉伸速度可以充分发挥润滑楔效应的优势，改善内表面润滑条件，降低拉伸力，并减轻芯头表面黏结金属和磨损，从而提高拉伸过程的稳定性和管材的内表面质量。与此同时，金属外表面的润滑（边界润滑）也随这两因素而改善。当拉伸快要结束时，应采用减速拉伸，以防止芯头被甩出。

④拉伸开始时，芯头随管材一同向前运动而进入模孔，当芯头刚进入模孔时，由于管材减径，容易将芯头顶到后面而无法进入模孔工作位置，造成空拉。所以应在芯头后面一定位置打一小坑，以阻碍芯头从模孔中退出来，实现减壁拉伸。坑的深浅要适当，这样可以防止空拉和断头。

4）异形管材拉伸配模。

异形管材是采用圆管毛料拉伸到成品管材的外形尺寸，通过过渡模及异形管模子拉伸获得。在异形管材拉伸时，对过渡模的形状、尺寸要求较高。异形管材拉伸配模应注意以下几点要求。

①防止在过渡模拉伸时出现管壁内凹。因为过渡拉伸时多为空拉，周向压应力较大，很容易产生管壁内凹现象，尤其在异形管长、短边长相差两倍以上时更加突出。

②保证成形拉伸时能很好成形，特别是保证有圆角处应很好充满。因为拉伸时金属变形是不均匀的，内层金属比外层金属变形量大，同时变形不均匀性随着管材壁厚与直径的比值 t/D 增大而增加。因此外层金属受到附加拉应力，导致金属不能良好地充满模角。所以，对于带有圆角的异形管材，所选用的过渡圆周长应是成品管材周长的 1.02 ~ 1.05 倍，其中壁厚较薄的取下限，壁厚较厚的取上限。同时 t/D 比值越大，过渡圆周长增加越大。

③对于内表面光洁度及内腔尺寸精度要求很高的异形管材，例如矩形波导管，过渡圆周长和壁厚亦必须比成品规格大一些，以便在成形拉伸时使金属获得一定量的变形，同时最后一道次拉伸一定要采用带芯头拉伸，以保证内表面的质量。

④要保证成形拉伸时能顺利地将芯头装入管毛料内，应在芯头与管毛料内径之间留有适当的间隙。波导管的过渡矩形与拉制成品时所装芯头之间的间隙值，一般每边的间隙选用 0.2 ~ 1 mm，波导管规格小，间隙取下限，同时还要视拉伸时金属流动时的具体条件而定。对于大规格波导管，短轴的间隙比长轴的大；对于中小规格，短轴与长轴的间隙则相近或相等。

⑤加工率的确定。对于拉伸异形管来说，为了获得尺寸精确的成品，加工率一般不宜过大。若加工率过大，则拉伸力增大，金属不易充满模孔，同时也使残余应力增大，甚至在拉出模孔后制品还会变形。

3.2.5 需要的特殊装备

1. 轧管设备

（1）二辊式轧管机。

二辊式轧管机主要由机座、工作机架、主传动系统、送进和回转机构、装料机构、卸料机构、液压和润滑系统等组成。如图 3 - 14 所示。

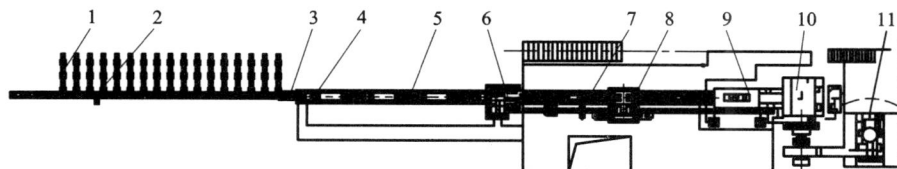

图 3 - 14 LG90 - GH 二辊式冷轧管机总体布置图
1—上料台；2—推料装置；3—芯棒润滑装置；4—回转装置；5—中间床身；
6—回转和凸轮装置；7—床身；8—送进装置；9—工作机架；10—曲轴及平衡装置；11—主传动装置

1) 机座由底座、支架、滑轨、齿条等组成。

2) 工作机架由牌坊、轧辊、轴承、齿轮、轧辊调整和平衡装置等组成，如图 3 – 15 所示。

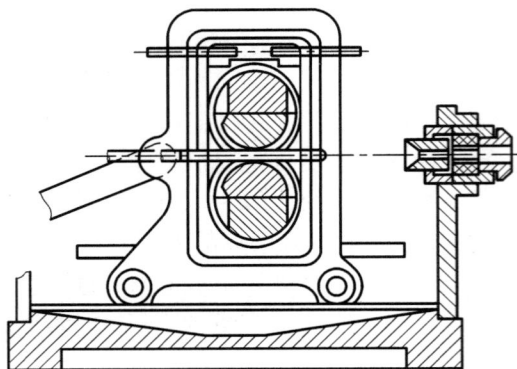

图 3 – 15　轧管机工作机架示意图

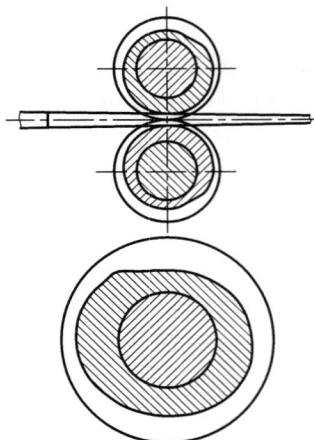

图 3 – 16　二辊式冷轧管机环形孔型轧制示意图

　　现代轧管机为方便换辊，把工作机架的牌坊做成开式结构和机座侧面板做成可打开式结构，工作轧辊可很方便地从上部吊出或从侧面移出，大大缩短换辊时间。工作机架在曲轴连杆机构的带动下在底座的滑轨上往复运动，与此同时，装在机架内的轧辊通过辊端上的齿轮与机座侧架上的齿条啮合，把机架的水平往复运动转变为轧辊的往复回转运动，以实现周期式的轧制过程。二辊式冷轧管机环形孔型轧制示意见图 3 – 16 所示。

　　3) 主传动系统由主电机、皮带传动装置、曲轴连杆机构、质量平衡装置等组成，主电机通过皮带传动装置、曲轴连杆机构把动力传给工作机架使其作往复运动。主电机一般采用直流电机，大型轧机上也有使用交流电机或液压驱动代替电机—曲轴机构传动。直流电机适应于多品种的需求，而采用交流电可降低设备投资。为实现高速轧制，现代轧管机都采用了质量力平衡技术，其形式有水平质量平衡、双质量平衡、垂直质量平衡、气动平衡和液压平衡等，用得较多的是垂直质量平衡。

　　4) 送进和回转机构是冷轧管机很关键的部分。在轧制过程中，管坯需间歇回转和送进，管坯卡盘的返回及芯杆的回转、送进、返回等动作是由回转和送进机构来完成。常用的回转和送进机构的形式有凸轮式、超越离合器减速机式、差动齿轮减速机式、直流电机—液压传动式等。回转和送进机构由传动系统、前卡盘、管坯卡盘、芯杆卡盘等组成。当工作机架运动到后极限位置时，此时孔型与辊子之间瞬间(0.1 ~ 0.2 s)不接触，使管坯产生一个送进的运动，从而将被轧制的管坯送进预定长度进行轧制。当工作机架运动至前极限位置时，在轧出的管材与轧辊之间产生不接触的瞬间，管坯在芯杆给予旋转力的作用下产生一个回转运动(使用环形孔型时，采用每周期两次送进，工作机架在前极限位置时也送进一次，即轧辊在返回行程时也进行轧制)，管坯与芯杆回转相同的角度。然后工作机架回到后极限位置，完成送进和回转过程。由于该过程是瞬间间歇动作，部件受到的冲击力很大，故极易损坏、磨损和出现故障。对回转送进机构的要求是送进量要准确、均匀、稳定、无冲击，其不均匀性不得超过送进量的 15%；送进量调节范围要宽，一般在 3 ~ 40 mm；其回弹量要小，不超过

0.5~2.5 mm。回弹产生是由于在轴向力的作用下，送进机构中的部件存在的间隙减小之故。保证回转角度在 60°~90°范围内自动变化而不重复。

5）装料机构由装料架、拨料臂、退料杆等组成。其作用是把需轧制的管坯从料架上一根根装到轧机的中心线上进行轧制。装料形式有侧面装料和端部装料两种形式。侧面装料是将轧机停止后，芯头随芯杆退到后端，管坯从侧面送到轧制中心的空当中，管坯装入后，芯杆穿进新装入的管坯中直至轧制位置，然后开机轧制；端部装料可以不停车装料，实现连续生产。侧面装料时芯杆须退回至后端位置，装料时停机时间长，但侧装料结构的轧管机长度相对较短，一般用于较大型的轧管机。端部装料结构的轧管机长度较长，生产效率高，可以生产长达 30 m 以上的管材。

6）卸料机构由出料槽、在线锯切机、拨料装置、料台、卷取装置等组成。卸料机构用来承接轧出的成品管并按要求进行切断或卷曲。卸料形式有直条和卷盘两种，在直条管出料过程中，配置在线锯切机按定尺长度切断后装筐，铝管材轧制大多采用这种形式，可缩短出料台长度。卷盘出料是在出料台侧面或前部配置卷曲机，在线卷取或轧出长直条后再卷取成盘。

7）液压和润滑系统由油箱、液压泵、管道和阀门组成，液压系统给轧机的执行机构提供动力。润滑系统分别提供设备的各部位自润滑和轧制时的工艺润滑和冷却。

（2）多辊式冷轧管机

多辊式冷轧管机是铝及铝合金无缝管材生产的通用设备，采用等断面的孔型和圆柱形的芯头来进行轧制，轧制过程中金属变形程度小，变形比较均匀，适合于脆性较大、难以变形的合金薄壁管材和质量要求较高的管材生产，轧制的管材壁厚与直径之比可达 1/100~1/250。设备的形式有三辊、四辊和五辊，轧制根数为 1~4 根。目前由于轧制时的减径量小，道次变形量和送进量也较小，生产效率较低，在管材生产中使用的并不多，只用来补充生产二辊式冷轧管机难以生产的中小规格特薄壁管材。

多辊式冷轧管机是由 3 个或 3 个以上在滑道上滚动的轧辊和圆柱形芯头组成轧制机构。轧辊安装在辊架中，并在其后安放具有一定斜面的滑道，使轧辊沿着滑道运行，轧辊在运行中逐渐靠近，其组成的圆环直径逐渐缩小，实现减径目的。滑道固定在厚壁筒的工作机架中，并整体安装在运行小车上。结构见图 3-17 所示。

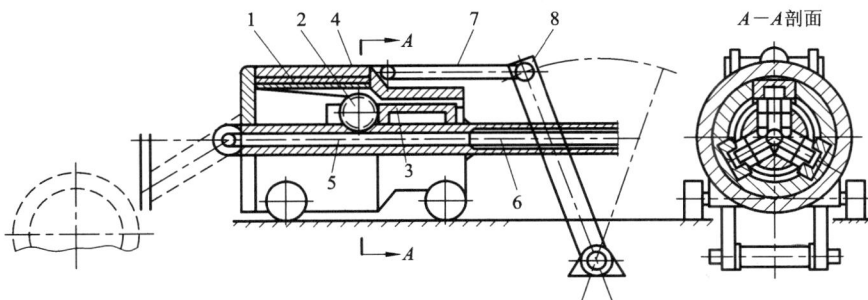

图 3-17　多辊式冷轧管机结构图
1—滑道；2—轧辊；3—辊架；4—工作机架；5—芯头；6—芯杆；7—上连杆；8—摇杆

一般形式的多辊式冷轧管机设备组成与二辊式冷轧管机基本相同,除工作机架外,其他部分的结构与二辊式冷轧管机相似。多辊式冷轧管机的工作机架是一厚壁套筒,内装滑道和辊架,轧辊沿径向成等角度配置,多辊式冷轧管机广泛使用丝杠－马尔泰盘式回转送进机构,马尔泰盘式回转送进机构其特点是冲击力大,回转角不能任意改变,加工精度要求高,但它的送进量稳定。

新型的多辊式冷轧管机采用了一些新的结构以改善轧机的性能,采用了长行程、两套轧辊架和两套滑道结构,增大了轧制规格范围和道次变形量。采用垂直质量平衡装置以提高轧制速度,采用无丝杠回转送进机构和两套芯杆卡盘,实现装料时不停机连续生产和送进量可无级调整。

2. 拉伸设备

拉伸机为冷加工设备,主要用于生产铝及铝合金管材、线材及高精度拉制棒材。按拉出产品的形状分为直线拉伸机和圆盘拉伸机两类。直线拉伸机按传动方式分为链式、钢丝绳式和液压式三种,其中链式拉伸机是应用最广泛的一种拉伸设备,钢丝绳式和液压式拉伸机应用相对较少。圆盘拉伸机因能充分发挥游动芯头拉伸工艺的优越性,适合于长度很长的小管材的生产,但在目前我国铝管材生产中基本上没有使用。

(1)链式拉伸机。

链式拉伸机按用途可分为有芯杆拉伸机和无芯杆拉伸机。有芯杆装置拉伸机主要用于管材减壁拉伸;无芯杆拉伸机用于管材减径拉伸及棒材拉伸。一般链式拉伸机按传动链数量可分为单链拉伸机和双链拉伸机,按同时拉伸产品的根数可分为单线拉伸机和多线拉伸机。

1)单链拉伸机。

单链拉伸机的拉伸小车是由一根链条带动,主要由床身、拉伸小车、链条、传动装置、小车返回装置、芯杆装置(拉伸管材时用)及模座等构成,其结构如图3－18所示。拉伸过程中,首先将传动装置5运行起来,带动链条沿轨道运动。将坯料放入送料架1上,如果是减壁厚的管材,芯杆将穿入管材内,否则不使用芯杆。将坯料缩径端穿入模架6上的拉伸模中,拉伸小车4的钳口夹住坯料,在链条的带动下向前运行,坯料通过模孔而改变外径尺寸。当坯料拉出拉伸模后,小车钳口松开,拉伸后的坯料与小车脱离,并放入料架内,完成一根料的拉伸过程。单链拉伸机结构简单,但卸料不方便,卸料方式有人工放料和拨料杆拨料两种。人工放料用于小型拉伸机,在制品拉伸完、拉伸小车脱钩、钳口自动张开的一瞬间由人工将料放入料架中。带拨料杆装置的拉伸机拨料原理是,拨料杆的位置平时与拉伸机轴线平行,在拉伸时逐一地在拉伸小车后面转动90°与制品垂直处于接料状态,拉伸完后制品落到拨料杆上并被拨入拉伸机旁的料架内。

2)双链拉伸机。

双链拉伸机是近代拉伸机发展的一种新型结构,双链拉伸机的工作机架采用"C"形结构,机架内装有两条水平横梁,其底面支撑拉链和小车,侧面装有小车轨道,两根链条从两侧面连在小车上,在"C"形架之间的下部装有滑料架,链条由导轮导向,在"C"形架的上部平台上有受料—分配机构的分料器和滚轮。双链拉伸机的结构如图3－19和图3－20所示。

为了提高拉伸机的生产能力,近代拉伸机正朝着多线、高速、自动化方向发展。多线拉伸一般采用同时拉伸三根,最多可拉伸九根,配有18根芯杆。拉伸速度可达150 m/min,先进的拉伸机设备已达到装、卸料等工序全部实现自动化控制。

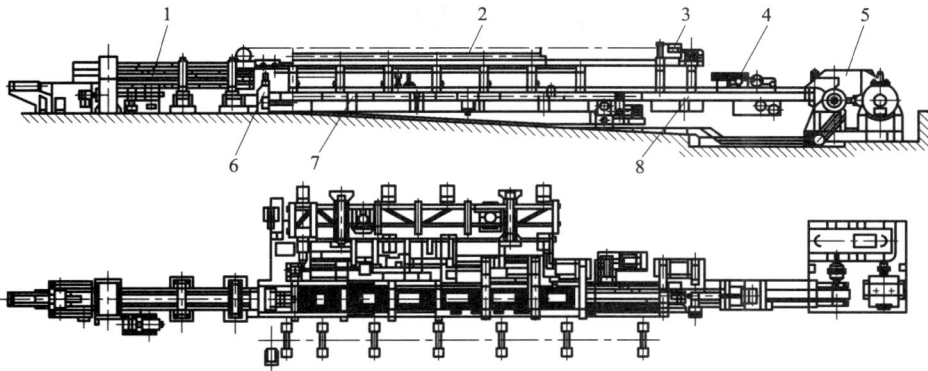

图 3 – 18　单链拉伸机外形图

1—送料架；2—坯料架；3—推料(穿芯杆)机构；4—拉伸小车；5—传动装置；6—模架；7—拨料杆；8—床身

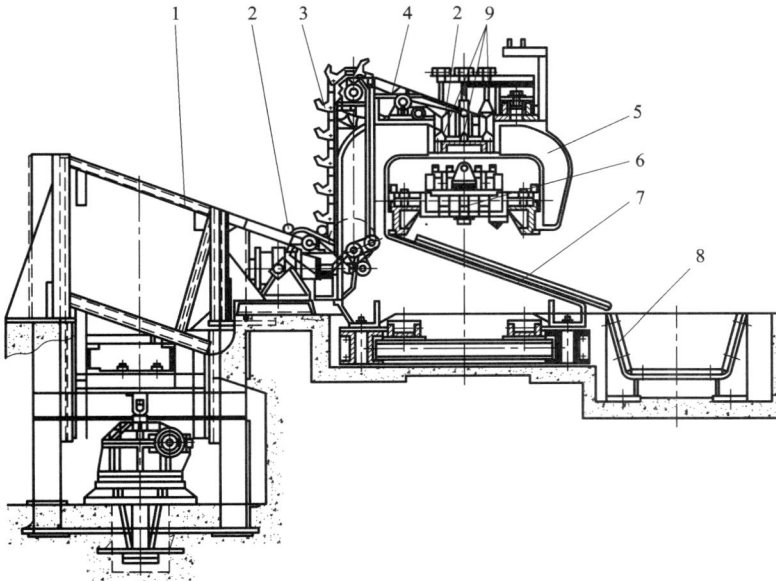

图 3 – 19　双链管材拉伸机装卸架和"C"形机架结构

1—可动料架；2—管坯；3—链式管坯提升装置；4—斜梁；
5—"C"形机架；6—拉伸小车；7—滑料架；8—制品料架；9—滚轮

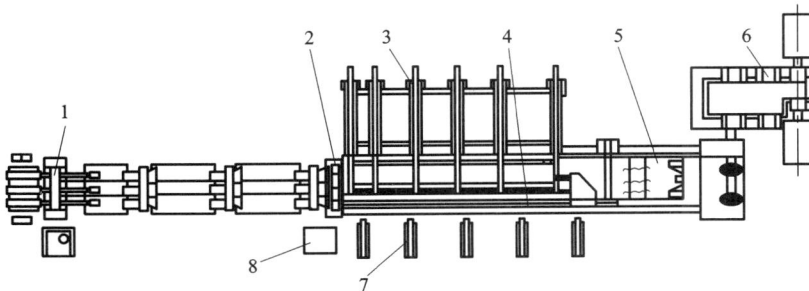

图 3 – 20　多线回转式双链拉伸机平面图

1—回转盘；2—模架；3—上料架；4—床身；5—拉伸小车；6—传动装置；7—制品料架；8—操作台

（2）液压式拉伸机。

液压式拉伸机具有传动平稳、拉伸速度容易调整、停点控制准确的优点。最适宜于拉伸难变形合金和高精度、高质量的异型管材，如变断面管材等。图 3-21 为液压拉伸机结构示意图。这种拉伸机扩径与拉伸两用。液压拉伸机的本体结构是由主缸、主柱塞、前后横梁、张立柱、滑架、连接杆等组成。

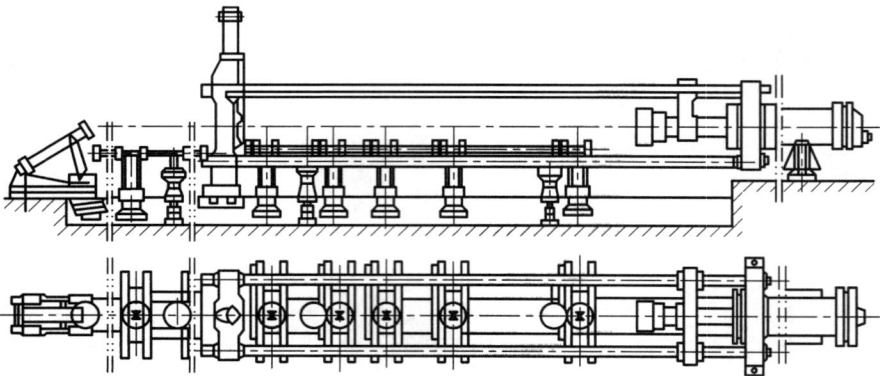

图 3-21 液压拉伸机结构示意图

（3）圆盘拉伸机。

圆盘拉伸机又称为卷筒拉伸机或线材拉伸机，制品出模孔后被卷在圆盘上，是生产长管材、线材不可缺少的设备。主要采用游动芯头衬拉及空拉管材技术生产盘管，采用盘卷线坯料生产线材。这种拉伸机的明显优点是设备占地面积小，拉制的管材、线材长度可达上千米，减少了辅助工序、金属损耗和往复运输所造成的机械损伤，适用于高速拉伸。这种拉伸机最适用于纯铝等塑性较好的管材，对于硬合金管材不宜采用。拉制线材不受合金的影响。

圆盘拉伸机一般是用圆盘的直径来表示其能力的大小。圆盘直径为 2800 mm，可拉出管子直径为 70 mm，壁厚为 4 mm 的管材，拉伸力为 15 t。目前最大卷筒直径已有 3500 mm。对线材来说，拉制的直径较小，一般控制在 φ12 mm 之内。

圆盘拉伸机结构比较复杂，并且与一些辅助工序如开卷、矫直、制夹头、盘卷存放和运输等所用设备与机构组合成一个完整机列。圆盘拉伸机的结构形式较多，根据圆盘轴线与地面的关系分为立式和卧式两大类。其

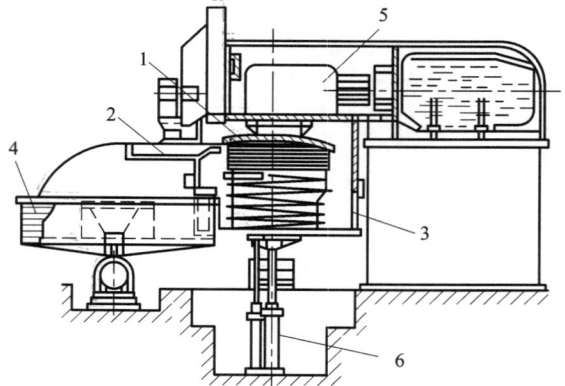

图 3-22 倒立式圆盘拉伸机结构示意图

1—拉伸卷筒；2—横座；3—受料盘；
4—放料架；5—驱动装置；6—液压缸

中对立式圆盘拉伸机又分为正立式和倒立式。其中主传动装置配置在卷筒上部的称为正立式，主传动装置配置在卷筒下部的称为倒立式。倒立式圆盘拉伸机按卸料方式可分为连续卸料式和非连续卸料式两种。现代生产中，连续卸料的倒立式圆盘拉伸机应用广泛。图 3-22

为倒立式圆盘拉伸机结构示意图。

3.3　焊接管

　　现有的铝材焊接方法可归纳成两大类：压力焊接和熔化焊接。压力焊接有射电频率焊接和感应焊接等。熔化焊接有带保护气体的电弧焊和电子束焊等。近年来，螺旋焊缝铝管的生产获得了很大的发展。射电频率焊法的原理是基于在电流通过导体时的邻近效应和趋肤效应。利用这两种效应可以使电流通过导体时按选定的路径流通，从而可对管子焊缝进行高速局部集中加热。为了将电流高度集中在焊口边缘，并避免电流沿副环路分散而带来损耗，在管里面放进一个磁铁芯，这对于小径管尤为有效。对焊口边缘进行高速局部集中加热具有金属加热区域窄小，加热速度快、因而焊接速度快，单位能耗低等优点。在技术上实现射电频率焊接需要具备三个条件：焊口边缘对缝做成"V"形合缝；供给加热焊合的射电频率电流；确保被焊材料所需的压力速度。将射电频率电流传导给焊口的方法可采用接触式（图 3 - 23），也可采用感应方式（图 3 - 24）。

图 3 - 23　接触导电式射电频率焊管原理图

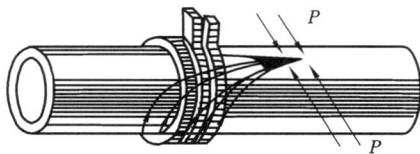

图 3 - 24　感应导电式射电频率焊管原理图

　　因铝板焊口边缘有一层铝氧化膜，其熔点高、密度大，所以一般采用焊口边缘加热至金属在合缝点前发生熔化的射频电焊的方案。焊口边缘被加热，金属被熔化，氧化物被焊区内的电动力抛掉，清洁的毛坯边缘被压辊压合。电流频率可根据焊区加热带的宽度、被焊材料的物理性能和电磁性能、焊接件的厚度等来选定。在焊接铝合金管时，一般选用 440 ~ 450 kHz，但有必要时也可在 70 kHz ~ 1.76 MHz 范围内选用。射频点焊管的对缝可采用对接、搭接和弯边对接。对接焊的最小壁厚为 0.5 mm，管壁很薄的管子一般采用搭接和弯边对接。

3.3.1　焊接管的特点

按照 GB 10571—1989《铝及铝合金焊接管》的要求，铝及铝合金焊接管的牌号及供应状态应符合表 3 – 21 的要求。

表 3 – 21　铝及铝合金焊接管牌号及供应状态表

牌号	状态	壁厚/mm
1070A，1060，1050A，1035	退火	1.0 ~ 3.0
1200，1100，8A06	半冷作硬化	0.8 ~ 3.0
3A21	冷作硬化	0.5 ~ 3.0
5052	退火，半冷作硬化，冷作硬化	0.8 ~ 3.0

3.3.2　产品的主要要求及指标

铝及铝合金焊接管基本部分的尺寸精度、表面品质、组织与性能主要取决于带板坯料。在生产过程中应严格控制焊缝品质。

（1）焊缝必须均匀、焊透，不得出现裂纹；

（2）焊缝两面应光洁、平整、完好、无扭曲、焊缝处的厚度不得超过带板的厚度偏差，焊缝不得有大于带材宽度偏差的凸起，不允许有夹渣、未熔合的过烧痕迹，但允许有少量气孔；

（3）焊缝两边均匀，错边不得超过 0.01 mm；

（4）选择合理工艺，保证焊缝的力学性能。在一般情况下，焊缝处的抗拉伸强度应达到机体合金的 90% ~ 95%，延伸率应达到基体处的 70% ~ 75%。

3.3.3　生产的基本流程

高频焊管生产效率高，能生产薄壁管，适合于大批量生产，但所焊接的合金和状态有限。因管材有焊缝，所有主要用于民用方面。

目前，工厂所采用的工艺流程一般如图 3 – 25 所示。

3.3.4　生产的技术关键

1. 成形前铝带材准备

铝合金冷轧带卷经验收后在纵切圆盘剪上剪成所要求的宽度。剪切宽度偏差不得超过 0.3 mm。剪切时的工艺润滑剂采用煤油或纱锭油。在切薄带材料，为防止边缘损伤，采用可卸卷轴的卷取机。对大直径管材，在纵切圆盘剪上的切分尚属预剪切，以后再成形前，还要在圆盘剪切机上进行最终切边。上卷、开卷、矫直，用铡刀剪切、去端头等工序与普通焊管法没有重大区别。完成以上工序后，把带材喂入接带机（如不需接带就直接穿入压紧板），操纵接带机控制盘，使后卷前端和前卷尾端各伸出 100 ~ 150 mm，切头、尾，使端面垂直整齐，转动压紧架到焊机下，使头、尾切光对齐，两带间隙≤0.3 mm。将焊接机架移向带缝，焊机自动起弧、焊接、断弧。焊缝必须焊透，不得有缺陷和裂纹。对焊工艺参数为：氩气流量为

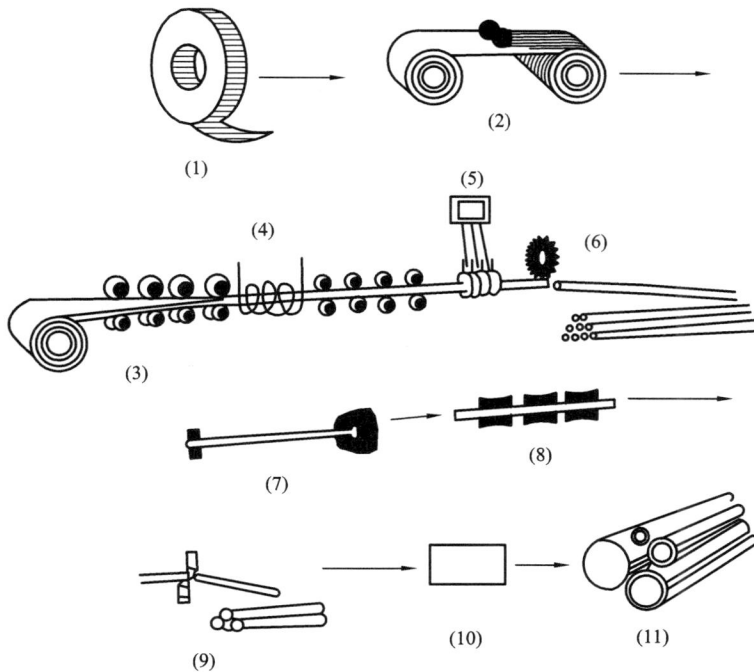

图 3 - 25　典型的高频焊铝管生产工艺流程
(1)铝条；(2)纵剪切；(3)弯型；(4)高频焊接；(5)涡流探伤检查；(6)自动锯切；
(7)拉伸；(8)辊式矫直；(9)切成品；(10)检查；(11)包装交货

5~10 L/min；焊接速度为 30~80 cm/min；喷嘴直径为 4~12 mm；焊接电流为 30~140 A；
钨极直径为 0.58~3.2 mm。对焊合格后，将带材喂入送料辊和旋转台进行贮带。开始时采
用手动贮带方式，贮到 80 圈左右，采用自动贮带。

2. 成形

采用冷作弯卷法在多机架辊式成形机上成形。机架数取决于材料的性质、管子尺寸和直
径与壁厚之比 D/S。每一机架的成形辊的辊形根据选用的孔型设计而定。在工厂中最常用的
孔型设计有两种类型，如图 3 - 26(a)图 3 - 26(b)所示。

3. 管毛坯的焊合

铝合金管高频焊的特点是在焊接点上的单位压力很大，焊接速度快，焊接是在连续熔
化的方式下进行的。以下是采用全自动焊管生产线焊接直径为 16~120 mm，壁厚为 0.5~
3.0 mm 的纯铝和软合金圆管与异形管的工艺参数。焊接角(对边接合角)α：2°~7°(一般用
3.5°~5°)；电流频率：150~200 kHz；整流电压波动幅度：≤1%，焊接压力：19.6~49 MPa
(硬合金)。挤压辊间距离 = 管直径 - 1/2 壁厚(mm)。焊接温度：600~700℃。焊接速度：
15~50 m/min。

4. 管材焊接后的精整加工

管材焊接后要进行清除焊口外毛刺，表面清理，整径，矫直，锯切和取样检验，成品收集
和堆垛等。铝焊管的精整处理包括热处理、最终矫直、切定尺和端头处理等作业。如焊管是

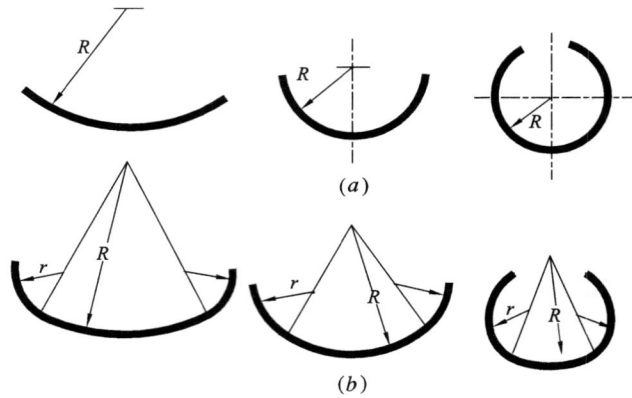

图 3 – 26　带板冷弯孔型设计类型

作为下一步冷加工(拉伸、轧制等)的毛坯,则还需进行相应的加工作业。焊缝检验采用锥体扩张试验和压扁试验。此外还有液压试验、浸水气压试验、X 射线探伤或超声波探伤、涡流探伤(常在生产线上自动进行)等试验。

3.3.5　需要的特殊装备

　　焊管生产需要专用设备,即焊管机。目前,我国已经能够批量生产各种金属的焊管机,各种不同的焊管机性能和指标是不同的,下面列出我国引进的三条焊管机列的主要技术参数,如表 3 – 22 所示。

表 3 – 22　我国三条焊管生产线的技术参数

项目	西南铝加工厂	马头铝厂	北京铝箔厂
制造国别	德国	德国	日本
主机型号	RE – 1012 – UNI	RE – 7016 – UNI	—
生产能力/($t \cdot a^{-1}$)	4500	6000	4700
最大焊接速度/($m \cdot min^{-1}$)	100	100	—
最低焊接速度/($m \cdot min^{-1}$)	30	34	—
噪声/dB	≤85	≤60	
功率/kW	170	170	—
频率/kHz	166 ~ 350	—	
圆管外径/mm	16 ~ 120	20 ~ 120	9.5 ~ 120
管壁厚/mm	0.5 ~ 3.0	0.5 ~ 3.0	0.5 ~ 3.2
方管尺寸[①]/mm	25 × 25, 40 × 40, 25 × 40	10 × 10, 20 × 20	—

注:①改变模具尺寸还可以生成其他尺寸。

第 4 章

铝及铝合金型材的生产技术与装备

4.1　概述

4.1.1　铝合金型材的分类

据不完全统计，目前全世界铝合金型材的年消耗量在 1800 万吨以上，规格品种超过 10 万种，对铝合金型材进行科学合理的分类，有利于科学合理地选择生产工艺和设备，正确地设计与制造工、模具以及迅速地处理挤压车间的专业技术问题和生产管理问题。

1. 按用途分类

按用途，铝合金型材可分为：

（1）民用建筑型材。如民用建筑门窗型材，装饰部件、围栏以及大型建筑结构构件、大型幕墙型材等；现代城市建筑等基础设施和桥梁用型材。

（2）车辆用型材。主要用作高速列车、地铁列车、轻轨列车、双层客车、豪华大巴以及货车等车辆的整体外形结构件、重要受力部件以及装饰部件。

（3）航空航天用型材。如整体带筋壁板、"工"字大梁、机翼大梁、梳状型材、空心大梁型材等，主要用作飞机、宇宙飞船等航空航天器的受力结构部件以及直升机异形空心旋翼大梁和飞机跑道等。

（4）交通运输用型材。主要用于装箱板、跳板、集装箱和冷冻箱框架、汽车面板等。

（5）舰船、兵器用型材。主要用作船舶、舰艇的上层结构和甲板、隔板、地板以及坦克、装甲车、运兵车等的整体外壳、重要受力部件、火箭和中远程导弹的外壳，鱼雷、水雷的壳体等。

（6）电子电气、家用电器、邮电通信以及空调散热器用型材。主要用作外壳、散热部件等。

（7）机械制造工业用型材。主要用作石油、煤炭、电力等动力能源工业的管道、支架、矿车架、输电网、电机外壳和各种机器的受力部件等。近年来，迅速发展的核电、水电、风能和太阳能等用的各种铝合金型材。

（8）其他用途的型材。如文体器材、跳水板、家具构件型材等。

2. 按形状分类

按形状与尺寸变化特征，型材可分为恒断面型材和变断面型材。恒断面型材可分为通用实心型材、空心型材、壁板型材和建筑门窗型材等，见图 4 - 1。变断面型材分为阶段变断面和渐变断面型材，见图 4 - 2。阶段变断面型材一般由三部分组成：基本型材、过渡区、大头部分，参见图 4 - 3 所示。

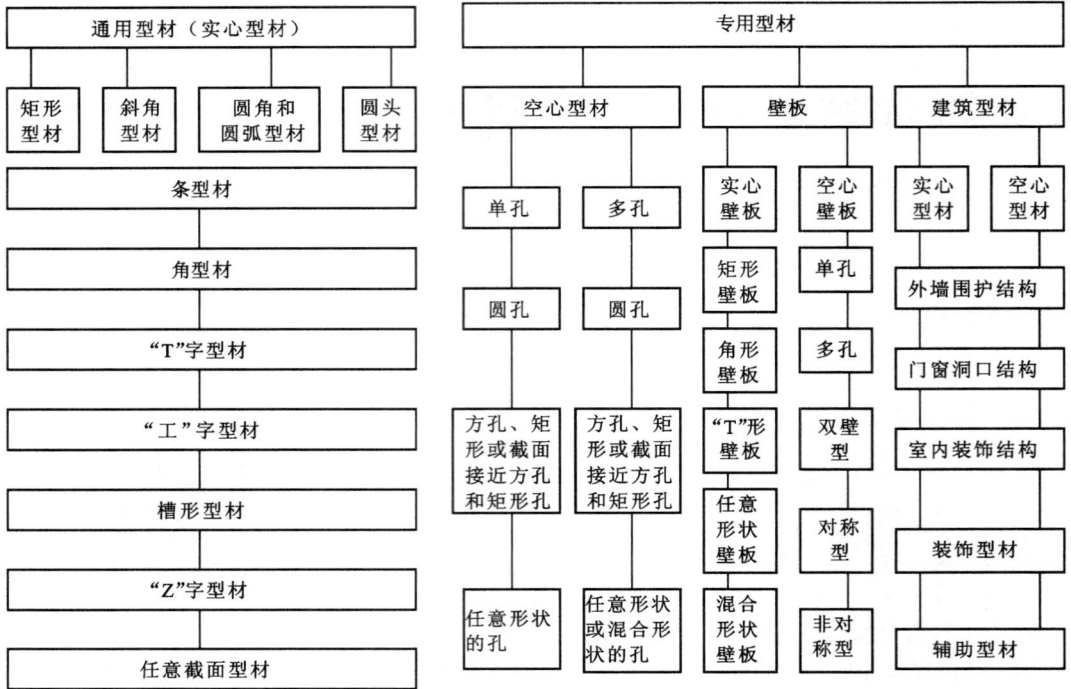

通用型材（实心型材）

矩形型材　斜角型材　圆角和圆弧型材　圆头型材

条型材

角型材

"T"字型材

"工"字型材

槽形型材

"Z"字型材

任意截面型材

专用型材

空心型材　壁板　建筑型材

空心型材：单孔　多孔

单孔：圆孔；多孔：圆孔

方孔、矩形或截面接近方孔和矩形孔（单孔）

方孔、矩形或截面接近方孔和矩形孔（多孔）

任意形状的孔（单孔）

任意形状或混合形状的孔（多孔）

壁板：实心壁板　空心壁板

实心壁板：矩形壁板　角形壁板　"T"形壁板　任意形状壁板　混合形状壁板

空心壁板：单孔　多孔　双壁型　对称型　非对称型

建筑型材：实心型材　空心型材

实心型材：外墙围护结构　门窗洞口结构　室内装饰结构　装饰型材　辅助型材

图 4 - 1　铝合金恒断面型材分类图

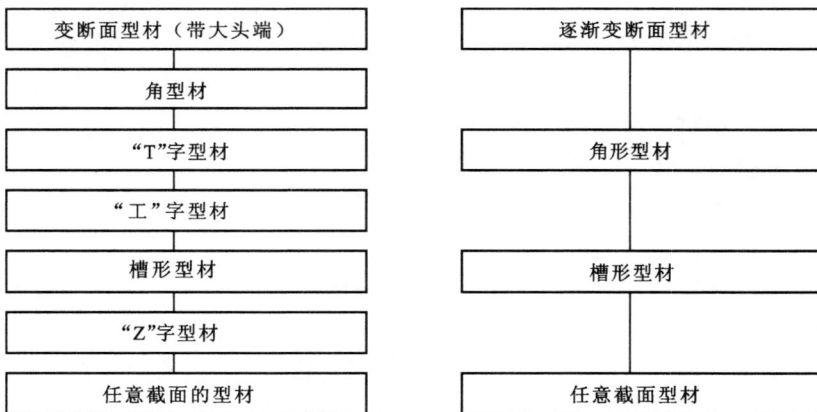

变断面型材（带大头端）

角型材

"T"字型材

"工"字型材

槽形型材

"Z"字型材

任意截面的型材

逐渐变断面型材

角形型材

槽形型材

任意截面型材

图 4 - 2　铝合金变断面型材分类图

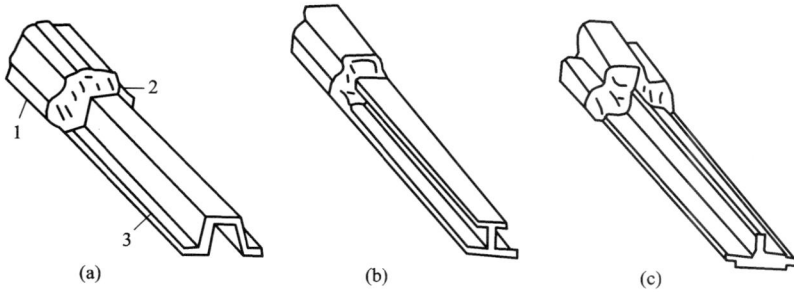

图 4 - 3　典型的阶段变断面型材

1—大头型材；2—过渡区；3—基本型材

4.1.2　铝合金型材的规格范围

　　铝合金挤压制品的断面尺寸一般是根据用户的要求而定。但是，型材的最大可成形断面外形尺寸主要取决于挤压设备的能力。如在常规挤压条件下 6063 铝合金型材的较为合理的挤压尺寸范围和最小壁厚如图 4 - 4 所示。这里所说的最小可挤压壁厚，是指在一般情况下，综合考虑合金的可挤压性、挤压生产效率、模具寿命以及生产成本等诸多因素而言的。不同的合金其最小可挤压壁厚不同，表 4 - 1 为各种合金的最小壁厚系数。将表 4 - 1 中的最小壁厚系数乘以 6063 的最小壁厚即为各种合金的最小可挤压壁厚。最小可挤压壁厚还与制品的断面形状、对表面质量(粗糙度等)的要求有关。所以，由图 4 - 4 及表 4 - 1 所确定的最小可挤压壁厚只不过是常规挤压条件下的一个大概值。实际生产中，采用一些新的挤压技术，或者为了一些特殊的需要，可以成形壁厚尺寸更小的制品。例如，采用硬质合金模具，一些特殊的薄壁精密型材的成形也是可能的。表 4 - 2 列出了美国铝挤压件的标准制造尺寸极限。

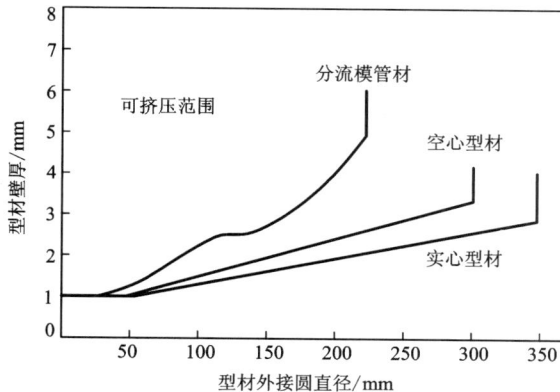

图 4 - 4　挤压生产 6063 铝合金型材与分流模管材的最小壁厚

表 4 – 1　型材与分流模管材的最小壁厚系数

合　金	系　数		
	实心型材	空心型材	分流模管材
1×××，1×××，1×××	0.9	0.9	0.9
6063，6101	1.0	1.0	1.0
6N01	1.0	1.0	1.2
3003，3203	1.2	1.2	0.9
6061	1.4	1.4	1.4
5052，5454	1.6		
5086，7N01	1.8	空心型材或分流模管材成形十分困难	
2014，2017，2024	2.0		
5083，7075	2.0		

表 4 – 2　美国铝挤压件的尺寸极限值

外接圆直径 /mm	不同合金的最小壁厚/mm				
	1060，1100，3003	6063	6061	2014，5086，5454	2024，2219，5083，7001，7075，7079，7178
实心与半空心型材，棒材（包括圆棒）					
12.5~50	1.00	1.00	1.00	1.00	1.00
50~76	1.15	1.15	1.15	1.25	1.25
76~100	1.25	1.25	1.25	1.25	1.60
100~125	1.60	1.60	1.60	1.60	2.00
125~150	1.60	1.60	1.60	2.00	2.40
150~180	2.00	2.00	2.00	2.40	2.77
180~200	2.40	2.40	2.40	2.77	3.17
200~250	2.77	2.77	2.77	3.17	3.96
250~280	3.17	3.17	3.17	3.17	3.96
280~300	3.96	3.96	3.96	3.96	3.96
300~430	4.78	4.78	4.78	4.78	4.78
430~500	4.78	4.78	4.78	4.78	6.35
500~610	4.78	4.78	4.78	6.35	12.74

4 – 2

外接圆直径 /mm	不同合金的最小壁厚/mm				
	1060, 1100 3003	6063	6061	2014, 5086, 5454	2024, 2219, 5083, 7001, 7075, 7079, 7178
第 1 级空心型材(最小内径是外接圆直径的一半,但对前三栏的合金而言,不小于 25.0 mm;或对最后两栏而言,不小于 50 mm)					
32 ~ 76	A60	1.25	1.60	···	···
76 ~ 100	2.40	1.25	1.60	···	···
100 ~ 125	2.77	1.60	1.60	3.96	6.35
125 ~ 150	3.17	1.60	2.00	4.78	7.14
150 ~ 180	3.96	2.00	2.40	5.56	7.92
180 ~ 200	4.78	2.40	3.17	6.35	9.52
200 ~ 230	5.56	3.17	3.17	7.14	11.12
230 ~ 250	6.35	3.96	4.78	7.92	12.74
250 ~ 325	7.92	4.78	5.50	9.52	12.74
325 ~ 355	9.52	5.56	6.35	11.12	12.74
355 ~ 405	11.12	6.35	9.52	11.12	12.74
405 ~ 515	12.74	9.52	11.12	12.74	158.75
第 2 与第 3 级空心型材(所有合金的最小孔的尺寸:面积为 71 mm^2,或直径为 9.52 mm)					
12.5 ~ 25	1.60	1.25	1.62	···	···
25 ~ 50	1.60	1.40	1.60	···	···
50 ~ 76	2.00	1.60	2.00	···	···
76 ~ 100	2.40	2.00	2.40	···	···
100 ~ 125	2.77	2.40	2.77	···	···
125 ~ 150	3.17	2.77	3.17	···	···
150 ~ 180	3.96	3.17	3.90	···	···
180 ~ 200	4.78	3.90	4.78	···	···
200 ~ 250	6.35	4.78	6.35	···	···

　　型材的最大可成形断面外形尺寸主要取决于挤压设备的能力。一般情况下,硬质合金实心型材的外接圆直径的上限为 500 mm,其余合金与 6063 大致相同。采用超大型设备及必要的辅助设备,可以生产外接圆直径在 350 ~ 2500 mm 及其以上的大断面型材。

4.1.3　铝合金型材的主要生产方法及基本工艺流程

1. 铝合金型材的主要生产方法

　　铝合金型材的生产方法可分为挤压和轧制两大类。由于铝合金型材品种规格繁多、断面形状复杂、尺寸和表面要求严格,因此,绝大多数采用挤压方法生产。仅在生产断面形状简单的型材时,才采用轧制方法。

　　生产型材的挤压方法主要有正向挤压和反向挤压两种,也有采用连续挤压(Conform)的方法。正向挤压是型材最基本、最广泛采用的生产方法,几乎所有的铝合金型材都可以采用正向挤压法生产。与正向挤压相比,反向挤压可节能 30% ~ 40% ,制品的组织性能均匀,纵向尺寸均匀,粗晶环深度很浅、成品率高。但是,由于受空心挤压模轴的限制,同吨位挤压机能挤压的型材制品规格较小,不易实现分流模和舌形模挤压。各种挤压方法在生产铝合金型材中的应用见表 4 - 3。

表 4 - 3　各种挤压方法在型材生产中的应用情况

挤压方法	制品种类	所需设备特点	对挤压工具要求
正挤压法	空心型材	普通型、棒挤压机	舌形模、组合模或随动针
		带有穿孔系统的管、棒挤压机	固定针
	阶段变断面型材	普通型、棒挤压机	专用工具
	逐渐变断面型材	普通型、棒挤压机	专用工具
	壁板型材	普通型、棒挤压机	专用工具
		带有穿孔系统的管、棒挤压机	专用工具
反挤压法	普通型材、壁板型材	专用反挤压机	专用工具
Conform 连续挤压	小型型材和管材	Conform 挤压机	专用工具

2. 铝合金型材挤压生产的工艺流程

铝合金型材挤压生产的工艺流程一般根据制品的品种、规格、材料状态、质量要求以及型材的生产工艺方法、设备条件等因素来确定。各种状态下铝合金型材的基本工艺流程如图 4 - 5 所示。

4.1.4　铝合金型材的主要挤压工艺参数及选择

1. 挤压系数的选择

挤压系数的大小对产品的组织、性能和生产效率有很大的影响。当挤压系数过大时,则铸锭长度必须缩短(挤出长度一定时),几何废料也随之增加。同时,由于挤压系数的增加需要挤压力也增加。如果挤压系数选择过小,产品力学性能满足不了技术要求。生产实践经验表明,一般要求挤压系数 $\lambda \geqslant 8$。型材的 λ 为 10 ~ 45。在特殊情况下,对 $\phi 200$ mm 及以下的铸锭,可以采用 $\lambda \geqslant 4$;对于 $\phi 200$ mm 以上的铸锭可以采用 $\lambda \geqslant 6.5$。挤压小截面型材时,根据挤压的合金不同,可以采用较大的 λ,如纯铝和 6063 合金小型材,可以采用 $\lambda \geqslant 80 ~ 200$。此外,还必须考虑到挤压机的能力。

2. 模孔个数

主要由型材外形复杂程度、产品质量和生产管理情况来确定。主要考虑以下因素:

(1)对于形状、尺寸复杂的空心和高精度型材,最好采用单孔。

(2)对于尺寸、形状简单的型材和棒材可以采用多孔挤压。通常是:简单型材 1 ~ 4 孔,最多 6 孔;较复杂型材 1 ~ 2 孔;棒材和带材 1 ~ 4 孔,最多 12 孔,在特殊情况下可达 24 孔以上。

(3)模孔个数选择应考虑模具强度以及模面布置是否合理。

```
                铸锭加热 ──────────→ 挤压中间毛料
                    │                       │
                    │                    切成中间毛料
                    │                       │
                 一次挤压                  加热
                    │                       │
                    │                    二次挤压
                    │                       │
      ┌─────────────┼──────────────┬──────────────┐
      │             │              │              │
   挤压状态    淬火+自然时效状态   淬火+人工时效状态   退火状态
      │             │              │              │
   张力矫直        淬火           淬火          张力矫直
      │             │              │              │
   切头尾、取样    张力矫直       张力矫直       切头尾、取试样
      │             │              │              │
   辊压矫直     切头尾、取样    切头尾、取试样     辊压矫直
                    │              │              │
                 辊压矫直        辊压矫直       手工矫直
                    │              │              │
                 手工矫直        人工时效       成品退火
                                   │
                                手工矫直
```

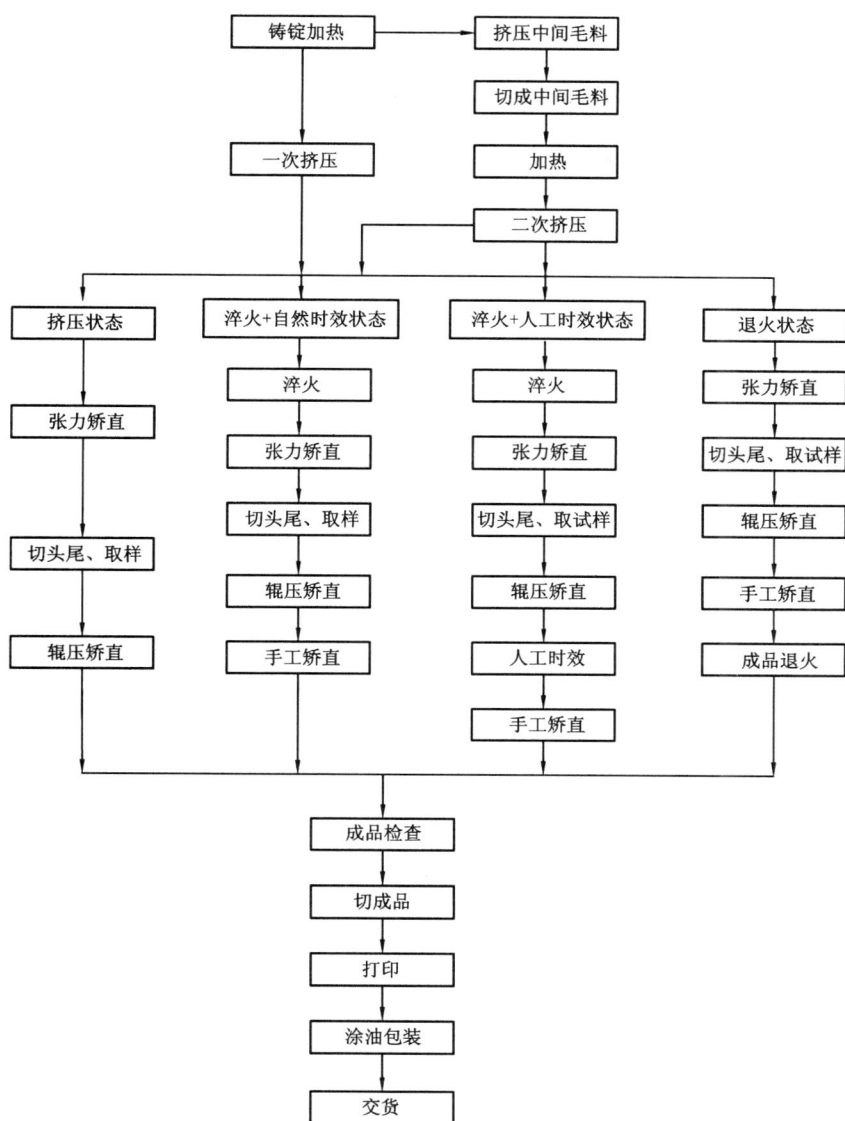

图 4 – 5　各种状态下铝合金型材的工艺流程

```
                        成品检查
                           │
                         切成品
                           │
                          打印
                           │
                        涂油包装
                           │
                          交货
```

3. 模具类型的选择

一般的实心型材和棒材可选用平面模；空心型材或悬臂太大的半空心型材选择平面分流组合模；硬合金采用桥式模，软合金采用平面分流模；对于形状简单的特宽软铝合金型材亦可选用宽展模。

4. 挤压筒直径的选择

对于大型挤压工厂，一般均配有挤压能力由大到小的多台挤压机和一系列不同直径的挤压筒。选择时应保证模孔至模外缘以及模孔之间必须留有一定的距离，否则会造成不应有的废品以及成层、波浪、弯曲、扭拧与长度不齐等缺陷。根据经验，模孔距模筒边缘和各模孔之间的最小距离必须满足一定的尺寸要求，参见表 4 – 4 所示。为排孔时简单与直观起见，可

绘制成 1:1 的排孔图。

表 4-4　模孔距模边缘和各模孔之间的最小距离

挤压机/MN	挤压筒直径/mm	模直径/mm	压型嘴出口径/mm	孔与筒边最小距离/mm	孔与孔最小距离/mm
50	500	360	400	50	50
	420	360，265	400	50	50
	360	300，265	400	50	50
	300	300，265	400	50	50
20	200	200	155	25	24
	170	200	155	25	24
12	130	148	110	15	20
	115	148	110	15	20
7.5	95	148	110	15	20
	85	148	110	15	20

注：变断面型材原则上与上述规定相同。

5. 几何废料尺寸的确定

为取得最佳经济效果，制订工艺时应合理地确定切头、切尾尺寸，参见表 4-5。即保证尽可能少的几何废料，提高成品率。

表 4-5　铝合金型材切头切尾长度

型材壁厚/mm	前端切去最小长度/mm	尾部切去最小长度/mm
≤4.0	200	500
4.1~10.0	250	600
>10	300	800

6. 铸锭的表面加工量的选择

挤压用的铸锭一般应进行车皮。但对于质量要求不十分严格的制品，也可以采用不车皮铸锭，参见表 4-6。

表 4-6　不车皮铸锭应用范围

制品名称	铸锭类型	铸锭规格/mm	合金
型材	实心铸锭	所有规格	1×××系、8A06
型材	实心铸锭	φ124 及以下	所有合金
型材	实心铸锭	φ200 及以下	2A04，2A06，2A14，3A21
型材	实心铸锭	φ290 及以下	5A02，5A03，2A50，2A11，2A12，6A02，6063，6061，6005

对于不符合上述标准的铸锭，可按照一定的要求进行车皮0.5 mm，车皮后仍有不符合要求的，可以按规定铲除。

7. 挤压温度的确定

（1）铸锭加热温度上限应稍低于合金低熔点共晶熔化温度。铸锭允许加热温度见表4-7。

表 4 - 7　常用铝合金过烧温度及挤压温度上限

合金牌号	状态	过烧温度/℃	铸锭最高允许加热温度/℃	最高挤压温度/℃
纯铝，6A02，4A01，6061，6063，6005	铸态或均匀化	659	550	480
5A02	铸锭均匀化	560～575	500	480
	二次毛料	565～585		
3A21	铸锭均匀化	635～645	550	480
	二次毛料	645～655		
2A11（2A12）	铸锭均匀化	500～510（500～502）	500（490）	450（450）
	二次毛料	505～515（500～510）		
2A50	铸锭均匀化	530～545	520	450
	二次毛料	530～560		
2A14	铸锭均匀化	500～510	490	450
	二次毛料	505～515		
2A80	铸锭均匀化	535～550	520	450
	二次毛料	540～560		
7A04，7A09	铸锭均匀化	490～500	455	450
	二次毛料	505～515		

（2）对制品无组织和性能要求而且挤压机能力又允许的情况下，尽量降低挤压温度，一般下限温度为320℃（不包括纯铝带材）。

（3）为保证2A11、2A12、7A04等合金型具有良好的挤压效应，应采用高的挤压筒温度（400～450℃），铸锭加热温度为420～450℃，不得低于380℃。

（4）为控制粗晶环深度和晶粒大小，挤压筒温度为400～450℃，铸锭加热温度随合金不同而不同：2A11、2A12、7A04的为440℃左右，6A02的为320～370℃。

（5）为保证耐热合金的高温性能，铸锭温度为440～450℃。

（6）挤压2A11合金厚壁型材时，挤压温度应保持在中、上限。当低温挤压时（320～340℃），易产生完全再结晶的粗晶粒组织。

（7）2A50 合金铸锭挤压时，如发现制品表面有气泡，可将铸锭出炉降温到 380～420℃再挤压。

（8）挤压空心型材时，为保证焊合良好，挤压温度应采用上限，2A12 合金为 420～480℃，6A02 合金为 460～530℃。

（9）挤压 6061、6063 合金型材时，为保证挤压热处理效果，应采用高温（480～520℃）挤压。

（10）为保证 O、F 状态交货的 1050～1100，3A21，5A02，8A06 合金型材具有高的延伸率和低的强度，应采用高温挤压（420～480℃）。表 4-8 列出了常用铝合金型材铸锭加热温度。

表 4-8　常用铝合金型材铸锭加热温度

合金	交货状态	铸锭加热/℃	挤压筒加热温度/℃
2A11，2A12，7A04，7A09	T4、T6、F	320～450	320～450
1A07～8A06，5A02，3A21	O、F	420～480	400～500
5A03，5A05，5A06，5A12	O、F	330～450	400～500
2A50，2B50，2A70，2A80，2A90	所有	370～450	400～450
6A02	所有	320～370	400～450
1A70～8A06	F	250～320	250～400
1A70～8A06	F	250～420	250～450
6A02，1A70～8A06，3A21	F、T4、T6	460～530	420～450
2A11，2A12	T4、F	420～480	400～450
2A14	O、T4	370～450	400～450
2A02，2A16	所有	440～460	400～450
2A02，2A16	所有	400～440	400～450
2A12	T4、T42	420～450	420～450
2A12	F	400～440	400～450
6061，6063	T5	480～520	400～450

8. 挤压速度的选择

挤压速度受合金、状态、毛料尺寸、挤压方法、挤压力、工模具、挤压系数、制品复杂程度、挤压温度、模孔数量、润滑条件、制品尺寸等因素的影响。部分挤压合金的挤压速度可按下面顺序渐增：5A06→7A04→2A12→2A14→5A05→2A11→2A50→5A03→6A02→6061→5A02→6063→3A21→1070A→8A06。但其临界挤压速度受毛坯质量和挤压规范的限制；减少挤压时金属流动的边界摩擦和不均匀性，如润滑、反向挤压等，正确的模具设计可以提高金属的挤压速度；制品外形尺寸、挤压筒尺寸、挤压系数的增加均会降低挤压速度；挤压制品外形越复杂、尺寸偏差要求越严，挤压速度越低。多孔挤压速度比单孔挤压速度低；挤压空心型材时，为保证焊缝品质必须降低挤压速度；铸锭均匀化退火后其挤压速度比不均匀化退火挤压速度高。挤压温度越高，挤压速度越低。几种铝合金的高温挤压和低温挤压速度见表 4-9。各种合金平均挤压速度见表 4-10。

表 4 – 9　铸锭加热温度 – 挤压速度关系

合金	高温挤压		低温挤压	
	铸锭加热温度 /℃	金属流出速度 /m·min⁻¹	铸锭加热温度 /℃	金属流出速度 /(m·min⁻¹)
6A02	480 ~ 500	5.0 ~ 8.0	260 ~ 300	12 ~ 30
2A50	380 ~ 450	3.0 ~ 5.0	280 ~ 300	8 ~ 12
2A11	380 ~ 450	1.5 ~ 2.5	280 ~ 300	7 ~ 9
2A12	380 ~ 450	1.0 ~ 1.7	330 ~ 350	4.5 ~ 5
7A04	370 ~ 420	1.0 ~ 1.5	300 ~ 320	3.5 ~ 4

注：采用水冷模挤压单孔棒材可提高挤压速度一倍左右，采用液氮冷却也能提高挤压速度。

表 4 – 10　各种合金挤压制品的挤压温度 – 平均速度规范

合金	制品	加热温度/℃		金属平均流出速度 /(m·min⁻¹)
		铸锭	挤压筒	
6A02，6061，6063	一般型材	430 ~ 510	400 ~ 480	8 ~ 25，6063 为 15 ~ 120
2A12，2A06	一般型材 高强度和空心型材 壁板和变断面型材	380 ~ 460 430 ~ 460 420 ~ 470	360 ~ 440 400 ~ 440 400 ~ 450	1.2 ~ 2.5 0.8 ~ 2 0.5 ~ 1.2
2A11	一般型材	330 ~ 460	360 ~ 440	1 ~ 3
7A04	固定断面和变断面型材壁板	370 ~ 450 390 ~ 440	360 ~ 430 390 ~ 440	0.8 ~ 2 0.5 ~ 1
5A02，5A03，5A05，5A06，3A21	实心、空心和壁板型材	420 ~ 480	400 ~ 460	0.6 ~ 2
6061	装饰型材	320 ~ 500	300 ~ 450	12 ~ 60
6061，6A02，6063	空心建筑型材	400 ~ 510	380 ~ 460	8 ~ 60，6063 为 20 ~ 120
6A02	重要型材	490 ~ 510	460 ~ 480	3 ~ 15

4.2　建筑用铝合金型材

　　建筑用铝合金型材主要用于建筑物构架、屋面和墙面的围护结构、骨架门窗、幕墙、吊顶饰面、天花板、遮阳等装饰方面；公路、人行天桥和铁路桥梁的跨式结构、护栏，特别是通行大型船舶的江河上的可分开式桥梁；市内立交桥和繁华市区横跨街道的天桥；建筑施工脚手架、踏板和水泥预制模板等。

　　建筑业是铝材的三大用户（容器包装业、建筑业、交通运输业）之一，其用量占世界铝消费总量的 20% 以上，在中国所占比例更高，达到 30% 以上，且建筑用铝型材产量占所有铝合金型材的60%以上。由于在建筑上采用铝合金结构件可以达到以下目的，因此，国内、外建筑行业越来越广泛采用铝合金型材作为建筑结构材料。

（1）可以减轻建筑结构的质量。

（2）减少运输费用和建筑安装的工作量。

（3）提高结构的使用寿命。

（4）可以改善高地震烈度地区的使用条件。

（5）扩大活动结构的使用范围。

（6）改善房屋的使用条件。

（7）保证较高的建筑质量。

（8）提高低温结构工作的可靠性。

4.2.1　产品的特点

随着国民经济的发展和人民生活水平的提高，建筑用铝合金型材的品种和数量成倍增长。实际上，建筑工业也属于整个大工业体系中的一部分，建筑用型材也应归属于工业型材。但由于中国建筑铝合金型材的特殊发展历史及特殊的发展环境，人们习惯于把建筑用铝合金型材从工业型材中分离出来，形成目前常见的建筑铝合金挤压型材（GB/T 5237—2010）和普通工业铝合金型材（GB/T 6891，6892—2008）两大类。两类型材没有本质上的区别，都是基于相同的工作原理和基本的变形条件，可用相同的方法和设备及相似的工艺规范进行生产。但是由于建筑用铝合金型材的产量规模大、所有合金状态单一，其工艺装备、生产工艺和模具的设计与制造均已基本定型，具有标准化、系列化的特点。

（1）建筑型材绝大多数采用6063 T5状态合金进行生产，这是因为6063合金质轻，具有良好的塑性，工艺成形性能好，在高温下变形抗力低，具有良好的表面处理性能。因此，可以用它生产出轻巧、美观、耐用的优质型材。

（2）为了适应不同地区、不同用途、不同系列的门窗结构和其他建筑结构的需要，铝合金建筑型材的品种繁多，规格范围十分宽广，据不完全统计，世界上已研制出上万种建筑型材。其横截面积范围为 $0.1 \sim 100 \ cm^2$，外接圆直径范围为 $\phi 8 \sim 300 \ mm$，腹板厚度范围为 $0.6 \sim 15 \ mm$。

（3）建筑型材通常壁厚薄，绝大数型材的壁厚为 $0.6 \sim 2 \ mm$，形状十分复杂，且断面变化剧烈，相关尺寸多且尺寸精度要求高，技术难度大，大多数为超高精度薄壁材。

（4）建筑型材中的空心制品比例很大，而且内腔多为异性孔或为多孔异形薄壁空心制品。

（5）一组建筑型材需要组装成不同的门窗系列或其他的建筑结构，因此配合面多，装配尺寸多，装饰面多。为了减少型材品种，要求型材具有通用性和互换性，这就提高了型材的精度要求和表面质量要求。

4.2.2　产品的主要要求及性能指标

1. 采用合金牌号及状态

6063和6061是属于Al – Mg – Si系铝合金，是当代建筑业应用最广泛的铝合金，特别是6063 T6型材，是目前最典型的民用建筑装饰材料（门、窗和幕墙等）。据不完全统计，国外6063合金型材用于建筑门、窗和幕墙的占该合金型材的70%以上，占所有铝及铝合金型材的

75% 左右。在中国更是如此，6063 T6 建筑型材与铝合金工业型材之比近 80%。此外，建筑结构合金还有铝－镁系、铝－锰系、铝－铜－镁－锰系、铝－镁－硅－铜系、铝－锌－镁－铜系等多种系列铝合金。常见的建筑结构用铝合金牌号及状态见表 4 - 11。

表 4 - 11　建筑用铝合金牌号及状态

结构	合金性质		合金牌号、状态
	强度	耐蚀性	
维护设施	低	高	1035，1200，3A21，5A02M
	中	高	6061T6，6063T5/T6，3A21M，5A02M
半承重结构	低	高	3A21M，5A02M，6A02T4
	中	高	3A21M，5A02M，6A02T6，6A02T4，6A02 - 1T4，6A02 - 2T4
	高	高	5A05M，5A06M，6A02 - 1T6，6A02 - 2T6
承重结构	中	中、高	2A11T4，5A05M，5A06M，6A02T6，2A14T6，6A02 - 1T6
	高	中、高	2A14T6，6A02 - 2T6，2A14T4，7A04T6，2A12T4

2. 采用的结构类型

建筑铝型材结构有三种基本类型，即围护铝结构、半承重铝结构及承重铝结构。

（1）围护铝结构。

这里是指各种建筑物的门面和室内装饰广泛使用的铝结构。通常把门窗、幕墙、护墙和天棚吊顶等的框架称为围护结构中的线结构；把屋面、天花板、各类墙体、遮阳装置等称为围护结构中的面结构。铝型材主要应用于线结构。

围护铝结构型材断面形状和尺寸不仅应符合强度和刚度的要求，还应满足镶装其他材料（如玻璃）的要求。薄铝板可以同型材一起使用，例如，做屋顶和带筋墙板、花纹板、压型板、波纹板、拉网板等。

围护铝结构所使用的铝合金型材一般是 Al - Mg - Si 系合金（6061，6063，6061 - 1，6063 - 2），目前，低合金化的 Al - Zn - Mg 系合金也得到推广应用。

（2）半承重铝结构。

随着围护结构尺寸的扩大和负载的增加，一些结构需起到围护和承重的双重作用，这类结构称为半承重结构，因此半承重结构广泛，用于跨度大于 6 m 的屋顶盖板和整体墙板，无中间构架屋顶等。

（3）承重铝结构。

从单层房屋的构架到大跨度屋盖都可使用铝结构做承重件。从安全和经济技术的合理性考虑，往往采用钢玄柱和铝横梁的混合结构。

4.2.3　生产的基本流程

民用建筑用铝合金型材的基本工艺流程如图 4 - 6 所示。

```
                        ┌──────────────┐
                        │  原铝锭等原辅材  │
                        └──────┬───────┘
                               │
                        ┌──────┴───────┐
                        │   熔炼和铸造    │
                        └──┬────────┬──┘
                           │        │
┌──────────┐      ┌───────┴──┐  ┌──┴────────┐
│ 外厂定尺锭购入 │      │  均热处理  │  │  锯切定尺锭  │
└────┬─────┘      └───────┬──┘  └──┬────────┘
     │    ┌──────────┐    │        │
     │    │  长锭热剪   │────┤   ┌────┴────┐
     │    └────┬─────┘    │   │  均热处理  │
     │         │    ┌─────┴──┐└────┬────┘
     │         │    │ 锯切定尺锭 │    │
     │         │    └─────┬──┘    │
     │         └──────┐   │   ┌────┘
     └────────────────┤   │   │
                   ┌──┴───┴───┴──┐
                   │   铸锭加热    │
                   └──────┬──────┘
                   ┌──────┴──────┐
                   │    挤压      │
                   └──────┬──────┘
                   ┌──────┴──────┐
                   │ 空气或水淬火   │
                   └──────┬──────┘
                   ┌──────┴──────┐
                   │   张力矫直    │
                   └──────┬──────┘
                   ┌──────┴──────┐
                   │   锯切定尺    │
                   └──────┬──────┘
                   ┌──────┴──────┐   ┌──────────┐
                   │   人工时效    │──→│  表面处理  │
                   └──────┬──────┘   └────┬─────┘
                   ┌──────┴──────┐         │
                   │    检验      │←────────┘
                   └──────┬──────┘
                   ┌──────┴──────┐
                   │    包装      │
                   └──────┬──────┘
                   ┌──────┴──────┐
                   │    交货      │
                   └─────────────┘
```

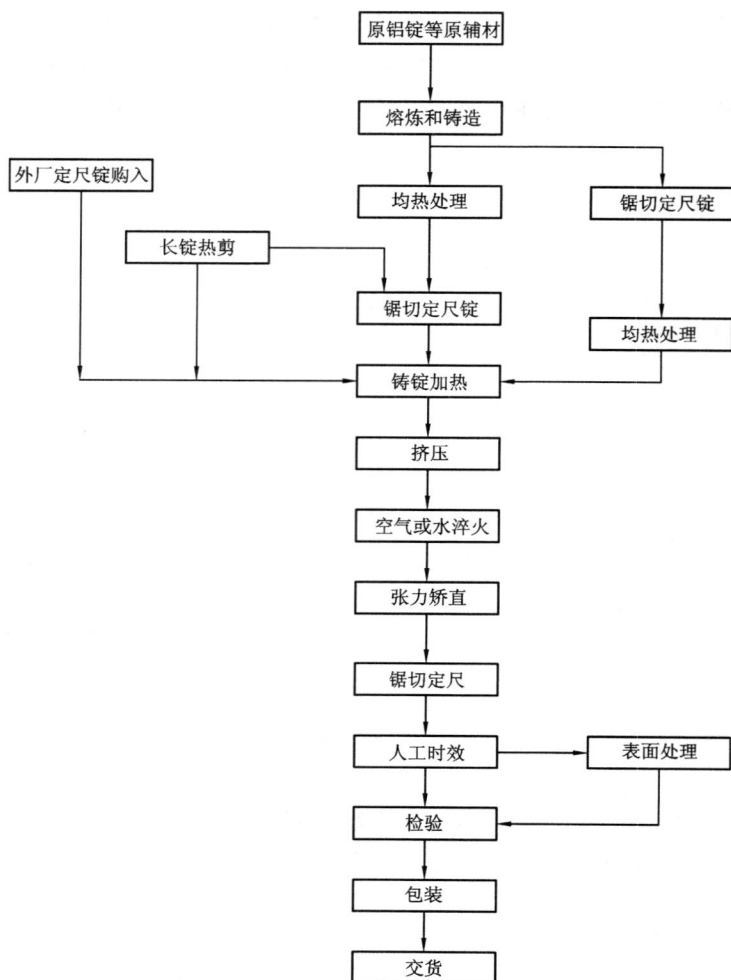

图 4-6　铝合金建筑型材的工艺流程

4.2.4　生产的技术关键

1. 铸锭均匀化退火

建筑型材使用的 6063 和 6061 合金铸锭必须进行高温均匀化退火。其一般工艺规范为：560 ± 20℃，保温 4~6 h，出炉后快速冷却至室温。用缓冷后的铸锭挤压型材，其维氏硬度为 HV 60~70，经阳极氧化后表面发暗无光泽。而用快速冷却的铸锭挤压的型材，维氏硬度为 HV 80~90，经阳极氧化后表面光亮。

2. 铸锭加热及准备

铸锭可以采用感应炉、煤气炉或电阻炉加热。电阻炉只能对铸锭均匀加热，而感应炉和采取特殊措施的煤气炉可以实现梯温加热。此时，铸锭前端根据需要可比其后端的高出 100℃左右。

挤压用的铸锭有两种：一种是由熔铸车间提供的短铸锭，另一种是长度为 3~6 m 的长铸锭。目前认为，挤压前最先进的铸锭准备方案是：在感应炉或煤气炉中加热不车皮的长铸锭，有条件的话用煤气炉加热更为经济；一端在炉内加热后由炉中推出，按订货需要热切成定尺和热剥皮后送挤压机挤压，余下的铸锭再退回炉内继续加热。由于铸锭在炉内长时间地加热，对充分地均匀化和改善其可挤压性非常有利。

挤压前对长铸锭的热剪切与常规的短铸锭锯切相比，可以提高劳动生产率、减少切斜度和减少金属损耗。此外，还节省了短铸锭的堆放场地。对 ϕ175 ~ 300 mm 的圆锭一般配备有 1.00 ~ 1.75 MN 的压力剪切机。

3. 挤压

挤压建筑型材一般用 8 ~ 25 MN 挤压机，挤压筒内孔直径为 100 ~ 260 mm。一台 16.3 MN 挤压机年生产建筑铝型材能力为 5000 t 左右，成品率在国外可达 90%，目前国内一般可达 82% 左右。

6×××系的铝合金铸锭加热温度一般为 480 ~ 530℃，挤压筒加热温度为 450 ~ 480℃。6063 合金挤压速度可达 10 ~ 150 m/min，其实心型材的为 20 ~ 150 m/min，空心型材的为 10 ~ 80 m/min。挤压 6061 合金时，为避免产生表面裂纹，挤压速度较低，一般不大于 8 ~ 15 m/min。

4. 在线淬火

淬火冷却速度常和强化相含量成正比，含 Mg_2Si 0.8% 的 6063 合金，从 454℃ 冷却到 204℃ 的临界冷却温度范围内，最小冷却速度为 38℃/min，而含 Mg_2Si 1.4% 的 6061 合金在上述临界冷却温度范围的冷却速度不应小于 65℃/min，因此 6063 合金可用风冷淬火，而 6061 合金必须用水雾冷淬火。

铝-锌-镁系合金有很宽的淬火温度范围，为 350 ~ 500℃，对淬火冷却速度敏感性小，具有自淬火性，即有空气淬火的能力。所以这个系的合金可以在出模后进行风冷淬火。

风冷淬火是在挤压机出料台上方悬挂 6 ~ 8 台风机，并以 45° 角顺着制品运动方向向制品吹风。空气消耗量大致为：8 ~ 15 MN 挤压机的冷却风机风量为 1.2 ~ 1.8 m^3/min；20 ~ 35 MN 挤压机的为 2 ~ 2.5 m^3/min。为了对型材进行补充冷却。还可在出料横条运输机或冷却台下面设置 20 ~ 30 台风扇进行补充风冷。有的吹风装置同时兼喷雾，在风机的罩内有喷嘴喷水。通过改变风机和风扇的转数可以改变冷却强度，使制品在张力矫直前的温度降至 60℃ 以下。

水冷淬火有水槽浸湿法、水环喷射法、水封喷射法。当水冷淬火时，将位于挤压机前机架和出料台（横条运输机）之间的起始台搬走换成水冷淬火装置。近年来研发的精密水、雾、气在线淬火装置，对淬火敏感性大的合金（如 6005A）型材和壁厚变化剧烈的型材是十分必要的。

最近国外有的工厂用氮气（液氮效果更好）来冷却模子和挤压制品获得了良好的效益。模子使用寿命延长、制品尺寸精度提高、挤压速度增大、制品表面光洁度改善，并且由于氮气的保护作用，制品表面防止了氧化。

5. 挤出型材的牵引

通常，型材出模孔后，皆用牵引机牵引。牵引机多为直线马达式。工作时在给予挤压制品一定的张力的同时与其流出速度同步移动。使用牵引机的目的在于减轻多线挤压时制品长短不齐的擦伤，同时也可减少型材出模孔后扭拧、弯曲等。

6. 张力矫直

张力矫直除了可以使制品消除纵向上的形状不整外，还可以减小其残余应力，提高强度特性并能保持其良好的表面（与辊式矫直相比）。张力矫直时所需的拉力 P 可用 $P = K\sigma_{0.2}F$ 式计算，其中：F—制品横断面积；$\sigma_{0.2}$—材料在给定变形率下的屈服强度；K 为考虑材料力学性能不均匀性的安全系数，$K = 1.1 \sim 1.2$。一般 15 MN 的挤压机配备 150 kN 的张力矫直机；$18 \sim 25$ MN 的挤压机配备 $200 \sim 250$ kN 的张力矫直机；35 MN 的挤压机配备 400 kN 的张力矫直机。

张力矫直时变形率一般为 $1\% \sim 3\%$，实践表明，这对矫正纵向几何形状和消除残余应力已足够。过分的变形会引起材料的塑性指标下降、型材局部变薄、型材尺寸超出公差范围。适当量的张力矫直变形还可以大大提高型材的强度特性。6063 合金的拉矫率可取 $0.5\% \sim 1\%$；2A12 合金的拉矫率为 $3\% \sim 4\%$；7A04 合金拉矫率为 $2\% \sim 3\%$；管材最合适的变形量为 $1.5\% \sim 2.0\%$ 以下，超过此值，管材特别是薄壁管材会产生变椭圆度。对断面复杂或大型的型材，用张力矫直并不总是能成功的，这就需要用辊式矫直或张力矫直后，进行手工矫直。

型材在挤出模孔后，为矫正扭拧、弯曲、波浪，让高温下有很高塑性的铝型材及时得到矫正，往往要紧靠模子出料口设置道路。道路的大小、形状应根据制品断面大小、形状而定，一般都是与制品形状相似。有的不用导路，可以用石墨条在出料口附近将型材强迫向一定方向、角度前进，使其型材在热状态下得到初步校直。

近年来型材出模孔后，一般多采用牵引机来牵引型材实现出模后的矫正。牵引机多为直线马达式，它实际上是一种单位面积上拉伸力很小的拉伸矫直机。工作时给挤压制品一定张力的同时，与其制品的流出速度保持同步移动。可以防止型材出模后产生扭拧、弯曲、波浪等缺陷。同时对于多孔制品可以防止产生长短不一的现象。牵引机是由牵引头、装有直线电动机的驱动装置和运动轨道所组成。牵引机的牵引力应与挤压机的能力大小相匹配。一般牵引力为 $200 \sim 8000$ N，对于重型挤压机（大于 100 MN）牵引力可超过 10000 N，每种牵引机的牵引力又分为若干档次，根据牵引型材断面大小进行选择。

7. 锯切

锯床一般皆采用高速圆盘锯，锯片直径为 $350 \sim 450$ mm，厚度为 3 mm，转速为 $2900 \sim 3500$ r/min，电动机用油压缸移动，液压进给速度为 $1000 \sim 6000$ mm/min，行程约 600 mm。建筑门窗型材的定尺一般为 6 m 左右。

锯切工序最重要的是两点：一是注意安全，因为铝合金是非磁性物质，锯屑一旦飞进眼睛里很难出来，所以锯切时要十分小心；二是注意定尺长度，一旦定尺搞错，前功尽弃，制品要报废或作其他处理，损失很大。定尺长度应根据合同确定，公称长度小于 6 m 时，允许偏差为 ± 15 mm。一般控制在 $5 \sim 10$ mm。长度大于 6 m 时，由供需双方确定。以倍尺交货的型材，总长度允许偏差 $+20$ mm，锯切时锯片与型材要垂直，型材端头切斜度不能超过 $2°$。

不同定尺型材或不同壁厚的型材在装入同一料框时，应将定尺长的、壁厚大的放底层，定尺短的、壁厚薄的放上层。每层放满后应放垫条隔开，两头和中间应均匀放置。

8. 人工时效

人工时效炉的形式有开盖式、活底台车式、步进式等，热源有电热的和火焰的（油或煤气），为保证时效温度需安装循环风机。时效处理时要求炉膛内温度均匀，温差不超过 $\pm 3 \sim 5$℃。对 6063 合金，人工时效温度一般为 200℃ 左右，时效时间为 $1 \sim 2$ h。有时为了提高其强度性能,亦可采用(175~180)℃×(3~4)h 的工艺。

4.2.5　需要的特殊装备

1.正向单动卧式挤压机

生产民用建筑型材的挤压机主要是正向单动卧式挤压机,如图 4-7 所示。我国挤压机总数中80%以上属于这种挤压机。国际上也是这种挤压机居多。挤压机主要由机械部分、液压部分和电气部分三大部分组成。除上述三大基本部分外,现代挤压机还有许多检测、保护、工艺软件装置。如:中检测系统,其作用是确保挤压过程中挤压轴、挤压筒和模具始终保持一定的同心度。为实现等速挤压、等温挤压和控制产品流出模口的温度,在挤压机出口位置设有在线测速、测温装置,并有超温报警。有的还有激光测量和 X 射线摄像检测仪器,对制品断面进行在线检测。工模具冷却系统,为提供模具寿命和产品质量,实现高速挤压,设有模具液氮冷却系统,在挤压机前横梁处设有液氮或气氮管路的孔洞,氮气通过管路和模具内的通路冷却模具。

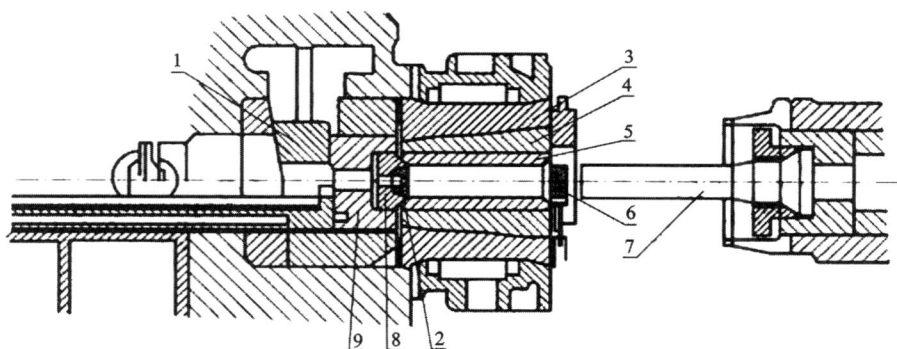

图 4-7　正向单动卧式挤压机结构示意图

1—斜锁键;2—模子;3—挤压筒;4,5—内衬套和外衬套;6—挤压垫片;7—挤压杆;8—模座;9—模座台

随着单动卧式挤压机应用日益广泛,挤压机也逐渐改进。短行程挤压机是近年来发展改进的挤压机。它分为两种形式:一种是传统装料方式改进的短行程挤压机;另一种是前装料短行程挤压机,它与传统挤压机结构的对比见图 4-8。

前装料短行程挤压机的工艺性能主要优点是:

(1)供锭时,固定挤压垫一直不脱开挤压筒,挤压杆可在挤压筒中心将坯锭准确地顶在挤压模上,达到从前到后顺序镦粗、顺序排气的效果,易将空气排出,可减少排气时间,也减少因卷入空气出现气泡的现象。

(2)非挤压时间(空周期)缩短。各辅助机构运动所需要的固定循环时间,从一根坯锭挤完开始计算,到下一根坯锭被加压镦粗,总的非挤压时间减少约15%。同时取消了垫片循环系统,减少了无功作业时间,降低了生产线的功率消耗,提高了生产率。

(3)短行程挤压机可使挤压铸锭的长度增加50%,甚至增加一倍。

(4)行程缩短,可减少机身长度,降低设备质量,减少投资费用。

短行程挤压机的优点也可从表 4-12 中的参数对比中看出。

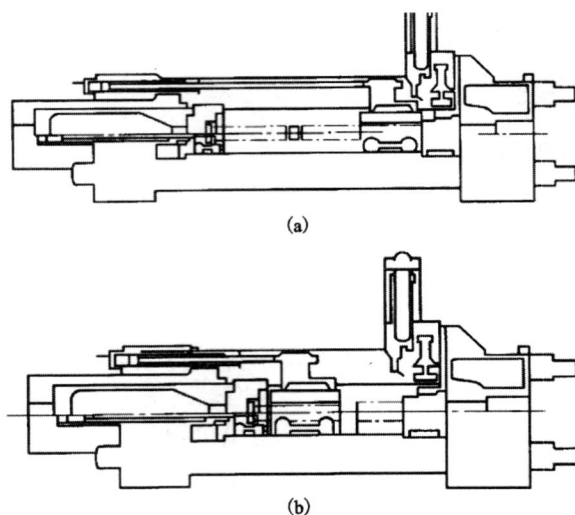

(a)

(b)

图 4 - 8　　短行程挤压机和传统挤压机结构对比图

(a)传统装料方式；(b)前装料短行程方式

表 4 - 12　　中国台湾地区建华短行程与标准型挤压机参数对比

挤压机能力/MN	25		27.5	
对比参数	标准型	短行程	标准型	短行程
主压杆全行程/mm	2000	1150	2100	1150
非挤压时间/s	22	16	24	16
挤压速度/(mm·s^{-1})	13	13	16	20
铸锭最大长度/mm	900	1000	900	1000
机身长度/mm	13666		15720	

2. 型材牵引机构

在挤压过程中，为避免薄壁型材和复杂断面型材出模后发生扭拧、弯曲和多模孔制品相互摩擦和缠绕，现代挤压机多配有制品的牵引机构。牵引机引导挤压制品沿其导轨直线前进，保证制品的直线度，可以防止制品扭拧，减少制品表面的损伤。牵引机采用恒张力控制，在制品表面产生一个恒定张力，可以清除制品在截面不同位置流出速度的差别，能补偿约 5% 的流出速度差，与挤压速度同步运动，在牵引力作用下还可以使在线淬火冷却变形大大降低。据统计，一台 20 MN 的卧式挤压机使用牵引机可使生产效率提高 10% 左右。

牵引装置可以用直流马达、液压马达和气动马达通过钢丝绳带动，也可用直流马达借助于磁性推力直接拖动。无论采用哪种方式都必须保证牵引小车的拉力与运行速度无关并保持恒定。拉力应适中，太大会使制品延伸过大甚至拉断，太小使牵引装置失去作用。目前应用较广泛的是直流马达驱动的牵引装置。直流马达可以通过机械动力转换机构直接将电能转变为直线运动。它具有可高速运行、惯性矩小、拉力容易控制以及长距离驱动简单的优点。用直流马达驱动的牵引装置结构，牵引装置的拉力分为若干个等级，使用时根据型材的形状、断面面积大小、挤压制品的根数等条件选用牵引力的大小。小车返回速度最高可达 400 m/min。一般牵引速度为 10~60 m/min，返回速度为 120~210 m/min，夹持型材的夹爪是弹性的，适合于夹持多根不同断面的型材。

3. 铸锭加热炉

铸锭加热炉按铸锭的长短可分为长锭加热炉和短锭加热炉。按热源方式可分为燃料炉和电炉两大类。燃料炉又分为燃油炉、燃气炉和燃煤炉。电炉分为电阻加热炉和电感应加热炉两种。

（1）电阻加热炉。

电阻加热炉是铝合金型材在挤压生产中应用最普遍的加热炉。近年来由于电加热成本较高，设备投资较大，渐渐被燃油炉、燃气炉取代一部分。但与燃料炉相比，它具有独特的优势：炉温易于调整控制、加热品质好、无噪声、工作环境好，容易实现机械化、自动化，仍具有强大的生命力，受到一些企业的青睐。

电阻加热炉又分为带强制循环空气的和不带强制循环空气的两种。由于带强制循环空气的加热炉加热效率高、炉温易于分段调整控制、加热质量好，因而大多数厂家都是采用带强制循环空气的电阻加热炉。因其设备结构较复杂，投资较大，只有中、小企业才采用不带强制循环空气的中小型电阻加热炉。带强制循环空气的电阻加热炉的结构形式见图 4-9 和图 4-10。几种电阻加热炉的主要技术性能见表 4-13。

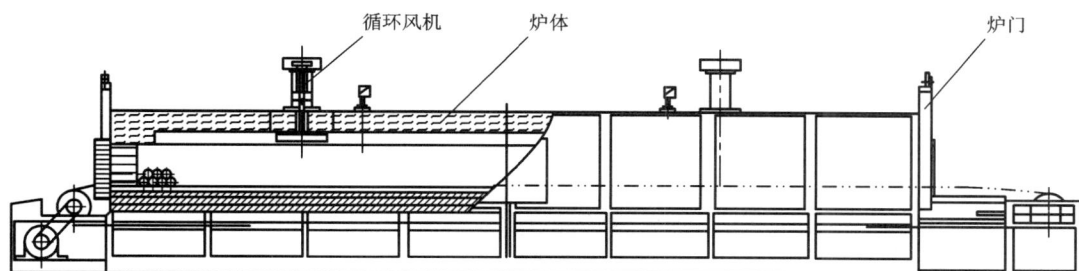

图 4-9　链式单排电加热铸棒炉示意图

表 4-13　几种铸锭电阻加热炉的主要技术参数

技术参数	挤压机能力/MN			
	7.5	20	35	50
加热功率/kW	130	250	650	750
工作电压/V	380	380	380	380
铸锭直径/mm	120	160~180	270	300~480
铸锭长度/mm	380~500	400~650	450~750	550~900
工作温度/℃	400-500	400~500	400~500	380~480
加热段数	3	3	6	6
加热能力/(t·h⁻¹)	0.45	1.0	3.5	2.0
铸锭排放方式	双排	双排	三排	单排斜底滚动

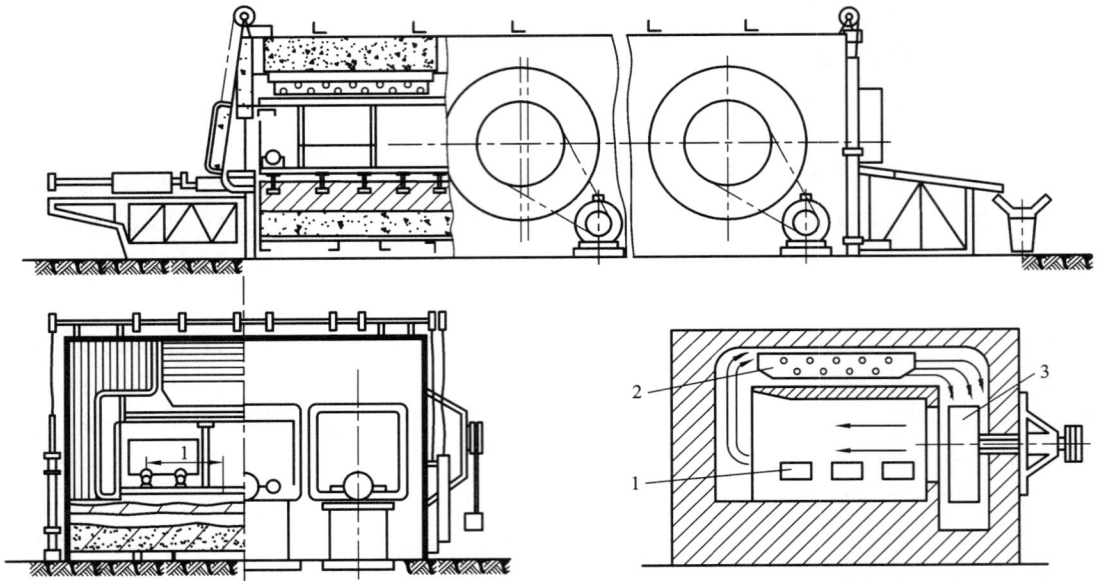

图 4 – 10　35 MN 挤压机用电阻加热炉示意图

1—铸锭；2—加热器；3—通风机

（2）电感应加热炉。

电感应加热炉是现代挤压铝型材铸锭加热的一种较理想加热方式。它的特点是加热速度快、体积小、耗电少、生产灵活，易于实现机械化和自动化。同时还可以通过改变感应线圈绕组的密度和各区电压来调节各区的加热功率，从而实现对铸锭的梯度加热。它的缺点是比其他加热炉投资要大一些。

电感应加热的炉体比较简单，通常由炉壳、感应线圈、进出料机构等组成。电气部分要有变频柜（中频感应炉才有）、功率因素补偿装置、电控钮。铸锭感应加热炉的主要技术参数见表 4 – 14。

表 4 – 14　工频感应梯度加热炉主要技术参数

型　号	加热工件尺寸 /(mm × mm)	功率 /kW	生产率 /(t·h⁻¹)	最高温度 /℃	梯度温度 /(℃·m⁻¹)	变压器容量 /(kV·A)	冷却水耗量 /(t·h⁻¹)
GTL – 1760	$\phi175 \times 600$	450	1.26	550	30 ~ 60	630	10
GTL – 1960	$\phi190 \times 600$	500	1.5	550	30 ~ 60	630	10
GTL – 2270	$\phi222 \times 700$	560	2	550	30 ~ 60	800	12
GTL – 3185	$\phi330 \times 850$	800	3	550	30 ~ 60	1000	12
GTL – 32120	$\phi320 \times 1200$	1300	4.8	550	30 ~ 80	1600	22
GTL – 45150	$\phi450 \times 600$	1500	4.8	550	30 ~ 80	1800	24
GTL – 58150	$\phi585 \times 1750$	2 × 1500	2 × 4.8	550	30 ~ 80	2 × 1800	2 × 24
GTL – 1760	$\phi175 \times 600$	450	1.26	550	30 ~ 60	630	10

电感应加热炉根据其电源额率高低可分为工频(即工业用电 50 Hz)和中频(400 ~ 2500 Hz)加热。一般直径大于 ϕ130 mm 的铸锭多采用工频加热,直径小于 ϕ130 mm 铸锭采用中频加热。电感应加热根据使用电流相数不同又有单相感应加热和三相感应加热之分。对于单相感应炉还要有三相平衡装置。感应线圈结构又分为单层结构和多层结构两种。多层结构比单层结构耗能少。感应加热时由于电流在铸锭中的分布密度不同,表层密度大,所以表层温度高,中心层主要靠热传导加热,温度较低。当加热快时,铸锭径向温差较大。电流的频率越高,趋肤效应越明显。因此直径较小的铸锭采用中频加热,直径较大的铸锭多采用工频加热,以减小铸锭的径向温差。

(3)燃油、燃气加热炉。

燃油、燃气铸锭加热炉大都用于中、小挤压机的铸锭加热。它具有加热效率高、生产成本低(比电加热的成本低 10% ~ 30%)的优点。但是对炉温的调整控制不如电加热方便,且对生产环境有一定的影响。

燃油、燃气加热炉的结构相似,都有一个燃烧室,不同的是燃烧的燃料不同。多数采用链条传动和导轨推进。有单排和双排加热形式,炉形多为长条形,一般长度为 6 ~ 18 m。通过风机强制热风循环。加热炉结构见图 4 - 11,燃料加热炉的技术参数见表 4 - 15 和表 4 - 16。

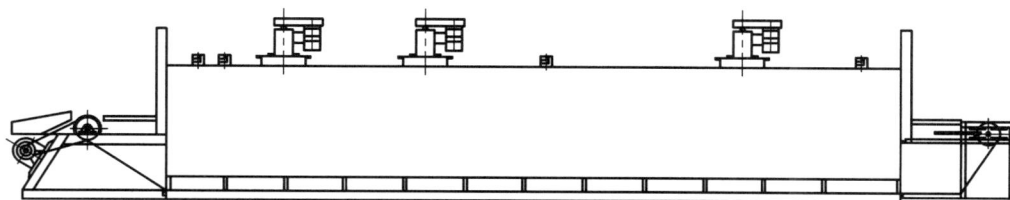

图 4 - 11　燃料加热炉示意图

表 4 - 15　链式单排铸棒燃油加热炉技术参数

型号	最高温度/℃	加热功率/(kJ·h⁻¹)	区数	炉膛尺寸/(mm × mm × mm)	铸棒直径/mm	匹配挤压机/MN	质量/t	备注
CGL1Y/Q - 08	580	1672	3	8500 × 500 × 270	ϕ127	5 ~ 8	15	带半均匀化处理
CGL1Y/Q - 09	580	1672	3	9000 × 500 × 270	ϕ127	6 ~ 8	16	带半均匀化处理
CGL1Y/Q - 10	580	2090	3	10000 × 500 × 270	ϕ127	6 ~ 8	16	带半均匀化处理
CGL1Y/Q - 11	580	2090	3	12000 × 700 × 360	ϕ150	12.5	20	带半均匀化处理
CGL1Y/Q - 12	580	2508	3	12000 × 500 × 360	ϕ163	15	20	带半均匀化处理
CGL1Y/Q - 13	580	2926	3	12000 × 700 × 360	ϕ163	17.5	22	带半均匀化处理

表4-16　链式单排铸棒燃油加热炉技术参数

型号	最高温度/℃	加热功率/(kJ·h⁻¹)	区数	炉膛尺寸/(mm×mm×mm)	铸棒直径/mm	匹配挤压机/MN	质量/t	备注
CGL2Y/Q-08	580	1672	6	8500×800×360	φ150	16	20	带半均匀化处理
CGL2Y/Q-09	1881	1672	6	9000×910×270	φ203	20	22	带半均匀化处理
CGL2Y/Q-10	1881	2090	6	10000×910×550	φ250	24	24	带半均匀化处理
CGL2Y/Q-11	2926	2090	6	11000×910×500	φ280	28	28	带半均匀化处理

（4）长锭热剪加热炉。

为提高挤压制品的成品率，方便试模和加快生产周期，现在越来越多的厂家采用长锭热剪加热方式，即用长锭加热与热剪配合，可以灵活地提供不同长度的铸锭进行挤压。长锭加热方式有燃油、燃气和电加热几种形式。长锭加热又分单棒长锭热剪炉和多棒长锭热剪炉。热剪机主要性能参数见表4-17。

表4-17　铸棒热剪机主要性能参数

规格	挤压机能力/MN					
	6	8	12.5	14.5	18	25
铸棒规格/mm	φ85	φ118	φ140	φ160	φ180	φ230
主油缸最大压力/MPa	16	16	16	16	16	16
最大剪切力/MN	0.4	0.66	0.8	1	1	1.2
功率/kW	15	18.5	18.5	18.5	22	22
最短剪切周期/s	16	20	20	20	25	25
定尺长度/mm	280~550	280~660	300~620	300~650	320~680	350~800

（5）模具加热炉。

模具加热是挤压生产中不可缺少的一项工序。模具加热炉要求操作方便，温度容易控制，所以模具加热炉一般都采用电阻加热。模具加热炉分台式（又叫抽屉式）和井式两种。根据炉膛数目的多少又可分为单腔模具加热炉、双腔模具加热炉和多腔模具加热炉。双腔和多腔模具加热炉又称组合式模具加热炉。抽屉式模具加热炉的主要技术参数见表4-18，组合式模具加热炉的主要技术参数见表4-19。

4. 时效炉

时效炉是热处理可强化铝合金制品进行淬火后人工时效必需的设备。它的结构与退火炉基本相同，只是所用的温度区间不同。铝合金制品中间退火和成品退火的温度为320~450℃，而时效温度较低，为120~220℃。时效炉对炉子温差要求较严，一般应不高于±5℃。

表 4 - 18　抽屉式模具加热炉的主要技术参数

挤压机规格/MN	14.6	12.5	11.0	6.9
铸模具规格/(mm × mm)	$\phi 280 \times 150$	$\phi 230 \times 140$	$\phi 200 \times 120$	$\phi 180 \times 120$
最高加热温度/℃	550	550	550	550
从室温加热至 500℃ 的时间/h	3 ~ 4	3 ~ 4	3 ~ 4	3 ~ 4
加热形式	电加热	电加热	电加热	电加热
工作室的功率/kW	45	24	18	18
工作室放置加热模具数量/个	12	12	12	12
工作室数量/个	1	1	1	1
风机功率/kW	2.2	1.5	1.5	1.5
装机容量/kW	48	26	20	20
空炉升温时间/h	≤1	≤1	≤1	≤1
炉子形式	小车式	小车式	小车式	小车式
炉门开口形式	气动或手动	气动或手动	气动或手动	气动或手动

表 4 - 19　组合式模具加热炉的主要技术参数

挤压机规格/MN	36	25	20	18	14.6	12.5	11.0
模具规格/(mm × mm)	$\phi 500 \times 350$	$\phi 430 \times 1280$	$\phi 360 \times 1250$	$\phi 330 \times 220$	$\phi 280 \times 150$	$\phi 230 \times 140$	$\phi 200 \times 120$
最高加热温度/℃	550	550	550	550	550	550	550
从室温加热至 500℃ 的时间/h	3 ~ 4	3 ~ 4	3 ~ 4	3 ~ 4	3 ~ 4	3 ~ 4	3 ~ 4
工作室的功率/kW	45	35	27	24	12	9	9
工作室放置加热模具数量/套	3	3	3	3	3	3	3
工作室数量/个	4	4	4	4	4	4	4
风机功率/kW	1.5	1.5	1.1	1.1	1.1	1.1	1.1
装机容量/kW	174	126	113	101	53	41	41
空炉升温时间/h	≤1	≤1	≤1	≤1	≤1	≤1	≤1
炉子形式	顶开门方炉	顶开门方炉	顶开门方炉	顶开门方炉	顶开门方炉	顶开门方炉	顶开门方炉
炉门开口形式	气动	气动	气动	气动	气动	气动	气动

　　时效炉一般采用电阻加热、燃气或燃油加热。按其结构形式可分为箱式、台车式和井式。对于铝合金挤压制品主要采用箱式和台车式时效炉。铝合金线材采用井式时效炉进行人工时效。按其炉门开启和操作方法不同，又分单门开启单向操作时效炉和双门开启双向操作

时效炉。单向操作时效炉占用车间面积小，进、出料没有双向操作时效炉方便。车间面积较大的一般采用双向操作的时效炉，进出料时间短，热损失少。

对于建筑型材用的时效炉，由于型材的定尺多为 6 m，所以时效炉的长度多为 7~8 m，采用两个定尺长度的最大时效炉也不过 14 m 长。但对于工业用的大型型材而言，如一些车辆型材要求交货长度为 26~30 m，使时效炉朝专业化、大型化方向发展。业内已设计制造了若干区加热的大型时效炉，可以对 30 m 长的型材进行人工时效，装炉量可超过 20 t，采用自动控温，炉子温差不超过 ±5℃。

5. 淬火炉

对于不能在线淬火的硬铝合金型材制品，淬火炉是必不可少的热处理设备。由于淬火加热温度控制较严，因此淬火炉多数采用电阻加热形式，也有的采用燃油或燃气加热形式。根据炉子结构形式可分为立式、卧式和井式淬火炉。

(1) 立式空气循环电阻加热淬火炉。

立式空气循环电阻加热淬火炉的结构特点是，炉体为圆筒形，耸立于地面，炉下有一深水井，炉子底部装有活动炉底，炉顶装有空气循环风机，或者在炉底侧面装有空气循环风机，见图 4 - 11。

立式空气循环电阻加热淬火炉的优点是占地面积小，效率高，加热温度均匀，炉子上、下温差小，制品加热后转移到冷却水中淬火的时间短，制品在水中的冷却比较均匀，变形小，操作十分方便。是铝合金型材淬火的首选设备。它的缺点是炉子本身较高，需要的厂房更高，且炉底的淬火水井的深度也很深，因此设备和厂房的投资较大。

立式空气循环电阻加热淬火炉的操作方法是，先将需淬火的制品挂在炉子专用的吊挂盘上，浸入水中，通过回转的摇臂式挂料架将材料送到炉底的中心，将活动炉底打开，炉顶的吊钩下降将吊挂盘钩上，然后将水中制品提升到炉内，最后活动炉底回位将炉门盖严。炉内开始加热，在加热至淬火温度并保温规定的时间后，停止加热，打开活动炉底，制品迅速下降至淬火水槽中，吊钩上下运动几次使制品完全冷却后，将炉内吊钩松开并回到炉内，关闭活动炉门，等待下一次加热。制品通过回转摇臂式挂料架转动到水槽边，通过炉外吊车将已淬火的制品吊出，进行拉伸矫直，然后装入料筐中准备人工时效或自然时效。

几种立式空气循环电阻加热淬火炉的主要技术参数见表 4 - 20。

表 4 - 20　立式空气循环电阻加热淬火炉主要技术参数

炉子规格/m	10.9	14	17.5	18	26
炉子功率/kW	300	450	700	750	900
电压/V	380	380	380	380	380
相数/相	3	3	3	3	3
最高工作温度/℃	530	530	530	530	530
最大温差/℃	±5	±5	±5	±5	±5
炉膛尺寸/(mm × mm)	$\phi900 \times 10892$	$\phi1250 \times 14000$	$\phi1250 \times 17500$	$\phi1400 \times 18000$	$\phi1250 \times 26000$

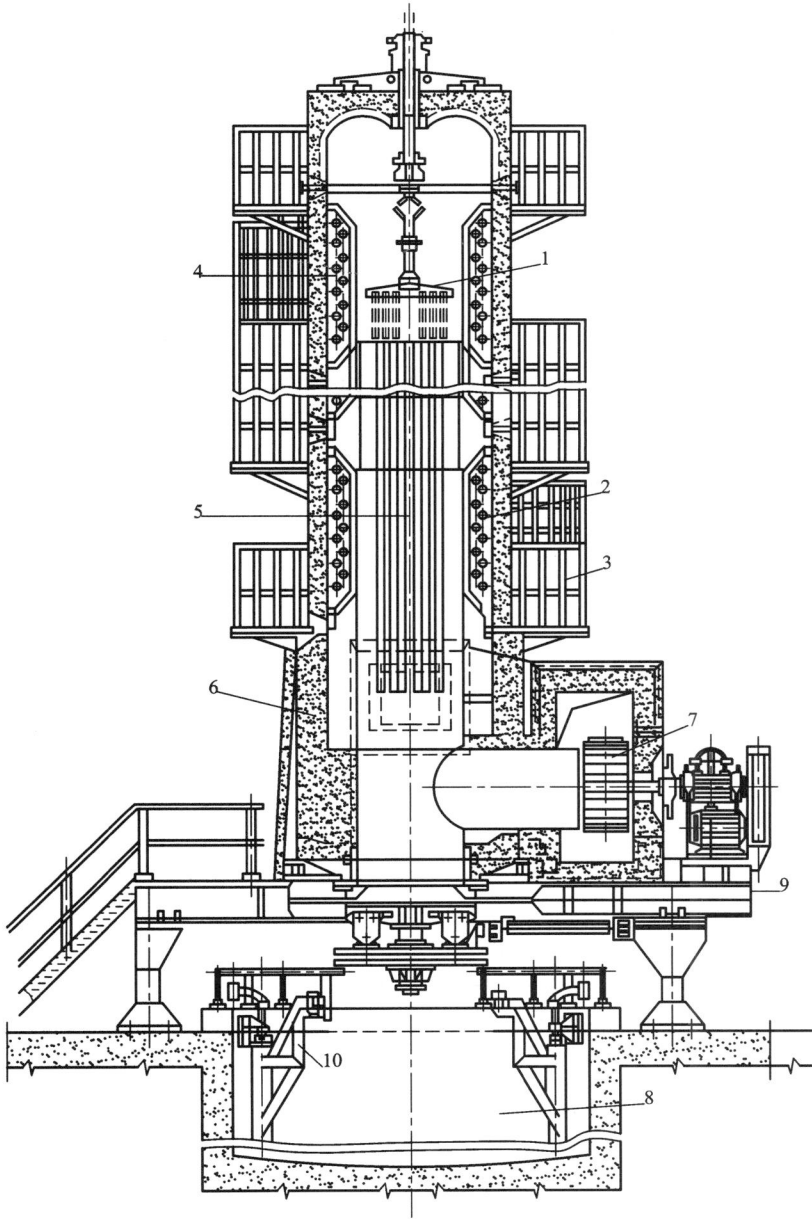

图 4 - 12　立式空气淬火炉结构示意图

1—吊料装置；2—加热元件；3—炉子走梯；4—隔热板；5—被加热制品；
6—炉墙；7—风机；8—淬火水槽；9—活动炉底；10—摇臂式挂料架

（2）卧式空气循环电阻加热淬火炉。

卧式空气循环电阻加热淬火炉的特点是：炉体平卧在地面基础上，或部分位于地面下，不需要高的厂房和深的淬火水槽。根据炉子大小，循环风机装置安在炉子的一侧或端头。通风机置于炉子一侧，炉内空气横向循环，流程短，需要风机功率小，炉内风速易于调整。加热元件可以分几个区控制，各区温度均匀，装料和出料机构比较简单，操作方便。其缺点是设备占地面积较大，特别是淬火制品横向断面的冷却不均匀使制品变形十分严重，因此未能获得广泛应用。

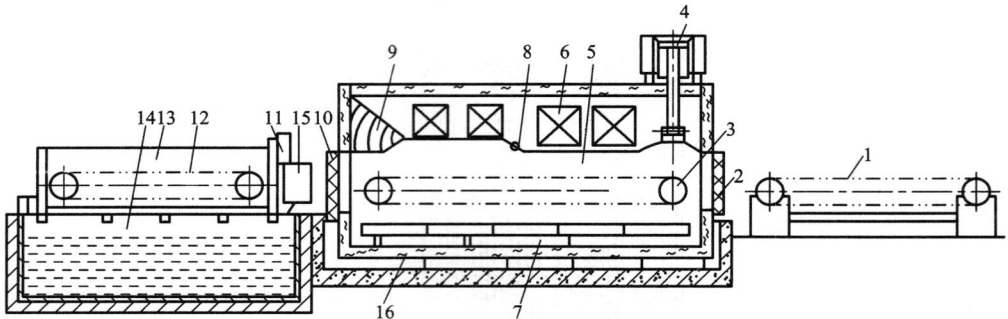

图4-13　卧式淬火炉结构示意图

1—进出料传动装置；2—进料炉门；3—炉内传动链；4—风机；5—炉膛；
6—加热器；7—炉下室；8—调节风装置；9—导风；10—料炉门；11—水封喷头；
12—出料传动链；13—淬火水槽；14—循环水池；15—回水漏斗；16—下部隔墙

图4-13为卧式淬火炉结构示意图。该炉由送出料传动装置、炉体和淬火装置三部分组成。风机安置在炉子进料端炉顶，炉膛由加热段和保温段组成，加热段风速达12 m/s，炉子最高温度为550℃。制品的淬火过程：先把需要淬火的制品放置在进料传送链上，开动驱动装置将制品送进炉内加热。当需要淬火时，淬火水槽的水位上升，靠水封喷头将水封住，达到规定水位时多余的水经回水漏斗流入循环水池中，打开出口炉门，传送链把制品送入水槽中淬火。这种炉子可以一炉多用。当水位下降到传送链以下时，该炉也可以用于退火和时效处理。

6.矫直设备

矫直设备用于矫正型材的弯曲和扭拧等尺寸缺陷。常用的矫直设备有张力矫直机、辊式型材矫正机、压力矫直机等。

（1）张力矫直机。

张力矫直机是通过拉伸和扭转消除制品的弯曲和扭拧。矫直张力取决于制品的断面面积及屈服强度，矫直变形程度一般为1%～3%。矫直机的吨位一般为0.1～30 MN。张力矫直机多配置在挤压机列中，而在生产一些硬铝合金制品时，制品一般在淬火炉中淬火，随后进行矫直，在这种情况下，张力矫直机需单独配置。

目前大多数张力矫直机机头带扭拧装置，对于不带扭拧装置的张力矫直机，制品进行张力矫直前，应先在专门的扭拧机上进行扭拧，然后进行矫直。张力矫直机多为床身式结构，由拉伸扭拧头架、移动头架（尾座）、机身、液压站等部分组成，移动头架通过电机驱动或手动移到所需的位置，以适应不同的料长。

张力矫直机的结构见图4-14，主要由主机、随动机和机身三部分组成。

主机包括电机、油泵、油缸、油箱、机架、导向车、可转动钳口、配电箱等；随动机包括随动车架、固定式钳口、压紧机构等；机身由大型槽钢及型钢焊接而成。

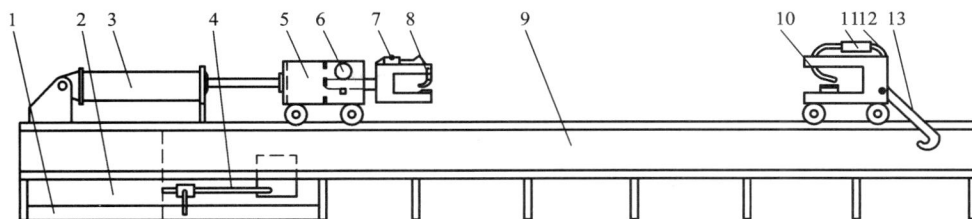

图 4 - 14　张力矫直机结构示意图

1, 5, 12—车架；2—油箱；3, 11—油缸；4—液压系统；6—转动机构；7—压紧油缸；8, 10—钳口；9—导轨；13—拉钩

（2）压力矫直机。

压力矫直主要是消除大断面制品在经过张力矫直后仍未消除或因设备所限不能进行矫直的局部弯曲。矫直机多采用立式液压机，常用的有单柱式和四柱式两种液压机。图 4 - 15 为四柱式液压矫直机简图。

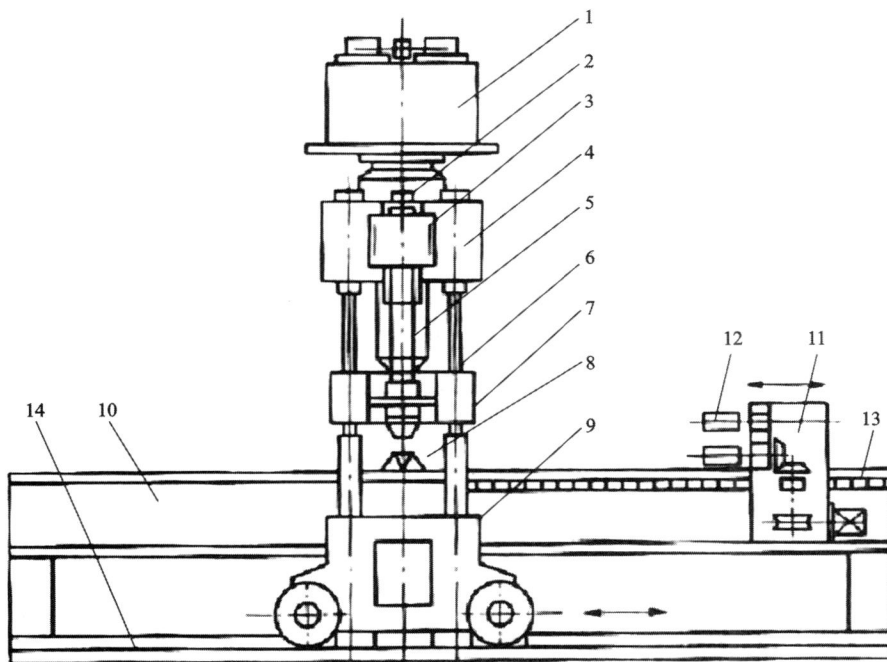

图 4 - 15　立式液压矫直机简图

1—液压站；2—工作缸；3—提升缸；4—上横梁；5—工作柱塞；6—立柱(4 根)；7—活动横梁；8—砧台；
9—下横梁；10—工作台；11—翻料小车；12—翻料辊；13—小车行走齿条；14—矫直行走轨道

7. 锯切设备

液压成品锯主要用于成品切定尺。成品锯品质的好坏对切成品的精度和端头端面的美观非常重要。成品锯按其锯片的运行方向可分为上行和下行两种。一般都采用下行锯。按其导轨形式可分为圆柱导轨、平面导轨和直线导轨。通常直线导轨的精度比较高。表 4 - 21 为液压下行成品锯的主要技术参数。

表 4 - 21   液压下行成品锯的主要技术参数

参数	圆柱导轨	圆柱导轨	平面导轨	平面导轨	直线导轨
总功率/kW	4.5	4.5	4.5	4.5	4.5
最大行程/mm	450	450	600	600	600
最大切削尺寸/mm	90	120	140	160	180
给进速度/$(mm \cdot s^{-1})$	10 ~ 125	10 ~ 125	10 ~ 125	10 ~ 125	10 ~ 125
后退速度/$(mm \cdot s^{-1})$	125	125	125	125	125
主轴转速/$(r \cdot min^{-1})$	3200	3200	3200	3200	3200
电源电压/V	380 ± 10%	380 ± 10%	380 ± 10%	380 ± 10%	380 ± 10%
频率/Hz	50 ~ 60	50 ~ 60	50 ~ 60	50 ~ 60	50 ~ 60
锯片电机转速/$(r \cdot min^{-1})$	2800	2800	2800	2800	2800
油泵电机转速/$(r \cdot min^{-1})$	1400	1400	1400	1400	1400
锯片直径 ϕ/mm	355	355	405	457	508
切削精度/mm	0.02	0.025	0.01	0.02	0.01
锯切垂直度/(°)	0.25	0.25	0.25	0.25	0.25
工作面材料	金属台面	环氯板台面	金属台面	环氯板台面	金属台面

8. 铝型材包装机

铝型材的包装根据产品类型和客户要求有多种包装形式。应用最普遍的是纸包装，一般采用如图 4 - 16 所示的纸包装机。另一种包装形式是产品外表贴一层薄膜，然后用纸包装。这种包装方法可以防止产品相互摩擦划伤表面，产品在安装施工过程中可以防止灰浆黏附制品的表面，影响制品外表的美观。值得注意的是要防止太阳暴晒，安装施工后应及时将贴膜撕下，否则贴膜在暴晒后会软化黏附在制品表面，时间较长会产生反应难以撕下，反而会影响制品表面的美观。产品贴膜有专门的贴膜机，如图 4 - 17 所示。

图 4 - 16   铝型材纸包装机

图 4 - 17   铝型材贴膜机

对于未进行表面处理的光身料，需要用较厚、较软的纸衬垫好以后，再在外面用纸包装。纸包装机的主要技术参数见表 4 - 22。

表 4 - 22　纸包装机的主要技术参数

主电机功率/kW	1.5	使用电压/V	220
主电机转速/(r·min⁻¹)	103	最大包装尺寸/mm × mm	400 × 400
送料速度/(m·min⁻¹)	4.2 × 14.7	外形尺寸/mm × mm × mm	1506 × 800 × 1250
包装间距/mm	41 ~ 142	设备质量/kg	472

4.3　节能门窗、幕墙用隔热铝型材

铝合金由于其优良特性，被广泛应用于建筑行业中的门、窗、幕墙等结构部位，但铝合金建筑型材与塑钢型材、木材等材料相比，其不足之处在于传热系数高，不节能。冬季遇到室外冷空气，铝合金门窗不但不保温，还结露，故称为"冷桥"。由于能源日趋紧张，国家对建筑节能的要求也越来越严格。据统计，建筑能耗约占全国总能耗的 30%，而门、窗及幕墙是建筑物消耗能源的主要途径，所以建筑门窗、幕墙节能成为非常突出的问题。

隔热铝合金型材，即内、外层由铝合金型材组成，中间由低导热性能的非金属隔热材料连接成"隔热桥"的复合材料，简称隔热型材。用隔热材料阻断了冷桥，避免了热量的损失。这样的设计叫"断桥"设计，隔热型材的断面示意如图 4 - 18 所示。

隔热铝合金型材因具有强度高、重量轻、稳定性强、耐腐蚀性强、可塑性好、变形量小、无污染、无毒等诸多优点，被称为新型绿色节能型材料。近年来，除建筑门、窗、幕墙广

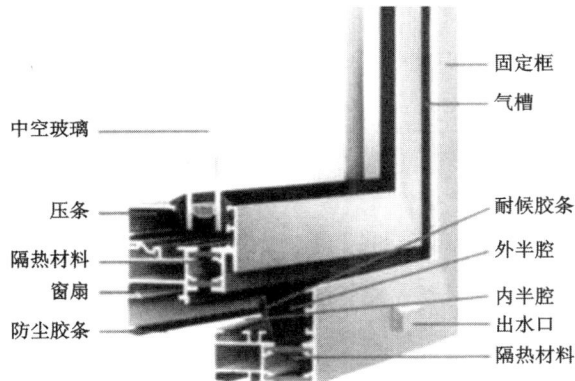

图 4 - 18　隔热型材的断面示意图

泛使用隔热铝合金型材外，已发展到汽车用隔热铝合金型材和家具衣柜隔热推拉门，以及冰柜、冰箱隔热推拉盖的研发上。因此，隔热铝合金型材将是一种发展潜力很大的新型节能材料。

4.3.1　产品的特点

(1)隔热铝型材采用内、外边框软性结合，边框采用三密封形式，关闭严密，气密、水密性能特佳，保温性能优越；可以显著降低窗框的热量传导，其热传导系数为 1.8 ~ 3.5 W/(m²·k)，大大低于普通铝合金型材[140 ~ 170 W/(m²·k)]。在冬季，带有隔热条的窗框能够减少 1/3 的通过窗框散失的热量，在夏季，带有隔热条的窗框能够更有效地减少外界热量的传入。

（2）隔热铝型材通过穿条断桥连接，可以将氧化银白色料与彩色喷涂料、砂面料与着色料相连接，增加铝型材的装饰感。

（3）隔热铝型材具有优良的隔音性能，可降低噪音 30～50 dB。

（4）隔热铝型材采用三室设计原理，结构稳定性高，力学性能优异。

（5）隔热铝型材的生产过程增加了贯穿氧化、喷涂、穿条等工序，生产成本比普通铝型材的高。

4.3.2　产品的主要要求及指标

随着隔热铝型材在建筑节能门窗的大量使用，业内对隔热铝型材和隔热条材料的质量也越来越关注。为此我国已制定颁布了隔热铝型材国家技术标准 GB5 237.6—2004《铝合金建筑型材：第6部分隔热型材》。原建设部也发文规定从 2005 年 11 月 1 日起执行隔热条行业标准（即 JG/T 174—2005）。

1. 开齿深度

穿条式隔热型材生产工艺的重点和难点是开齿深度和型材槽口辊压变形量的控制。为了确保穿条式隔热铝型材的各项指标达到国标 GB 5237.6—2004 标准的要求，必须严格控制隔热基材的质量，选择质量合格的隔热条，控制好开齿深度和辊压复合变形量。否则，不仅型材的剪切强度不能满足标准要求，还会使隔热铝门窗的各项性能大大降低。开齿深度直接影响铝合金型材的强度，目前国内对开齿深度没有具体规定，但在国标中规定了其抗拉强度和抗剪强度值，见表 4-23。

表 4-23　隔热铝合金型材抗拉强度和抗剪切强度

不同用途型材	门窗用隔热型材	幕墙用隔热型材
抗拉强度 N/mm	12	20
抗剪强度 N/mm	24	24

2. 隔热条

隔热型材的结构是将隔热材料和铝型材组合成一体，简单的说隔热铝合金型材就是在传统的铝型材基础上把型材一分为二，然后由两支隔热条通过机械复合的手段再将分开的两部分连接在一起，并同铝材一样受力。因此，要求隔热材料还必须有与铝合金型材相接近的抗拉强度、抗弯强度、膨胀系数和弹性模量，否则就会使隔热桥遭到断开和破坏。因此，隔热材料质量对窗体性能影响巨大。

作为隔热铝型材的关键部分，隔热条有阻碍热量在铝型材之间传递的作用和紧密连接内、外两组型材，以保证隔热型材在受风压以及在高、低温作用下，抗拉、抗剪切强度的可靠性。由于 PVC 隔热条随着时间的延长，塑性变形越来越大，很容易造成抗剪切强度失效，使隔热型材的纵向产生移位，进而导致隔热门窗窗体变形，对气密性、水密性和抗风压性造成影响，严重时隔热铝门窗的窗体解体，甚至发生门窗从高空坠落等事故。

国标 GB 5237.6—2004 对隔热材料的质量作了明确的规定：隔热材料室温横向拉伸试验、水中浸泡试验、湿热试验、脆性试验和应力开裂试验的结果均应符合国标的规定。此外，隔热条的外形尺寸精度至少应控制在 ±0.1 mm 以内，最好能控制在 ±0.05 mm 以内，否则无法保证隔热铝型材的尺寸精度，更满足不了门窗的装配精度。

4.3.3　生产的基本流程

隔热铝合金型材的生产方式主要有两种：一种是采用隔热条材料与铝型材，通过机械开齿、穿条、滚压等工序形成"隔热桥"，称为"穿条式法"生产隔热铝型材；另一种是把隔热材料浇注入铝合金型材的隔热腔体内，经过固化，去除断桥金属等工序形成"隔热桥"，称为"浇注式法"生产隔热铝型材。国内的隔热铝型材生产主要是采用"穿条式法"生产。

穿条式隔热铝型材是采用机械加工的方法把 A 面和 B 面铝型材通过隔热条进行连接，隔热条起到隔热断桥的作用。国内的隔热铝型材生产线的主要生产工艺是采用"辊压嵌入式"，无论是引进设备或国产设备，均是采用"三步法"生产，即开齿、穿条和辊压。也有将开齿、穿条合二为一同步进行的，但其基本原理是一样的，只是缩短了工序时间。穿条式隔热铝型材生产的基本工艺流程如图 4-19 所示。

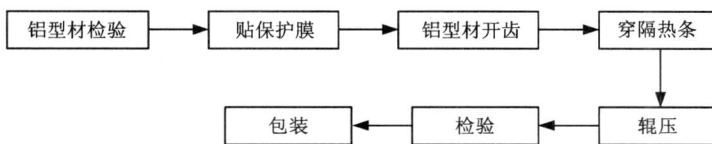

图 4-19　穿条式隔热铝型材的基本工艺流程

（1）铝型材检验。

第一道工序主要是检验型材表面质量及尺寸规格。内、外层铝型材可以采用阳极氧化或静电粉末喷涂型材。也可以将内、外层铝型材采用不同颜色配料，通过穿条断桥连接，形成内、外双色铝合金门窗。

（2）贴保护膜。

第二道工序是在铝型材上贴保护膜，主要保护型材表面质量在加工、搬运过程中不被损坏

（3）铝型材开齿。

开齿是关键工序，主要是在隔热铝型材穿条滑道两内壁碾压形成如锯齿状齿道。通过辊压嵌入聚氯乙烯硬质塑料胶条，使其固定在一起。

（4）穿条和辊压。

穿条和辊压工序是重要工序。穿条是将隔热条通过穿条设备穿入已开好齿的隔热铝型材齿道内，然后又通过辊压设备，将隔热铝型材与隔热条辊压在一起。

（5）包装。

包装是最后工序，可用塑料薄膜套装，也可用包装纸缠绕包装，主要是保护型材在运输、加工中不被磕碰伤。

4.3.4 生产的技术关键

1. 隔热铝型材生产的技术要点

（1）隔热铝型材基材的质量控制。

内、外层隔热基材可以分别采用阳极氧化、电泳涂漆、静电粉末喷涂或氟碳喷涂等表面处理方式，将内、外层铝型材进行不同的颜色和不同的表面处理方式搭配，通过穿条断桥连接，形成内、外双色隔热铝合金门窗。

由于有众多的表面处理方式，必然导致隔热基材缺陷的多样性。因此，在进入隔热工序前应先检查隔热基材质量是否符合要求。隔热型材基材常见缺陷有：扭拧、弯曲、气泡、夹渣、筋感、条纹、平面间隔超差、燕尾槽堵、尺寸超差、流痕、色差、露底、颗粒、串色、泛黄、橘皮、肥边。对有质量问题的隔热型材基材应杜绝上操作台生产。此外，还需检查型材槽口尺寸及 R 角是否符合图纸要求，为开齿做好准备。在确认隔热基材断面号，A、B 面及型材 A、B 面的颜色色系及方向是否正确后，方可进行上架生产，以免造成批量报废。

（2）开齿穿条。

开齿是关键工序，主要是在隔热铝型材穿条滑道两内壁碾压形成如锯齿状齿道。通过辊压嵌入隔热条，使其固定在一起。开齿穿条工序必须注意以下几个方面：

1）检查开齿机是否良好，调整下支撑辊使它高于水平辊 1～2 cm，防止型材表面受开齿压力而变形，以及表面被感应器刮伤，调整感应器高度位置，使隔热条夹具能牢固吸合。

2）检查下支撑辊表面是否有附着物，防止刮伤型材。调整下支撑辊的左右辊，使型材表面受力均匀，防止受压变形。

3）将被开齿的型材送入开齿机，固定好下支撑辊前面双侧辊，使型材定位可靠。根据开齿槽位置，上下升降或左右移动开齿刀，使左右开齿刀与型材槽口对正。

4）检查穿条 A 面或 B 面是否有方向错误。常见的错误有两种：异形条方向错误和 B 面左右方向错误。

5）调整隔热条定位块，将隔热条固定好。先低速进入开齿刀和穿条机构，检查开齿质量和穿条状态。开齿后槽口不得有受压胀开，防止复合的剪切力不足和复合时造成槽口撕裂，并做好开齿质量记录。

（3）型材辊压复合。

辊压复合工序是重要工序，应按如下步骤进行操作和控制：

1）调整垂直下支撑辅辊，使三个支撑辊在同一水平上。检查六个滚压刀盘是否在同一水平线上，若不在同一水平线上则进行调整，使之在同一水平线上。同时滚压刀盘中的上、下刀盘间距应在标准范围内。

2）将开齿后组合好的型材上辅助架，并用橡皮锤或木锤敲平隔热条使之与型材端头对齐。调整复合机下支撑辊滚，保证复合型材受滚压槽口面在滚压刀盘理想范围内。

3）调整复合机与固定辅架、活动辅架之间高度，使型材在同一水平线上，同时调整好上辅辊滚。调整压紧力并选定合适该型材的速度，不够时可进行微调，同时锁紧防止发生移位。

4）摆正预进入复合机型材，使之与调整后滚压刀盘口在同一水平线上。防止扭曲进入复合机后造成撕裂。调整校直滚轮组，防止型材上下扭曲和左右侧弯，保证型材质量。将压紧后的型材送检,合格后方可继续对型材批量生产。

2. 隔热铝型材生产常见缺陷及预防

(1)开齿变形。

产生原因:未调整好型材开齿受力点造成型材受压变形,下支承辊受压倾斜造成开齿变形,下支辊调节导轨已磨损,开齿轮磨损。

预防措施:调整好型材开齿时受力支点,保证应力支点不移位,及时更换下磨损的支辊调节导轨和磨损的开齿轮。

(2)辊印。

产生原因:在开齿机下支承辊表面上黏附有铝屑、铁屑等硬质颗粒,造成在开齿时型材表面出现等距离、形状规则的印痕,或压辊使用后变形,造成批量报废。

预防措施:开齿前检查支承辊表面是否干净、变形,保证压辊干净、不变形。

(3)槽口桥受压变形。

产生原因:由于开齿太深,开齿轮已磨损。

预防措施:开齿时要注意观察,调整好开齿深浅,及时更换已磨损的开齿轮。

(4)开齿膜裂。

产生原因:开齿太深,槽口尺寸偏大造成夹头辊压过量。

预防措施:适度调整开齿深浅,让复合时加大滚压量,保证剪切力。严格控制槽口尺寸。氧化材、电泳材等表面处理型材在开齿时较容易产生氧化膜膜裂,开齿时应特别注意。

(5)复合咬边。

产生原因:复合机下支承辊横向、纵向水平不准,刀盘高度和型材槽口高度调节不平行。

预防措施:重新调整下支承辊水平,刀盘压紧高度在槽口高度 1/2 处。

(6)复合不紧。

产生原因:刀盘没有压到槽口,A、B 面槽口宽度不一致,造成只有滚压到 A 面或 B 面。

预防措施:调整刀盘与槽口位置,第三组刀盘采用并口滚压槽宽度小的 A 面或 B 面或通知修模。

(7)扭拧侧弯。

产生原因:隔热条精度偏差,隔热基材本身存在扭拧、侧弯,复合机左、右弯曲调节辊调整不到位。

预防措施:选择质量合格的隔热条,逐根检验挑出扭拧、侧弯基材,在复合前发现侧弯方向,有针对性地调整复合机。

(8)上、下弯曲。

产生原因:上下支水平辊变形,复合机上、下弯曲调节辊不到位,基材本身存在上、下弯曲。

预防措施:生产过程中检查上、下水平辊是否变形,调整好弯曲调节辊,加强型材上架自检。

(9)粉裂。

产生原因:槽口两侧积粉,开齿不佳造成夹头辊压过量,槽口尺寸偏大造成夹头辊压过量。

预防措施:选择正确的挂料方式,及时更换磨损的开齿轮,严格控制槽口尺寸。

（10）撕裂。

产生原因：开齿过深，槽口变形量过大，复合机刀盘压进量过大，基材槽口偏大，基材槽口 R 角不合格，基材延伸率不够。

预防措施：严格控制槽口变形尺寸，复合机刀盘压进量要根据槽口尺寸做合理调整，加强型材自检，对 R 角不合格的基材要通过实验判定是否可以使用，调整基材的合金成分或时效工艺。

（11）外形尺寸超差。

产生原因：复合前 A、B 面的两种型材超过规定的正负公差，或隔热条尺寸精度不够，造成累积。在两种型材装配时产生平面阶差。

预防措施：选择尺寸精度合格的隔热条，对隔热基材外形尺寸质量进行严格控制把关。

4.3.5　需要的特殊装备

1. 开齿穿条一体机

通常，隔热铝型材的开齿和穿条工序需要两台设备分别完成，即开齿机和穿条机，但随着技术改造和创新，如今机械设备制造厂商将开齿和穿条组合在一起，变成一步完成（即开齿、穿条在一台设备上完成），如图 4－20 所示。

开齿穿条一体机是生产隔热铝合金型材的专用设备，主要是在铝型材的槽口上开齿、打毛，以起到加大型材的横向剪切力的作用。工作原理是将刀头压入型材槽口内，利用刀头的转动来牵引型材前进，在型材的内腔上滚压上齿花。该机配有自动穿条机构，在开齿的同时直接穿上隔热条，减少生产工序、降低生产成本。有的开齿穿条一体机上还可以配上贴膜机构，进一步缩短工艺流程。

图 4－20　开齿穿条一体机

2. 复合辊压机

复合辊压机是确保隔热条与铝型材紧密结合且垂直的关键设备。如图 4－21 所示，复合辊压机采用三组六个硬质滚轮将已穿入隔热条的型材，经过滚压刀压合，从而达到铝材与隔热条紧密结合。第一组：导向及预压紧；第二组：滚压；第三组：校直。每个滚压轮都能独立地调节（上下，左右），并通过数字显示。第三道滚压轮在滚压过程中，可进行校直，以确保隔热型材的平行度和直线度。此外设备还配有四套聚氨酯滚轮装置，随时校正复合型材的直线度与垂直度。配有压力表显示压合部位滚压时的滚压力大小，同时配有位置显示器显示两组滚压刀盘的距离数字。

4.4　轨道列车用大型铝合金型材

轨道列车主要包括铁道客货运列车、高速列车、双层客车、地铁列车、轻轨列车、磁悬浮列车等。轻量化是列车实现高速、重载运行的必要条件。在确保车体强度、刚度的前提下减

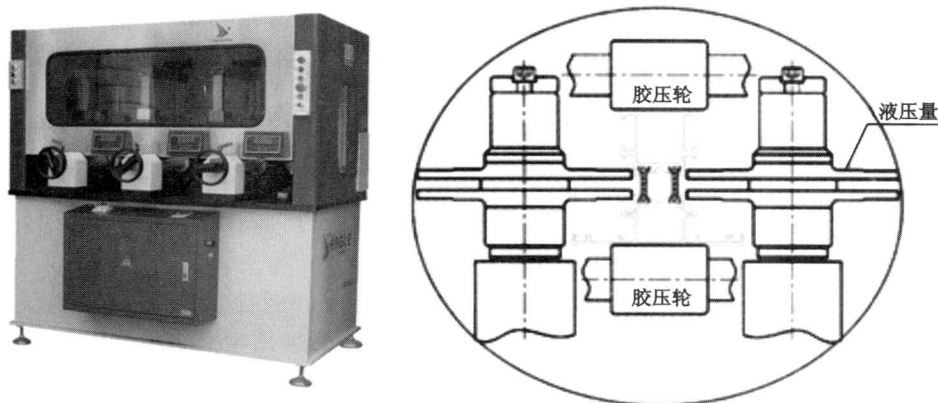

图 4-21　复合辊压一体机

轻车体、车内设备以及走行部分的重量，不仅可以减少原材料的消耗，有利于降低牵引功率，提高列车运行速度，改善列车启动和制动性能，而且可有效减小轮轨间的动力作用，减小振动和噪声，增加机车和线路的使用寿命。轻量化技术的主要措施之一是采用铝合金车体。目前国外铁路动车和拖车的车体承载结构已经由原来的碳钢结构经过不锈钢结构，发展到铝合金结构时代。而铝合金结构也由最初的以铝代钢的原钢结构，经过铝型材结构、铝蜂窝结构、大型铝挤压型材，发展到中空双表面大型铝合金挤压型材。国外很早开始制造铝合金车辆，铝合金车体在高速动车组中已得到广泛应用，高速铁路客车时速在 200 ~ 350 km/h 之间，少数列车则更快，这对车体制造工艺和材料选用提出了很高要求。庞巴迪、阿尔斯通、西门子、川崎等企业为适应列车高速运行，特别重视客车结构的轻量化，广泛采用大截面铝合金型材制造客车车体以减轻自重。

4.4.1　产品的特点

1. 型材的结构特点

由于铝合金材料的性能和焊接性与钢不同，所以不能再沿用钢制列车的形式。合理的铝合金车体结构是由底架、侧墙、内外墙组成的焊接薄壁整体结构。对铝结构车辆用型材的设计要求主要是：

（1）尽量采用刚度高的型材，如用箱形封闭截面梁柱，用空心带筋壁板做地板、顶板、侧墙、端墙等；用矩形封闭截面代替"工"形截面，不仅可提高两轴的抗弯刚度，而且能明显提高抗扭刚度，实践证明，相同形状和截面的构件，闭口式的抗扭刚度要比开口式的大 100 倍。

（2）型材截面设计要特别注意开口处的强度和刚度，转角处的传力要圆滑过渡，以减小应力集中。

（3）在设计型材挤压模具时，尽量采用空心挤压壁板以纵向焊缝连接，尽量减少或避免横向焊缝，如不能避免，也应将横向焊缝布置在应力最小处，这不仅可以提高静载强度，而且可大大提高焊接结构的疲劳强度。

（4）构件截面筋或转角处，框架纵架梁相交处要圆滑过渡，并适当增大圆弧半径。为了提高疲劳强度，焊缝应合理布置，不能过分集中。

（5）根据列车各处的强度要求选用合适的铝合金牌号，合理设计型材的厚度。

（6）应考虑铝合金熔点低、传热快、易焊凹透等特点，特别在焊接连接处要注意。

2. 采用的合金牌号

从材料方面来看，轨道列车对力学性能、加工成形性、抗腐蚀性、抗疲劳性和焊接性能等都有较高的要求，因此，应根据不同构件、不同用途和不同部位分别选用 5×××系（如 5005，5052，5083 等），6×××系（如 6061，6N01，6005A，6082，6063 等），7×××系（如 7N01，7003，7005 等）合金。

在轨道列车铝合金结构材料中，使用最多的是 Al – Zn – Mg 合金中的 7N01 合金，因为其挤压性能好，能挤压形状复杂的薄壁型材，焊接性能好，焊缝质量高，是最理想的中强焊接结构材料。而特别应注意耐腐蚀的部位，可选用 5083 合金。一般情况下，7003 合金大型挤压型材用于车体的上侧梁、檐梁和底车顶梁；5083 合金大型材用于下骨托梁；7N01 合金大型材用于端面梁、车端缓冲器、底座、门槛、侧面构件骨架、车架枕梁等。常用的 6005A 和 7005 合金的力学性能必须符合表 4 – 24 的规定。

表 4 – 24　车辆铝合金型材的力学性能指标

合金牌号	供应状态	壁厚/mm	屈服强度/MPa	抗拉强度/MPa	延伸率/%
6005A	T6	≤5	255	215	8
		5 ~ 25	250	200	8
7005	T5	≤40	350	290	10

3. 型材的特点

轨道列车正朝着轻量、大型双层、高速安全、节能环保、舒适美观、多功能、低成本、长寿命方向发展，这给轨道列车用铝合金型材提出了越来越高的要求。因此，轨道列车用铝合金型材也正朝着大型整体化、空心薄壁轻量化、通用标准化、高性能、多功能、降低成本、提高材料利用率和生产率方向发展。

目前，轨道列车用型材品种多，结构复杂，大多数型材宽度为 400 ~ 640 mm，供货长度达 25 ~ 28 m，且 80% 以上为多孔异形空心型材。型材的壁厚变化大，有的型材中壁厚最大处为 25 mm，壁厚最小处为 2.5 mm。型材的宽厚比也非常大，最大达 100 以上。而轨道车辆对型材的外形尺寸精度和形位公差的要求很严，这些都使得金属的流动和型材的成形变得非常困难。

轨道交通用铝合金特种型材生产难度大，技术要求高，其不但要求大型、大断面、整体、薄壁、扁宽、断面形状复杂、壁厚差大，而且对力学性能、焊接性能、抗腐蚀性、尺寸精度和质量要求都特别高，要生产出合格的车辆用铝合金特种型材，必须有 80 MN 以上的挤压机及相关配套设备，以及先进的生产技术和生产管理系统。

4. 大型型材挤压模具的特点

（1）大型模具的第一个特点是外形尺寸大，模具组的重量大。如 72 MN 和 96 MN 挤压机用大型整体模具组的外径达 φ800 ~ φ1200 mm，厚度达 280 ~ 400 mm，质量达 3 ~ 5 t。这大大增加了模具设计与制造难度。

（2）大型模具的第二个特点是结构特殊，模腔形状和相关尺寸繁杂，设计要素多，影响因素复杂，挤压时的温度场、速度场和应力应变场难于控制。因此，用手工设计很难满足要求。在工业发达国家已普遍采用计算机辅助设计（CAD/CAE）技术，如德国 VAW 公司的模具设计全由 CAD/CAE 系统进行，取消了人工设计图纸，效率可提高几十倍。不易出差错，设计质量大大提高，模具一次合格率达 70% 以上。

（3）大型模具的第三个特点是尺寸精度、硬度和表面光洁度很难得到保证，特别是宽而窄的模孔部分用传统的制模方法很难达到设计要求。因此，采用 CNC 电火花加工、CNC 电火花线切割加工、CNC 加工中心系统、CNC 真空热处理系统、CNC 表面处理系统等技术来制造精度高、硬度适中、表面光洁的大型挤压模是十分必要的，而且经实践证明是可行的。应大力推广应用，以提高大型型材挤压技术水平。

（4）大型模具的第四个特点是，为了使产品尺寸和形状等达到预期的目的，通常在挤压时要进行模具修理。这种工作，即使在小型挤压机上也需要多年的经验，可以说是挤压技术上最难的问题之一。一般来说，新模具需进行必要的修整，然后再过渡到正式生产。但有些形状特别、技术难度特别大的型材模具，往往要经过几次，乃至十几次的修整才能挤出合格的型材来。大型挤压模具的工作带很长，修模工作量大，所以修模时需要采用手锉、电锉或手工、电加工和超声波三合一的修模方法才能完成。修模人员的技术要求高度熟练，往往由于修模时用力过大或过小，修量过多或过小，修的部位过高或过低而造成型材质量不良。软合金或半硬合金挤压模具通过修理，可以较为容易地调节金属流动，但对硬合金型材，特别是有些形状十分复杂的型材，进行流速调节是十分困难的。

4.4.2　产品的主要要求及指标

地铁、高速列车车辆用大型材品种众多，主要有底板、顶板、侧板及转角等类型型材。为减少车体焊接数量和提高制造效率及满足车辆高速运行的需要，对车体用大断面空心铝合金型材的机械性能和断面截面积有严格的要求：其机械性能要求超出普通铝合金型材的 30%；并且能挤压成鼓形、梯形、矩形等复杂大断面（如 970 mm × 300 mm）的中空薄壁超宽（>500 mm）、长（30 ~ 60 m）铝型材。

图 4 – 22 为列车车辆用大型型材示意图，其中，底板型材是地铁型材中很典型的一种，也是车辆用大型材中难度系数最大的一类型材。图 4 – 23 是典型的 GDX – 11 车辆底板型材示意图，属于多孔空心型材，一般采用分流组合模进行挤压生产，此类型材在挤压生产及模具设计中具有以下技术难点：

（1）典型的扁宽薄壁空心型材，宽 557 mm，高 60 mm，断面积为 59.88 cm^2。型材宽厚比很大，靠近挤压筒边缘部分，成形非常困难。

（2）壁厚很薄，最薄处尺寸只有 2.5 mm，且为不易填充的斜筋，斜筋长度达 456 mm，上、下两个大面的壁厚为 3.2 mm。由于型材厚度较大，更加增大了中间斜筋处金属的填充，使得此处型材成形困难。

（3）型材断面比较复杂，共有 7 个空心孔，局部壁厚差较大，但形状对称，对金属流动有一定的好处。

（4）供货长度达到 25 ~ 28 m，且对外型尺寸精度及形位公差要求非常严格。要求装饰面平面间隙小于 2 mm；纵向弯曲在全长上不大于 6 mm；侧向弯曲度在全长上不大于 4 mm；扭拧度在全长上不大于 4 mm。这些都给模具设计与制造带来很大的难度。

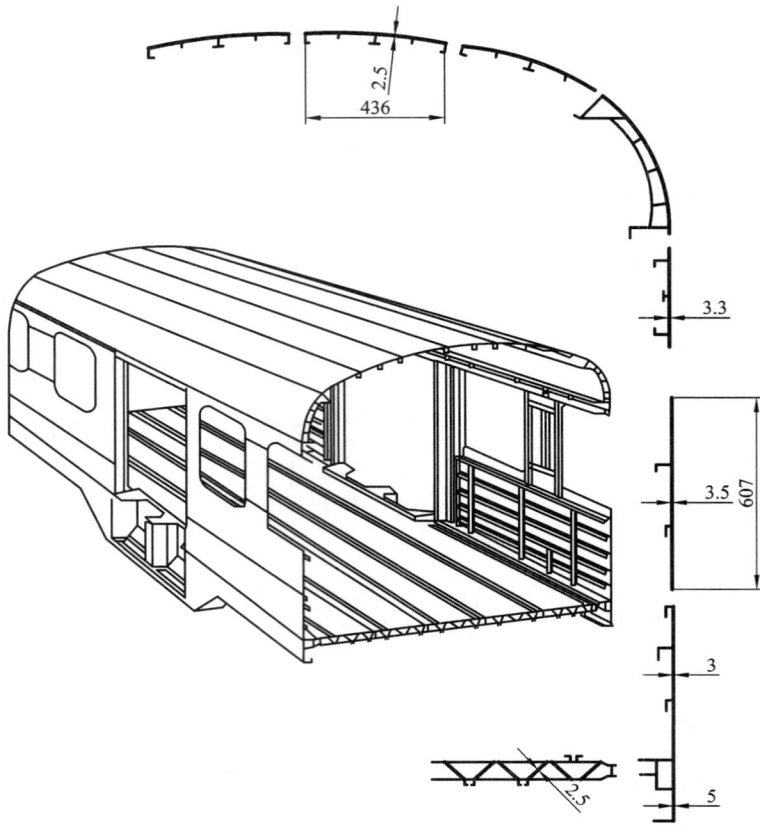

图 4 – 22　列车车辆用大型型材示意图

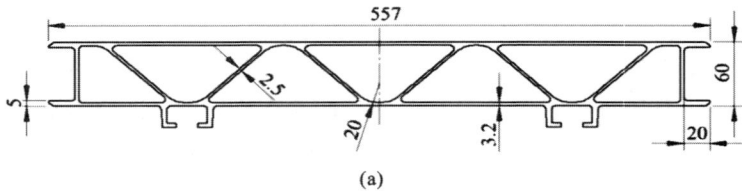

(a)

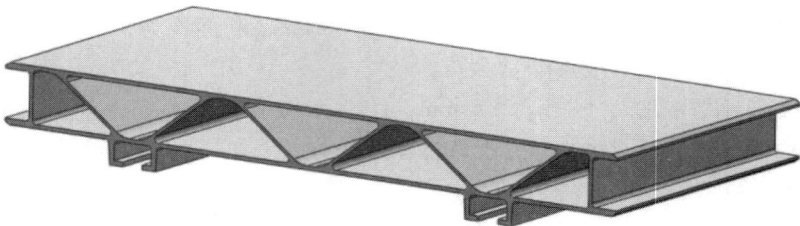

(b)

图 4 – 23　GDX – 11 车辆底板型材截面尺寸及三维图

（a）型材截面尺寸图；（b）型材三维图

4.4.3　生产的基本流程

轨道列车专用的大型铝合金型材的生产工艺流程如图 4 - 24 所示。

4.4.4　生产的技术关键

1. 大型铝型材挤压模具的设计

(1) 模具规格的确定。

由于轨道车辆型材大都是多孔空心型材，因此模具多采用平面分流组合模结构。如在 80 MN 挤压机上可以选择的模具外圆直径主要有 ϕ500 mm、ϕ600 mm、ϕ700 mm、ϕ800 mm、ϕ900 mm 五种规格，可以选择的模具总厚度为 280 mm、320 mm、360 mm、420 mm、480 mm、560 mm 六种规格。

图 4 - 24　轨道列车用铝合金大型型材生产流程

图 4 - 23 所示 GDX - 11 型材的主要尺寸，最大外接圆达到 ϕ600 mm，因此必须采用 ϕ900 mm 的模具挤压，模具由上下模、模垫、专用前环组成，总厚度为 760 mm。模具尺寸分别为：上模：ϕ900 mm × 190 mm；下模：ϕ900 mm × 140 mm；模垫：ϕ900 mm × 180 mm；前环：ϕ1046 mm × 250 mm。

(2) 分流比的选择。

各分流孔断面积之和（ΣF_k）与型材断面积（F_f）之比称之为分流比（K_w），K_w 值的大小直接影响挤压力的大小、制品的成形和焊合质量。K_w 值越小，挤压变形力越大，对模具和生产都不利；越大越有利于金属流动与焊合质量，挤压力也可减小，但模具强度会有所降低。因此，在满足模具强度的前提下，应尽可能选取较大的 K_w 值。在一般情况下，对于空心型材取 $K_w = 10 \sim 30$，对于悬臂较大的半空心型材取 $K_w = 10 \sim 20$，对于管材可取 $K_w = 5 \sim 15$。

(3) 分流孔的设计。

分流孔的设计是整个模具设计的关键，其形状、断面尺寸、数目和排列方式都直接影响到挤压制品的质量、金属流速均匀程度、挤压力、焊合质量和模具寿命。分流孔的大小与布局是平面分流组合模调节型材不同部位流速最主要的手段。越复杂的型材，分流孔的地位越重要。

通常情况下，分流孔数目应尽量减少，以减少焊缝数量、降低挤压力。分流孔的数量一般根据型材的外形尺寸、横截面积、模具强度来确定，且分流孔的布局应尽量对称并保持与型材外形的相似性。对于流速慢的区域应稍微加大分流孔截面积，对于挤压筒中心附近的分流孔应稍微缩小分流孔截面积。对于非对称空心型材来说，应尽量保证各分流孔与对应型材区域的分流比 K_w 值。

在一般情况下，对于空心型材取 $K_w = 10 \sim 30$，对于悬臂较大的半空心型材取值应略低于其他分流孔，以保证各分流孔金属的流动均衡。

(4) 分流桥的设计。

分流桥的结构直接影响挤压力的大小、金属流动的均匀性、焊合质量以及模具强度。从

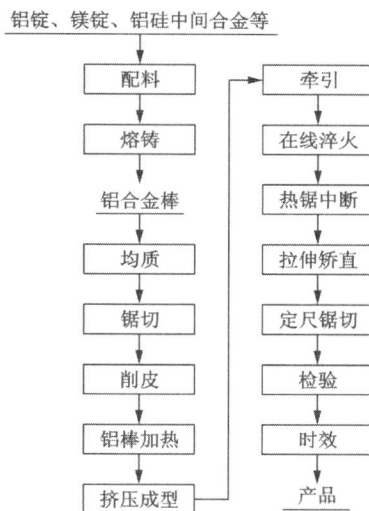

加大分流比、降低挤压力来考虑，分流桥宽度 W_B 可选择小些，但从改善金属流动均匀性和模具强度来考虑，W_B 最好选择得大一些，同时可以遮蔽模孔。综合考虑，一般 W_B 按照下式取值：

$$W_B = W_b + \Delta \tag{4-2}$$

式中：W_B 为分流桥宽度，mm；W_b 为模芯宽度，mm；Δ 为增加的裕量，mm；裕量 Δ 一般取 3 ~ 10 mm，制品外形及内腔尺寸大的取下限，反之取上限。

常用的分流桥截面形状如图 4 - 25 所示，主要有矩形、矩形倒角、水滴形和倒梯形 4 种。后两种截面都有利于金属流动和焊合，目前应用比较广泛。分流桥下梁斜度称为焊合角 α，一般取 30°，对于模芯较小的取 45° 或 60°。对于水滴形桥，桥底圆角 R 取 2 ~ 10 mm。

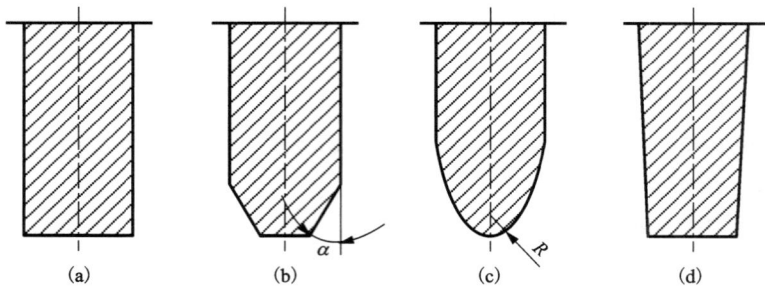

图 4 - 25　分流桥截面形状

（a）矩形；（b）矩形倒角；（c）水滴形；（d）倒梯形

（5）模芯结构的设计。

模芯的形状和尺寸决定了型材制品内腔的形状和尺寸，其结构形式可以影响模具的强度和焊合质量。模芯的长度直接受焊合室深度的影响。在实践中，为了增加模芯刚度，在保证有充足金属流入模孔的前提下，模芯应尽量做得短一些，这样在挤压时模芯不易失去稳定性而发生偏壁。但模芯又不能做得太短，太短会影响焊合质量，而且容易发生流速不均，使正对分流孔的部位流速加快。

（6）焊合室结构的设计。

当分流孔形状、数目、大小及分布状态确定之后，焊合室断面形状和大小也基本确定。焊合室的深度、形状和入口形式均影响挤出产品的焊合质量、金属流动均匀性和挤压力的大小。

焊合室的设计一般有两种方式：一种是上模焊合室；另一种是下模焊合室。国外的模具一般采用上下焊合的方式，即上模的分流桥比桥墩高 10 ~ 20 mm，形成上焊合室；下焊合室深度 30 ~ 40 mm，与上模一起形成 40 ~ 60 mm 深的焊合室。为了加工方便，国内多采用下模焊合室结构方式。

（7）模孔尺寸及工作带长度设计。

用平面分流组合模生产的产品，绝大多数为民用建筑型材和交通运输型材。这些型材的形状复杂，外廓尺寸大，壁厚薄，并要求在保证强度的条件下尽量减轻重量、减少用材和降低成本。因此，外形和壁厚尺寸应尽量按下偏差（负偏差）考虑，在模具设计时只考虑金属冷却后的收缩量。一般情况下，模孔外形尺寸 A 可按照下式确定。

$$A = A_0 + K = (1 + K)A_0 \qquad\qquad (4-3)$$

式中：A_0 为型材外形名义尺寸，mm；K 为经验系数，一般可取 0.007 ~ 0.015，如对 6063 合金可取 0.012，6005 取 0.010，7005 取 0.008 等。

模孔壁厚尺寸可按型材名义尺寸设计。

2. 大型铝型材挤压模具的制造技术

轨道列车用大型铝型材挤压模具的制造不同于一般的机械加工，需借助一系列电加工设备来完成。其中：上模芯头和下模模孔工作带的加工质量和装配质量如何直接影响到产品质量，是加工中的关键，也是难点所在。模具的选材和合理的热处理工艺方案以及表面强化处理是延长模具使用寿命的保证。修模和表面处理（氮化）是大型特种模具设计制造与使用的重要工序，必须认真对待。

（1）大型铝合金型材挤压模具特点。

图 4 - 26 为 GDX - 11 型材的模具结构设计图，采用平面分流组合模，由上、下模装配而成，工作部分型孔尺寸窄（均为 3.0 mm），精度要求高（- 0.05 mm）。在上模上主要有分流孔、模桥、七个芯头以及引流槽等；下模主要有焊合腔、模孔、空刀等。上模芯头成形型材各内腔尺寸，下模模孔成形型材外部尺寸。由于上、下模是分开加工的，故它们的制造精度以及表面质量和装配质量直接决定着产品质量。对于特大型模具，装配时既要保证装配质量，又要考虑到方便拆卸，为修模等提供方便。同时，特殊结构的大型模具在挤压时要承受长时间的高温、高压以及高摩擦作用，对模具材料、热处理和表面处理技术都有很高的要求。因此，加工模具时，保证芯头、模孔的尺寸精度和表面质量、保证装配质量以及合理的选材和优化热处理、表面处理工艺等是保证模具质量和延长模具使用寿命、降低生产成本的关键技术。

（2）大型模具加工工艺及技术难点。

从前面分析可知，上模芯头和下模模孔工作带的加工质量是保证型材质量的重要因素，其精度要求均较高（0.05 mm），考虑到热处理变形等因素，把它们安排在热处理后加工，而对不直接成形型材、加工量较大且精度要求不太高的分流孔、模桥、芯头颈部及焊合腔等则安排在热处理前机加工到位。根据技术要求，热处理后模具硬度达到 HRC 44 ~ 48。芯头和模孔用常规的机械加工根本无法加工，这就需要借助一整套的电加工设备如电火花、线切割、石墨成形机等来完成。考虑到电加工量较大，为避免电加工应力等影响模具的使用寿命，在模具装配好后，安排一道去应力退火工序，消除模具应力，进一步稳定组织和尺寸，这对提高模具寿命很有好处。因此，工艺方案大致为：选材→粗加工→热处理→精加工→装配→去应力退火。

芯头和模孔的作用是直接挤压成形型材，其精度要求非常高，特别是上模工作部分有 7 个芯头，如何保证其尺寸和相互间的位置精度，电加工如何安排、电极如何设计以及模具怎样装配才能使之既能满足技术要求，又方便拆卸是加工的难点所在。

（3）模具材料及热处理工艺。

根据型材模具的结构、尺寸大小和挤压工作条件，轨道列车用大型材挤压模具通常选用电渣重熔、炉外精炼的优质高强耐热空冷化铬系热作模具钢 4Cr5MoSiVl（H13）作为大型特种模具的材料，其化学成分见表 4 - 25。它不但有较好的红硬性、耐磨性和韧性，而且具有良好的氮化性能，容易铸锻加工，价格也较便宜。在加工前，应对模坯按标准进行超声波探伤检

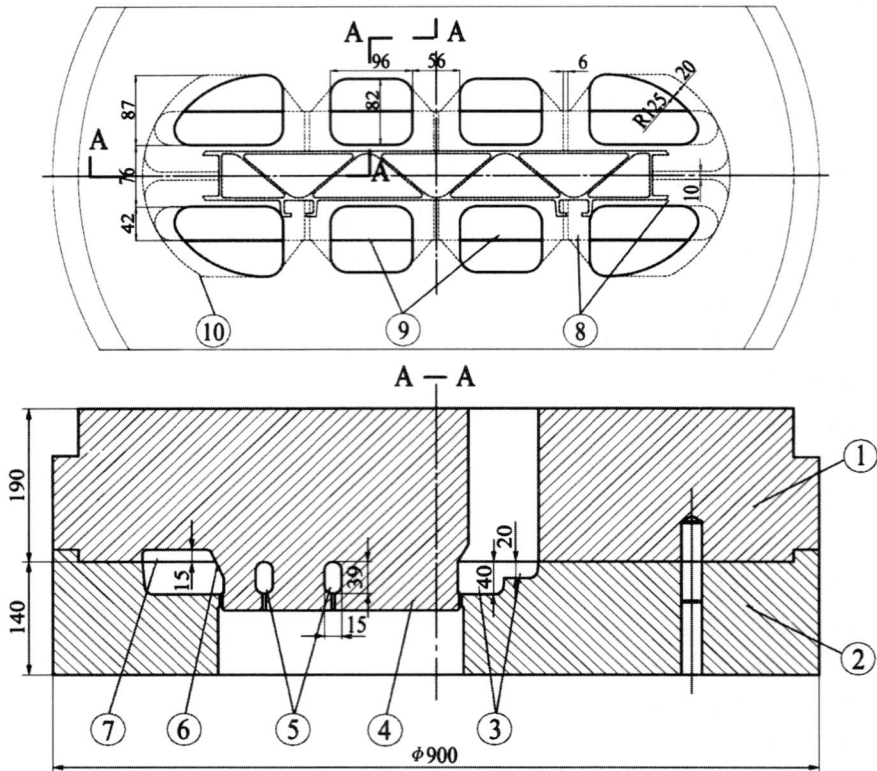

图 4 - 26　GDX - 11 型材模具设计图

1—上模；2—下模；3—台阶式焊合室；4—模芯；5—引流孔；
6—锥式斜拉；7—上模沉桥；8—桥位；9—分流孔；10—分流孔扩展处

查，应避免缺陷分布在芯头、模桥或模孔等关键部分。同时，在热处理时也要采取措施防止模具开裂或在使用过程中过早报废，提高使用寿命。另外，钢坯在加工前应进行预先退火，退火温度为 860 ~ 890℃，保温 4 ~ 6 h 后随炉冷却（必要时控制冷却速度≤30℃/h），低于500℃，可出炉空冷，硬度（HBS）≤229，便于机械切削加工，并使钢的晶粒细化和消除内应力，为淬火准备合适的组织。

表 4 - 25　4Cr5MoSiV1 模具钢的化学成分（质量%）

C	S	Mn	Cr	Mo	V	P	S
0.32 ~ 0.42	0.8 ~ 1.2	≤0.4	4.75 ~ 5.5	1.1 ~ 1.5	0.8 ~ 1.2	≤0.03	≤0.03

在生产中，为了获得足够的淬火硬度、良好的综合性能与内部组织，防止淬火变形和开裂，模具需要进行热处理。根据大型材 GDX - 11 挤压模具的特点，所采用的热处理工艺曲线，见图 4 - 27、图 4 - 28 和图 4 - 29。

因模具形状复杂，在加热到淬火温度（1040℃）前，采取 650℃和 820℃两阶段预热（图 4 - 27），其目的是减少截面温差，减少热应力，防止开裂，同时减少模具在高温阶段停留时

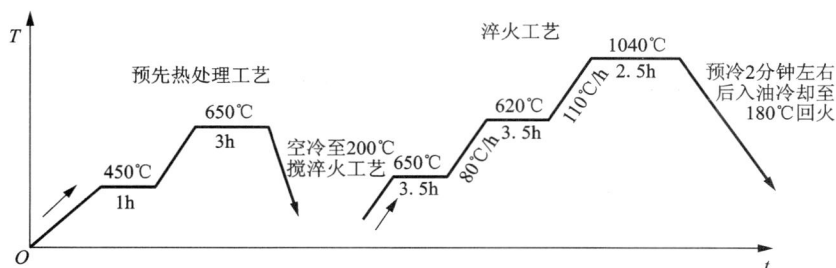

图 4 - 27　预先热处理和淬火工艺图

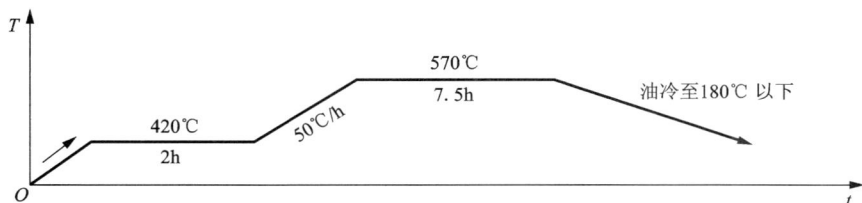

图 4 - 28　第一次回火工艺曲线图

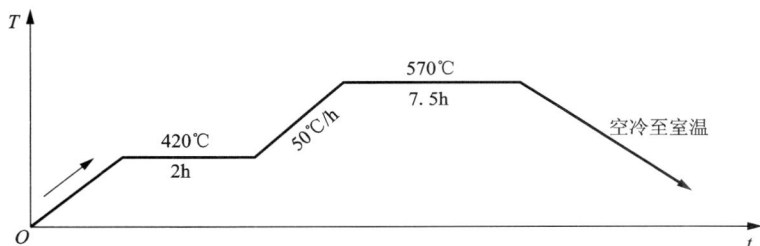

图 4 - 29　第二次回火工艺曲线图

间，防止晶粒粗大，避免过量氧化和脱碳。淬火冷却关键是控制模具在空气中的预冷时间和在油中的时间，预冷目的是降低淬火内应力，减少变形，时间为 2 min 左右，淬火油用 20#机油(3#锭子油)。为了保证淬火质量，缩短在油中停留时间和使冷却均匀，应尽量使油循环或有节奏地摆动模具(使油温不高于 70℃)。模具在油中的冷却时间视模具从油中提出油面有油烟，但不着明火(150~200℃)为准，大概为 1.5~2 h，淬火后组织为针状马氏体。因淬火应力的存在，出油后需立即回火，并采用两次回火工艺。保温时间按 1 h/25 mm 计算，宁长勿短。第一次回火主要是消除淬火应力，得到模具所需要工作硬度 HRC 44~48，为了缩短时间，采用油冷，但相应地产生了油冷应力。第二次回火采用空冷，消除应力并最终稳定模具组织和尺寸。另外，因为淬火应力的存在，在回火时应进行 420℃预热，防止模具直接升到高温而开裂。

(4)电加工及电极的制作。

由前面分析确定上模芯头工作带、出口带、引流槽和下模模孔采用电加工，根据其具体情况，上模采用电火花加工，下模模孔工作带直接由高精度慢走丝线切割机床切割。因为模孔尺寸较大，部分型孔窄(3 mm)，模孔可采取 3 遍切割，第一遍切割留足后加工量，单边留

0.06～0.08 mm；第二遍切割主要是消除第一遍切割后应力变形，留 0.015～0.02 mm 精加工量；第三遍切割达到尺寸精度要求（-0.05 mm），并进一步提高工作带的表面质量（表面粗糙度 0.4～0.8），便于钳工抛光，减少钳工工作量。

电极是电火花成形的关键工具，最常用的材料是紫铜和石墨。根据其各自的性能特点，选用紫铜电极加工上模芯头工作带和引流通槽，其余出口带、引流斜槽等采用石墨电极加工。因为紫铜电极精加工型腔精度好，粗糙度低，不易拉弧；石墨电极便于加工，损耗小，在同等体积下较紫铜便宜，但精加工易拉弧，故用来加工不是很关键和钳工易修磨的地方。

电极的设计和加工对模具制造很重要，特别是上模芯头工作带电极的设计与加工。由图 4-26 可知，上模芯头有 7 个，为了满足模具设计图纸要求，采取用整体式电极一次性加工好 7 个芯头工作带，避免了芯头相互间的尺寸、位置偏差，同时缩短了加工周期。考虑到电极是打实体，且加工深度较深，如用传统的精加工单边放置 0.1～0.15 mm，则会因电极的损耗而不能满足尺寸要求。现取电极单边放量 0.5 mm，采用单电极平动法加工，即先用粗规准加工，取大脉宽和适当的电流，避免电极损耗，放电间隙单边约 0.3 mm，深度到后再用电极朝四方对称移动，采用半精规准、精规准精修，达到尺寸要求并提高表面质量。电极用 30～40 mm 厚紫铜板。经精刨六方后用高精度慢走丝线切割编程加工，保证尺寸和形位精度，并得到较高表面质量（表面粗糙度 0.4）。经钳工用细砂纸抛光一下便可加工模具。

（5）机加工与模具装配。

钳工钳修模子是模具加工的关键工序之一，包括修型孔工作带，保证尺寸精度和表面粗糙度，打磨并抛光出口带、焊合腔、分流孔以及引流槽等，主要是工作带的抛光和引流槽的加工。工作带因在模具中央（下模），手工抛光时很容易使工作带直面出现"鱼鳅背"，影响工作带的有效长度，需借助专用的检查工具来帮助钳工修磨，如刀口平尺和自制小角尺等。引流槽电加工后的棱较多，为保证金属顺利充填，各棱部均需圆滑过渡。

因轨道列车用大型特种挤压模具的尺寸较大，下模出口带较长，给壁厚的调试造成了一定的困难，如采用塞尺塞，则会因各个尺寸的塞尺组合起来和操作很不方便，就不易较快地调好，且尺寸配合不一定很好。现改为采用 45# 钢加工塞块，先测出上、下模工作部分尺寸，算出其装配后的壁厚尺寸，把塞块磨削到比所算尺寸小 0.03～0.05 mm。如 GDX-11 型材壁厚为 3 mm，则塞块加工到 2.95～2.97 mm，长度取 130 mm（方便拿持），宽为 8～10 mm。每套模具用 6 块塞块，根据手感，分塞入型孔中六处，很好地解决了壁厚的调整以及装配中易扭转等问题，钳工操作起来也很方便。壁厚调好后带上连接螺杆，统一加工销孔。因硬度高、尺寸长，需采用电火花加工。通过改进电极结构，使工作部分只有 15～20 mm 长，经实践证明此方法有效地避免了二次放电，基本上消除了销孔的锥度问题。

销子的装配对模具的装卸非常关键。采用销孔加工好后，把上、下模分开，实测销孔尺寸后加工销子，销子采用 45# 调质钢，与上模销孔取过盈配合（过盈值 0.02～0.04 mm），与下模销孔取间隙配合（间隙值 0.02～0.04 mm，以刚好能放入而不晃动为准），且伸入下模的有效长度取 15～20 mm，并在头部加工 15°、长 8～10 mm 的导向斜面。经生产实践表明，此办法对模具的装卸非常有效，较大地提高了生产效率，特别是需修模时，把金属蚀洗后，不用钻掉销子，取掉连接螺杆，有的直接吊下模便能分开，分不开的用铝锤拍打模具，则上模均能自然掉下，修完合模时，不需重新调试壁厚，直接带上螺杆即可，减轻了钳工的工作量，缩短了加工周期；同时，配合尺寸精度也符合图纸技术要求。

3. 铝合金大型型材挤压缺陷及质量分析

铝合金挤压型材的缺陷主要包括：化学成分、冶金质量与内部组织、力学性能、尺寸与形状精度、内外表面等类型的缺陷。按产生的原因可分为坯料遗留下来的、工艺装备不良造成的、工模具设计制造不佳产生的、生产工艺不合理造成的、运输管理不严造成的几个方面。下面分析铝合金大型型材生产中常见的缺陷、产生的原因及其处理方法。

（1）气泡。

在制品表面出现的凸形泡，一般产生在制品的中部和尾部，软合金产生较多。其原因是：

1）挤压时挤压筒和挤压垫带有水分和油污，由于水分和油污受热后挥发为气体，在高温高压的金属变形过程中，进入制品表面，形成气泡；

2）挤压筒磨损，在磨损部位与坯料之间的空隙中的空气在挤压时进入金属表面；

3）坯料表面铲槽太多、过深，铲槽中有气体，挤压时会裹入金属表面；

4）坯料组织中的疏松气孔等，在挤压时集中于表面形成气泡。

型材技术条件不允许表面气泡存在，可以通过打磨清除，然后实测尺寸，若不超过制品负偏差，则按合格交货。

（2）起皮。

一种附在制品表面上的薄层缺陷，有脱落现象，多出现在软合金制品上。一般产生在制品前端，其产生原因是：

1）铝合金挤压时，原来黏附在挤压筒内壁的残料未清理干净；

2）挤压筒与挤压垫配合不适当，在挤压筒内壁附有残余金属，再继续挤压时易产生起皮；

3）采用润滑挤压时也易产生起皮。

技术条件规定制品表面不允许起皮存在，但允许将其清除掉，打磨光滑后，实测制品尺寸不超过负偏差则算合格。

（3）裂纹。

在挤压时速度过快、温度过高、金属流动不均匀、模孔定径带的阻力，在制品表面产生附加拉应力，引起金属表面破裂而形成缺陷。各种硬合金在挤压时容易产生这种缺陷。其原因是：

1）挤压速度过快，晶粒破碎来不及回复再结晶，使组织破坏剧烈，易产生裂纹，常产生在制品后端，型材边角部位；

2）挤压温度过高，金属和合金产生热脆性，使塑性显著降低；

3）挤压压力跳动时，挤压速度突然变快，使金属流动不均，造成附加应力而产生表面裂纹。

裂纹破坏了金属组织的连续性，技术条件不允许这种缺陷存在，只能按废品处理。

（4）金属压入。

金属碎屑压入制品的表面称金属压入。其产生原因是坯料内、外表面黏有金属屑或润滑油内含有金属碎屑等脏物。对这种缺陷可以进行清理并打磨光滑，制品尺寸不超过负偏差的则算合格。

（5）划伤。

在制品的表面有粗糙的纵向或横向划痕、划沟、小沟等称为划伤，是制品表面常见的缺陷之一。其产生原因是：

1）模子定径带上黏有金属屑；

2）模子工作区有凸、凹缺陷；

3）工具装配不正，导路不平滑；

4）运输过程吊运不当，造成划伤。

一般情况下允许轻微的、不超过制品尺寸偏差的表面划伤。

（6）擦伤。

制品受机械摩擦使表面破损，并形成条片状缺陷，称为擦伤。其产生原因是：

1）工具磨损，挤压针和模孔使用时间过长或黏有金属，表面易造成粗糙擦伤；

2）抹油不均匀，油和石墨配合比例不当；

3）制品端头有毛刺，在运输过程中造成表面擦伤。

按照技术条件，擦伤面积不能太大，修理后打磨光滑，实测尺寸其深度不能超过制品负偏差，需后续机械加工制品不超过加工余量。

（7）碰伤。

制品表面受到机械损伤，一般称为碰伤，各种制品都易出现。其原因一般是：①制品吊运过程中碰伤；②制品堆放所造成的碰伤。

按技术条件碰伤轻微不超过尺寸负偏差的可交货。

（8）表面粗糙（麻面）。

指型材表面连续的片状、点状的擦伤、麻点、金属豆等。其产生原因是：①模子定径带粗糙或黏有金属；②挤压温度过高；③挤压速度过快。

表面产生粗糙的范围不超过规定的允许面积时为合格，超过允许面积的可以修理，打磨光滑，其深度应不超过制品负偏差。

（9）表面腐蚀（腐蚀斑点）。

制品表面与外界介质发生化学或电化学反应而引起的表面局部破坏，并有腐蚀产物，称为腐蚀。其产生原因是：①制品在生产过程中接触水、酸、碱、盐等腐蚀介质；②储运过程中温度高、受潮湿等。型材技术条件规定，各种制品都不允许腐蚀存在。

（10）表面污渍。

在制品表面上呈黄色的点状或片状的硝盐残留痕迹，其原因是硝盐淬火后制品清洗不干净。各种制品一般不允许硝盐痕迹存在。

（11）尺寸不符。

制品的长、宽、厚及角度等几何尺寸不符合技术条件和图纸的要求。其主要原因是：①模孔和挤压针尺寸超差或换错工具；②多孔模涂油不均造成短尺；③挤压及精整等工序量错尺寸；④金属流动速度不均匀，过快过慢都会造压尺寸和角度的变化；⑤模具设计制造不合理。

几何形状不符、线性尺寸小的为不合格产品。线性尺寸大、角度、间隙、扩拼口等超差可进行矫直修整，至实测尺寸达到合格为止。

（12）波浪。

沿制品纵向的局部有连续起伏不平现象，称为波浪。其产生原因是：①模子制造不正确，定径带设计不合理，金属流动不均；②模具涂润滑剂不均，金属流动速度不一致。

型材技术条件中对波浪有规定的允许数值，如国标中对一般型材和高精度型材在每 2 m 长度上不应多于一处，其波浪高度分别不超过 1 mm 和 0.5 mm，薄壁型材每处间隙高度小于 0.25 mm。小波纹时无影响，不按波浪度处理。

（13）扭拧。

制品沿纵轴产生扭拧的主要原因是：①模子定径带设计不合理，定径带的摩擦阻力不适当，使金属流速不均，易造成扭拧；②涂油不均，涂油多的地方金属流动快，涂油少的地方金属流动慢，由于流动速度不一致，而造成扭拧。按技术条件规定，超过规定可再次矫直后检查。

（14）弯曲。

沿制品纵向呈现不平直现象称为弯曲。沿纵向呈均匀的弯曲，称为均弯；在制品某处突然弯曲，称为硬弯（一般指 200 mm 内的弯曲）；沿制品宽度方向（侧面向）的弯曲，叫刀弯（刀形弯）。弯曲产生的原因是：①挤压时没有导路，制品被顶弯；②模子定径带设计或制作不良，制品流出速度不均；③制品淬火时因厚度不均，冷却速度不一造成弯曲。

弯曲度必须在图纸和合同中注明，壁厚小于和等于 0.4 mm 的型材，允许有用手轻轻按压即可消除的均匀弯曲。

（15）间隙（平面间隙）。

指直尺叠合在型材某一面上，在直尺和该平面之间呈现一定的缝隙。其产生原因是：①挤压时型材壁的两面金属流动不均；②精整矫直配辊不当。对于平面间隙，超过规定者可多次辊矫。

（16）性能不合格。

是指产品力学性能和工艺性能没有达到技术条件规定的要求。其产生原因如下：①热处理时，加热温度偏低、保温时间不够；②在挤压和矫直过程中，工艺参数不正确；③化学成分不符，主要化学成分偏低；④测量部位和取样位置不正确。

遇到性能检验不合格时，按技术条件另取双倍试样（也可在本根上取双倍），如双倍试样中一个试样不合格，则该批产品 100% 取样试验。合格者交货，不合格者报废。

（17）过烧。

制品在加热、均热和淬火过程中，金属组织有局部熔化现象。其产生原因是：①加热炉不正常，通风设备不良，炉子温差大；②定温过高，仪表不灵；③违反加热制度，超过规定的上限温度，装炉时制品中夹有木料和油纱布等物也会造成局部过烧现象；④化学成分不符，如含镁量偏高，易产生过烧。

过烧破坏了金属组织致密性，力学性能降低，是致命缺陷，产品只能报废。

（18）成层。

制品放大观察发现在截面边缘部有分层的现象称为成层。其产生原因是：①坯料表面有汇聚污垢，或虽已车皮但坯料中有较大的偏析聚集物、金属瘤等情形时易产生成层；②坯料表面黏有油污锯屑等脏物，挤压前未清理干净；③挤压筒磨损严重或衬套内有脏物，未及时清理更换；④模孔位置设计不合理，过于靠近挤压筒边缘部位，产生了皮下缩尾的现象。

一般的薄壁型材不允许有成层存在，需经机加工使用的型材，允许深度不大于加工余量的成形缺陷，超出标准，按废品处理。如是因为皮下缩尾形成的成层，可加大尾端切除量，直至成层消失为止。

（19）缩尾。

制品经低倍检查，在截面上中间部位出现金属连续性被破坏的缺陷称为缩尾，一般软合金缩尾长。其产生原因是：①坯料表面有灰尘和油污或垫片涂油；②残料过短或制品切尾长度不够；③尾端挤压速度过快，造成坯料中间部分金属流动过快，外层比较脏的金属流速慢，当尾部金属补充不及时将脏物挤入产品中形成缩尾。

制品中不允许缩尾缺陷的存在，因为它破坏了金属的连续性。第一次取样有缩尾的，将该料切至合格为止，其余制品按此料最大切去长度切尾，全批交货。

（20）粗晶环。

制品热处理后，经低倍检查在断面上晶粒大小显著不一，周边一定深度层内的晶粒特别粗大，形成环状粗大晶粒组织，叫做粗晶环。其产生原因是：①挤压变形不均匀，外层金属受到模子表面剧烈摩擦作用，剪切变形程度大，使晶粒破碎严重，热处理时，制品表面层晶粒显著长大变粗，2A02、2A50 等合金较为严重；②淬火温度过高或保温时间过长；③生长粗晶环的深浅程度与合金化学成分有关。

一般规定机加工的型材粗晶环可超过加工余量，但不得大于 5 mm。无须机加工型材粗晶环深不大于 3 mm。此外还可在粗晶环区做力学性能试验，如果性能合格，可交货。

（21）焊缝（焊合不良）。

用分流模或舌形模挤压空心制品时，一般采用实心坯料，在挤压时金属先被分流桥分成若干股，然后在高温、高压、高真空条件下再焊合。如焊合不好，即形成焊缝不良。此缺陷多出现在制品前端，其产生原因是：①挤压比小，挤压温度低，速度快；②挤压坯料或工具不清洁或舌形模上有油污；③模具设计或制造不合理等。

一般不允许焊合不良的缺陷存在。第一次试验不合格时应另取双倍试样检查，双倍仍不合格则 100% 取样，合格者交货，不合格者报废。

（22）花边状（羽毛状）组织。

制品经低倍检查，在截面上有大晶粒遍布整个截面，貌似花纹的现象。其产生原因是由于铸造过程中所产生的柱状晶的遗传所引起的。对于这种缺陷根据制品的使用情况进行判断，对产品性能要求较高的产品不宜使用。

（23）起因于铸造的其他缺陷。

在挤压制品的低倍组织上，常出现熔铸过程带来的各种缺陷，处理办法如下：

1）光亮晶粒。它是合金组元偏低的贫乏固溶体一次晶。处理办法是：纯铝，5A02，3A21 不作检查；其他合金挤压制品允许有小于 2 mm 的两点。超出规定按金属间化合物处理。

2）金属间化合物。它是含难熔成分的高熔点的金属间化合物。处理办法是：所有型材允许有小于 0.3 mm 的金属间化合物存在。型带材允许有 0.3~0.5 mm 金属间化合物两点。超出规定，该根制品报废，另取双倍数量复验，双倍合格交货，不合格则 100% 复验或全批报废。

3）气孔、夹渣、疏松。它是在制品低倍组织中有微小的显微缩孔和气孔，使结晶组织不致密。有时三者伴随产生，在不同程度上破坏了晶粒致密度，是不允许存在的。处理方法是：当发现此缺陷时该制品报废，另取双倍数量复验，若仍不合格，则 100% 复验或全批报废。

4）氧化物。是指金属合金内部有铝氧化物。处理办法是：允许有 0.3～0.5 mm 的氧化物 5 点（小于 0.3 mm 不计算）。超出标准，按金属间化合物办法处理。

5）化学成分超标。它是熔炼时配料计算不正确或搅拌不均匀或某些元素过分烧损等所致。产生这种缺陷时，全批报废。

4.4.5　需要的特殊装备

轨道列车上应用的大型材，主要都是壁板类型材，需要的特殊设备主要是辊式矫直机。

因为，挤压型材在通过模具后，被强制冷却，在此过程中，由于金属各部分冷却不均而产生的收缩，容易产生部分变形，导致弯曲、挠度大和走形。为了获得平直的型材，冷却后，可以用拉伸机进行拉伸矫直。通常建筑型材大部分采用小型挤压机生产，几乎都是在挤压后，只通过拉伸机的拉伸矫直就可以得到正规的断面形状，很少需要通过辊子再进行形状矫直的工序。然而，因为大型型材断面较大，采用牵引机牵引拉伸矫直，其效果不是很理想。而且如果是薄壁和厚壁相混合的非对称型型材，薄壁部分要比厚壁部分容易被拉伸，所以在薄壁部分方向上容易产生挠曲，这也是造成弯曲的原因之一。为了获得均匀的拉伸效果，较好的方法就是使用每次单独制造的适合于型材形状的下模、上模专用夹具。对于宽幅型材来说，有很多就是用这些专用夹具也固定不住的复杂形状型材。此外，对车檐梁、长横梁等轨道列车用型材，要考虑到车辆装载之后，由车辆自重所引起的挠曲，所以车辆在装配之前，其型材只容许在一个方向上具有挠度，这可以说是车辆特有的要求。目前，应用在轨道列车上的大型型材，基本都是车体长 26 m 的车辆，往往采用整根型材，所以有必要研究能够保证整根型材具有均匀凸度的技术。

一般来说，解决挤压时走形的方法是通过均匀调整挤压时的金属流动和设计可以防止走形的工作带。可是对于大型型材来说，因为模具较大，由于模具的挠曲和挤压坯料渐渐变短，金属向模具面流动的角度也随之不同，以及由于挤压时的变形热，提高了坯料的温度，使流动变化受到了影响等等，所以只靠设计模具来防止走形是不够的。如上所述，冷却时和拉伸矫直时容易引起走形，特别是像车辆棚顶、窗檐横梁等带有 R 的部件的型材，如果同规范的 R 不一致，是不可能连接的。所以这些大型型材，通常都要进行辊式矫直。

辊式矫直的方法，是把型材的被矫直面放在两个辊子支点上，用另外一个辊子顶住其中间部位进行矫直，矫直时要把弹性变形回复考虑进去。如前面所述，在一根挤压型材的长度上，由于受金属流动和模具挠曲的影响，其挤压前端、中端和后端所产生的走形也各不相同。由于其程度不固定，所以，矫直时，辊子的压下量、放置的位置及角度，在一根型材上就有很多不同的变化，因此要与之相适应。另外，矫直对象的不同，对支点设定的位置和角度也有些影响，所以，要求既有经验，又熟练。因此，如同轧辊成形加工那样，采用串列式机架进行自动连续矫直处理是非常困难的。

对那些分流较深的箱状型材（车辆端梁用型材等）的平面度矫直时，因为要把轧辊放在矫直面上，所以现在新研制出一种轴倾斜式和多轴连结式辊矫机，以便提高效率、产品质量和精度。

因为大型型材断面大，即使采用牵引机牵引，其效果也不是很理想。而且挤压型材在通过模具后，被强制冷却，在此过程中，由于金属各部分冷却不均而产生的收缩，容易产生不均匀变形，导致弯曲、挠度大和走形。为了获得平直的型材，冷却后，可以用拉伸矫直。为了获得均匀的拉伸效果，较好的方法就是使用每次单独制造的适合于型材形状的下模、上模专用夹具。但是，对于一些宽幅、薄壁型材来说，即使采用专用的夹具也很难达到要求。所以有必要研究能够保证整根型材具有均匀凸度的技术。除了靠设计模具来防止型材走形以外，通常经过拉伸矫直的都要再进行辊式矫直。大中型型材的辊式矫直如 4 – 30 所示。

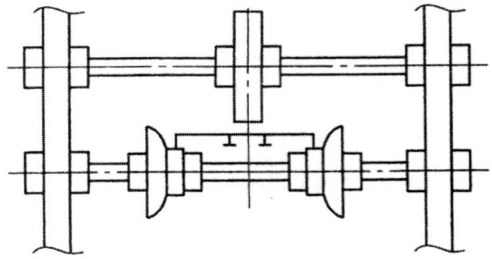

图 4 – 30　大中型型材的辊式矫直示意图

4.5　航空航天用大型铝型材

铝合金在飞机上主要是用作结构材料，如蒙皮、框架、螺旋桨、油箱、壁板和起落架支柱等。铝合金在航天航空中的应用开发可分为几个阶段：20 世纪 50 年代的主要目标是减重和提高合金比刚度、比强度；60 至 70 年代的主要目标是提高合金耐久性和损伤容限，开发出 7×××系合金 T76 热处理制度、7050 合金和高纯合金；80 年代，由于燃油价格上涨而要求进一步减轻结构重量；90 年代至今，铝合金的发展目标是进一步减重，并进一步提高合金的耐久性和损伤容限。例如开发出高强、高韧、高抗腐蚀性能的新型铝合金，大量采用厚板加工成复杂的整体结构部件代替以前用很多零件装配的部件。不但能减轻结构重量，而且可保证性能的稳定。

随着航空工业的飞速发展，对铝合金半成品提出了越来越高的要求，特别是高速军用与民用飞机要求采用最完善的半成品，以使各个部件的结构更趋合理，保证结构质量最轻，强度和刚性最大，同时大幅度减少部件数量，减少组装、接合和维修等费用，确保完善、美观的表面（密封性好、无接缝、无变形等）。于是，大型铝合金型材成了世界各国竞相研制的重要对象。目前大型、复杂、整体的特种铝合金挤压型材已成航空工业中必不可少的重要结构材料。

4.5.1　产品的特点及主要要求

1. 产品的特点

航空航天用大型挤压型材主要有整体带筋壁板、"工"字大梁、机翼大梁、梳状型材、空心大梁型材等。主要用作飞机、宇宙飞船等航空航天器的受力结构部件以及直升机异形空心旋翼大梁和飞机跑道等。大型型材的主要特点有：

（1）大型化和整体化。

（2）薄壁化和轻量化。

（3）断面尺寸和形位公差精密化。

（4）组织性能的均匀化与优质化。

由于大型型材具有以上特点，给挤压加工带来了一系列困难。

2. 航空航天用大型挤压型材的主要要求

（1）常用合金。

1）低强度铝合金：工业纯铝、3A21、5005、5A02、5A03、5086 等热处理后不强化，其半成品在退火状态下和冷作硬化后使用。

2）中强度铝合金分为两组：热处理不可强化铝合金（5A05、5A06、5806）和热处理可强化铝合金（6A02、2A70、2A06）等。

3）高强度铝合金 7A04 和 2A12 在热处理时可急剧强化。

（2）大型铝合金型材属于飞机上特别重要的结构件，要求型材具有优良的力学性能。因此，型材必须采用硬铝或超硬铝合金来挤压生产。

（3）形状复杂（实心和空心的），外廓尺寸和断面积大。如外接圆直径可达 $\phi300 \sim \phi800$ mm，最大断面积达 800 cm^2，长度达 18 m。因此，挤压成形十分困难，不仅需要 50 MN 以上的重型挤压机和大直径高比压的挤压筒，而且需要设计和制造大型模具，而这些都属于高难度的技术。

（4）由于型材用作飞机关键部位的结构零件，因此要求有良好的综合性能（见表 4-26）和均匀的组织，特别是对粗晶环有十分严格的要求。而挤压后淬火制品中的粗晶环缺陷是很难避免的，也是全世界挤压行业工作者为之奋斗了几十年而成效不大的研究课题之一。

表 4-26　航空航天用铝合金大型型材的力学性能指标

合金及状态	$R_m/N \cdot mm^2$			$R_{p0.2}/N \cdot mm^2$			$A/\%$		
	纵向	横向	高向	纵向	横向	高向	纵向	横向	高向
2A12T4	440	400	350	300	290	290	10	6	4
7A04T6	540	500	480	470			6	4	3
7A09T6	550	500	480	470			6	4	3
2024T351，T4	450			315			10		
7075T6	540			485			6		
7075T73	470			395			7		
д16	440	400	350	300	290	290	10	6	4
B95T1	580	500	480	500			6	4	3

4.5.2　生产的基本流程及技术关键

1. 生产的基本流程

由于航空航天用铝型材对其力学性能有着较高的要求，因此与生产一般工业型材相比，有一些不同之处。主要的区别是：在挤压生产前需要对铸锭进行均匀化处理，挤压后需要增加淬火和拉矫工艺。

2. 生产的技术关键

（1）大型实心型材生产的技术关键。

1）模具准备。

由于大断面特种铝合金型材的形状复杂，相关尺寸多，外形轮廓大，而且壁厚变化剧烈，极不对称，给模具设计与制造带来了困难。为了平衡金属流动，应采取合理布置模孔，在厚壁处设计阻碍角等措施，以控制在后续处理中很难消除的刀弯废品。为了提高模具寿命，应先用 3Cr2W8V 钢或 4Cr5MoSiVl 钢来制造挤压模，在 1150℃下进行高温淬火和在 550～560℃进行多次中低温回火，使硬度达到 HRC 44～48。

　　2）坯料制备。

　　选用 7A04 和 2A12 合金的标准化学成分，用半连续铸造法铸成 $\phi420～\phi650$ mm 的铸锭，浇铸温度为 720～750℃，铸造速度为 20～55 mm/min，水压为 0.2～0.6 MPa。熔体经熔剂精炼，玻璃丝布 + 陶瓷过滤板过滤，Al - Ti - B 丝变质处理，MINT 法除气，以控制融熔金属的纯净度，确保一级疏松、一级氧化膜、一级晶粒度。铸锭经均匀化处理后，车皮切成定尺坯料。

　　3）挤压工艺。

　　坯料装入步进式电阻炉或感应电炉加热并保温后，在 80 MN 或 125 MN 挤压机上用 ϕ(500～600)mm × 2000 mm 的圆挤压筒或 670 mm × 270 mm × 1600 mm 扁挤压筒进行平模正向无润滑挤压。部分产品的主要挤压工艺参数见表 4 - 27。

表 4 - 27　飞机用典型大型型材的挤压工艺参数

型材代号	合金状态	坯料规格/mm	挤压比 λ	残料长度/mm	挤出长度/mm	坯料温度/℃	筒温/℃	模温/℃	挤出速度/(m·min⁻¹)
A	7A04T6	$\phi630 \times 1800$	10.5	150	约16000	430～450	450～480	350～400	0.6～1.2
B	2A12T4	$\phi550 \times 1500$	14.3	120	约15000	440～470	450～480	350～400	0.3～0.6
C	2A12T4	$\phi550 \times 1550$	14.9	120	约15000	440～470	450～480	350～400	0.8～1.0

　　4）热处理与精整工艺。

　　淬火加热在立式空气强制循环淬火电炉内进行，温差用微机控制在 ±3℃范围内，淬火转移时间小于 15 s。为了保证三向性能和组织均匀，可选用如表 4 - 28 所示的热处理制度。由于型材断面大、形状复杂、壁厚相差悬殊，淬火后变形极不均匀，残余应力大，易产生刀弯，因此必须在淬火后 2 h 内采用专用垫块在 15 MN 拉矫机上进行矫直，拉矫率在 2.5%～3% 之间。必要时可在辊式矫直机上进行辊矫和在 3 MN 压力机上进行局部矫形。7A04 合金型材在 18 m 卧式时效炉内进行人工时效。2A12 合金型材只需进行 96 h 自然时效即可测量力学性能。经拉矫的型材，强度指标可提高 10～20 N/mm²。

表 4 - 28　大断面型材的热处理与拉矫工艺

型材代号	合金状态	淬火加热温度/℃	淬火保温时间/min	水温/℃	拉矫力/MN	拉矫率/%	时效温度/℃	时效时间/h
A	7A04T6	456～470	360	40～50	14.5	2.5～3	138 ± 3	16
B	2A12T4	495 + 3	300	35～40	12.5	2.5～3	室温	≥96
C	2A12T4	495 + 5	300	40～45	14.5	2.5～3	室温	≥96

（2）大型异形无缝空心型材生产工艺。

1）产品特点及技术要求。

为了改善飞机的结构，增加强度和刚度，减轻重量，现代飞机上大量采用大型空心型材。这类型材的主要特点是形状复杂、尺寸繁多、壁厚变化大、断面积大，有的长度达 15 m，是飞机上最关键的受力结构部件。对型材的技术要求有如下几个方面：

①尺寸公差与形位精度。要求达到有关标准的高精度级水平，特别对于内腔尺寸、壁厚差以及弯曲、扭拧、翘曲等有特殊要求。

②力学性能。不同型材的力学性能指标见表 4 - 29。

表 4 - 29　空心大梁型材的力学性能指标要求

型材代号	合金状态	R_m/（N·mm²）			$R_{p0.2}$/（N·mm²）			A/%		
		纵向	横向	高向	纵向	横向	高向	纵向	横向	高向
D	7A09T6	≥510			≥400			≥5		
E	6A02T6	≥294	≥294		≥225	≥196		≥10	≥6	

③表面质量。要求内表面光洁，无划伤、擦伤、裂纹、腐蚀斑点。

④内部组织。要求 100% 检查显微组织、宏观组织和超声探伤（A 级）；内表面粗晶环深度小于 2 mm，外表面粗晶环深度小于 5 mm；无焊缝。

⑤化学成分。应符合国家标准和国际有关规定。

2）工艺特点。

由于航空用空心大梁型材需要承受很大的应力，因此要求无焊缝，只能用穿孔针挤压的方法生产。

铸锭用半连续铸造法生产，化学成分如表 4 - 30 所示。为了保证一级疏松、一级氧化膜和一级晶粒度，熔铸时要进行严格的净化处理和晶粒细化处理。铸锭经均匀化处理后车皮切成定尺坯料。坯料在步进式电阻炉或感应电炉中加热，然后在 125 MN 挤压机上用 ϕ650 mm 挤压筒进行无润滑穿孔挤压，主要工艺参数见表 4 - 31 所示。

表 4 - 30　空心型材用坯料的化学成分（质量分数）/%

型材代号	合金状态	坯料规格/mm	Cu	Mg	Mn	Fe	Si	Ti	Zn	Cr	Ni	余量
D	7A09T6	ϕ630/ϕ260 ×750	1.48 ~ 1.62	2.21 ~ 2.55	0.15 ~ 0.16	0.13 ~ 0.50	0.12 ~ 0.18		5.4 ~ 5.7	0.19 ~ 0.22	<0.1	Al
E	2A06T6	ϕ630 ×800	0.43 ~ 0.52	0.67 ~ 0.86	0.24 ~ 0.29	0.31 ~ 0.36	0.49 ~ 0.71		0.041 ~ 0.046 Zn	≤0.15	<0.05	Al

为了突破空心型材的成形问题，保证高精度级断面尺寸和形位公差，对工模具的尺寸设计、装配形式和强度要求十分严格。型材淬火在立式空气淬火电炉内进行，人工时效在卧式时效电炉内进行。热处理工艺列于表 4 - 32 中。

表 4 – 31　大型空心型材穿孔挤压工艺参数

型材代号	合金状态	坯料规格/mm	坯粒加热温度/℃	挤压筒温度/℃	模具温度/℃	穿孔速度/(m·min⁻¹)	挤出速度/(m·min⁻¹)	挤压比λ	压余长度/mm	挤出长度/m	挤压力/MN
D	7A09T6	φ630×260×750	420~440	450	450		0.3~0.5	29	120	16.4	98
E	2A06T6	φ630~800	470~500	480	450	2~3	1.5~3.0	26.3	120	18~20	108

表 4 – 32　空心大梁型材的热处理工艺参数

型材代号	合金状态	最大壁厚/mm	淬火温度/℃	淬火保温时间/min	水温/℃	时效温度/℃	时效时间/h
D	7A09T6	47	465~475	170	30~40	138+5	16
E	2A06T6	30	517~528	45	25~35	155+5	10

型材淬火后需立即在 15 MN 拉伸矫直机上进行拉矫，拉矫变形率为 1.5%~2.5%。为防止变形和改善形位精度，拉矫时型材内孔塞入异形芯头（长度 400 mm 左右），并使用专用垫块进行拉矫。

4.5.3　需要的特殊装备

（1）重型挤压机系统。

航空航天用铝合金型材要向大型化、薄壁化、整体化和高精化方向发展。要达到这个目标，最基础的条件是应配备现代化的重型卧式挤压机（50 MN 以上），机后应配有自动出料台、精密气淬火装置、牵引机、精密中断距、拉伸矫直机、辊式矫直机和人工时效炉等辅助设备。为满足大型化、薄壁化、高精化的要求，在生产线上除采用 PLC 控制外，所有参数（挤压温度、挤压速度、变形程度、铸锭规格、挤压力及成品率等）都要通过计算机控制。

（2）高比压的挤压筒及扁挤压技术。

由于航空航天用铝合金型材的复杂性，因此需要采用有高比压的挤压筒来挤压。有时需要采用扁挤压技术，即采用扁挤压筒来挤压大型扁宽型材。由此，挤压筒内套的强度设计是一个十分值得重视的问题。

4.6　绿色建筑铝合金模板用型材

4.6.1　绿色建筑铝合金模板的特点及要求

1. 建筑模板的发展概述

绿色建筑铝合金模板系统最早诞生于美国，是新一代的绿色模板技术。铝合金模板系统主要由模板系统、支撑系统、紧固系统、附件系统等构成，可广泛应用于钢筋混凝土建筑结构的各个领域。铝合金模板系统具有重量轻、拆装方便、刚度高、板面大、拼缝少、稳定性好、精度高、浇注的混凝土平整光洁、使用寿命长、周转次数多、经济性好、回收率高、施工进度快、施工效率高、施工现场安全整洁、施工形象好、对机械依赖度低、应用范围广等特点。

经过几十年的发展和改进，绿色建筑铝合金模板系统技术已经基本成熟，应用也更加广泛。至今，美国、加拿大、日本、韩国、迪拜、墨西哥、马来西亚、新加坡、巴西、印度等几十个国家已经普遍在建筑施工中采用。近几十年来，我国的沿海省市以及港澳台地区也逐渐开始推广使用铝合金模板系统，并取得了可观的经济效益和社会效益。

20 世纪 70 年代初，我国建筑结构以砖混结构为主，建筑施工所用的模板以木模板为主，20 世纪 80 年代以来，在"以钢代木"方针的推动下，各种新结构体系不断出现，钢筋混凝土结构迅速增加，钢模板在建筑施工中开始盛行。

20 世纪 90 年代以来，我国建筑结构体系又有了很大的发展，伴随着大规模的基础设施建设，高速公路、铁路、城市轨道交通以及高层建筑、超高层建筑和大型公共建筑的建设，对模板、脚手架施工技术提出了新的要求。我国以组合式钢模板为主的格局已经打破，逐渐转变为多种模板并存的格局，新型模板发展的速度很快。新型模主要有如下几种：

（1）木模板：用木材加工成的模板，常见的是杨木模板和松木模板。优点是重量相对较轻，价格相对便宜，使用时没有模数的局限，可以按要求进行加工。缺点是使用的次数较少，在加工过程中有一定损耗，对资源的破坏大。

（2）钢模板：用钢板压制成的模板。优点是强度大，周转次数多。缺点是重量重，使用不方便，易腐蚀，并且成本极高。

（3）塑料模板：利用 PE 废旧塑料和粉煤灰、碳酸钙及其他填充物挤出工艺生产的建筑模板。优点是表面光洁、不吸湿、不霉变、耐酸碱、不易开裂，成本相对钢板要便宜很多。缺点是强度和刚度都太小，其热膨胀系数较大，不能回收，污染环境。

（4）铝合金模板系统：利用铝板材或型材制作而成的新一代建筑模板，因重量轻、周转次数多、承载能力高、应用范围广、施工方便、回收价值高等特点，适用于钢筋混凝土建筑结构的各个领域。

目前广泛使用的木（竹）胶合板模板、钢模板等模板体系存在技术含量偏低、施工效率低、浪费人工、污染严重等问题，与和谐型社会提倡的绿色建造、节能减排要求相去甚远。模板行业迫切期待使用效率高、综合成本低的模板体系出现。作为新一代绿色模板技术，铝合金模板系统必将引领模板行业的发展方向和未来。

2. 模板的特点

绿色建筑铝合金模板（及脚手架）主要用挤压法生产的型材（部分管材和棒材）制造。绿色建筑铝合金模板型材品种多，规格范围广，形状复杂，外廓尺寸和断面积大，壁厚相差悬殊，大部分为特殊的异形空心型材，也有宽厚比大的大型扁宽薄壁实心型材，舌比大的半空心型材以及要求特殊的管材和棒材，难度系数很大，技术含量很高，批量生产十分困难。表 4 - 33 为部分绿色建筑模板挤压产品的一览表。

表4－33　我国生产的部分绿色建筑铝合金模板型材一览表

序号	合金状态	型材截面简图	型材截面积/cm²	序号	合金状态	型材截面简图	型材截面积/cm²
1	6063T5		13.31	12	6063T5		6.289
2	6063T5		10.814	13	6063T5		8.084
3	6063T5		19.61	14	6063T5		4.884
4	6063T5		18.115	15	6063T5		6.693
5	6063T5		21.112	16	6063T5		4.957
6	6063T5		12.737	17	6063T5		3.28
7	6063T5		11.737	18	6063T5		3.82
8	6063T5		10.737	19	6063T5		4.225
9	6063T5		23.241	20	6063T5		5.491
10	6063T5		14.032	21	6063T5		19.917
11	6063T5		15.062	22	6063T5		24.717

3. 铝合金模板的主要要求

（1）如图4－31所示，铝合金模板型材通常采用整体组合结构，形状各异的中小型材拼组成一个大型整体结构型材，有的宽度大于600 mm，宽厚比＞100，舌比＞5，需要采用7000 t以上大挤压机，设计制造特殊结构的模具才能成形。

（2）铝合金模板型材要求具有良好的综合性能，既有一定的强度（$\sigma_b \geq 300$ MPa），又保证良好的可焊性、耐磨性和耐蚀性及冷冲性的良好匹配，因此，需优化合金成分，优化挤压和热处理工艺，改善和提高组织与性能才能满足要求。对合金成分、铸锭质量、模具设计与制作技术、挤压工艺和热处理工艺等提出了严格的要求，技术难度很大，需要做大量的研究和试验工作。

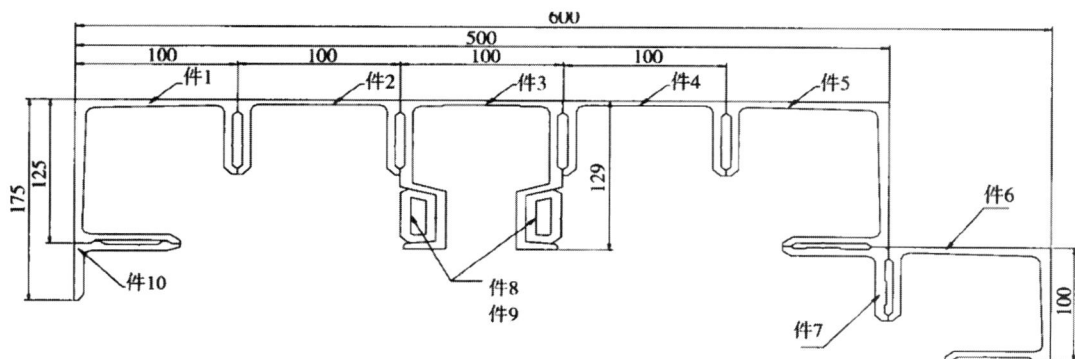

图 4 - 31　由多件组合的建筑铝合金模板型材断面示意图

（3）铝合金模板需要多次重复使用，因此，要求型材尺寸精度和形位公差十分严格才能做到方便装卸，因此，要求型材的精度控制在超高精度级以上，这对模具质量、挤压与精密淬火工艺提出了很高要求。

（4）要求产业化大批量生产，因此对设备、铸锭质量、模具技术、挤压和热处理工艺提出了更高的要求，特别是对模具的使用寿命提出了高要求，要求较一般模具的寿命提高 2 ~ 3 倍。

（5）铝合金模板型材要求表面光洁、尺寸和形位精度高，因此需要采用高质量的模具钢及严格的模具热处理工艺、机加工全部实施 CNC 工艺规程，才能获得具有高强度、高韧性、高精度、低表面粗糙度的优质模具。

4.6.2　生产的基本流程及技术关键

1. 生产的基本流程

铝合金模板用型材生产的基本流程与一般铝合金型材的生产过程相同，参见图 4 - 5。

2. 生产的技术关键

（1）两种典型铝合金建筑模板型材的特点。

铝合金建筑模板型材品种多达几十种，而且规格范围广，有的型材是多块形状各异的中小型材组拼成的一个大型整体材，外接圆直径大于 $\phi600$ mm，有空心型材、实心型材和半空心型材，成形难度大，尺寸和形位精度要求高，要求有高的力学性能（$\sigma_b \geq 300$ MPa），优良的可焊性、耐磨、耐蚀等综合性能，而且要求产业化批量生产。因此，要求不同形式的特殊结构的模具，如特殊分流模、遮蔽式型材模、特种宽展模等才能保证不同型材的成形和尺寸精度，而且要求高的使用寿命（要求使用寿命要求较原用的提高 2 ~ 3 倍），确保其批量生产。

以下选取两种典型的、难度较大的型材模具为例来讨论绿色建筑铝合金模板型材生产的技术关键，其中一种为宽度达 400 mm，宽厚比大于 100 的带筋壁板型材（A 型），见图 4 - 32；另一种是舌比大于 5、尺寸和形位为超高级精度的半空心型材（B 型），见图 4 - 33。

（2）带筋壁板型材生产的技术关键。

铝合金建筑模板用带筋壁板型材的合金状态为 6061 T6，挤压材经精密水、雾、气淬火 + 人工时效后交货，要求型材的尺寸与形位精度达到超高精级水平，并具有良好的力学性能、

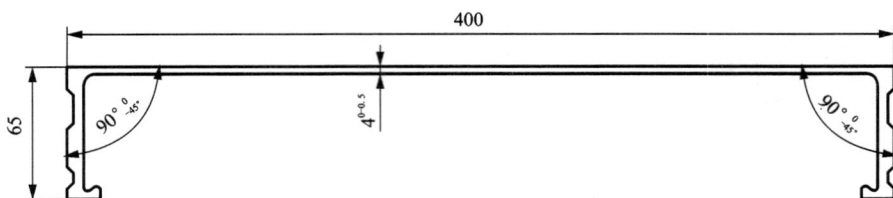

图 4 – 32　铝合金建筑模板用带筋壁板型材(A 型)尺寸示意图

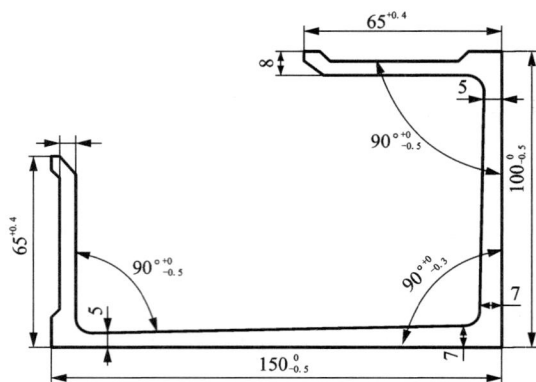

图 4 – 33　铝合金建筑模板用半空心型材(B 型)尺寸示意图

耐磨、耐蚀、可焊等综合性能的合理匹配。A 型材属于扁宽薄壁型材,其特点是容易发生严重的壁厚差和平面间隙,型材两端面因充料不足而壁厚尺寸不够,其宽厚比值高达 100,用普通平面模是达不到挤压型材技术要求的,必须设计一种特殊的组合模才能保证成形和达到精度要求。

A 型材外廓尺寸大,必须在 7000 t 以上的大挤压机生产,配套的挤压筒直径为 ϕ418 mm,型材宽度几乎与挤压筒直径相当,这就需要设计制作一种特殊的多级宽展挤压模,才能保证型材成形及宽度精度与平面间隙。

为了确保模板顺利装卸和整体的平直度,A 型材的两个支承腿与壁板角度的形位公差值已高于 GB 5237 高精级规定,需要反复计算与平衡金属流量的分配才能保证角度精度。并且要求选择优良的模具材料,先进的热处理和表面处理工艺,确保模具的使用寿命提高 2 ~ 3 倍。

根据上述 A 型材的特点和技术要求选择宽展模与分流模相组合的特殊模具结构,如图 4 – 34所示。

这种特种分流宽展模的技术关键是:

1)直接在宽展模孔内设计 2 个吊桥,形成 3 个分流孔,焊合室采用特殊形状并设有 4 个桥墩以平衡金属流量和提高模具的整体强度,从而使流动金属在焊合室内具有足够高的静水压力。

2)在模孔前面设有金属导流槽,按型材形状进行第一次金属分配,提高型材的成形效果。

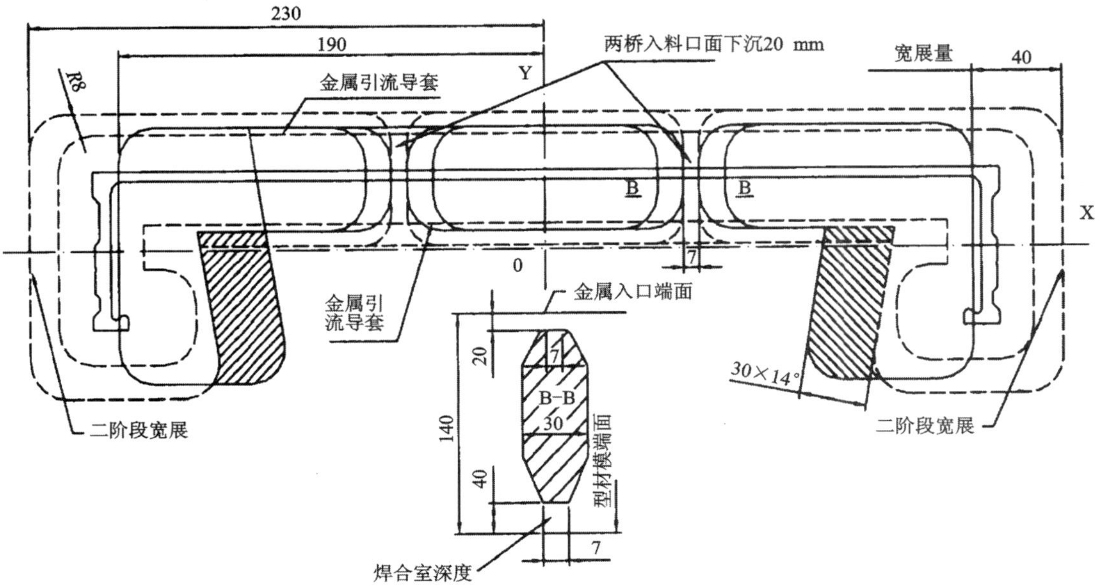

图 4 – 34　挤压 A 型材用特种分流宽展模示意图

3) 宽展分流模的金属入口处下沉 20 mm，可均衡金属流动并降低挤压力。

4) 宽展分流模的分流孔布置与型材形状相似，金属流经宽展分流孔的过程中逐渐由圆形铸锭变成与型材形状相似的金属流，合理控制了金属分配，调节了金属流速。

5) 两侧的分流孔向外成两级宽展角，宽展角分别为 25°、5°，以增大两端模孔处的金属流量和压力，便于填充。

此类模具结构复杂，模具的加工需要 CNC 数控加工中心来确保模具的加工质量。模具材料选用 H13 热做模具钢，电渣重熔钢坯经再锻造、退火后使用，模子热处理经 1035℃ 高温淬火 +2 次充分回火，模体硬度值在 48 ～ 49 HRC，模具表面强化处理采用二阶段氮化工艺，确保模子表面硬度值在 HV 950 ～ 1150，氮化层厚度 100 ～ 160 μm，从而提高模具使用寿命。

（3）半空心型材生产的技术关键。

铝合金建筑模板用半空心型材 B 是属于典型的高舌比半空心型材。该型材从形状来看是从三个半方面包围，一方面有一部分开口，被包围部分为空间面积。这类型材在挤压时模具的舌头悬臂面要承受很大的正向压力，当产生塑性变形时会导致舌头断裂而失效。因此，这类型材的模具强度很难保证，而且也增大了制造的难度。为了减少作用在悬臂表面的正压力，提高悬臂的承受能力，挤压出合格的产品，又能提高模具寿命，各国挤压行业工作者近年来开发研制了不少新型模具：

1) 保护膜或遮蔽式模，如图 4 – 35 所示。这种模子的设计是用分流模的中心部位遮蔽或保护下模模孔的悬臂部分，下模的悬臂部分向上突起，其突起的部分与悬臂内边留有空刀量，悬臂突起部分的顶面与上模模面留有间隙，用来消除因上模中心压陷后对悬臂的压力，从而稳定了悬臂支撑边的对边壁厚的偏差，较好地保证了型材的质量。但由于悬臂突出部分相对增大了摩擦面积，悬臂承受的摩擦力增加仍有一定的压塌。

2）镶嵌式结构模。这种模具结构是将上模舌头的中间部位挖空，而下悬臂相对的位置向上突起，镶嵌在舌头中空部分里。悬臂突起部分的顶面与上模舌头中空腔部分的顶面有空隙 a，其值与舌头的表面和下模空腔表面的间隙值相等，这样可消除因上模压陷而造成对下模悬臂的压迫。悬臂突起部分的垂直表面（相对于模面而言）与舌头空腔的垂直表面有间隙 c，两表面处于动配合。舌头低端与悬臂内边的空刀量为 b。这种结构的模具克服了上述遮蔽式分流模的缺点，悬臂受力状况得到进一步改善，只要合理选取空刀量 b 和 a、c 值，便能获得合格的产品。

3）替代式结构模具。这种结构完全将下模的悬臂取消，而以上模的舌头取而代之，在原悬臂的根部处，采用舌头与下模空腔表面互相搭接，完成悬臂的完整性，其形式与分流模完全相同。这种结构的模具加工简便，使用寿命高，更适合挤压那些"舌比"很大而用以上两种模具难以挤压的型材。

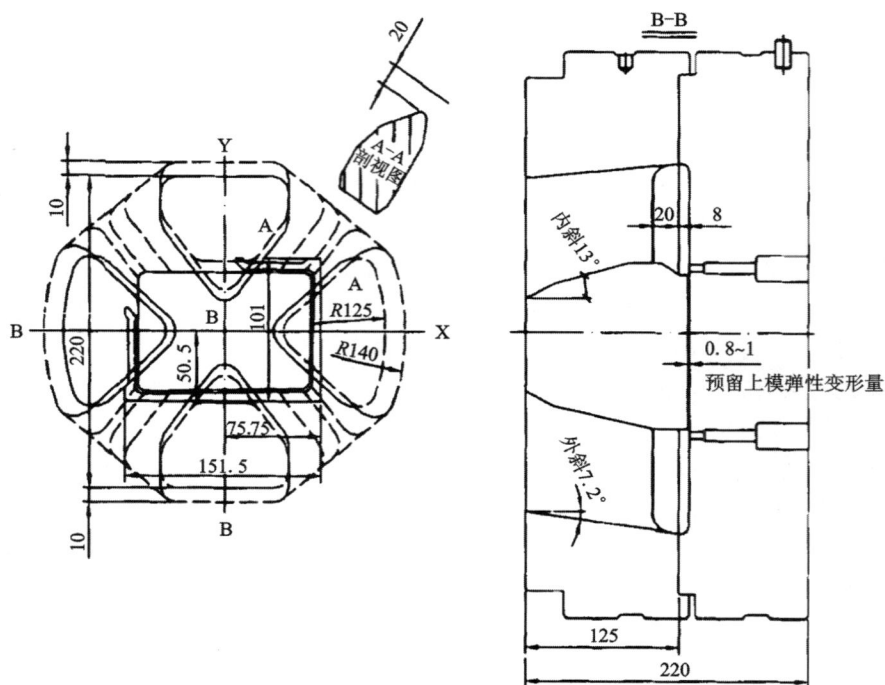

图 4-35　挤压半空心型材用遮蔽式模示意图

第 5 章

铝及铝合金线材生产技术与装备

　　线材是指这样一种产品：不管它具有什么形状的横截面，它的直径或两个平行面之间的最大垂直距离均应小于 10 mm。线材通常经过一个或多个模子拉制生产。通常，2011 与 6262 合金是专门设计供制作螺钉的产品，而 2117 与 6053 合金则用于制作铆接件与零配件。2024 - T4 合金是螺栓与螺丝的标准材料。1350，6101 与 6201 合金广泛用于制作电线。5056 合金用于制作拉链，而 5056 包铝合金，可制作防虫纱窗丝。5083，5087，5056，5183，5356，5554，4043，6061 等合金可制成焊丝。本章主要讨论铝导线和铝焊丝两种产品的生产技术与装备。

5.1　铝导线

5.1.1　概述

　　1. 铝导线的应用

　　由于铝及铝合金的密度比铜及铜合金低得多，而且价格比较稳定。因此，尽管铝线的导电性比铜线低，但是在 20 世纪 60 年代北美已广泛采用钢芯铝绞线做架空输配电线，用铝代铜作为导电和输电载体是一种有益的选择，也是一种发展趋势。

　　20 世纪 80 年代，巴西电气工业用铝量的年平均增长速度接近 15%，1980—1985 年印度电气工业用铝量以 60% 的速度增长。在工业化国家中预计新输电系统将继续使用铝线和铝电缆。欧洲国家的每年增长速度可能达到 4%，意大利和日本的增长速度可能超过 9%。在西方世界总的说来，电气工业用铝量的平均年增长速度大约为 5%。

　　我国煤矿和水力资源十分丰富，因此，近十几年来，电力工业发展非常迅速，我国的铜业资源比较贫乏，因此铝材成了电力（电气）工业的主要材料，平均年增长率达 10% 以上。目前我国电气工业年耗铝量达 60 万吨以上。

　　目前，全世界生产的铝约 14% 用作电工材料，其中电力导体几乎都是铝的，但室内导线用量仍有限。铝化率最高的是美国，达 35% 左右。

　　2. 主要合金及特点

　　制造电线和电缆的电工纯铝主要有 1050，1050A，1A50，1350 等合金，其中 1050A 在冷作硬化下的抗拉强度为 150 ~ 170 MPa，其强度比退火状态下高很多。

　　最普通的导体合金（1350）所能提供的最小电导率也达到国际退火铜标准（IACS）的 61.8%，拉伸强度在 55 ~ 124 MPa，具体应视尺寸而定。以质量而非体积为基础与 IACS 相比时，硬态拉制铝（1350）的最小电导率为标准的 204.6%。其他铝合金用于制作汇流母线及有线电视的电缆线路装置中。

但是，如在遭遇大雪、冰冻或大风的侵袭时，仍然有危险。因此，有时也降低一些导电率的要求，采用强度更高的铝合金，如 6101，6201，3003，5005 或钢芯铝绞线（ACSR）等。

铝导体可以采用轧制、挤压、铸造或锻造方法生产。普通形状的铝导体为单线或多根线（绞合线、成束线或多层线绳）。

3. 钢芯铝绞线（ACSR）

钢芯铝绞线由围绕高强度的镀锌或镀铝的钢芯导线做同心圆配置的一层或多层的绞合铝线组成，而钢芯导线本身可以是一根单线或一组做同心圆配置的绞合线。电阻由铝的横截面的大小决定，而抗拉强度则取决于复合的钢芯，它提供总机械强度的 55%～60%。

ACSR 结构按机械强度使用。它的强度重量比通常是具有相等直流电阻的铜线的两倍。使用 ACSR 电缆线容许配置较长的杆档及较少的和较矮的电杆或铁塔。

在相同重量下，铝导线的电阻和价格均比铜导线低很多。高压输电线铝电缆性能见表 5-1。

表 5-1　高压输电线用铝电缆性能

材料	比电阻/($\Omega mm^2 \cdot m^{-1}$)	抗拉强度/MPa	温度特性/℃	
			标称温度	短路时允许温度
铝（硬状态）	0.0282	170～200	70	130
铝合金（EAlMgSi）	0.325	295	80	155
钢芯铝	0.230(钢)、0.0282(铝)	1530(钢)、163～197(铝)	—	—

5.1.2　铝导线的主要成分及性能

制造铝导线的材料主要有 1050，1050A，1A50，1350 等合金，它们的化学成分（质量分数）如表 5-2 所示。1A50 导线的室温力学性能如表 5-3 所示。

表 5-2　主要铝导线的合金牌号及化学成分（质量分数）%

合金	Si	Fe	Cu	Mn	Mg	Cr	Zn	其他	Ti	其他		Al	备注
										单个	合计		
1050	0.25	0.40	0.05	0.05	0.05	—	0.05	V：0.05	0.03	0.03	—	99.50	—
1050A	0.25	0.40	0.05	0.05	0.05	—	0.07	—	0.05	0.03	—	99.50	—
1A50	0.30	0.30	0.01	0.05	0.05	—	0.03	Fe+Si：0.45	—	0.03	—	99.50	LB2
1350	0.10	0.40	0.05	0.01	—	0.01	0.05	Ca：0.03；V+Ti：0.02；B：0.05	—	0.03	0.10	99.50	—

表 5 - 3 1A50 导线的室温力学性能（GB 3195）

直径/mm	H19		O	
	抗拉强度 σ_b/MPa	伸长率 δ/%	抗拉强度 σ_b/MPa	伸长率 δ/%
0.80 ~ 1.00	≥162	≥1.0	≥74	≥10
>1.00 ~ 1.50	≥157	≥1.2	≥74	≥12
>1.50 ~ 2.00	≥157	≥1.5	≥74	≥12
>2.00 ~ 3.00	≥157	≥1.5	≥74	≥15
>3.00 ~ 4.00	≥137	≥1.5	≥74	≥18
>4.00 ~ 4.50	≥137	≥2.0	≥74	≥18
>4.50 ~ 5.00	≥137	≥2.0	≥74	≥18

5.1.3 生产的基本流程

铝导线的生产，基本上都采用连铸连轧方法生产线坯，即由连续式铸造机铸出梯形截面线材坯料，通过不同形式的多机架热连轧机轧出 ϕ8 ~ 12 mm 线材，再经过拉拔生产出不同尺寸的线材，参见图 5 - 1 所示。

图 5 - 1 铝导线的生产基本流程图

典型的铝线坯连铸结构形式有塞西姆法、SCR 法、意大利普罗佩斯公司的普罗佩斯法和美国南方线材公司生产的轮带式铸造机。意大利普罗佩斯公司的连铸机示意见图 5 - 2，美国南方线材公司的连铸机示意见图 5 - 3。意大利普罗佩斯公司生产连铸连轧机组示意见图 5 - 4。美国南方线材公司连铸连轧机组示意见图 5 - 5。下面以意大利普罗佩斯公司生产的连铸连轧机组为例进行介绍。

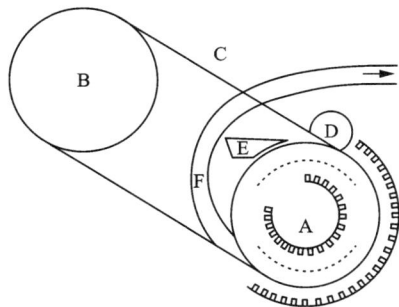

图 5 - 2 意大利普罗佩斯公司连铸机示意图

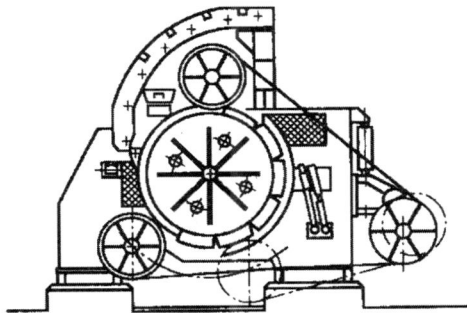

图 5 - 3 美国南方线材公司连铸机示意图

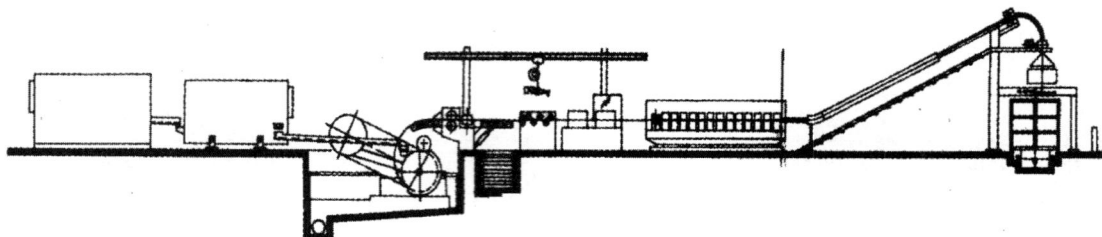

图5-4　意大利普罗佩斯公司生产的连铸连轧机组示意图

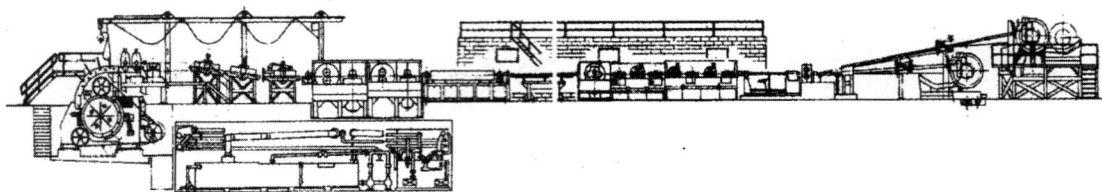

图5-5　美国南方线材公司生产的连铸连轧机组示意图

5.1.4　普罗佩斯法连铸连轧

1. 特点

普罗佩斯法连铸连轧机最初是由意大利的 S. P. A. Continuns 公司设计和制造的，以 I. Properzi 命名的连铸机配以连轧机组成。帕氏最初提出用于生产铅线，1949 年普罗佩斯连续铸棒法在工业生产中正式投产，很快发展到铝线的生产。目前国内外广泛采用该方法生产铝线材，特别是电气用铝盘卷毛料的生产。用普罗佩斯法连铸连轧生产输电线材时，与 DC 铸造法的线锭相比，普罗佩斯法可使溶质元素大量固溶，能够抑制溶质的析出，再经过热轧，析出物就可呈现细小弥散分布状态，因此可获得耐热性能优良的线材。

这种线坯生产的方法同横列活套式生产方法相比，有较明显的优势，如表5-4所示。

表5-4　不同线坯生产方法的比较

项目	生产能力	占地面积	定员	轧机重量	轧机主电机	单卷重	成品率
连铸连轧	3.2 t/h	810 m²	11 人/班	35 t	250 kW	1000 kg/卷	99%
老工艺	3.0 t/h	2262 m²	59 人/班	150 t	940 kW	33 kg/卷	80%

2. 普罗佩斯法连铸连轧机组成

普罗佩斯连铸连轧机列主要包括连铸机、串联轧机和卷取设备，此外还有轧机润滑系统、电控系统、冷却系统和液压剪等附加设备。连铸连轧机列如图5-6所示。

3. 普罗佩斯法连铸连轧代表性的生产过程

熔化炉：通常采用竖式炉，带有连续加料机构，完成铝的熔化，燃油或燃气；

静置保温炉：熔化后的铝液转入静置炉，采用电阻带或硅碳棒加热、保温，进一步调整铝熔液温度。

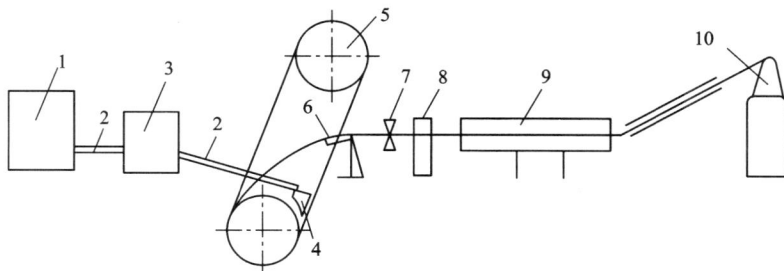

图 5 - 6 普罗佩斯法连铸连轧生产线示意图

1—熔化炉；2—流槽；3—静置保温炉；4—浇铸装置；5—连铸机；
6—传输装置；7—剪切机；8—修整装置；9—连轧机组；10—绕线机

净化及供流系统：完成铝熔体净化(除气、过滤)及输送，控制铝液流量及分布。

连铸机：实现连续铸坯。

液压剪切机：剪去铸坯冷头，以便顺利喂入连轧机或用于其他情况下的快速切断。

连轧机：一般为 8 ~ 17 机架，二辊悬臂式孔型轧机或三辊"Y"形轧机。

飞剪：用于切断线坯，控制卷重；

绕线机：将连轧机轧出的线坯绕成卷。

4. 主要工艺参数及控制

影响连铸连轧工艺过程及质量的主要铸造工艺参数为铸造速度、浇铸温度、冷却强度等。它们互相制约，相互影响。从工艺角度讲，低温、快速、强冷对铸坯质量有益，可得到较细小、均匀的组织，枝晶间距小、致密，还可提高生产效率。但为了保证合适的进轧温度及与连轧机轧制速度相匹配，实现稳定的连铸连轧过程，必须选择适宜的工艺参数。如果铸造速度太大，若冷却强度不够，会使进轧温度太高，轧制过程容易出现脆裂、黏铝等，同时也会导致较高的轧制速度、较大的热效应，影响生产过程的稳定性；如果铸造速度太小，则需要的冷却强度较小，既影响到铸坯组织与性能和生产效率，也会对钢带、结晶轮寿命等产生不利影响。实际生产过程中，典型的工艺控制范围如下：

出炉温度：700 ~ 730℃。

浇铸温度：690 ~ 720℃。

冷却强度：水压 0.35 ~ 0.5 MPa；水量 80 ~ 100 t/h。

冷却水温：< 35℃。

铸造速度：6 ~ 15 m/min。

出坯温度：470 ~ 540℃。

进轧温度：450 ~ 520℃。

5. 连铸机的主要结构

同轮带式带坯连铸机一样，线坯连铸机也主要是由旋转的结晶轮、包络钢带、张紧轮、冷却系统、压紧轮等构成，并且同样由于钢带与结晶轮不同的包络方式，形成了各种型式。

典型连铸机示于图 5 - 7 中。它由一根钢带和两个大直径转轮组成，上轮为导轮，下轮为铸造用轮，铸造轮与钢带包络部分组成结晶腔。金属液进入结晶腔内，随轮和钢带同步运行，在钢带和铸轮分离处，金属凝结成坯并以与铸轮周边相同的线速度铸出坯来。上方的导轮起导向和张紧作用，调整上轮可得到所需要的钢带张紧力。铸机后配上连轧机组，可使面积较大的铸坯不经再次加热直接轧制成直径为 8 ~ 12 mm 的线坯。

与连铸带坯相比，其结晶槽环形状不同，典型结晶轮为一紫铜环。铜环的截面为"U"形槽，环状钢带盖紧在槽口，如图 5 - 8 所示，组成线坯铸模。

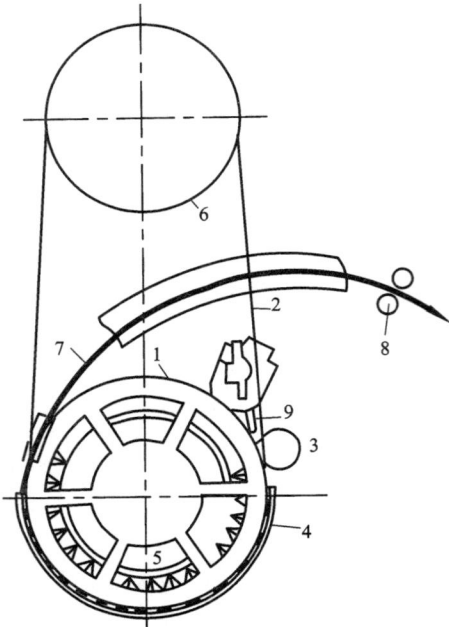

图 5 - 7　普罗佩斯法连铸机示意图

1—结晶环；2—钢带；3—压紧轮；4—外冷却；5—内冷却；
6—张紧轮；7—锭坯；8—牵引机；9—浇铸装置

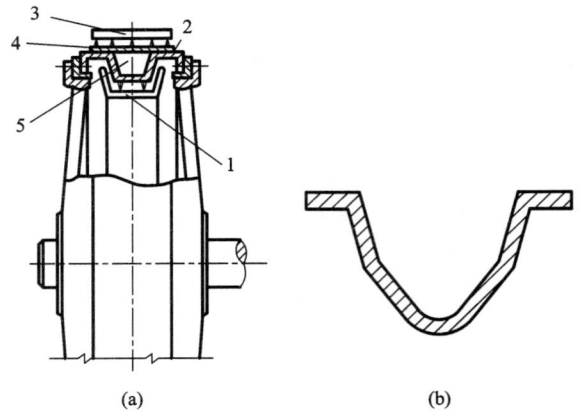

图 5 - 8　线坯结晶轮及结晶槽环断面示意图

（a）结晶轮；（b）结晶槽杯

1—内冷却；2—结晶槽环；
3—外冷却；4—钢带；5—线坯

6. 连轧机

与普罗佩斯法相配的连轧机有三辊和两辊两种形式。

1）三辊连轧机。

三辊连轧机根据产品规格和设备产能大小而串联 7、9、11、13、15 或 17 个机座。每个机座上有三个轧辊，互成 120°，形状似"Y"形，所以又称为"Y"形三辊轧机。辊轴安装在滚柱轴承上。每个机座有一个工作辊是垂直的，而其他两个工作辊可以在彼此垂直方向上调整。从第一辊到最后一个机座的辊速是渐次增加的，这种增加与杆材的有效面积压缩率成比率。第一机座的压缩率大约为 12%，第二机座的压缩率大约为 20% ~ 27%，第十一机座中心的精确压缩率决定于杆材的几何形状，而不能成比例地增加。孔型设计一般采用三角形—圆形孔型系统，其主要特点是：轧件在孔型中的宽展余量较小；道次延伸较小；轧制时的稳定性好；可以从中间奇数机座取得产品。三辊连轧机的最大优点是结构紧凑，设备占地面积小。

2）二辊连轧机。

两辊悬臂无扭曲连轧机，每一个机座有两个轧辊。轧辊有平立布置和 45°交叉布置，某厂设备如下：轧辊为平立交错布置，8 个机座的连轧机，上传动轴传动单号水平辊机座，下传动轴传动双号立式辊机座。孔型设计采用箱形和椭圆—假圆系统。椭圆—假圆系统的特点是：椭圆轧件进入假圆孔型轧制时，其宽展较椭圆轧件进入方或圆孔型轧制时都要小，在假圆孔型的刻槽椭圆孔型中轧制，与方轧件进入椭圆孔型轧制的宽展基本相同，这是因为方形轧件的绝对压下量大于假圆的绝对压下量而轧件总宽不变；椭圆—假圆系统都以长轴互相平等轧制，重心低，咬入非常稳定；假圆孔型的刻槽深度比按对角线计算刻槽深度的方孔型浅 5%；椭圆—假圆孔型系统中，金属虽只受两个方向的压缩，但变形均匀，特别是假圆轧件头部非常平直，对自动进入下一道轧制有好处。两辊连轧机由于其道次延伸率较大，因而机座数量少。目前国内两辊连轧机多为 8 个机座。

线坯连铸连轧技术广泛应用于电工用铝杆的生产，极大提高了生产效率和质量。与带坯连铸连轧一样，其生产工艺及配置的关键在于难以保证稳定的连轧条件，因为在实际生产过程中，由于轧件(铸坯)、成分、尺寸、温度、组织、孔型配合与磨损等因素的变化或者波动，理论上的稳定条件很难实现，但随着连铸连轧技术的不断发展、完善，自动化控制与检测水平的提高，使之得到了充分的保证。

5.2　铝合金焊丝

5.2.1　概述

1.产品的主要用途及需求

铝合金焊丝主要应用于轨道交通的干线客运列车、高速列车、地铁列车、城市轻轨列车用大型铝合金型材的焊接，也可用于大型铝合金集装箱、船舶、化工容器、航天航空、军用浮桥、兵器、食品工业用铝合金制品、电力半导体器件、散热器等工业领域和建筑铝材行业的焊接。

随着国民经济的增长和交通运输业的飞速发展，铝型材的应用领域越来越广泛。据调查资料表明：各种列车、汽车、轮船等交通工具铝合金使用率已达到 15% 左右，同时铝型材产品的需求保持着 10% 左右的年增长率，其配用焊丝的耗用量也在逐年增加。

2.铝合金焊丝的要求及特点

为了满足焊接质量，需要对铝合金焊丝所用材料及焊丝的性能提出很高的要求，通常铝合金焊丝及焊接过程应该满足以下要求：

1)铝与氧的亲和力很强，极易与空气中的氧结合生成难熔致密的 Al_2O_3 氧化膜。氧化膜妨碍焊缝的熔合及形成，并容易在熔敷金属中造成夹渣、气孔等缺陷。因此，铝及铝合金焊前必须严格清理焊件表面的氧化膜，并在焊接过程中采用惰性气体保护，防止熔池受到氧化。

2)铝的导热系数高，使得焊接过程中大量的热被迅速导入基体金属内部，比热容大，使得焊接同等厚度的铝及铝合金要比钢消耗更多的热量。因此，焊接时必须采用能量集中、功率大的热源，有时还须辅以预热等工艺措施。

3)焊缝处易形成热裂纹。铝的线膨胀系数较大，凝固时体积收缩率达 6.6% 左右，造成焊接接头内较大的内应力、变形和裂纹倾向。常通过调整焊丝成分、液态金属的流动性来减缓裂纹的产生。

4)焊缝内易产生气孔。铝及铝合金表面以及焊丝表面常吸附有水分，水在电弧高温下分解出氢溶入液体金属中。在焊接过程中溶池快速冷却凝固，氢来不及逸出而滞留在焊缝中形成气孔。

5）高温下铝的强度和塑性很低，以致于不能支撑住熔池液体金属而使焊缝成形不良，甚至形成塌陷和烧穿缺陷。因此，一般情况下需要夹具和垫板。

6）含有低沸点元素（如镁、锌等）的铝合金在焊接过程中，这些元素极易蒸发、烧损，从而改变焊缝金属的化学成分，降低焊接接头的性能。

7）由于铝对辐射能的反射能力很强，铝及其合金在从低温至高温，从固态变成液态，无明显的颜色变化，不易从色泽变化来判断焊接的加热状况，给焊接操作带来困难。

5.2.2　产品的分类及主要性能

1. 焊接材料的分类及成分

根据不同的需求，焊接材料可以分为焊条和焊丝。铝及铝合金常用焊条见表5-5，国内外常用铝及铝合金焊丝见表5-6和表5-7。5356和5087合金焊丝化学成分分别见表5-8和表5-9。

表5-5　铝及铝合金焊条的牌号、成分及用途

牌号	国际	焊缝化学成分/%	用途及特性
A1109	TAl	Al≥99.0，Si≤0.5，Fe≤0.5	焊接铝板、纯铝容器，耐蚀性好，强度较低
A1209	TAlSi	Si 4.5～6.0，Fe≤0.8，Cu≤0.3，Al 余量	焊接铝板、铝硅铸件及除铝镁合金外的一般铝合金，抗裂性好
A1309	TAlMn	Mn 1.0～1.6，Si≤0.5，Fe≤0.5，Al 余量	焊接铝锰合金、纯铝及其他铝合金，强度高，耐蚀
A1409	TAlMg	Mg 3.0～5.5，Mn 0.2～0.6，Si≤0.5，Fe≤0.5，Al 余量	焊接铝镁合金和焊补铝镁合金铸件

注：焊条的药皮为盐基型，焊接电源极性采用直流反极性。

表5-6　国内铝及铝合金焊丝的牌号及成分

类别	型号	化学成分/%							
		Si	Cu	Mn	Mg	Cr	Zn	Al	其 他
纯铝	SAl-1	Si+Fe<1.0	0.05	0.05			0.10	≥99.0	Ti <0.05
	SAl-2	0.20	0.40	0.03	0.03	—	0.04	≥99.7	Fe <0.25，Ti <0.03
	SAl-3	0.30	—	—	—	—	—	≥99.5	Fe <0.30
铝镁	SAlMg-1	0.25	0.10	0.5～1.0	2.4～3.0	0.05～0.20	—	余量	Fe <0.40，Ti 0.05～0.2
	SAlMg-2	Si+Fe<0.45	0.05	0.01	3.1～3.9	0.15～0.35	0.20	余量	Ti 0.05～0.15
	SAlMg-3	0.40	0.10	0.5～1.0	4.3～5.2	0.05～0.25	0.25	余量	Fe <0.4，Ti <0.15
	SAlMg-5	0.40	—	0.2～0.6	4.7～5.7	—	—	余量	Fe <0.4，Ti 0.05～0.2

续表 5-6

类别	型号	化学成分/%							
		Si	Cu	Mn	Mg	Cr	Zn	Al	其　他
铝铜	SAlCu	0.20	5.8~6.8	0.2~0.4	0.02	—	0.10	余量	Fe<0.3, Ti 0.1~0.205, V 0.05~0.15, Zr 0.10~0.25
铝锰	SAlMn	0.60	—	1.0~1.6	—		—	余量	Fe<0.70
铝硅	SAlSi-1	4.5~6.0	0.30	0.05	0.05	—	0.10	余量	Fe<0.80, Ti<0.20
	SAlSi-2	11.0~13.0	0.30	0.15	0.10	—	0.20	余量	Fe<0.80

注：除规定外，单个数值表示最大值，其他杂质小于0.05%，其杂质总和小于0.15%。

表 5-7　国外常用铝及铝合金焊丝的牌号和成分

合金牌号		化学成分/%							
美国	前苏联	Si	Cu	Mn	Mg	Cr	Zn	Al	其　他[1]
1100		Si+Fe<0.95	0.05~0.2	0.05	—	—	0.10	99.00	
1188[2]		0.06	0.005	0.01	0.01	—	0.03	99.88	Fe<0.06, Ti<0.01, Ga<0.03, V<0.05
1199[3]		0.006	0.006	0.002	0.006	—	0.006	99.99	Fe<0.006, Ti<0.002, Ga<0.005
1350		0.10	0.05	0.01		0.01	0.05	99.50	Fe<0.40, Ti<0.02
2319		0.20	5.8~6.8	0.2~0.4	0.02	—	0.10	余量	Fe<0.3, Ti 0.1~0.2, V 0.05~0.15, Zr 0.1~0.25
4043	CBAK5	4.5~6.0	0.30	0.05	0.05	—	0.10	余量	Fe<0.80, Ti<0.20
4047[4]	CBAK12	11.0~13.0	0.30	0.15	0.10	—	0.20	余量	Fe<0.80
4145		9.3~10.7	3.3~4.7	0.15	0.15	0.15	0.20	余量	Fe<0.80
4643		3.6~4.6	0.10	0.05	0.1~0.3	—	0.10	余量	Fe<0.80, Ti<0.15
5039		0.10	0.03	0.3~0.5	3.3~4.3	0.10~0.20	2.4~3.2	余量	Fe<0.4, Ti<0.1
5183	CBAMГ4+Cr	0.40	0.10	0.5~1.0	4.3~5.2	0.05~0.25	0.25	余量	Fe<0.4, Ti<0.15

续表 5－7

合金牌号		化 学 成 分/%							
美国	苏联	Si	Cu	Mn	Mg	Cr	Zn	Al	其 他①
5356		Si + Fe < 0.50	0.10	0.05 ~ 0.2	4.5 ~ 5.5	0.05 ~ 0.20	0.10	余量	Ti 0.06 ~ 0.20
5554		Si + Fe < 0.40	0.10	0.5 ~ 1.0	2.4 ~ 3.0	0.05 ~ 0.20	0.25	余量	Ti 0.05 ~ 0.20
5556	CBAMГ5	Si + Fe < 0.40	0.10	0.5 ~ 1.0	4.7 ~ 5.5	0.05 ~ 0.20	0.25	余量	Ti 0.05 ~ 0.20
5556A		0.25	0.10	0.6 ~ 1.0	5.0 ~ 5.5	0.05 ~ 0.20	0.20	余量	Ti 0.05 ~ 0.20
5654		Si + Fe < 0.45	0.05	0.01	3.1 ~ 3.9	0.15 ~ 0.35	0.20	余量	Ti 0.05 ~ 0.15
357.0		6.5 ~ 7.5	0.15	0.03	0.45 ~ 0.60	—	0.05	余量	Fe < 0.15, Ti < 0.20
A356.0		6.5 ~ 7.5	0.20	0.10	0.25 ~ 0.45	—	0.10	余量	Fe < 0.20, Ti < 0.20
A357.2		6.5 ~ 7.5	0.12	0.05	0.45 ~ 0.70	—	0.05	余量	Fe < 0.12, Ti 0.04 ~ 0.20, Be 0.04 ~ 0.07
C355.0		4.5 ~ 5.5	0.20	0.10	0.40 ~ 0.60	—	0.10	余量	Fe < 0.20, Ti < 0.20
	CBAMГ6	0.40	0.10	0.5 ~ 0.8	5.8 ~ 6.8	—	0.20	余量	Fe < 0.4, Ti 0.1 ~ 0.2, Be 0.002 ~ 0.005
	B92C8	—	—	0.67	5.38	—	4.45	余量	Zr 0.22
	CBAMГ3	0.5 ~ 0.8	0.05	0.3 ~ 0.6	3.2 ~ 3.8	—	0.20	余量	Fe < 0.5
	CBAMГ7	0.4	0.10	0.5 ~ 0.8	6.5 ~ 7.5	—	0.20	余量	Fe < 0.4, Zr 0.2 ~ 0.4, Be 0.002 ~ 0.005

注：① 美国焊丝成分规定铍小于 0.0008%，其他杂质小于 0.05%，其杂质总和小于 0.1%；② 单个杂质小于 0.01%；③ 单个杂质小于 0.002%；④ 硬钎焊料。

表 5－8　5356 合金焊丝化学成分(质量百分数)/%

合金元素	Mg	Mn	Cr	Ti	Be	Fe	Si	Zn	Al
美国 AA	4.5 ~ 5.5	0.05 ~ 0.20	0.05 ~ 0.20	0.06 ~ 0.20	< 0.0008	< 0.4	< 0.25	< 0.1	余量
中国标准	4.5 ~ 5.5	0.05 ~ 0.20	0.05 ~ 0.20	0.06 ~ 0.20	< 0.0008	< 0.4	< 0.25	< 0.1	
高档焊丝	4.5 ~ 5.5	0.02 ~ 0.2	0.1 ~ 0.15	0.08 ~ 0.13	< 0.0008	< 0.20	< 0.1	< 0.05	
目标值	5.2	< 0.10	0.12	0.10	< 0.0008	< 0.20	< 0.1	< 0.05	

表 5－9　5087 合金焊丝化学成分(质量百分数)/%

合金元素	Mg	Mn	Cr	Zr	Fe	Zn	Si	Ti	Cu	Be	Al
美国 AA	4.5 ~ 5.2	0.7 ~ 1.1	0.05 ~ 0.25	0.1 ~ 0.2	< 0.4	< 0.25	< 0.25	< 0.15	< 0.05	< 0.0003	余量

2. 铝及铝合金焊接性和力学性能

铝及铝合金的焊接方法很多，各种方法有其各自的应用场合。焊接方法的选择需要根据母材合金成分、焊件厚度、接头形式、使用要求及经济性等因素合理选择。不同焊接方法对铝及其合金相对焊接性和力学性能的影响列于表 5 – 10。

表 5 – 10 铝及铝合金焊接性和力学性能

合金类别	牌号	相对焊接性				状态	力学性能			熔化温度范围/℃
		气焊	电弧焊	电阻焊	钎焊		σ_b/MPa	$\sigma_{0.2}$/MPa	δ_5/%	
工业高纯铝	1A99	好	好	好	好	O	45	10	50	648～660
						F	115	110	5	
工业纯铝	1070A	好	好	好	好					646～657
防锈铝	5A02	尚可	好	好	较好	O	195	90	25	609～649
						F	270	255	7	
	5A05	尚可	好	好	尚可	O	310	160	24	568～638
						F	370	280	12	
	3A21	好	好	较好	好	O	110	25	30	643～654
						F	200	185	4	
硬铝	2A11	差	尚可	较好	差	T6	425	275	22	513～641
	2A12	差	尚可	较好	差	T6	475	395	10	502～638
						T8	480	450	6	
	2A16	差	尚可	较好	差	T6	415	290	10	543～643
						T8	475	390	10	
锻铝	6A02	较好	较好	好	较好	T6	310	275	12	582～649
	2A70	差	尚可	好	差	T6				560～641
	2A90	差	尚可	好	差	T6				513～641
超硬铝	7A04	差	尚可	较好	差	T6	570	500	11	477～635
						T7	500	430	13	
特殊铝	4A01	好	好	好	较好	F				
铸造铝	Z1070A01	较好	较好	较好	尚可	T6	230	205	4	557～613
	Z1070A05	较好	较好	较好	差	T6	210	125	3	546～621
	Z1070A07	尚可	较好	较好	差	O	185	125	4	516～604
	ZL203	尚可	尚可	尚可	差	T6	260	195	4	521～643
	Z1050A01	差	尚可	尚可	差	T6	320	175	15	449～604
	Z103502	差	尚可	尚可	较好	T6				596～646

注：O—退火态；F—冷作态；Z—铸态；T6—固溶＋人工时效；T7—固溶＋稳定化；T8—固溶＋冷作＋人工时效。

3. 焊接材料的选择

材料选择原则主要根据母材的成分、稀释率、焊接裂纹倾向以及对接头强度、塑性、耐蚀性等使用性能的要求来综合选择。

一般来说,母材与焊丝的选配原则通常是:焊接纯铝时,应选用纯度与母材相近的焊丝;焊接铝锰合金时,应选用含锰量与母材相近的焊丝或铝硅焊丝;焊接铝镁合金时,为弥补焊接过程中镁的烧损,应选用含镁量比母材金属高1%~2%的焊丝;异种铝及铝合金焊接时,应选用和抗拉强度较高的母材相匹配的焊丝。

气焊通常选用 SAl-2、SAl-3、SAlSi-1 焊丝作为填充金属。相同牌号的铝及铝合金焊接时,按表5-11选用焊丝;而不同牌号的铝及铝合金焊接时,按表5-12选用焊丝。

表5-11　相同牌号的铝及铝合金焊接选用的填充金属

焊件		填充金属
类别	牌号	
工业高纯铝	1A93	1A97, 1A93
	1A97	1A97
工业纯铝	1070A	1070A, 1A93
	1060	1060, 1070A, SAl-2
	1050A	1060, 1050A, SAl-2, SAl-3
	1035	1050A, 1035, SAl-2, SAl-3
	1200	1050A, 1035, 1200, SAl-2, SAl-3
	8A06	1050A, 1035, 1200, 8A06, SAl-2, SAl-3
防锈铝	5A02	5A02, 5A03
	5A03	5A03, 5A05, SAlMg-5
	5A05	5A05, 5A06, 5A11, SAlMg-5
	5A06	5A06, 5A14[①]
	3A21	3A21, SAlMn, SAlSi-1
硬铝	2A11	2A11
	2A12	试用焊丝:(1)Cu 4%~5%, Mg 2%~3%, Ti 0.15%~0.25%, Al余量; (2)Cu 6%~7%, Mg 1.6%~1.7%, Ni 2%~2.5%, Ti 0.3%~0.5%, Mn 0.4%~0.6%, Al余量
	2A16	试用焊丝:Cu 6%~7%, Mg 1.6%~1.7%, Ni 2%~2.5%, Ti 0.3%~0.5%, Mn 0.4%~0.6%, Al余量
	2A17	试用焊丝:同上
超硬铝	7A04	试用焊丝:(1)Mg 6%, Zn 3%, Cu 1.5%, Mn 0.2%, Ti 0.2%, Cr 0.25%, Al余量; (2)Mg 3%, Zn 6%, Ti 0.5%~1%, Al余量

续表 5 – 11

焊件		填充金属
类别	牌号	
锻铝	6A02	4A01，SAlSi – 5
铸铝	Z1070A01	Z1070A01
	Z1070A04	Z1070A04

注：① 5A14 是在 5A06 中添加有合金元素钛(0.13% ~ 0.24%)的焊丝。

表 5 – 12　不同牌号的铝及铝合金焊接用焊丝

母材	Z1070A01	Z1070A04	5A06	5A05，5A11	5A03	5A02	3A21	8A06	1050A ~ 1200
1060	Z1070A01 SalSi – 1	Z1070A04 SalSi – 1	5A06	5A05	5A05 SalSi – 1	5A03 5A02	3A21 SalSi – 1	1060	1060
1050A ~ 1200	Z1070A01 SalSi – 1	Z1070A04 SalSi – 1	5A06	5A05	5A05 SalSi – 1	5A03 5A02	3A21 SalSi – 1	1060	
8A06	Z1070A01 SalSi – 1	Z1070A04 SalSi – 1	5A06	5A05	Z1070A04 SalSi – 1	5A03 5A02	3A21 SalSi – 1		
3A21	Z1070A01 SalSi – 1	Z1070A04 SalSi – 1	5A06 3A21	5A05	5A05 SalMg – 5	5A03、 5A02 SalMn、 AlMg – 5			
5A02	Z1070A01 SalSi – 1	Z1070A04 SalSi – 1	5A06	5A05	5A05 SalMg – 5				
5A03			5A06	5A05					
5A05，5A11			5A06		5A05				

5.2.3　生产的基本流程

铝合金焊丝的主要生产流程有如下几种：

(1)水平连续拉铸(ϕ12 ~ 10 mm)—拉拔。该方法投资少，生产简单，产品质量一般。

(2)水平连续铸造(ϕ30 mm)—"Y"轧制(ϕ10 mm)—拉拔。该生产方法投资较大，适合于中等量生产，产品质量也较好。

(3)上引法拉铸(ϕ12 mm)—拉拔。该生产方法投资中等，适合于大批量生产，产品质量存在一定缺陷。

(4)半连续铸造(ϕ130 ~ 150 mm)—挤压(ϕ10 ~ 15 mm)—拉拔。该生产方法投资中等，适合于批量不大的生产规模，产品质量好。

(5)连铸连轧(连铸 25 mm ×40 mm、连轧到 ϕ10 ~ 8 mm)—拉拔。该生产方法投资较大，适合于大批量生产,产品质量好。

5.2.4 典型焊丝的生产工艺举例

1. 半连续铸造—挤压开坯的生产的工艺流程

生产高档特种铝合金焊丝,关键问题是保证产品质量,因此拟采用半连续铸造—挤压开坯的生产方法。以 $\phi1.6$ mm 的 5356 焊丝为例,其制备工艺流程通常为:合金成分设计→合金熔炼→半连续铸锭→均匀化退火→热加工(挤压成 $\phi8 \sim 10$ mm 的杆坯)→多道次粗拉(中间退火)至 $\phi3.0$ mm 的线坯→光亮退火→多道次精拉至 $\phi1.6$ mm 的成品丝→表面处理→真空包装。挤压制坯的生产工艺流程如图 5-9 所示。

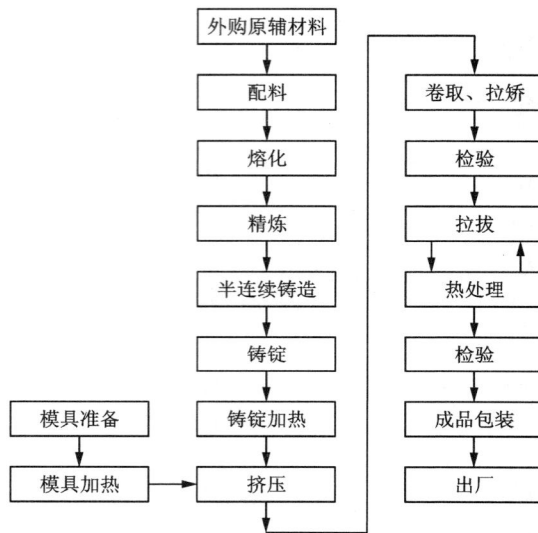

图 5-9 半连续铸造—挤压制坯的生产工艺流程图

2. 熔化精炼工艺

铝合金原料采用高纯铝锭,Mn 可以不添加,Ti 以 Al-Ti 中间合金和 Al-Ti-B 丝两种形式加入,5 t 炉内添加约 15 ~ 30 kg 的 Al-4Ti 中间合金,其余为在线播种 Al-Ti-B 合金丝。Cr 以 Al-Cr 中间合金形式加入。铝液温度在 800℃ 以上时,加入 Al-Ti 和 Al-Cr 中间合金,共搅拌 3 次,炉内采用 Ar+Cl 混合气体精炼 5 ~ 10 min,Mg 是最后一次搅拌和精炼除气前加入,等温度降低到 760 ~ 780℃ 之间加入 Mg,搅拌均匀后第二次精炼除气。在加入 Mg 时应尽可能防止 Mg 烧损和熔体吸气,最后熔体静止 30 min 并停止送电。

3. 铸造工艺

采用立式半连续铸造方法制备挤压坯料铸坯直径为 $\phi145$ mm。通常,待熔体温度降至将近 750℃ 时开始铸造,铸造速度 $v = 70$ mm/min,水压 $p = 0.025$ MPa,铸造时在线采用陶瓷过滤片进行过滤,陶瓷过滤片规格为 18 ppi。

4. 均匀化处理

将半连续铸坯锯切成挤压坯料,定尺为 $\phi145$ mm × 600 mm 规格,铸锭经过 450 ~ 470℃

保温 16 h 均匀化处理。

5. 挤压工艺

挤压选择 1250 t 单动反挤压机一台，配置挤压筒直径为 ϕ150 mm（也可选择挤压筒直径为 ϕ130 mm，但坯料需要与之搭配），根据需要可选择 1~3 孔、模孔尺寸为 ϕ10~16 mm 模具进行挤压，挤压系数为 30~60。挤压坯料尺寸分别为 ϕ145 mm 或 ϕ125 mm 坯锭。坯锭经均匀化后，加热到 400~420℃保温 2 h 以上，挤压到 ϕ10~16 mm。

6. 拉伸工艺

以挤压到 ϕ10.5 mm 为例，拉伸工艺为：ϕ10.5 mm→450℃/1 h 退火→拉伸到 ϕ8.5 mm→450℃退火→拉伸到 ϕ7 mm→450℃/1 h 退火→拉伸到 ϕ6 mm→450℃/1 h 退火→扒皮→拉伸到 ϕ5mm→450℃/1 h 退火→拉伸到 ϕ4 mm→450℃/1 h 退火→拉伸到 ϕ3.2 mm→拉伸到 ϕ3 mm→450℃退火→多道次精拉至 ϕ1.6 mm 的成品丝。

第 6 章

铝合金锻件的生产技术与装备

6.1　概述

6.1.1　铝合金锻压件的特性及应用

1. 铝合金锻压件的特性

（1）密度小，铝合金的密度只有钢锻件的34%，铜锻件的30%，是轻量化的理想材料。

（2）比强度大、比刚度大、比弹性模量大、疲劳强度高，宜用于轻量化要求高的关键受力部件，其综合性能远远高于其他材料。

（3）内部组织细密、均匀、无缺陷，其可靠性远远高于铝合金铸件和压铸件，也高于其他材料铸件。

（4）铝合金的塑性好，可加工成各种形状复杂的高精度硬件，机械加工余量小，仅为铝合金拉伸厚板加工余量的20%左右，大大节省工时和成本。

（5）铝锻件具有良好的耐蚀性、导热性和非磁性，这是钢锻件无法比拟的。

（6）表面光洁，表面处理性能良好，美观耐用。

可见，铝锻件具有一系列优良特征，为铝锻件代替钢、铜、镁、木材和塑料提供了良好的条件。

2. 铝合金锻件的应用

近几年来，由于铝材成本下降、性能提高、品种规格扩大，其应用领域越来越大。主要用于航天航空、交通运输、汽车、船舶、能源动力、电子通信、石油化工、冶金矿山、机械电器等领域。主要锻造铝合金的特征及用途见表6－1。

表6－1　锻造铝合金的特性及用途

类别	合金及状态	强度	耐蚀性	切屑性	焊接性	特点	主要用途
高强度铝合金	2024－T6	B	C	A	D	锻造性、塑性好，耐蚀性差，是典型的硬铝合金	飞机部件、铁道车辆、汽车部件、机器结构件
	2124－T6						
	2424－T6						
	7075－T6	A	C	A	D	超硬锻造合金，耐性、抗应力腐蚀裂纹性差	飞机部件、宇航材料、结构部件
	7175－T6						
	7475－T6						

续表 6 – 1

类别	合金及状态	强度	耐蚀性	切屑性	焊接性	特点	主要用途
高强度铝合金	7075 – T73	B	B	A	D	通过适当的时效处理改善了抗应力腐蚀裂纹性能,强度低于 T6 的	飞机、船舶、汽车部件、结构件
	7475 – T73						
	7175 – T736	A	B	A	D	其强度、韧性、抗应力腐蚀裂纹性能均优于 7075 – T6 的新型合金的	飞机、船舶、汽车部件、结构件
	7050 – T73	A	B	A	D	高强、高韧、高抗应力腐蚀裂纹的系列新合金,综合性能优于 7075,7475 – T73	用于高受力部件,特别是大型飞机关键部件及宇航材料和重要结构材料
	7150 – T73						
	7055 – T73						
	7155 – T79	A	B	A	B		
	7068 – T77						
耐热铝合金	2219 – T6	C	B	A	A	高温下保持优秀的强度及耐蠕变性,焊接性能良好	飞机、火箭部件及车辆材料
	2618 – T6	B	C	A	C	高温强度高	活塞、增压机风扇、橡胶模具、一般耐热部件
耐热铝合金	4032 – T6	C	C	C	B	中温下的强度高,热膨胀系数小,耐磨性能好	活塞和耐磨部件
耐蚀铝合金	1100 – 0	D	A	C	A	强度低,耐腐蚀,热、冷加工性能好,切削性不良	电子通信零件、电子计算机用记忆磁鼓
	1200 – 0						
	5083 – 0	C	A	C	A	腐蚀性强,焊接性及低温力学性能好,典型的舰船合金	液化天然气法兰盘和石化机械,舰船部件和海水淡化结构件
	5056 – 0						
	6061 – T6	C	A	B	A	强度中等,腐蚀、抗疲劳,综合性能好	航空航天、大型汽车车辆、铁道车辆材料及转动体部件
	6082 – T6						
	6070 – T6						
	6013 – T6						
	6351 – T6	C	A	B	A	耐热性、耐腐蚀性良好,强度略高于 6061 铝合金	增压机风扇、高速列车车厢材料及运输机械部件等
	6005A – T6						

注:A—优;B—良;C——般;D—差。

6.1.2　铝合金锻压生产与技术发展现状及水平分析

1. 国外发展状况与水平分析

锻件生产是一个很古老的行业，但铝合金锻件的大量生产应用是从 20 世纪 50 年代开始的。经过几十年的现代化改造，无论在工业装备、模具设计和制造、生产工艺和技术上，还是在产品品种规格、生产规模和质量等方面都得到飞速发展，尤其是美国、俄罗斯、德国、日本、法国、意大利、捷克、奥地利、瑞士等国的锻压生产的发展达到了相当高的水平。目前，全世界有锻压厂上千家、锻压机数千台，年产锻件近 500 万 t。其中，铝合金模锻件30 万 t/a 左右(年消耗近 50 万 t/a)。全球有大、小水(液)压机 500 余台，其中 100 MN 以上的大型水(液)压机 10 余台。300 MN 以上的重型液压锻压机的分布情况是：俄罗斯 4 台，其中两台是 750 MN，为世界之最；美国 5 台(其中包括 2 台 450 MN)；法国 1 台，为 650 MN；德国2 台；中国 3 台(包括最近制造的 450 MN 和 800 MN 巨型模锻液压机)；罗马尼亚 1 台；英国1 台。这些大型水(液)压机的主要特点是结构紧凑、功能多、自动化程度高、配备有操作机和快速换模装置、平面配置合理、有利于连续作业、生产效率高。此外随着铝合金模锻件大型化、精密化程度提高，大型精密多向模锻液压机日益受到重视，各国已拥有多台大型多向模锻液压机，其中美国 3 台，最大为 300 MN；法国 1 台，为 650 MN；英国 1 台，为 300 MN；中国 1 台，为 100 MN；俄罗斯 2 台，为 200 MN 和 500 MN；德国 1 台，为 350 MN。多向模锻机属于精密锻压设备，配备了 PLC 系统和计算机控制系统，可对能量、行程、压力、速度进行自动调节，对关键部件最佳工作点进行控制，对各项工作状态进行监控和显示，对系统故障、设备过载、过温和失控等进行预报和保护，对制品质量进行控制。有的还包括有偏移检测、同步系统、工作台和机架变形补偿、磁包存储器、集成电路、光纤通信、彩色屏等，可实现全机或全机列，甚至整个车间的自动控制与科学管理。此外，为了生产各种规格和品种的大、中型精密锻件，各国还装配了各种型号的精锻机，50 t 以上的大型锻锤、平锻机及 $\phi 5 \sim \phi 12$ m 的大型精密轧环机，如美国的 $\phi 12$ m、俄罗斯的 $\phi 10$ m 精密轧环机，中国也装备了多台 $\phi 5$ m 的精密轧环机。

在铝及铝合金锻件技术方向研制开发出了大量的锻压新工艺、新技术，如液体模锻、半固态模锻、等温锻造、粉末锻造、多向模锻、无斜度精密模锻、分部模锻、包套模锻等，对简化工艺、减少工序、节省能耗、增加规格、提高质量和生产效率、保护环境、降低劳动强度、提高经济效益等方面发挥了重大作用。专用的计算机软件为控制锻造温度、锻压力、变形程度(欠压力)和工艺润滑等主要工艺参数，控制制品尺寸和内部组织、力学性能等提供了可靠的保证。

模锻的设计与制造是铝合金锻压技术的关键，锻件 CAD/CAM/CAE 系统已十分成熟和普及。在美国，CAD/CAM/CAE 系统正被 CIM(计算机一体化)所代替。CIM 包括成套技术、计算机模拟技术、CAD/CAM/CAE 技术、机器人、专家系统、加工计划、控制系统以及自动材料处理等，为模锻件的优化设计和工艺改进提供了条件。如在汽车工业，对前梁、羊角、轮毂、曲轴等零件进行设计和工艺过程优化，可使优化设计后的羊角减重 15%，轮毂减重 30%，曲轴减重 20%，而且大大提高生产效率，降低能耗。

在产品品种和质量上获得了突破性进展，目前世界上研制开发的锻造铝合金有上百种、十几个状态，可大批量生产不同合金、不同状态、不同性能、不同功能、各种形状、各种规格、各种用途的铝合金锻件，产能在 30 kt/a 以上的大型企业已近十家。目前世界上可生产的铝合金模锻件的最大投影面积达 5 m^2（750 MN），最长的铝锻件达 15 m，最重的铝锻件达 1.5 t，最大的锻环直径达 11.5 m，基本上可满足最大的飞机、飞船、火箭、导弹、卫星、航艇、航母以及发电设备、起重设备等的需要。产品的内部组织、力学性能和尺寸精度也能满足各种用户要求，在产品开发上达到了相当高的水平。

近年来，除中国建设制造了 450 MN 和 800 MN 巨型模锻机外，世界各国在大、中型锻压机的新建和改造方面的力度不大。因此，世界铝合金锻件的生产尚不能满足交通运输轻量化对铝锻件的需求，有必要新建若干条现代化的大、中型铝锻压生产线。

2. 国内铝合金锻压生产发展现状和水平分析

锻压生产在我国有悠久的历史，3300 多年以前的殷墟文化早期，锻压已用于兵器生产。新中国成立前锻压生产十分落后。新中国成立后，锻压生产迅速发展，125 MN 以下的自由锻水压机、300 MN 模锻水压机、160 kN 以下的模锻锤、16000 kN 以下的摩擦压力机、8000 kN 以下的热模锻压机已成系列装备了各锻压厂。但到目前为止，我国铝加工企业仅有 300 MN、100 MN、60 MN、50 MN、30 MN 9 台大、中型铝锻压水（液）压机和 1 台 100 MN 多向模压水压机及 F 5m 轧环机 2 台，铝锻件年生产能力仅为 15 kt 左右，最大模锻件投影面积为 2.5 m^2（铝合金）及 1.5 m^2（钛合金），最大长度为 7 m，最大宽度为 3.5 m，锻环最大直径 5 m，以及盘径为 ϕ534 ~ ϕ730 mm 的铝合金绞线盘和 ϕ600 mm 左右的汽车轮箍。产品品种相对较少，例如工业发达国家的模锻件已占全部锻件的 80% 左右，我国只占 30% 左右。国外模锻件的设计、模具制造方面已引入计算机技术、模锻 CAD/CAM/CAE 和模锻过程仿真已进入实用化阶段，而我国很多锻压厂在这方面才刚刚起步。工艺装备的自动化水平和工艺技术水平也相对落后。

目前，我国铝合金锻压工业在技术装备上，模具设计与制造上、产品产量与规模上、生产效率与批量化生产上、产品质量与效益等方面与国外先进水平存在一定差距。不仅不能满足国内外市场对铝合金锻件日益增长的需求，更跟不上交通运输（如飞机、汽车、高速火车、轮船等）轻量化要求、以铝锻件代替钢锻件的步伐。为此，我国应集中人力、物力和财力，尽快提高我国铝合金锻压生产的工艺装备水平和生产工艺水平，并尽快新建若干条大中型现代化铝合金锻压减压机生产线，以尽快缩小与国外先进水平的差距，最大程度满足国内外市场的需求。可喜的是，随着我国大飞机项目及其他大型重点项目的实施，我国建造了 200 MN 重型卧式挤压机和 450 MN、800 MN 巨型立式模锻液压机，正在向世界铝合金锻压大国和强国迈进。

6.1.3　常用的锻造铝合金及铝合金的锻造工艺性能

1. 常用的锻造铝合金

铝合金一般可分为铸造铝合金和变形铝合金。变形铝合金可用压力加工方法加工成各种精密半成品材料或零部件。变形铝合金有上千种，分别分布在 1××× ~9××× 系列铝合金中，锻造铝合金是一种典型的变形铝合金，锻压生产中最常用的国产锻造铝合金见表 6-2。表 6-3 为常用汽车零件锻造铝合金的最低力学性能与典型零件。

表 6 - 2　常用锻造铝合金的国内牌号、主要特性及适用范围举例

中国牌号	国外相近牌号	特征与适用范围	主要相关标准号
2A02	俄 ВД17	固溶热处理加人工时效强化。用于制造 300℃ 以下的航空发动机压气机叶片	GJB 2351—1995 GJB2054—1994 HB 5204—1982
2A11	俄 Д1，美 2017，日 A2017	固溶热处理加自然时效强化，具有较高的强度和中等塑性。用于制造中等强度的受力构件	GJB 2351—1995 GJB 2054—1994 HB 5204—1982
2A12	俄 Д16，美 2024，日 A2024	经固溶热处理和自然时效或人工时效强化后有较高的强度。该合金的 T3 状态用于制造飞机蒙皮、桁条、隔框、壁板、翼肋、翼梁和尾翼等零部件，是航空和航天工业中使用最广的铝合金之一。其性能随热处理状态的不同而有显著差异	GJB 351—1995 GJB 2054—1994 HB 5204—1982 HB 5202—1982
2A14	俄 AK8，美 2014，日 A2014	固溶热处理加人工时效强化。用于制造截面积较大的高载荷零件	GJB 2351—1995 HB 5204—1982
2A16	俄 Д20，美 2219	固溶热处理加人工时效强化。可在 250～350℃ 长期工作。该合金无挤压效应，挤压件的纵、横向性能很接近	GJB 2351—1995 HB 5204—1982
2A50	俄 AK6	固溶热处理加人工时效强化。适于制造形状复杂及承受中等载荷的锻件	GJB 2351—1995 HB 5204—1982
2B50	俄 AK6 - 1	合金的成分在 2A50 基础上加入少量的铬和钛，其特征、用途与 2A50 基本相同	GJB 2351—1995 HB 5204—1982
2A70	俄 AK4 - 1，美 2618，日 2N01	固溶热处理加人工时效强化，锻件主要为 T6 状态	GJB 2351—1995 HB 5204—1982
2014 （2A14）	美 2214，俄 AK8，日 A2014	同 2A14	Q/S 818—1992 Q/EL 336—1992
2024 （2A12）	俄 Д16，法 A - U4G1，英 DTD5090	同 2A12	GJB 2920—1997
2124	俄 Д16m	在 2024 合金基础上降低铁和硅等杂质的含量，采用特殊工艺生产	Q/6S 789—1990
2214	2A14，俄 AK8，美 2014，日 A2214	在 2024 合金基础上减少杂质铁的含量，韧性得到改善。特征与用途同 2A14，与 2024 基本相同	IGC. 04. 32. 230
3A21	俄 AMm，美 3003，日 A3003	不可热处理强化变形铝合金。合金的耐蚀性很好，接近纯铝。模锻件和自由锻件的供应状态为自由加工状态（H112）	GJB 2351—1995 HB 5204—1982
5A02	俄 AMr2，美 5052，日 A5052	不可热处理强化变形铝合金。合金的耐蚀性好、强度低	GJB 2351—1995 HB 5204—1982

续表 6 - 2

中国牌号	国外相近牌号	特征与适用范围	主要相关标准号
5A03	俄 AMr3，美 5054，5154，日 A5154	不可热处理强化变形铝合金。强度低，塑性高，耐蚀性很好，退火状态切削性能差，建议在冷作硬化状态切削加工	GJB 2351—1995 HB 5204—1982
5A05	俄 AMr5，美 5056，5456，日 A5456	不可热处理强化变形铝合金。采用冷作硬化提高合金的强度	GJB 2351—1995 HB 5202—1982
5A06	俄 AMr6	不可热处理强化变形铝合金。中等强度，退火状态腐蚀性能良好	GJB 2351—1995 HB 5204—1982
6A02	俄 AB，美 6151，6061，日 A6151	经固溶热处理和自然时效或人工时效强化后具有中等强度和较高的塑性，是耐腐蚀较好的结构材料	GJB 2351—1995 HB 5204—1982
7A04	俄 B95	可热处理强化变形铝合金。合金的强度高于硬铝，屈服强度接近断裂强度，塑性低，对应力集中敏感	GJB 2351—1995 HB 5204—1982
7A09	美 7075，日 A7075	可热处理强化的高强度变形铝合金。该合金综合性能较好，T6 状态的强度最高，T73 状态耐应力腐蚀优异，T76 状态抗剥落腐蚀性能好。是我国目前使用的高强度铝合金之一，也是飞机主要受力件的优选材料	GJB 2351—1995 GJB 1057—1990 HB 5202—1982
7A33		可热处理强化的耐腐蚀、高强度结构铝合金。适于制造水上飞机、舰载飞机和沿海使用飞机、直升机的蒙皮和结构件材料	Q/6S 146—1984
7050	美 7050，日 A7050	可热处理强化的高强度变形铝合金。强度、韧性、疲劳和抗应力腐蚀性能等综合性能优良，淬透性好，适于制造大型锻件，综合性能优于 7075	Q/6S 851—1990 Q/S 825—1990
7075	美 7075，俄 B95，日 A7075	可热处理强化的高强度变形铝合金，可以制造各种品种和尺寸的产品，是目前应用最广的高强铝合金。它有几种热处理状态：T6、T73 和 T76；其中 T6 状态强度最高，但断裂韧性偏低	Q/6S 840—1990 Q/S 309—1990
7475	美 7475 俄 B95，日 A7475	在 7075 合金基础上研制的新型可热处理强化的高强度变形铝合金，提高了合金的纯度。其综合性能更好。用于制造飞机隔框和蒙皮等，进一步提高了飞机的安全可靠性和使用寿命	Q/6S 830—1990 Q/6S 831—1990 Q/6S 791—1990
8090	Al - Li 合金	可热处理强化的变形铝 - 锂合金，强度水平与 2A14 相当，但密度降低 10%，弹性模量提高 10%。用于制造结构件	Q/6SZ 1244—1994

表 6-3 常用汽车零件锻造铝合金的最低力学性能与典型零件

合金	状态	最低力学性能				典型零件
		抗拉强度 R_m/MPa	屈服强度 $R_{p0.2}$/MPa	伸长率 A_5/%	布氏硬度 (HBW)2.5/62.5	
2014	T6	440	380	6	135	货车与载重车零件
2017A	T4	380	230	10	107	货车等高负载零件
2024	T4	460	380	10	120	货车等高负载与要求疲劳强度的零件
5754	H112	180	80	15	50	各种工序
6401	T5、T6	235	185	14	70	装饰件
6060、6063	T5、T6	245	195	10	75	各种工序
6061	T5、T6	290	250	9	85	各种工序
6082①	T5、T6	310	260	6	90	结构件、液压及气动零件
6082②	T5、T6	340	300	10	100	安全及悬架系统零件
6082③	T5、T6	340	300	10	100	安全及悬架系统零件
6110	T5、T6	400	380	8	100	安全及悬架系统零件
6066	T5、T6	440	400	8	115	安全及悬架系统零件
7020	T5、T6	350	280	10	100	各种零件
7018	T5、T6	410	360	10	115	各种零件
7022	T5、T6	480	410	6	140	液压、系统零件
7075	T5/T73	530/455	470/385	8/6	145/130	各种零件及液压系统元件

注：①Anticorodal(高强度耐蚀合金)-114；②Anticorodal-116；③Anticorodal-117。

2. 常用锻造铝合金的加工特性

由上表可见，常用于锻造的铝合金有：5A02，5A03，5A05，5A06，2A11，2A12，7A04，7A09，7A10，6A02，2A50，2A70，2A14 等。

一般说来，高塑性的铝合金如 5A02，5A03，6A02，2A50，2A70，2A11，2A12 等，可以在各种应力-应变状态下进行压力加工。这些合金的自由锻造，可以在锻锤、压力机和水压机的平砧或各种型砧上进行。

低塑性铝合金如 7A04，7A09，7A10，2A14，5A05，5A06 等，应该在最有利的应力-应变状态下锻造，并且应优先选择在水压机和曲柄压力机等上进行。变形速度要尽可能的低，这样才不致使金属处于脆性状态。

用铝合金铸锭锻压时允许的变形程度见表 6-4。

表 6 - 4　铝合金铸锭锻压允许的变形程度

合金	允许变形程度/%	塑性评定
3A21, 5A02, 6A02	80 ~ 85	塑性渐弱
2A70, 2A80	80 ~ 85	
2B50, 2A50	75 ~ 80	
2A14, 2A11	70 ~ 75	
7A10, 7A09, 7A04	65 ~ 70	
2A12	60 ~ 65	
5A12	55 ~ 60	
5A06	45 ~ 50	

注：(1)所列数据均实践过，但因影响因素太多，故这些数据仅供参考；(2)所列数据指一次镦粗量。

　　锻件用的铝合金主要是复合(固溶加沉淀)强化的合金。这些合金的合金化程度高、塑性低，许多属于难变形合金。生产这类合金的锻件，要在充分了解合金的锻造工艺性能后才能制定出合理的锻造工艺。高合金化铝合金的工艺塑性介于结构钢与高温合金之间。纯铝和合金化较低的铝合金在锻造温度范围内一般都有足够的塑性，有些还高于普通钢的塑性，可以在锻锤、液压机、机械压力机和螺旋压力机等常用锻压设备上进行锻造，而合金化较高的铝合金在锻造温度范围内的塑性较低，一般不可以在锻锤上进行锻造，通常选择在液压机上锻造，也可以在机械压力机和螺旋压力机上进行锻造。

6.2　铝合金自由锻技术及自由锻锻件举例

6.2.1　概述

1. 铝合金自由锻锻造的特点

　　自由锻造是将坯料加热到锻造温度后，在自由锻设备(锻锤或压力机等)和简单工具(锤头或砧块等)的作用下，使用通用的工具和可移动的简单组合模具(胎模)，通过人工操作控制金属变形以获得所需形状、尺寸和质量锻件的一种锻造方法。所使用的胎模的外形和型槽都较为简单，而且制造方便、成本较低。所采用的各锻造工序主要有镦粗、拔长、冲孔、扩孔和弯曲等。

　　自由锻造成形方法是一种重要的塑性成形加工方法，也是最早被广泛应用的塑性成形加工方法，几乎所有的变形铝合金均可以采用自由锻造成形方式进行塑性加工。同时，大多数锻造方法也都可以应用于变形铝合金的锻造，如镦粗、拔长、辊锻和扩孔等。一般说来，采用低碳钢可以锻出的各种形状的锻件，用变形铝合金基本上都可以锻造出来。但是由于铝合金流动性较差，在金属流动量相同的情况下，要比低碳钢需多消耗30%左右的能量。

　　(1)铝及铝合金自由锻造生产具有以下优点：

　　1)自由锻造可以改善铝合金的组织、性能，铝合金自由锻件的质量和力学性能都比铸造件的高,其强度比铸造件的高 50%～70%,因此能够承受大的冲击载荷的作用,塑性、韧性和其他方面的力学性能也都比铸造件的高,采用锻件可以在保证零件设计强度的前提下,减轻零件本身重量,这对飞机、宇航器械、车辆和交通工具更有重要意义。

2)自由锻造可以节约原材料。采用自由锻造方法可以生产出形状比采用其他压力加工方法(模型锻造除外)更接近于零件的制件。

3)自由锻造适用于单件小批量生产,品种改变灵活性较大。

4)直轴或弯轴件和弯成的环形件由于金属没有横向流动,其流线分布一般比模锻件的更为合理。特别适于形状简单、截面变化小而主轴呈平缓的直线或弯曲的轴类件、盘类件或环形件。

5)自由锻造是一种较为通用的锻造方法。由于自由锻造不用专用锻模,锻造工具有通用性,生产成本较低,但对操作者的技术水平要求较高,可以充分利用现有设备,能降低设备的功率,缩短生产周期。所以,比较适用于生产单件、小批量的锻件和急需的特大型锻件,以及特殊条件下新产品试制生产锻件特。

(2)铝合金自由锻造的缺点。

1)与模锻件相比自由锻造材料利用率低,制件的机械加工量较大,自由锻件流纹的清晰度和平直度以及沿锻件外廓分布的吻合程度较模锻件的差,在机械加工过程中,金属流线容易被切断。

2)与模锻件相比铝合金自由锻件的力学性能相对较低。

3)锻造生产方法较其他压力加工方法效率较低,机械化和自动化程度有待进一步提高。

4)变形程度不够均匀,同一批锻件的形状和尺寸的均一性较模锻件的差,复杂锻件因火次较多,有可能在个别部位出现只被加热而不参与变形的情况,因而可能导致组织不均匀或低倍粗晶的出现。

5)与模锻比较,自由锻件的质量受锻压工艺和工人操作水平的影响更大。某些特殊的质量要求,可通过自由锻的工艺过程得到满足,如通过反复镦拔可提高原材料的质量等。

现代航空构件要求质量高、强度大和最大限度地节约材料,特别是要求结构实现整体化,所以,自由锻造无法满足这些要求,逐渐被高效率的模锻所替代。但是由于自由锻件品种变化灵活性很大,自由锻造成形方法目前在单件、小批量生产以及新产品锻件试制过程中仍被广泛地采用。

2. 自由锻件的分类

自由锻是一种通用性较强的工艺方法,能锻出各种形状的锻件。按锻造工艺特点,铝合金自由锻件可分为四大类:饼类锻件,环、筒类锻件,轴杆类锻件,弯曲类锻件等。

(1)饼块类锻件。此类包括各种圆盘。此类锻件的特点是径向尺寸大于高向尺寸,或者两个方向的尺寸相近。基本工序是镦粗,随后的辅助(修整)工序为滚圆和平整。

(2)环、筒类锻件。此类包括各种圆环和各种圆筒等。锻造环、筒件的基本工序有镦粗、冲孔、芯轴扩孔、芯轴上拔长,随后的辅助(修整)工序为滚圆和校正。

(3)轴杆类锻件。此类包括各圆形、矩形、方形、"工"字形截面的杆件等。锻造轴杆件的基本工序是拔长,对于横截面尺寸差大的锻件,为满足锻压比的要求,则应采用镦粗—拔长工序。随后的辅助(修整)工序为滚圆。

(4)弯曲类锻件。此类包括各种弯曲轴线的锻件,如弯杆等。基本工序是弯曲,弯曲前的制坯工序一般为拔长，随后的辅助(修整)工序为平整。坯料多采用挤压棒料。

　　3. 铝合金自由锻造用原材料

　　铝合金自由锻造用的原材料主要有铸造坯料和挤压坯料两种。具体生产中选用何种原材料，主要取决于所生产锻件的尺寸、形状、合金、批量以及经济效益等因素。然而，在绝大多数情况下，小规格锻件大都是以挤压棒材作为原料。铸造坯料多被用于生产大型自由锻件，或当自由锻件规格相对较小但批量很大、在考虑经济效益因素时也多采用铸造坯料。

　　(1) 铸锭毛料。

　　用铸锭直接做锻压坯料，主要用于大型或塑性较好的合金锻件，因为尺寸太大，不可能用挤压棒材。用铸锭生产锻件的另一特点是，所得锻件的性能异向性比用挤压棒材的小。常用铸锭规格(车皮后)为：ϕ162 mm、ϕ192 mm、ϕ212 mm、ϕ270 mm、ϕ290 mm、ϕ350 mm、ϕ405 mm、ϕ482 mm、ϕ680 mm、ϕ1000 mm 等。在选择铸锭规格时，在保证毛料的高径比的前提下，要尽可能选用小规格的铸锭，因为铸锭规格较小时其晶粒相对较为细小，其他方面的冶金缺陷也会相对少一些。铸锭晶粒大小对锻件晶粒大小有"遗传性"影响。所以选晶粒小的铸锭作为锻造毛坯较为好些，这样锻件的力学性能也要比晶粒粗大的好。

　　由于铝合金中所含的合金元素及杂质，其大多数都形成硬脆的化合物(如 $CuAl_2$、Mg_2Si 等)存在于合金中，而且铸造时冷却不均匀，在铸锭组织中存在晶内偏析(晶界上化合物相、不平衡共晶增多)、区域偏析、局部偏析等，因而严重地降低了铝合金铸锭的塑性，不利于压力加工。为了提高塑性，在锻造之前，一般铸锭都要经过均匀化退火。即把铸锭加热到相当高的温度(比固相线低 20~40℃)，长时间保温(几个到几十个小时)，然后缓慢冷却下来。这样能使不平衡相溶解，合金成分均匀，原始铸态组织得到明显改善，提高塑性。铸锭原始组织和性能的改善，还可使半成品和最终产品的力学性能得到提高。

　　(2) 挤压毛料。

　　挤压坯料的选择主要取决于锻件的尺寸规格和合金的塑性。一般情况下，锻造中、小规格和低塑性铝合金自由锻件时多选用挤压毛料。

　　由于挤压变形的特点，造成了挤压棒材沿横截面晶粒大小和形状的不均匀。在挤压棒材的表层，晶粒被充分破碎，在制品的最终淬火加热时容易形成再结晶，成等轴粗晶组织，即所谓的粗晶环。挤压棒材的中心区域往往具有未再结晶的纤维状组织，从而引起纵向和横向力学性能相差很大，即沿纵向合金的强度较高，塑性较低。这就是挤压棒材所特有的挤压效应现象。对于长轴类锻件，可以利用棒材的挤压效应现象，使锻件轴向性能得到提高。对于纵向、横向和短横向力学性能都有要求的锻件，则需要对挤压棒材进行多向镦粗和拔长，以消除挤压棒材各向异性的影响。

　　锻造用挤压棒材中若带有粗晶环，则在锻造时往往沿挤压棒材的侧表面形成开裂。所以在锻造投料之前，必须检查毛坯中的粗晶环情况。此外，还必须在挤压棒材的后端检查低倍试片和断口，以便发现有分层、缩尾、非金属夹杂物等缺陷。

6.2.2　铝合金自由锻造基本工序分析

　　1. 铝合金自由锻造工序分类

　　铝合金自由锻造的主要操作方法有镦粗、拔长、冲孔、扩孔、芯轴拔长和弯曲等。这些操作方法，一般叫工步，在锻压车间称工序。任何铝合金自由锻件的塑性变形成形过程均是由一系列的锻造工序所组成。根据变形性质和变形程度,铝合金自由锻造工序主要是由基本工序、辅助(修整)工序组成的。

(1)基本工序:能够较大幅度地改变坯料形状和尺寸的工序,也是自由锻造过程中主要变形工序,如镦粗、拔长、冲孔、芯轴扩孔、芯轴拔长、弯曲等。

(2)辅助(修整)工序:用来修整锻件尺寸和形状以减少锻件表面缺陷,如凹凸不平及整形等,使其完全达到锻件图要求的工序。一般是在某一基本工序完成后进行,如镦粗后的鼓形滚圆和截面滚圆、端面平整,拔长后校正和弯曲校直等。锻件锻造后需进行整修,其变形程度很小,主要目的是使锻件尺寸准确,表面光洁。

上述各种工序简图见表6-5。

表6-5　自由锻造工序

基本工序					
镦粗		拔长		冲孔	
芯轴扩孔		芯轴拔长		弯曲	
辅助(修整)工序					
校正		滚圆		平整	

自由锻造的基本工序是铝合金自由锻件塑性变形成形过程中所必需的变形工序。这些锻造工序有的是为了增大自由锻件的变形程度和改善铝合金材料的组织与性能,有的是为了保证锻件形状及尺寸。自由锻件在基本工序的变形中,均属于敞开式、局部变形或局部连续变形。了解和掌握自由锻各类基本工序的金属流动规律和变形分布,对合理制订锻件自由锻工艺规程、准确分析质量是非常重要的。

2.锻造比与力能计算及设备吨位选择

(1)锻造比计算。

由于各锻造变形工序变形特点不同,则各工序锻造比和变形过程总锻造比的计算方法也不尽相同,可参照表6-6计算。

表 6 - 6　锻造过程锻造比和变形过程总锻造比的计算方法

序号	锻造工序	变形简图	总锻造比
1	镦粗		$K_H = \dfrac{H_0}{H_1}$
2	拔长		$K_L = \dfrac{D_1^2}{D_2^2}$ 或 $K_L = \dfrac{l_2}{l_1}$
3	两次镦粗拔长		$K_L = K_{L1} + K_{L2} = \dfrac{D_1^2}{D_2^2} + \dfrac{D_3^2}{D_4^2}$ 或 $K_L = \dfrac{l_2}{l_1} + \dfrac{l_4}{l_3}$
4	芯轴拔长		$K_L = \dfrac{D_1^2 - d_0^2}{D_2^2 - d_1^2}$ 或 $K_L = \dfrac{l_1}{l_0}$
5	芯轴扩孔		$K_L = \dfrac{F_0}{F_1} = \dfrac{D_0 - d_0}{D_1 - d_1}$ 或 $K_L = \dfrac{l_0}{l_1}$

注：1. 连续拔长或连续镦粗时，总锻造比等于分锻造比的乘积，即 $K_L = K_{L1} \cdot K_{L2}$。

　　2. 两次镦粗拔长和两次镦粗间有拔长时，按总锻造比等于两次分锻造比之和计算，即 $K_L = K_{L1} + K_{L2}$，并且要求分锻造比 K_{L1}，$K_{L2} \geqslant 2$。

（2）设备吨位选择。

热镦粗压力计算公式为

$$p = m\sigma_b F \qquad\qquad (6-1)$$

式中：σ_b 为合金在镦粗温度下的抗拉强度，MPa；F 为镦粗坯料的横截面积，mm^2；m 为系数，取决于镦粗条件。

　　自由锻的常用设备为锻锤和水压机，锻造过程中这类设备不会发生过载损坏。但设备吨位选得过小，锻件内部锻不透，生产效率低；设备吨位选得过大，不仅浪费动力，而且由于大设备的工作速度小，同样也影响生产率和锻件成本。因此，正确选择锻造设备吨位是编制工艺过程规程的一个重要环节。自由锻造所需设备吨位，主要与变形面积、锻件材质、变形温度等因素有关。自由锻造时，变形面积由锻件大小和变形工序性质决定。镦粗时锻件与工具的接触面积相对于其他变形工序要大得多，而很多锻造过程均与镦粗有关，因此，常以镦粗力的大小来选择自由锻设备。

确定设备吨位的传统方法有理论计算法和经验类比法两种。理论计算法是根据塑性成形原理的公式计算变形力或变形功选择设备吨位，经验类比法是根据生产实践统计整理出的经验公式或图表选择设备吨位。

现在也可以对锻造过程采用计算机数值模拟的方法准确而快速地计算出变形力及其他力学性能参数。

6.2.3　典型铝合金自由锻件的生产过程设计举例

1. 铝合金自由锻工艺过程的设计

一般工艺规程的基本内容包括工艺过程和操作方法。对设计计算的工艺方案，可用工艺卡片表示。锻造工艺规程由锻件图、锻造工艺卡片、热处理工艺和工艺守则等内容组成，它不但是锻造生产的基本文件之一，而且还是组织生产、下达任务和生产前准备工作的基本依据之一，同时工艺规程也是生产时必须遵守的规则和锻件的质量验收标准。

(1)编制工艺过程时应注意下述两条原则：

1)密切结合生产实际条件、设备能力和技术水平等实际情况，所编制的工艺技术先进，能满足产品的全部技术要求。

2)在保证优质的基础上，力求提高生产率，节约金属材料消耗，经济合理。

(2)制定自由锻工艺过程的主要内容包括：

1)根据零件图设计锻件图，确定自由锻件机械加工余量与公差标准。

2)确定坯料的质量和尺寸。

3)制订变形工艺及选用工具。

4)选择锻造设备。

5)确定锻造温度范围，制订坯料加热和锻件冷却规范。

6)制订锻件热处理规范。

7)提出锻件的技术条件和检验要求。

8)填写工艺规程卡片等。

2. 铝合金自由锻造变形工艺方案的制订

各类锻件变形工序的选择可根据锻件形状、尺寸和技术要求，结合各基本工序的变形特点，参考有关典型工艺确定。选择变形工艺包括：确定制造该锻件所需的基本工序、辅助工序，安排工序顺序，设计工序尺寸。

(1)变形工艺选择原则。

选择变形工艺是编制工艺中最重要的部分，也是难度较大的部分，因为影响的因素很多，例如，工人的经验、技术水平，车间设备条件，坯料情况，生产批量，锻造用工、辅具情况，锻件的技术要求等。所以没有统一的规律，要具体情况具体对待。一般说来，应遵守下列几个原则：

1)锻造工序愈少愈好。

2)加热次数要最少。

3)使用的工具愈简单、愈少愈好。

4)操作技术愈简单愈好。

5)最终一定要符合锻件技术条件的要求。

　　总之，要结合车间的具体生产条件，参考类似典型工艺，尽量采用先进技术，保证获得良好的锻件质量、高的生产率和尽可能少的材料消耗。

　　（2）自由锻造工艺方案。

　　铝合金锻件的质量在很大程度上取决于变形过程中所得到的金属组织，尤其是锻件变形的均匀性。因为变形不均匀，不仅降低了金属的塑性，而且由于不均匀的再结晶，将得到不均匀的组织。这就使锻件的性能变坏。为了获得均匀的变形组织和最佳的力学性能应采取相应的锻造方案。选择自由锻造方案时应考虑到对锻件形状、尺寸及力学性能的要求，以及坯料的形式是铸锭或是挤压棒材。

　　自由锻造的方案可以有以下四种，如图 6－1 所示。

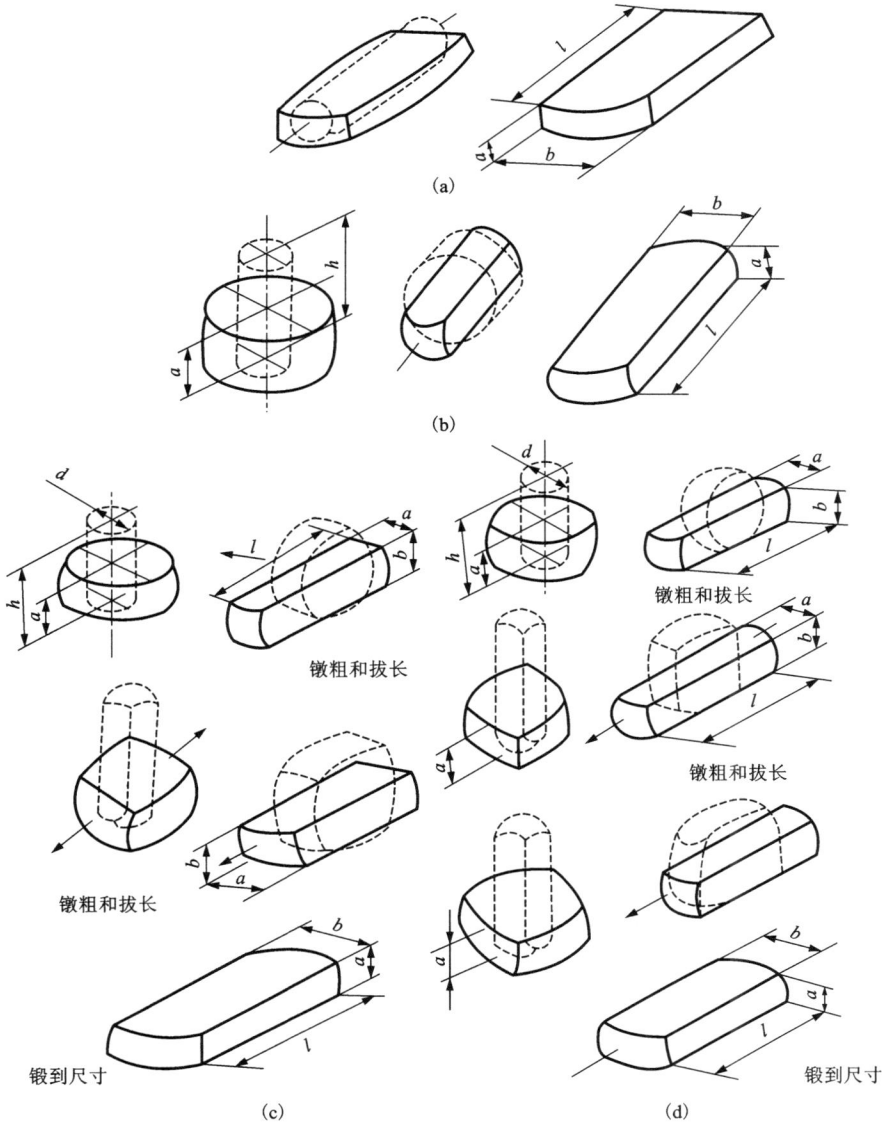

图 6－1　常用的几种自由锻造工艺方案

（a）方案Ⅰ；（b）方案Ⅱ；（c）方案Ⅲ；（d）方案Ⅳ

根据镦粗次数将锻造工艺编号如下。

锻造工艺 Ⅰ：用一次镦粗和一次拔长锻成所要求的尺寸；

锻造工艺 Ⅱ：一次镦粗 + 一次拔长锻成所要求的尺寸；

锻造方案 Ⅲ：用两次镦粗和一次或两次拔长锻成所要求的尺寸；

锻造方案 Ⅳ：用三次镦粗和两次或三次拔长锻成所要求的尺寸。

方案 Ⅰ 和方案 Ⅱ 适用于已有很大变形程度(≥80%)的挤压毛坯。

对于铸造坯料，则原则上应采取方案 Ⅲ 和方案 Ⅳ。当由铸造毛坯锻成厚度与宽度之比为 1.0 ～ 1.2 的锻件时，或者盘、环等轴对称形状的锻件，以及中间具有很大孔(为锻件面积的 15% ～ 20%)的扁平锻件；当用挤压变形程度小于 80% 的棒材制造力学性能要求严格的锻件时，为了保证锻件具有合格而均匀的力学性能，也必须采用 Ⅲ 或 Ⅳ 方案。

(3)变形工序的选择。

一般来说，各类锻件变形工序的选择，可根据锻件的形状、尺寸和技术要求，结合各锻造工序的变形特点，参照有关典型工艺具体确定。

1)饼块类锻件的变形工艺，一般均以镦粗成形。当锻件带有凸肩时，可以根据凸肩尺寸，选取垫环镦粗或局部镦粗。若锻件的孔可冲出，则还需采取冲孔工序。

2)对于长轴锻件的拔长变形工艺的拟订，可参考表 6 - 7。

3)对于空心锻件的变形工艺的拟订，可参考表 6 - 8。

表 6 - 7　拔长的变形方案

方案	变形过程	对金属塑性的影响	锻合内部缺陷效果	缺点
1	圆→(平砧)方→(平砧)矩形(宽/高 = 1.6 ~ 1.7)→(平砧)方→(型砧)圆	—	好	锻件中心线易偏移铸锭中心线
2	圆→(平砧)方→(型砧)圆	—	较好	
3	圆→圆(上平砧，下 V 或弧型砧)	提高金属塑性	好	
4	圆→圆(上、下 V 或弧型砧)	显著提高金属塑性	最好	锻造坯料直径范围受限

表 6 - 8　空心锻件的变形方案

尺寸关系	$\dfrac{D}{d} \geqslant 2.5$ $\dfrac{H}{D-d} < 1$	$\dfrac{D}{d} \leqslant 2.5$ $\dfrac{H}{D-d} = 0.4 \sim 1.7$	$\dfrac{D}{d} \leqslant 1.6$ $\dfrac{H}{D-d} > 1$	$\dfrac{D}{d} \geqslant 1.5$ $\dfrac{H}{D-d} > 1$
简图				
变形方案	镦粗→冲孔	1)镦粗→冲孔→扩孔 2)镦粗→冲孔→芯轴拔长	镦粗→冲孔→扩孔	镦粗→冲孔→芯轴拔长

（4）工序尺寸设计。

工序尺寸设计和工序选择是同时进行的，因此，确定工序尺寸时应注意以下几点：

1）遵循体积不变定律，工序尺寸必须符合各工序的工艺要点。

2）必须估计到各工序变形过程中坯料的尺寸变化，留足拉缩量和保险量等。

3）必须保证各部分有足够的体积。

4）多火次锻打时，应考虑中间各火次加热的可能性，如考虑工序尺寸、中间火次、装炉和锻件外露部分的问题。

5）必须留足最后的锻件修正量，以使锻件表面光滑和长度尺寸合适。

6）对于长轴类零件要求长度方向尺寸很准确时，必须估计到在修整时长度尺寸会略有延伸。

7）对于轴类锻件的切头量要符合规定。

3. 编写工艺卡片

工艺卡片是工人操作、生产和检验锻件的依据，是生产中的主要技术文件。编写工艺卡片时需要把锻造过程的各道工序和工步，按生产顺序编写出来，并要注明工序或工步名称、所使用的工具和设备、工步简图和尺寸以及工时定额等。一般，工艺规程卡片应包括：锻件名称，锻件简图，毛坯规格、重量和尺寸，合金牌号，工序或工步名称和简图，工具和设备，加热、冷却规范，锻造温度范围，工时定额等内容。

6.3　铝合金模锻技术及模锻件生产工艺举例

6.3.1　铝合金模锻件分类

模锻工艺和模锻方法与锻件外形密切相关。形状相似的锻件，模锻工艺流程、锻模结构和模锻设备基本相同，为了便于拟定工艺规程，加速锻件及锻模的设计，应将各种形状和模锻件进行分类。目前铝合金模锻生产多采用液压机上模锻，因而这里主要根据液压机上模锻进行分类。目前比较一致的方法是按照锻件外形和模锻时毛坯的轴线方向进行分类。铝合金模锻件按外形可分为等轴类和长轴类两大类，如表 6-9 所示。

等轴类锻件一般指在分模面上的投影为圆形或长、宽尺寸相差不大的锻件。属于这一类的锻件其主轴线尺寸较短，在分模面上锻件投影为圆形或长宽尺寸相差不大。模锻时，毛坯轴线方向与压力方向相同，金属沿高度、宽度和长度方向均产生变形流动，属于体积变形。模锻前通常需要先进行镦粗制坯，以保证锻件成形质量。圆饼类锻件根据形状复杂程度又分为简单形状、较复杂形状和复杂形状 3 个组别，如表 6-9 所示。

长轴类锻件的轴线较长，即锻件的长度尺寸远大于其宽度尺寸和高度尺寸。模锻时，毛坯轴线方向与压力方向相垂直，在成形过程中，由于金属沿长度方向的变形阻力远大于其他两个方向，因此金属主要沿高度和宽度方向流动，沿长度方向流动很少（即接近于平面变形方式）。因此，当这类锻件沿长度方向其截面积变化较大时，必须考虑采用有效的制坯工步，如局部拔长、辊锻、弯曲等，使坯料形状接近锻件的形状，坯料的各截面面积等于锻件各相应截面面积加上毛边面积，以保证模腔完全充满且不出现折叠、欠压过大等缺陷。

表 6 - 9　铝合金模锻件分类

组别	锻件简图
简单形状(饼形或圆盘形)	
较复杂形状 (有凸台的圆盘形)	
复杂形状(桶形、 圆环形、有凸台的杯形)	

长轴类锻件的分类简图及工艺特征列于表 6 - 10。

表 6 - 10　长轴类锻件的分类简图及工艺特征

组别	特征	简图	工艺过程特征
直长轴类锻件	这类锻件的主轴线和分模线为直线状		一般采用局部拔长制坯或辊锻制坯
弯曲轴锻件	这类锻件的主轴线与分模线,或二者之一呈曲线或折线状		采用拔长制坯或拔长加滚挤制坯,再加上弯曲制坯或成形制坯
枝芽类锻件	这种锻件上通常带有突出的枝芽状部分		终锻前除可能需要拔长制坯外,为便于锻出枝芽,还可能进行成形制坯(毛压)或预锻
叉类锻件	锻件头部呈叉状,杆部或长、或短		采用拔长制坯或拔长加滚挤制坯外,对杆部较短的叉形锻件,除需要拔长或拔长加滚剂制坯外,还得进行弯曲制坯。而杆部较长的叉形锻件,则不必弯曲制坯,只需采用带有劈开坪台的预锻工步

6.3.2　铝合金模锻件生产工艺要点

1. 铝合金模锻件设计

模锻件图是模锻生产方式、模锻工艺过程规范制定、锻模设计、锻模检验及锻模制造的依据。模锻件图是根据产品图设计的,分为冷模锻件图和热模锻件图两种。冷模锻件图用于最终锻件的检验以及热锻件图和校正模的设计,也是机械加工部门制定加工工艺过程、设计加工夹具的依据。热模锻件图用于锻模设计和加工制造。热模锻件图是对冷模锻件图上各尺寸相应地加上热膨胀系数绘制的。锻件图一般指冷模锻件图。设计模锻件图时一般应考虑解决下列问题:考虑在不同模锻设备上获得模锻件的过程一般都相同,即都是在模锻件图上确定分模面位置、考虑机械加工余量和锻件公差、模锻斜度、圆角半径,冲孔件还要设计冲孔连皮,就可以设计冷模锻件图样了。但在考虑分模面、余量和模锻斜度等方面,对于不同的模锻设备并不完全一致,要考虑各自特点。

目前铝合金模锻生产多采用液压机上的开式模锻,因此,这里主要介绍液压机上模锻时模锻件的设计。

(1)铝合金模锻件设计的原则。

铝合金模锻件设计必须考虑下列几点:

1)模锻件材料的工艺特点和物理及力学性能。

2)要尽可能使制造模锻件时的金属消耗量最低,操作者的劳动强度最小。

3)合理地选择模锻件的各个结构要素,分模面、腹板厚度、模锻斜度、圆角半径、连接半径、过渡半径、腹板的宽厚比和筋的宽高比等。

4)模锻件相邻各截面之间要避免过渡过于剧烈,尤其是要使相距很近的两个截面面积不能相差太大。

(2)模锻件设计的主要工艺结构要素。

设计模锻件图时所遇到的一些主要工艺要素的名称及其含义、作用、用途和制定的主要依据,列于表 6-11 中。

表 6-11　主要工艺要素

序号	名称	主要含义	作用和用途	制定的主要依据
1	冷锻件图(通常简称锻件图)	说明锻件的形状、尺寸和精度,并附注有技术要求	根据该图检验锻件	根据零件图,并考虑到加工余量、公差、模锻斜度、工艺性能等
2	热锻件图	说明热态下(终锻温度时)的锻件的形状、尺寸和精度	根据该图制造模具(模膛)	根据冷锻件图和冷收缩率
3	毛边槽及毛边(又称飞边槽及飞边)	沿模膛分模线周围所设置的空槽。毛边即指流入毛边槽的金属	使金属易于充满模膛,可容纳多余金属,毛边有缓冲作用,可减弱上、下模的打击	应根据锻件的外形、尺寸,也有根据设备吨位或锻件重量来选择

续表 6－11

序号	名称	主要含义	作用和用途	制定的主要依据
4	模锻斜度	指模锻件的内、外侧壁为了脱模而做的斜度	便于取出模锻件	根据锻件的外形尺寸和模具结构（有无顶料器）来选择
5	分模面及分模线	上、下模相接触的表面称为分模面。该面和锻件的交线称为分模线	闭合时保证成形，分开后可放入坯料或取出锻件	根据零件形状、设备特点和模锻方法选定分模面
6	凸圆角半径（又称外圆角半径，或统称圆角半径）	锻件上向外凸出的圆角半径，也就是模腔凹入部分的圆角半径	避免模具因应力集中而破坏，使金属易于充满	根据模槽深度及其与宽度的比值来选取
7	凹圆角半径（又称内圆角半径，或连接半径）	锻件上向内凹入部分的圆角半径，也就是模具凸出部分的圆角半径	有利于金属流动，减轻模具磨损，防止模具压塌	根据模槽深度及其与宽度的比值来选取
8	过渡半径	锻件侧壁的交接处在水平面上的连接半径	有利于金属流动	取决于模槽深度及交接处在水平面上的夹角大小
9	冲孔连皮	对于具有通孔的零件，模锻时不能锻出通孔，留在孔中的金属就是连皮，然后再冲去	为工艺上所必须，合理选定可避免冲头损坏。有利于金属流动，防止孔内皱折	根据所冲孔的直径和深度选择
10	锻件余量	指锻件与零件相比，多余金属层的厚度（用两者名义尺寸差表示）	供切削加工用	根据零件形状、尺寸、用途和锻造方法确定

2. 铝合金模锻工艺技术

（1）概述。

模锻就是模型锻压的简称，是在自由锻、胎模锻基础上发展起来的一种锻压生产方法。是金属毛坯在外力作用下发生塑性变形和充填模腔，从而获得所需形状、尺寸并具有一定力学性能的模锻件的锻造生产工艺。模锻工艺根据锻件生产批量和形状复杂的程度，可在一个或数个模腔中完成变形过程。模锻具有生产率高、机械加工余量小、材料消耗低、操作简单、易实现机械化和自动化等特点，适用于中批、大批生产。模锻还可提高锻件质量。铝合金模锻一般在液压锻压机上进行。

（2）铝合金模锻生产方法分类。

铝合金模锻生产分类方法较多，这里只介绍两类分类方法。

1）根据是否形成毛边槽分类。

一种是根据模锻时锻件是否形成槽向毛边，铝合金模锻工艺可分为以下两种：

A. 有毛边模锻即开式模锻，是变形金属的流动不完全受模腔限制的一种锻造方式。其特点是多余的金属沿垂直于作用力方向流动，锻件周围沿分模面形成槽向毛边。最终迫使金属充满型槽。

　　分模面与模具运动方向垂直，在模锻过程中分模面之间的距离逐渐缩小，沿垂直于作用力方向形成横向毛边，随着作用力的增大，毛边减薄，温度降低，金属由毛边向外流动受阻，依靠毛边的阻力迫使金属充满型槽；而间隙大小，在锻压过程中是变化的。在开式模锻过程中，变形金属的具体流动情况主要取决于各流动方向上的阻力之间的关系。影响变形金属流动的因素主要有：型槽的具体尺寸和形状；毛边槽桥口尺寸和锻件分模位置；设备的工作速度、运动特征。

　　开式模锻应用很广，一般用在锻压较复杂的锻件上。因此它将是本节要介绍的重点。

　　B. 无毛边模锻即闭式模锻，其特点是在整个锻压过程中模膛是封闭的。

　　开式模锻中毛边金属的损耗较大，通常毛边占锻造坯料质量的 10% ~50%，为减少金属损耗、提高材料利用率，出现了闭式模锻。在变形过程中，金属始终被封闭在型腔内不能排出，迫使金属充满型槽而不形成毛边。闭式模锻时，上、下模之间的间隙很小，金属流入间隙的阻力极大，但在下料不准确或模锻操作不当时，也会产生微量的纵向毛刺。分模面与模具运动方向平行，在模锻过程中分模面之间的间隙保持不变，不形成毛边。如果毛坯体积过多，则在模膛充满后出现少量的纵向毛刺。由于在闭式模锻过程中坯料在完全封闭的受力状态下变形，所以从坯料与模具侧壁接触的过程开始，侧向主应力值就逐渐增大，这就促使金属的塑性大大提高。在模具行程结束时，金属便充满整个模膛，因此要准确设计坯料的体积和形状，否则将生成毛边，很难用机械方便地除去。只要坯料选取得当，所获锻件就很少有毛边或根本没有毛边，因此可以大大节约金属，还可减少设备能耗 40% 左右，又减少了切毛边用设备，同时还有利于提高锻件质量，它的显微组织和力学性能比有毛边的开式模锻件好。但是，闭式模锻坯料制取较为复杂：要求坯料体积精确，使坯料体积和型槽容积相等；要求坯料形状和尺寸比例合适，并在型槽内准确定位，否则锻造时一边已产生毛刺，另一边尚未充满型槽，从而使锻件报废，同时还影响到模具寿命。同时，锻件出模困难，需要顶件装置，使锻模结构复杂化。因此，闭式模锻应用范围较窄，一般多用在形状简单的旋转体模锻件上。

　　2）根据金属毛坯的温度不同分类。

　　根据金属毛坯的温度不同可以分为以下三种：

　　A. 热锻，是将金属毛坯加热至再结晶温度以上在锻温度范围内进行模锻。

　　B. 冷锻，属于金属在室温下的体积塑性成形，其成形方式有冷挤压和冷镦挤。冷挤压主要包括正挤压、反挤压、复合挤压、径向挤压等；冷镦挤包括镦挤复合、镦粗等。

　　冷锻工艺（包括冷挤、冷镦）和热锻相比，具有节约原材料、产品尺寸精度高、表面粗糙度低、可以减少或免去切削加工及研磨工序、零件力学性能提高，有时可省去热处理，劳动条件好和生产效率高等一系列优点。已被各工业部门所重视并推广应用。但由于材料在常温下的变形抗力很大，又受加工硬化的影响，要求成形设备具有较大的压力、能量和刚度，对模具强度和寿命也提出了较高的要求。

　　C. 温锻，是将金属毛坯加热至金属再结晶温度以下某个适当的温度范围内进行模锻。温锻成形工艺是在冷锻工艺基础上发展起来的一种少无切削的成形工艺。它的变形温度一般取在室温以上和热锻温度以下这个范围中。但对变形的温度范围目前还没有一个严格的统一规定。因此，有时对变形前将坯料加热，变形后具有冷作硬化的变形，称为温变形；或者，将加热温度低于热锻终锻温度的变形，称为温变形。目前，常见的温锻温度范围对铝合金来说，是从室温以上到350℃以下。也就是说，基本上处于金属的不完全冷变形与不完全热变形的温度范围。

温锻成形在一定程度上兼备了冷锻与热模锻的优点：如产品质量高、节省材料和生产效率高等；同时减少了他们各自的缺点，如冷锻对设备、模具及材料的特殊要求；热模锻件的表面质量较差等。

目前，冷锻与温锻成形多应用于纯铝。

（3）铝合金模锻生产方法特点。

模锻生产率高，机械加工余量小，材料消耗低，操作简单，易实现机械化和自动化，适用于中批、大批生产。模锻还可提高锻件质量。模锻虽比自由锻和胎模锻优越，但它也存在一些缺点：模具制造成本高，模具材料要求高；每个新的锻件的模具，由设计到制模生产是较复杂又费时间的，而且一套模具只生产一种产品，其互换性小。所以模锻不适合小批或单件生产，适合大批量生产。另一个缺点是能耗大，选用设备时要比自由锻的设备能力大，铝合金大、中型复杂锻件大都在大中型锻压液压机上生产。

3. 铝合金模锻生产设备及工艺特点

铝合金模锻件的生产可在模锻锤、机械压力机、螺旋压力机和液压机等多种锻造设备上进行。最广泛采用的是液压机和模锻锤。

（1）模锻锤及锻压工艺特点。

模锻锤可用于开式模锻和闭式模锻，其生产费用较低。由于铝合金对应变速率敏感，在急剧变形过程中变形热较大，在锻打时需要控制好锤头的高度、打击力量和速度。适宜于生产中小尺寸和形状复杂程度较低的铝合金模锻件。图6-2为模锻锤及结构示意图。

模锻锤主要工作特点及模锻锤上模锻生产特点：

1）靠冲击力使金属变形，锤头在行程的最后速度为7~9 m/s，可以利用金属的流动惯性，有利于金属充填模腔，因而锻件上难充满的部分应尽量放在上模。同时由于靠冲击力使金属变形，模具一般采用整体结构，模具通常采用锁扣装置导向，较少采用导柱导套。

2）受力系统不是封闭的，冲击力通过下砧传给基础。

3）单位时间内的打击次数多（1~10 t模锻锤为100~40次/min）。金属在各模腔中的变形是在锤头的多次打击下逐步完成的，锤头的打击速度虽然较快，但在打击中每一次的变形量较小。

4）模锻锤的导向精确度不太高，工作时的冲击性质和锤头行程不固定等，因此，模锻件的尺寸精度不太高。

5）无顶出装置。因而锻件出模较困难，模锻斜度要较大。

6）在锤上可实现多种模锻工步，特别是对长轴类锻件进行滚压、拔长等制坯工步非常方便。

（2）液压机（主要是水压机）及锻压工艺特点。

随着航空航天技术的发展，飞行器的结构对减重、强度、刚度以及安全性和寿命等提出了更高的要求，这些使得现代飞行器日益广泛地采用锻造方法生产出来的大型复杂的整体构件，来替代由许多小型模锻件用铆接、焊接或螺栓连接等方式所组成的部件。因此，所需铝合金模锻件的尺寸愈来愈大，形状愈来愈复杂。

液压机适用于大中型铝合金锻件生产，它既可以用于自由锻造，也可以用于模锻。如果液压机装有侧缸，还可以实现复杂的多向模锻。图 6 - 3 为液压机本体结构简图。

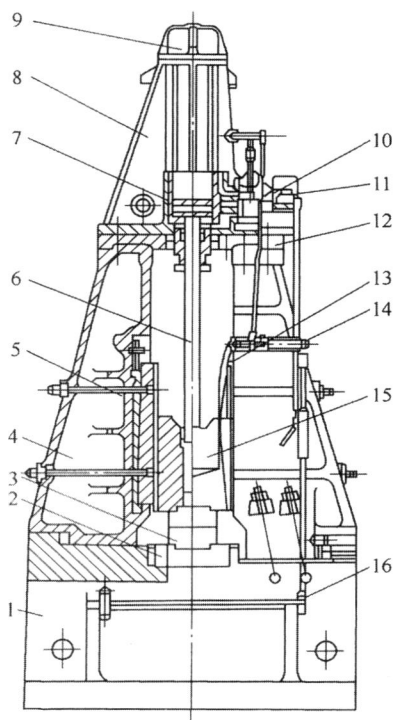

图 6 - 2　模锻锤及结构示意图(蒸汽 - 空气锤)

1—砧座；2—模座；3—下模；4—立柱；5—导轨；
6—锤杆；7—活塞；8—汽缸；9—保险缸；
10—滑阀；11—节气阀；12—汽缸底板；13—曲杆；
14—杠杆；15—锤头；16—踏板

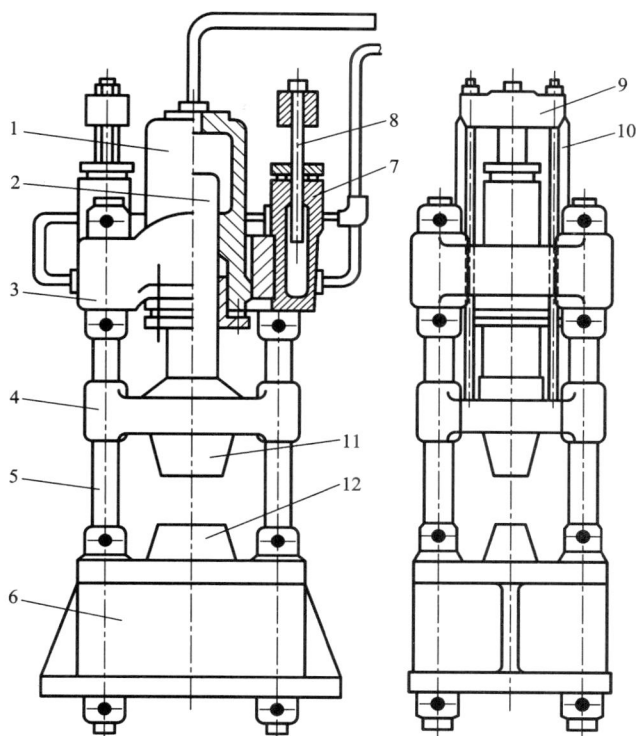

图 6 - 3　液压机本体结构简图

1—工作缸；2—工作柱塞；3—上横梁；4—活动横梁；
5—立柱；6—下横梁；7—回程缸；8—回程柱塞；
9—回程横梁；10—拉杆；11—上砧；12—下砧

液压机的主要工作特点及液压机上模锻生产特点：

1)工作时静压力，而且变形力由机架本身承受。在静压的条件下金属变形均匀，再结晶充分，模锻件的组织均匀，慢的或可控的应变速率使铝合金的变形抗力降到最小值，减小了所需压力和易于达到预定形状。另外，由于是在静载下变形，锻模结构可采用整体式或组合式(大型模锻件通常采用整体式)，模具材料其至可以采用铸钢，而不像模锻锤那样必须采用锻钢，可以降低模锻件生产成本，缩短制模时间。

2)液压机的工作速度低，而且可以控制，如模锻液压机通常为 30 ~ 50 mm/s，金属在慢速压力作用下流动均匀，获得的锻件组织也比较均匀，特别是对应变速率敏感的铝、镁合金最适合在慢速液压机上锻造和模锻。

3)液压机的工作空间大，能够有效地锻造出大型复杂的整体结构锻件，尤其是较难锻造的大型的薄壁并带有加强筋的整体结构件和壁板类模锻件。

4)活动横梁的行程不固定。由于液压机的行程不固定，通过正确控制设备吨位，可以在其上进行闭式模锻，液压机亦可用于挤压成形。

5）在模锻过程中，模具能够准确对合，并容易安装模具保温装置，使模具维持较高温度，这对铝合金、镁合金、钛合金和高温合金的等温锻造特别有利，能锻出精度高、质量稳定的锻件。

6）因有顶出装置，可以制出模锻斜度很小的或无模锻斜度的精密模锻件，也可用于无毛边模锻。多向模锻液压机可在多个方向上同时对毛坯进行锻压加工，使其流线分布更为合理，形状尺寸更接近零件，使模锻件精化。

7）由于承受偏载的能力较差。在液压机上通常采用单模腔模锻。

由于在液压机上能够模锻出高质量和较高精度的锻件，因而大大减少了机械加工，避免了许多连接装配工序。同时，采用精锻零件，能够避免或减少像自由锻件和粗锻件因机械加工金属流线被切断的缺陷，这样可以大大提高零件的力学性能、疲劳强度和耐腐蚀性能等。因此，飞机上的大梁、带筋壁板、框架、支臂、起落架、压缩机叶轮、螺旋桨等模锻件均采用液压机模锻。

目前铝、镁合金模锻件生产主要用液压机模锻。当今世界吨位最大的液压机是俄罗斯的750 MN 模锻水压机，美国最大的水压机为 450 MN，我国最大的模锻水压机有 300 MN 和 800 MN，800 MN 模锻液压机是最近建成的世界上最大的模锻液压机。

4. 铝合金模锻工艺及操作要点

（1）铝合金模锻工艺流程。

图 6 - 4 所示为铝合金模锻件常用的典型工艺流程。

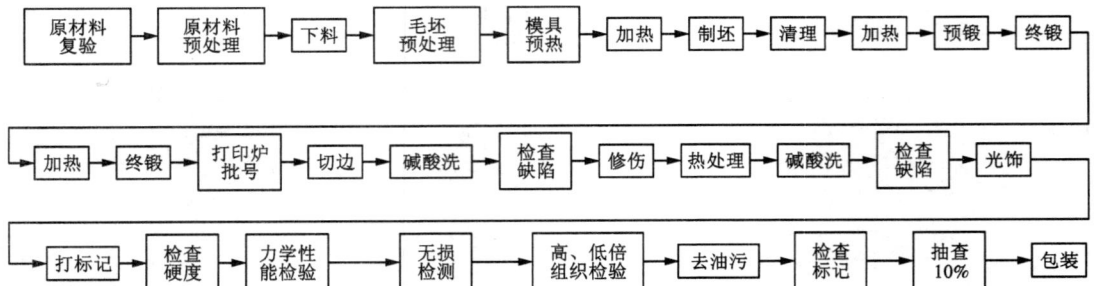

图 6 - 4　铝合金模锻件生产的典型工艺流程

（2）铝合金模锻工艺操作要点。

根据工艺流程图中各关键工序的顺序，严格按工艺规程控制各工艺参数，选择设备与工模具，正确操作，确保产品质量达到要求。

6.3.3　铝合金典型模锻件模锻技术及工艺过程举例

随着航空航天及现代交通运输业的发展，特别是近年来轻量化的推进，以铝代铜、以铝代钢、以锻代铸成为很多工业部门的发展趋势。具有密度小，比强度、比刚度高，耐腐蚀、耐疲劳，工作可靠性高而轻量化效果明显的铝合金模锻件已得到了越来越广泛的应用，研发出了大批的新产品、新工艺、新技术。

不同状态的铝合金和不同类型、尺寸的铝合金锻件，需要采用不同的工艺和设备生产。

例如，铝合金铸锭的塑性差，多采用挤压、轧制和液压机自由锻造等工作速度低的设备进行开坯。开坯后的铝合金中间坯塑性大幅度提高，为提高生产率和降低成本，中小型铝合金模锻件多选用机械压力机、螺旋压力机和模锻锤模锻。大型铝合金模锻件一般形状比较复杂，且零件的重要性一般也较大，为获得优质锻件，多采用速度低而且变形均匀的大型液压机模锻。形状复杂的大型整体铝合金锻件是难变形合金锻件生产领域中的一个重点。

1. 大型铝合金锻件的液压机模锻技术举例

（1）概述。

大型铝合金模锻件广泛应用于飞机的大梁、壁板、隔框和支架以及舰船和装甲车的骨架厢盖和门框等。采用整体模锻件制造大型铝合金零件，它的流线与零件外形轮廓一致，比用厚板经数控加工得到的零件在抗应力腐蚀、强度、寿命等方面都胜出一筹，并且降低材料消耗和减少切削加工及装配工时。大型铝合金模锻件的投影面积可达 $0.5 \sim 4.5$ m^2 或更大，长度有时超过 8 m，重量超过 1 t；通常在 $100 \sim 750$ MN 的大型模锻液压机上生产。其主要制造工艺流程示于图 6－5。

图 6－5　大型铝合金模锻件的主要生产工艺流程

（2）工艺特点如下：

1）原始坯料：生产大型铝合金模锻件的原始坯料通常采用轧制或挤压的长、宽、高分别为 $8000 \sim 13000$ mm、$500 \sim 950$ mm 和 $50 \sim 150$ mm 的厚板，或挤压的直径为 500 mm 的棒材；更大的铝合金模锻件通常采用铸锭在自由锻造水压机上经过反复镦拔制坯，这种方法制成的坯料组织细小、均匀、方向性小，性能最好。

2）预锻：预锻工序在液压机上进行，根据锻件的复杂程度可以采取一次加热、一次预锻、一次切边，也可以采取两次加热、两次预锻、两次切边。终锻件和预锻件一般采用带锯切边。

3）腐蚀：先用 25% 的碱溶液腐蚀，然后用 15% 的硝酸溶液进行光泽处理，最后用水清洗。

4）校正：在液压机上进行。

5）终检：包括尺寸、形状、表面质量、力学性能、宏观和微观组织检查及超声波探伤等。

6）润滑：模具润滑采用 1∶2 的石墨和汽缸润滑油混合剂；终锻时模具也可采用石墨和锭子油混合剂润滑。

2. 7075 铝合金支承接头大锻件的生产技术举例

7075 安定面支承接头安装在直升机的尾桨塔中，用以连接并支承水平安定元件。当直升机飞行时承受伴有连续振动应力的较大载荷。为满足零件工作对力学性能和抗腐蚀能力的要求，设计选择 7075 合金耐蚀性能优异的 T73 状态。为合理选择锻造工艺方案，对普通模锻与小公差、无拔模斜度精锻两种工艺方案进行了比较。图 6－6 所示为小公差、无斜度精锻件的立体图及其与普通模锻件相应截面的比较。表 6－12 和表 6－13 所示为两种锻件的设计参数和制造工序比较。

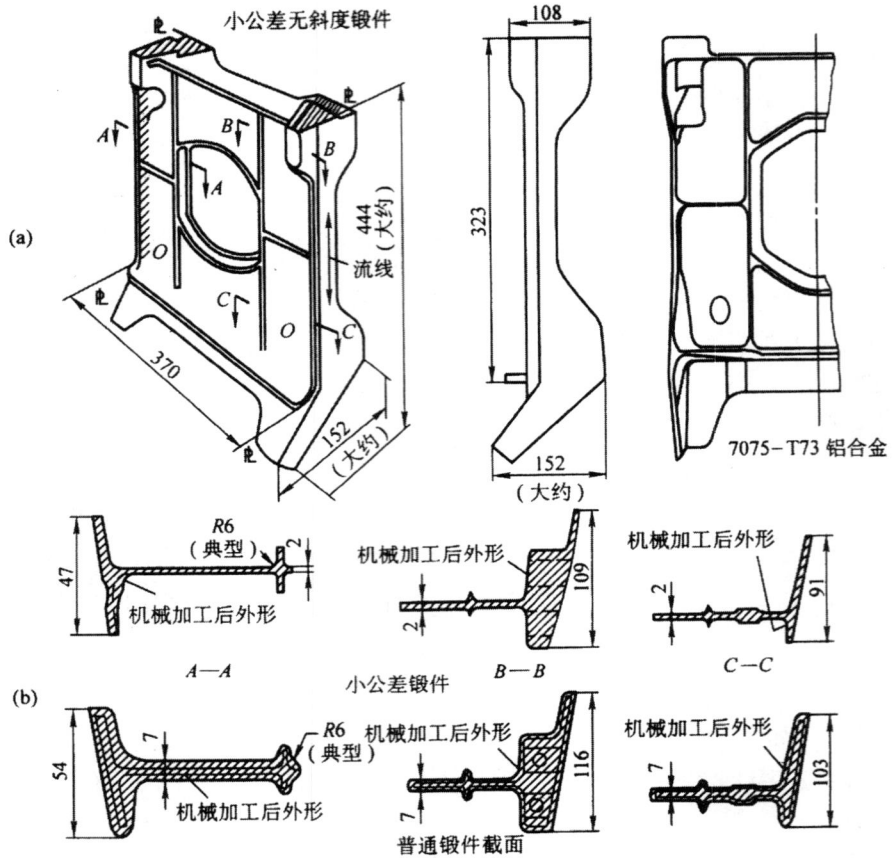

图 6-6　7075 支承接头小公差、无斜度精锻件的立体图及其截面

(a) 小公差、无斜度模锻件立体图；(b) 小公差、无斜度精锻件截面与普通模锻件相应截面的比较。

表 6-12　7075 支承接头精锻件与普通模锻件的设计参数比较

项目	普通模锻件	小公差、无斜度精锻件
锻件质量/kg	8.2	3.7
零件质量/kg	3.5	3.5
投影面积(近似)/m²	0.1561	0.1477
模锻斜度/(°)	3(±1)	0(±1/2)
最小肋宽/mm	6	2
肋的最大和典型高宽比	8:1 和 3:1	23:1 和 9:1
最小和典型内圆角半径/mm	6 和 15	6 和 13
最小和典型外圆角半径/mm	3 和 13	1.5 和 6

续表 6 – 12

项目	普通模锻件	小公差、无斜度精锻件
最小和典型腹板厚度/mm	8	2
机械加工余量(单面)/mm	2.5	无
长度和宽度公差/mm	+1.5, -0.7	±0.7
厚度公差/mm	+1.5, -0.4	+1, -0.3
错移量/mm	0.8	1.2
平直度(总计)/mm	0.8	1
平面度/mm	Max：1.5	Max：1.5
飞边残留量/mm	0.8	无

表 6 – 13　7075 支承接头精锻件与普通模锻件的生产工序及其费用比较

项目	普通模锻件	小公差、无斜度精锻件
锻压设备	45 MN 水压机	162 MN 水压机
主要锻造工序	制坯，粗锻，终锻，冲孔和切边	制坯，预锻(1)，冲孔，预锻(2)，冲孔和切边，终锻和切边
热处理	T73	T73
力学性能	按照 MIL – A – 2271	按照 MIL – A – 2271
机械加工工序	加工肋、槽和配合面及钻孔和铰孔	仅加工配合面及钻孔和铰孔
检验	超声探伤、应力腐蚀和渗透检查	超声探伤、应力腐蚀和渗透检查
表面处理	涂环氧树酯底漆和丙烯酸漆	涂环氧树酯底漆和丙烯酸漆
模具费用/美元	11300	24500
1 件锻件的锻造费用/美元	88	154
模具装卸和调整费用/美元	207	660
仅生产 1 件锻件的费用/美元	11595	25314
机械加工工夹具费用/美元	15000	1000
装卸和调整费用/美元	530	190
1 件锻件的机械加工工时费用/美元	255	43
仅生产 1 件锻件的机械加工费用/美元	157851	1233
仅生产 1 件零件的生产总费用/美元	27380	26547
生产 100 件零件时的单件总费用/美元	614	460
生产 1000 件零件时的单件总费用/美元	370	223

分析表 6－12 和表 6－13 所示的锻件参数、锻造工序及其费用数据可以看出：小公差、无斜度精锻件与普通模锻件比较，锻件的各项参数都比较精密，但锻造难度大，从而使需要的锻压设备能力增加近 4 倍，锻造工序数量增加 60%，模具费用增加 2 倍以上，锻坯和锻造费用约增加近 1 倍，模具装卸和调整费用增加 3 倍以上，结果使锻件的重量减轻 55%，机械加工的工夹具费用节约 93%、装卸费用节约 64% 和工时费用节约 83%。这些数据表明，单纯从锻造角度出发，精锻在经济上是不合算的；然而从零件生产整体考虑，仅生产 1 件零件（尽管这种情况不存在）的总费用精锻件已经比普通模锻件节约 806 美元；生产 100 件和 1000 件零件时总费用精锻件比普通模锻件分别节约 25%（共 15400 美元）和 37%（共 137000 美元）。

显然，无论是在试制阶段还是在批生产阶段，采用小公差、无斜度精锻工艺生产 7075 铝合金支承接头在经济上都比普通模锻工艺合理。另外，采用小公差、无斜度精锻法生产的7079 铝合金支承接头精锻件表面无余量，无锻件流线切断的问题，因而零件可获得最大的抗腐蚀能力，这一点是普通模锻件无法望其项背的。

3. 7079 铝合金后大梁隔框接头两种模锻工艺的对比

图 6－7 所示为 7079 铝合金飞机机翼后大梁隔框接头左右两件中左件的模锻件及其 10 个拉伸试样的取样位置。该件是机身隔框的一部分，属重要承力构件。飞机飞行时它承受交替出现的拉应力和压应力，着陆时承受最大设计载荷。

在首批生产该锻件前，按照模锻件精化程度的不同制定了两种设计方案。其设计参数与制造工序及其费用比较分别列于表 6－14 和表 6－15。

表 6－14　7079 铝合金后大梁隔框接头左件模锻件设计参数比较

项目	方案 1	方案 2
锻件质量/kg	79.4	61.3
零件质量/kg	27.2	29.5
投影面积(近似)/m²	0.58	0.52
模锻斜度/(°)	5(±1)	3(±1)
最小肋宽/mm	6.1	6.1
肋的最大和典型高宽比	5:1 和 3:1	15.5:1 和 4:1
最小和典型内圆角半径/mm	8 和 13	8 和 13
最小和典型外圆角半径/mm	3 和 4	3 和 4
最小和典型腹板厚度/mm	6 和 9	4 和 9
机械加工余量(单面)/mm	5	5
不加工表面百分率/%	20	60
长度和宽度公差/mm	±0.8 或每 1 cm ±0.03 mm(最大值)	±0.8 或每 1 cm ±0.03 mm(最大值)
厚度公差/mm	+1.6, -0.8	+1.6, -0.8
错移量/mm	2	2
平直度(总计)/mm	3	3
平面度/mm	Max: 1.5	Max: 1.5
飞边残留量/mm	2	2

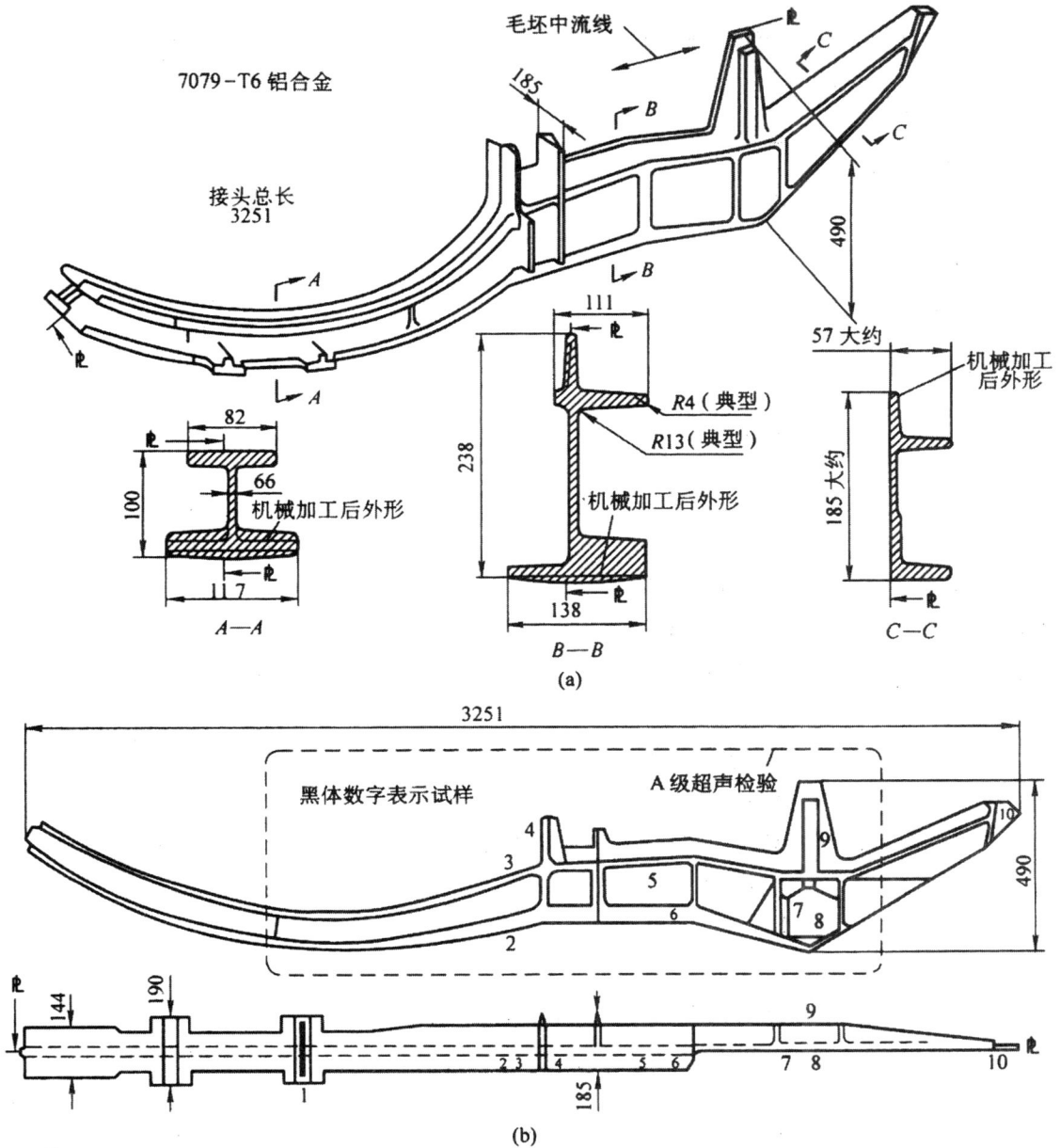

图 6 − 7　7079 铝合金后大梁隔框接头左件模锻件

（a）试样取样位置；（b）大梁隔框接头左件模锻件图

表 6 – 15　7079 铝合金后大梁隔框接头左件模锻件生产工序及其费用比较

项目	方案 1	方案 2
锻压设备	315 MN 液压机	315 MN 液压机
主要锻造工序	制坯，预锻，切边、终锻和切边	制坯，预锻（1），切边，预锻（2），切边，终锻和切边
热处理	T6	T6
拉伸性能试样	按照图 6 – 7（b）取样	按照图 6 – 7（b）取样
机械加工工序	铣削、镗孔、钻孔和铰孔	铣削、镗孔、钻孔和铰孔
检验	超声波探伤和渗透检查	超声波探伤和渗透检查
模具费用/美元	55000	80000
1 件锻坯的锻造费用/美元	550	550
模具装卸和调整费用/美元	900	1200
仅生产 1 件锻件的费用/美元	56450	81750
机械加工工夹具费用/美元	30000	22000
装卸和调整费用/美元	1000	750
1 件锻件的机械加工工时费用/美元	900	600
仅生产 1 件锻件的机械加工费用/美元	31900	23350
仅生产 1 件零件的总费用/美元	88350	105100
生产 65 件零件时 1 件的总费用/美元	2787	2750
生产 100 件零件时 1 件的总费用/美元	2320	2190
生产 1000 件零件时 1 件的总费用/美元	1540	1260

　　分析上面两表的锻件参数、锻造工序及其费用数据后可以看出：方案 2 模锻件的模锻斜度、肋的最大和典型高宽比、最小腹板厚度及投影面积等设计参数都较方案 1 精密，从而方案 2 模锻件的重量减轻 18.1 kg（23%）、不加工表面的百分率提高 3 倍（由 20% 提高到 60%）。为精化模锻件的设计参数，方案 2 增加了 1 次预锻和切边，同时相应地增加了模具费用及其装卸和调整费用，但减少了机械加工工夹具费用及其装卸和调整费用。

　　对两个方案进行经济分析可以看出，当锻件生产量小于 65 件时，方案 1 比较经济；当正好生产 65 件时，单纯从经济角度出发，两个方案的平均每件锻件锻造和机械加工总费用基本持平（分别为 2787 和 2750 美元）；大于 65 件时，方案 2 的优势开始显现，批量越大，方案 2 的优势就越大。

　　应该指出，由于模锻件不加工表面的尺寸精度低于机械加工精度，不加工表面百分率高的方案 2 使零件质量（29.5 kg）比方案 1 的（27.2 kg）大 2.3 kg，这是方案 1 的一大优势。设计师经过综合分析，最后选用了模锻件重量轻和精化程度高的方案 2，理由是该方案不加工表面面积大，品质优良，成本也比较低。

4. 铝合金带转轴梁起落架外筒模锻件的研制举例

图 6 - 8 所示为带转轴梁起落架外筒铝合金模锻件的结构，及其流线取向和轮廓尺寸、减振外筒机械加工后的外形以及转轴梁外筒各部分名称的示意图。飞机起落架承受着飞机重量和着陆时与地面的冲击载荷，它的外筒实际上是一个贮存高压空气和油的高压容器，飞机着陆时起减振作用，这些载荷主要通过起落架外筒和转轴梁传递；除承受重载外，该零件还要求尽可能地耐应力腐蚀。因此对起落架外筒和转轴梁材料和锻件及其流线要求极其严格。下面示出了带转轴梁起落架外筒铝合金模锻件和钢模件的设计参数，见表 6 - 16，以及生产工序和费用，见表 6 - 17。

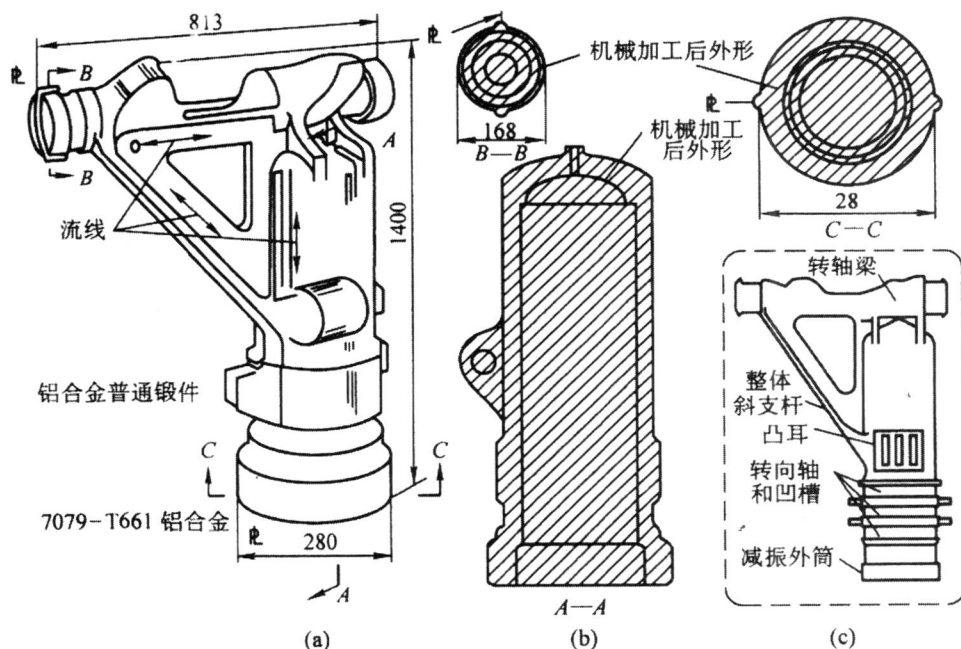

图 6 - 8　带转轴梁的起落架外筒 7079 铝合金模锻件

（a）锻件结构及其流线取向；（b）减振外筒机械加工后外形；（c）转轴梁外筒各部分名称

表 6 - 16　带转轴梁的起落架外筒 7079 铝合金与 4340 高强度钢模锻件的设计参数比

项目	7079 - T611 铝合金模锻件	4340 高强度钢模锻件
锻件质量/kg	313	889
零件质量/kg	113.4	113.4
投影面积（近似）/m²	0.65	0.65
模锻斜度/(°)	5(±1)	5(±1)
最小肋宽/mm	25.4	31.8
肋的最大和典型高宽比	4.5:1 和 4:1	4:1 和 4:1
最小和典型内圆角半径/mm	13	13

续表 6 – 16

项目	7079 – T611 铝合金模锻件	4340 高强度钢模锻件
最小和典型外圆角半径/mm	6	6
最小和典型腹板厚度/mm	12	15.7
冲孔后的腹板面积/m²	322.8	322.8
机械加工余量(单面)/mm	0 ~ 10	5.1
长度、宽度和厚度公差/mm	± 0.76 mm 或 ± 0.76 mm/300 mm	± 0.76 mm 或 ± 0.76 mm/300 mm
错移量/mm	Max：2.3	Max：2.3
平直度/mm	0.76 mm/300 mm	3 mm/300 mm
飞边残留量/mm	无规定	2.3

表 6 – 17　带转轴梁起落架外筒 7079 – T611 铝合金与 4340 高强度钢模锻件制造工序及其费用比较

项目	7079 – T611 铝合金模锻件	4340 高强度钢模锻件
锻压设备	315 MN 液压机	315 MN 液压机或 23 t 模锻锤
主要锻造工序	制坯、预锻、终锻、冲孔和切边	制坯、预锻、终锻、冲孔和切边
热处理	T611	可控气氛淬火和回火，防脱碳
力学性能试样	在锻件的纵向、横向和短横向取样	在锻件的纵向取样
机械加工工序	热处理前粗加工至余量 3.2 mm，热处理后进行镗、车、铣精加工	热处理前粗加工至余量 3.2 mm，热处理后进行镗、车、铣、精磨；磨削后消除应力
检验	超声波探伤和渗透检查	超声波探伤和磁粉检查
表面处理	喷丸、阳极化	喷丸、镀镉
模具费用/美元	40000	40000
1 件锻坯的锻造费用①/美元	1000	2200
仅生产 1 件锻件的费用/美元	41000	42200
机械加工工夹具费用/美元	50000	60000
1 件锻件的机械加工工时费用②/美元	3000	4000
仅生产 1 件锻件的机械加工费用/美元	3000	4000
仅生产 1 件零件的总费用/美元	94000	106200
生产 100 件零件时 1 件的总费用/美元	4900	7200
生产 1000 件零件时 1 件的总费用/美元	4090	6300

注：①含模具装卸和调整费用；②含装卸和调整费用。

　　分析上述两表的锻件参数、锻造工序及其费用数据可以看出：

　　两种锻件的参数和锻造工序大同小异，但钢锻件的重量约为铝锻件的 3 倍，正好符合二者的密度比。由于两种材料的比强度比较接近，故零件的重量相等。

从两种锻件的经济分析可以看出,任何批量(从第 1 件到第 1000 件)的铝合金锻件的锻造和机械加工总成本都低于钢锻件。显然,在制造成本上铝锻件占优势。但是,在使用过程中,钢锻件的现场检查和停飞时间要少于铝锻件,在一定程度上弥补了钢锻件的缺点。

5.7A04 - T6 铝合金星形旋转环模锻件的研发

星形旋转环是直升机上自动倾斜器的受力零件。模锻件的外形见图 6 - 9。锻件材料为 7A04 - T6。该锻件主体为 ϕ488.6 mm 圆环,从主体伸出六个带槽的支臂,形状复杂,截面变化悬殊,制坯工艺难度大,而且只有主体内孔和六个支壁端头的耳子需进行加工,其余均为非加工面。它是 Ⅰ 类品质控制的模锻件。其锻造工艺过程见表 6 - 18。

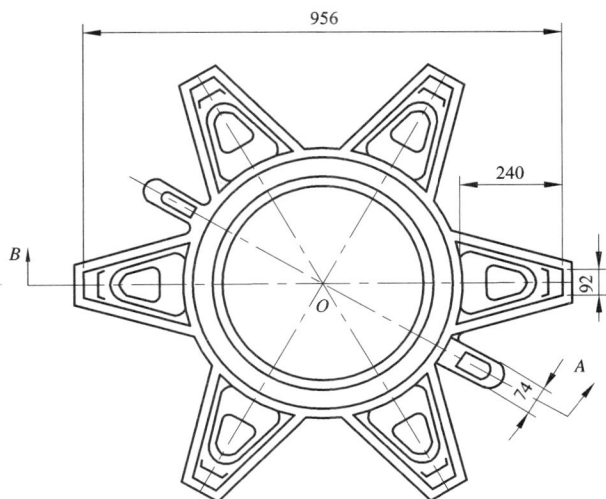

图 6 - 9　星形旋转环模锻件

表 6 - 18　星形旋转环锻造工艺过程

工序	设备	操作内容	备注
1. 备料	电炉	①熔炼和铸造 ϕ630 mm	使锻件垂直尺寸达到公差范围
	挤压机	②挤压成 ϕ320 mm 棒材	
	圆盘锯	③按 ϕ320 mm×500^{+10} mm 下料	
2. 加热	电炉	430℃±10℃×4.5 h	
3. 制坯	60 MN 水压机	镦至 82 mm,锻造温度范围 430～350℃	
4. 加热	电炉	430±10℃×1.5h	
5. 第一次模锻	300 MN 水压机	用 100 MN 级压力,锻造温度范围 430～350℃	
6. 锯切毛边	带锯	锯掉全部毛边	
7、8、9 第二次模锻		重复 4、5、6 工序,但用 200 MN 级压力	
10、11、12 第三次模锻		重复 4、5、6 工序,但用 300 MN 级压力	
13. 钻、铣孔内连皮	钻床及铣床	钻、铣除掉孔内连皮	
14. 固溶处理	空气循环热处理电炉和水槽	将锻件和连皮一同装炉加热 470℃±10℃×3.5 h,在 50℃温水中冷却(淬火)	
15. 矫正	液压机	将固溶处理后的锻件矫正(固溶处理后 8 h 内完成)	
16. 时效	空气循环时效	将锻件和连皮一同装炉加热,135℃×16 h 后空冷	
17. 最终检验		①超声波探伤,按规定范围逐件进行,标准为 A 级; ②按批抽一件在规定部位检查低倍组织、力学性能,并在每个锻件连皮上检查力学性能; ③按淬火炉次检查高倍组织	

6.7A14 - T6 合金框架模锻件研制

框架模锻件是某飞机的机翼和机身重要连接构件，模锻件的形状见图 6 - 10。锻件材料为 2A14 - T4。该锻件形状复杂、截面变化悬殊，制坯难度大，带筋肋面系非加工面。它是按 I 类品质控制的模锻件。其锻造工艺过程见表 6 - 19。

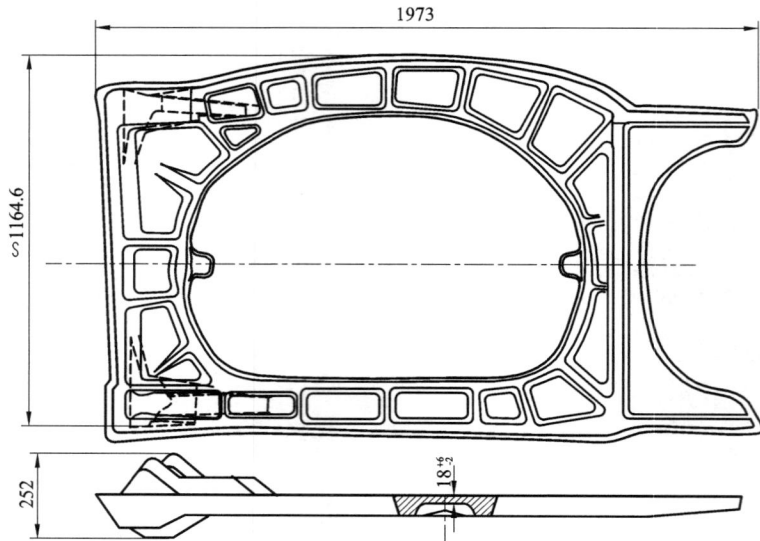

图 6 - 10　框架模锻件

7.6061 - T6 合金的大型汽车轮毂模锻件模锻工艺研究(之一)

铝合金大型汽车轮毂已逐步取代传统的钢铁组装焊接轮毂，西南铝加工厂采用 100 MN 多向模锻水压机试制成功并批量出口。模锻件的形状见图 6 - 11。模锻件的材料为 6061 - T6。该锻件形状复杂、成形困难、非加工面多，力学性能、纯洁度、可靠性都要求很高，目前世界上只有少数几个国家能生产。其锻造工艺过程见表 6 - 20。

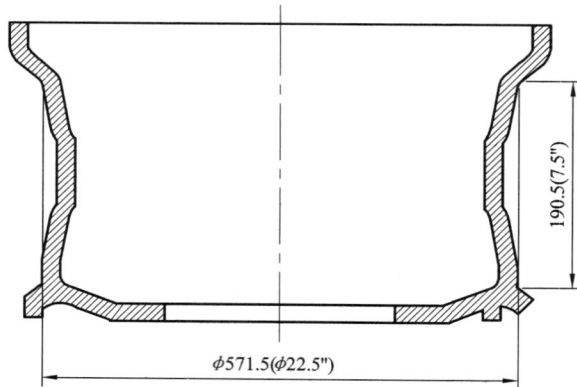

图 6 - 11　铝合金大型汽车轮毂模锻件

表 6 – 19　框架锻造工艺过程

工序名称	设备	操作内容	备注
1. 备料	电炉	熔铸 2A14 合金铸锭	
2. 铸锭均匀化	电炉	按右列规范均匀化处理	加热到 470℃ $^{+20}_{-10}$℃保温 24h，随炉冷却
3. 铸锭加热	电炉	按右列规范加热铸锭。锻压温度 470～350℃	加热到 450℃ $^{+20}_{-10}$℃送锻造
4. 制坯	60 MN 水压机	①将铸锭镦粗至 450 mm； ②将坯料镦拔成扁方； ③在扁方坯上压制出两凸耳及拔长、展宽	
5. 酸洗	酸洗槽	清洗掉表面氧化皮	
6. 打磨	风动铣刀	清除坯料表面缺陷	
7. 坯料加热	电炉	按右规范加热坯料	加热到 450℃ $^{+20}_{-10}$℃
8. 锻造	300 MN 水压机	锻造温度 470～440℃ 第一火在预锻模内以 100000 kN 级压力预压 第二火以 200 MN 级压力预压 第三火以 300 MN 级压力终压，欠压 15～25 mm 第四火以 300 MN 级压力终压，欠压 10～20 mm 第五火以 300000 kN 级压力终压，欠压 7～15 mm 第六火以 300000 kN 级压力终锻，并达到公差要求	
9. 切边	带锯及铣床	在工序 8 的三、四、五、六工步后，都须切掉毛边	
10. 固溶处理	热处理炉	按右列规范热处理	加热到 501～504℃ 保温 3 h，在 50℃ 水中淬火
11. 矫正	液压机	将热处理变形的锻件矫正	
12. 时效处理	空气循环电炉	按右列规范时效处理	加热到 150℃ $^{+5}_{-0}$℃
13. 酸洗	酸洗槽	清除锻件表面氧化皮	
14. 最终检验		①超声波探伤：逐件按规定部位检验，A 级标准探伤； ②抽一件进行高、低倍组织检查； ③力学性能检查，每批抽一件在规定部位取样试验	

表 6 – 20 大型汽车轮毂锻造工艺过程

工序	设备	操作内容	备注
1. 备料	电炉	熔铸铸锭及铸锭均匀化	
2. 铸锭加热	电炉	按右列规范加热铸锭，锻压温度 500~540℃	加热到 520℃ ± 20℃ 保温 3 h 后送锻造
3. 制坯	60 MN 水压机	将铸锭镦粗至高 160^{+10} mm	
4. 锻坯加热	电炉	按右列规范加热锻坯，锻压温度 500~540℃	加热到 520℃ ± 20℃ 保温 2.5 h 后送锻造
5. 锻压	100 MN 多向模锻水压机多向锻造	终压一次，分两次加压 (1)第一次欠压 15~20 mm (2)第二次欠压 0~2 mm	
6. 酸洗	酸洗槽	清洗掉表面氧化皮	
7. 打磨	风动铣刀	清除掉锻件表面毛刺及缺陷	
8. 机械加工	车床	按锻件图的尺寸公差加工	
9. 固溶热处理	热处理炉	按右列规范热处理	加热到 540℃ ± 10℃ 保温 2 h，水中淬火
10. 时效处理	空气循环电炉	按右列规范人工时效	加热到 180℃ ± 5℃ 保温 8 h 后空冷
11. 最终检验		①逐件在规定位置超声波检查，按 A 级标准探伤；②在规定位置检测高倍与低倍组织、力学性能；③100% 件进行布氏硬度检查	

8.6061 – T6 大型汽车轮毂模锻件模锻—旋压工艺研究(之二)

汽车是使用铝合金锻件最有前途的行业，也是铝锻件的最大用户。主要作为轮毂(特别是重型汽车和大中型客车)、保险杠、底座大梁和其他一些小型铝锻件，其中铝轮毂是使用量最大的铝锻件，主要用于大客车、卡车和重型汽车上。

生产汽车锻造轮毂的方法有液态模锻法、半固态模锻法、热模锻法和模锻—旋压法等，当前应用最广泛的是模锻—旋压法。图 6 – 12 和图 6 – 13 分别为宏鑫科技有限公司用模锻—旋压法生产的卡车汽车轮毂外形图和生产工艺流程图。

图 6 – 12 卡车铝合金汽车轮毂外形图

图 6 – 13 模锻—旋压法生产铝合金汽车轮毂的生产工艺流程图

汽车锻造轮毂大都用 6061 – T6 材料制造，宏鑫科技有限公司用 80 MN 热模锻机和 160 汽旋压机来生产，轮毂的外径为 16″ ~ 26″，高度为 5″ ~ 9″，最大壁厚 20 ~ 30 mm。表 6 – 21 为 6061 – T6 ϕ22.5″ × 8.25″整体式汽车轮毂的生产工艺卡片，图 6 – 14 为整体式汽车轮毂的品种举例，图 6 – 15 为锻造不同过程的外形照片，图 6 – 16 为汽旋压前后的外形对比。

表 6 – 21　6061 – T6 ϕ22.5″ × 8.25″整体式汽车轮毂生产工艺

NO	工序	工艺内容与特点
1	制坯	6061 合金熔铸制坯内控标准，一级晶粒度均匀化，H_2 含量 < 0.25 mL/mgA
2	下料	ϕ248 t × 255 mm 6061 合金铸棒
3	工模具准备	工模具检测、组装，加热(450 ~ 500)℃ × (4 ~ 5)h
4	坯料加热	(480 ~ 530)℃ × (3 ~ 4)h
5	镦粗	200 t 液压机镦粗预锻，H2150^{+5}，K > 3
6	热模锻	80 MN 热锻压机，开锻温度 500 ~ 530℃，终锻温度 > 450℃，均匀润滑
7	整形	360 t 切边机，去下边、整形
8	汽旋压	160 t 汽旋压机，变形率 30% ~ 50%
9	淬火，时效	(540 ± 5)℃ × 120″水温：30 ~ 40℃，时效：175^{+5} × 8 h
10	机加工	数控车床和 CNC 数控中心几十道工序
11	清理	表面清理、整形
12	探伤、检测	超声探伤，荧光探伤、理化检测、力学性能试验
13	表面处理	抛光、阳极氧化

图 6 – 14　整体式汽车铝轮毂举例

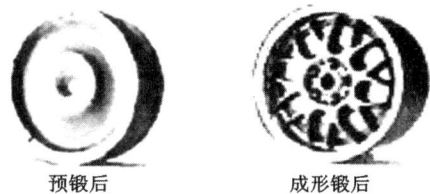

预锻后　　　成形锻后

图 6 – 15　锻造不同过程照片

9. 波音飞机用大中型铝合金精密模锻件的研发

投影面积大于 850 cm^2 以上的大、中型铝合金模锻件主要用于承载的特别重要的部位，在波音飞机上占有很大比例，为了提高产品质量，减少加工余量，节约成本，一般要制造精密模锻件。图 6 – 17 为典型的波音飞机用大中型精密模锻件外形图。该模锻件为 7075 – T6 铝合金材料，具有尺寸公差、形位公差、错移、表面光洁度等方面的精度要求特别高，形状复杂、腹板薄，壁厚差大，筋条窄而深，拔模斜度小等特点(表 6 – 22)，这些都给模锻，特别是给终压模的制造带来极大困难。

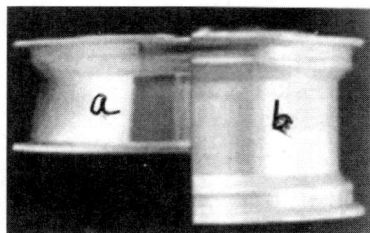

图 6 - 16 旋压前后对比

a—旋压前；b—旋压后

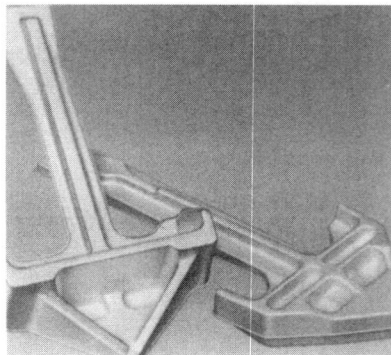

图 6 - 17 波音飞机用大中型精密铝合金模锻件典型图例

表 6 - 22 精密模锻件与普通模锻件结构参数及质量要求

名称		精密模锻件（波音）				普通模锻件（典型）			
长宽	尺寸	0 ~ 4	4 ~ 300	300 ~ 380	380 ~ 500	0 ~ 25	25 ~ 250	250 ~ 400	400 ~ 800
	公差	± 0.25	± 0.76	± 1.27	± 1.52	+ 0.80 - 0.25	+ 1.50 - 1.00	+ 2.00 - 1.30	+ 2.20 - 1.50
高	公差	+2.54 -0.76				+5.5 -2.5			
根圆半径		$R6.35 \pm 0.76$				$R20 \sim R30$			
拔模斜度		3° ± 1°				7° ± 1°30′			
表面粗糙度		$Ra1.6$				$Ra3.2$			
错移		< 0.76				< 3.00			
翘曲		< 1.02				< 2.00			
典型筋条	筋高	17.4				24			
	筋宽	3				10			
	高宽比	5.8				2.4			
腹板最薄处		5				12			

采用 7075 合金铸棒或挤压棒材，在 60 MN 液压机上经多方锻造锻成坯料，然后经预锻→切边→终锻→切边→淬火→矫直→人工时效→清理（表面处理）→检验交货。选用优质铸锭并经合理的开坯预成形，设计与制造预压模和终压模是生产优质精密模锻件的关键技术，特别是在制造高质量的终压模时，采用了机加工—电加工—热加工三位一体的加工方式，选用和制作了紫铜整体电极一次成形，大大提高了模具的精度，满足了模具要求型腔尺寸和形位错移精度高、形状复杂、腹板薄、筋条窄而深、强度和硬度高等难点要求，成功研制出了完全满足 ASTM 指标要求的精密铝合金模锻件，图 6 - 18 为大中型铝合金精密模锻件终压模制模程序图。

整体电板坯料加工　—　划型线　—　铣型　—　钳修电极

精密锻模

钢模坯料加工　—　划型线　—　龙门初铣型　—　热处理　—　精加工分面模面　—　划导壁线　—　精加工导面磨分模面　—　划轮廓线

电火花加工型腔　—　研型抛光　—　镗导柱孔　—　铣模矫键槽　—　抛光毛边窗　—　热装导柱　—　合模浇型

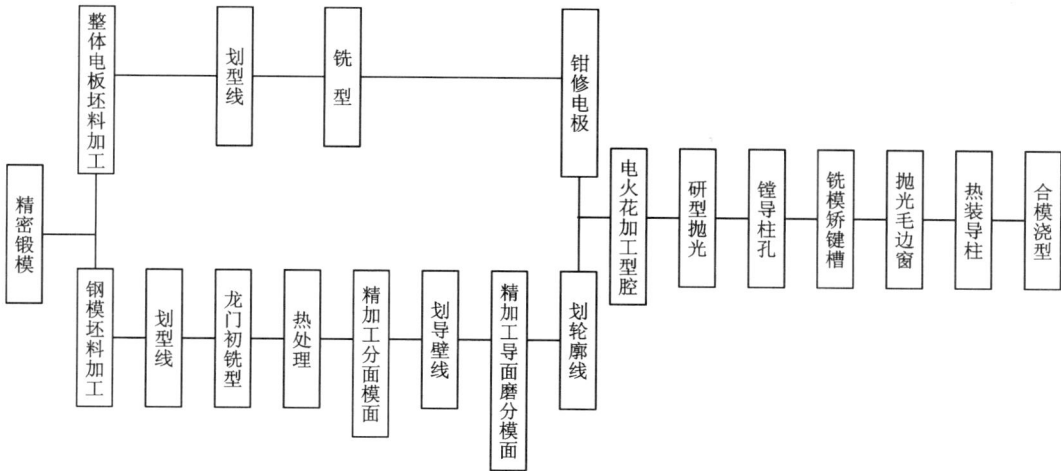

图 6 – 18　大中型铝合金精密模锻件终压模制模程序图

10. 宇航用大型铝合金锻环的研制

随着航天航空工业的发展，特别是导弹、火箭、卫星等高端运载工具的发展，质量轻、比强度高、比刚度高、耐腐蚀、耐疲劳、可表面处理的铝合金环形件和管形件获得广泛的应用。最常见的有大型锻环、锥形锻环、三角锻环以及大型锻管等。所用的材料主要有 6061，6013，2014—2124，2618，7075，7475，5083，5056 等，主要的生产方法有自由锻压扁 + 机械加工；自由锻 + 机械加工 + 马架扩锻 + 精加工；自由锻 + 模锻 + 机加工；自由锻 + 环锻；自由锻 + 环锻 + 旋压等，应根据产品的形状规格和用途来选择不同的合金状态与加工方式。

7075 – T6 锻环由于具有超高强度、高的比强度和比弹性模量、良好的抗腐性、抗疲劳综合性能，主要用于宇航器的捆绑件和固定连接装置等，外径为 $\phi1000 \sim f1200$ mm，壁厚 50 ~ 300 mm，高度为 100 ~ 500 mm。图 6 – 19 为捆绑火箭用的 $\phi5200$ mm 大锻环外形图。

铝合金大锻环，可在 30 ~ 150 MN 自由锻造液压机上用优质铸坯镦粗压扁、冲孔，并机加工成环坯。然后可在大型自由锻造液压机上用马架模锻到一定尺寸，最后精加工为成品尺寸锻环。或者叫环坯在锻环机上直接锻成成品尺寸锻环。成品尺寸锻环经热处理、整形、矫直、检验和精加工后交货。

图 6 – 19　捆绑火箭用直径 5200 mm 的 7075 大锻环

11. 在卧式液压机上反挤锥形壳体锻件的生产工艺

在卧式液压机上利用反挤压原理生产锥形壳体锻件是一种全新的工艺方法。对于大规格锥形壳体锻件而言，这种工艺方法有许多优点：首先，解决了锻压设备由于活动横梁行程小而无法生产这类锻件的难题；其次，将凹模置于挤压容室中，大大减少了锻模体积，节省了投资；而且由于挤压容室采用三层套预应力组合结构并配置有加热系统，从而提高了凹模的使用寿命，同时可以实现生产过程中凹模温度不下降，这既提高了变形均匀性，又降低了变形力。但是，这种生产工艺的最大问题是反挤压过程中如何保证上模（冲头）和凹模的同心度，防止壳体锻件产生偏心。

图 6-20 示出了锥形壳体锻件的典型结构。图 6-21 示出了锥形壳体锻件的成形过程。

由图 6-21 可见，先将锥形坯料置于凹模中，移动冲头对坯料施加压力，金属坯料沿冲头与凹模形成的环向间隙作反向流动（相对于冲头运动方向），形成壳体锻件。

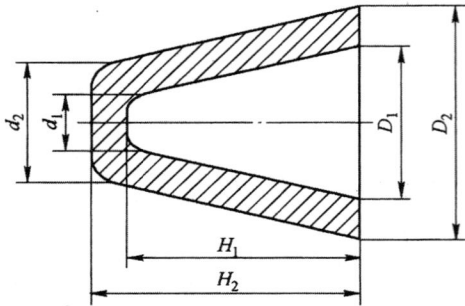

图 6-20　锥形壳体锻件的典型结构

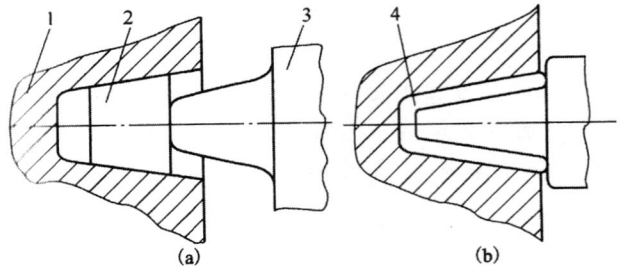

图 6-21　铝合金锥形壳体锻件的成形过程
（a）反挤压开始；（b）反挤压终了；
1—凹模；2—坯料；3—冲头；4—锻件

生产工艺过程与卧式挤压机上反挤压大管的工艺相似，只不过工具的形状与结构及上压控制有点差别而已，主要的问题是偏心的控制。

12. 在立式液压机上生产大管锻造工艺

铝合金管材在各个行业的应用越来越广泛，特别是近几年，对大型管材（直径 $f \geqslant 550$ mm）的市场需求增加很快，为满足越来越激烈的市场竞争，必须降低其生产成本和缩短生产周期。

管材的生产方式一般为采用挤压机进行生产，其优点是产品的范围广，可进行多种规格管材的生产。如需要生产大型管材就需要大型挤压设备来保证。近几年来，有很多厂家纷纷投入大型挤压机，以实现大型管材的生产能力。但当管材的直径 $\phi \geqslant 550$ mm 以上时，在 1 万 t 以上的大型挤压机上进行挤压时，生产过程也变得很困难，生产效率很低。而在立式水压机上生产大型管材主要有以下几个特点：

（1）设备投入小，不需要大型挤压机就可生产直径 $\phi \geqslant 550$ mm 的管材，大大节约了设备投入资金。

（2）产品质量高，在立式水压机生产，可让铝合金材料进行充分的变形，产品质量得到有效的保证。

（3）生产成本低，在立式水压机生产，能大大提高金属利用率，有效地降低成本。

（4）生产效率高，可实现连续生产，生产效率可比在其他挤压机上生产提高几十倍。

在现有 60 MN 水压机的条件下，要实现外径 ϕ550 mm × 壁厚 60 mm × 长度 1500 mm 的管材的生产，需要使用模具进行锻造。针对 60 MN 水压机的特点，对模具做特殊红装设计（图 6 – 22）。在反挤压冲头杆和冲头的连接上，采用可拆卸冲头的设计。当需要生产内径不同的管材时，只需要换不同大小的冲头就可以了，非常方便。同时，在冲头磨损后的更换成本也很低。

下模由反挤压内、外套，顶出器和下模压板组成。反挤压内、外套也用红装连接。为方便出模，在下模底部使用

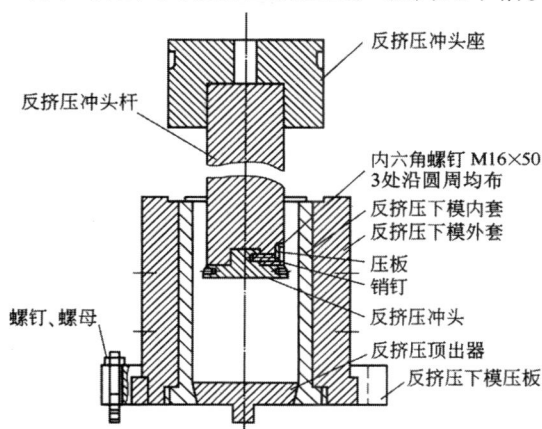

图 6 – 22　立式锻压机上的挤管材模具设计方案

顶出器，同时在反挤压内套上也相应设计锥度以方便出模。反挤压下模和水压机底座用反挤压下模压板连接，用螺钉、螺母固定。在上、下模之间还设计有一个垫筒，在装卸模具时使用。

铸锭规格采用 ϕ550 × 1055，一级氧化膜，一级疏松。先镦粗至 $H = 740$，再拔长滚圆；最后再镦粗至 $H = 740$，平整两端头。为减少偏心，可在端头上加工中心定位孔。然后在模具上一次锻造成形，底部连皮厚度 50 ~ 80 mm。

以外径 ϕ550 mm × 壁厚 60 mm × 长度 1500 mm 的管材为例，利用 6000 t 立式水压机进行生产，设计了模具及工具，制订了生产工艺。通过本例，实现了在立式水压机生产 ϕ550 mm × 60 mm × 1500 mm 的管材，性能指标完全达到技术条件要求。该技术现已应用于大批量工业化生产。生产效率比在大型挤压机上生产提高了 10 倍，金属成品率提高了 45%，大大节约了生产成本。这种技术的应用，可以不需要投入大型挤压机即可实现大型管材生产，在中、小企业里具有特别重要的意义。

13. 铝合金小型构件的机械压力机模锻技术研发与举例

飞机用 2A50 铝合金摇臂模锻件的工序示于图 6 – 23。2A50 合金为铝铜系（2 × × × 系）铝合金；锻件重量 0.68 kg；模锻斜度 7°，错移量不大于 0.5 mm。这个模锻件的生产特点是生产过程中采用两种曲柄压力机，即机械压力机和偏心压力机。

2A50 铝合金摇臂模锻件的主要工序说明：

（1）毛坯和下料，直径 50 mm 的棒材用圆盘锯切成 210 mm ± 1 mm 的毛坯。

（2）加热，在回转电炉中加热至 460℃，并保温 50 min。

（3）弯曲，在 2500 kN 偏心压力机的弯曲模槽内弯曲 80°，并在该压力机的压扁平台上压扁至高度 26 mm；终锻温度不低于 350℃，空冷。

（4）模锻，锻模预热至 100℃ 以上；预制坯加热至 460℃；在 25 MN 机械压力机的模锻模槽中模锻，终锻温度不低于 350℃，空冷。

（5）切边，在 2500 kN 偏心压力机上冷切边。

（6）热处理、腐蚀、清除缺陷、检查。

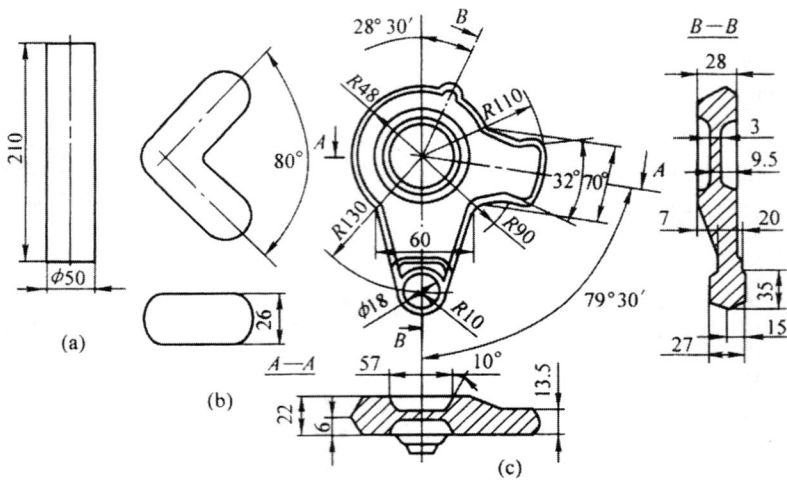

图 6 - 23　2A50 铝合金摇臂模锻件的工序图

(a)毛坯；(b)弯曲和压扁预制坯；(c)摇臂锻件

14. 航空发动机叶片的模锻技术

铝合金广泛用于制造早期航空发动机中压气机和风扇上的叶片，特别是工作温度较低的航空发动机和舰船、装甲车和发电机等相当部分的叶片仍然采用铝合金制造。

铝合金叶片的模锻工序主要包括：原材料准备、锻造加热、锻造（预锻、终锻、切边）、精压或校正、热处理、清理和质量检查。这些工序有如下特点和操作上的注意事项：

（1）原材料准备，对于用过渡族元素强化的铝合金，尤其是铝—锰系合金，要注意检查挤压棒材上有无粗晶环，若有，则应车去。

（2）模锻加热，建议在炉气循环的转底式电炉中加热，毛坯应避免靠近加热元件；加热炉最好有超温报警装置。

（3）模锻，通常在机械压力机上进行，模具预热至 100 ~ 150℃ 或更高。当锻件出现分层或毛边桥部出现开裂时，应视情况采取如下措施：改用变形速度较低的设备锻造、减少变形程度、改善润滑条件和改进模槽粗糙度以及检查上下模具毛边槽形状和尺寸等。

（4）精压或校正，精压的变形程度就小于 1% 或压下量小于 0.3 mm；当叶身出现毛边时，不允许存在开裂。

（5）润滑，模锻铝合金叶片的常用润滑剂为蜂蜡或地蜡、猪油、低黏度机油等；不得使用含铝粉的润滑剂。

（6）其他，铝合金叶片在模锻过程中要防止粉尘污染；固溶处理宜采用销酸盐槽或强制循环的井式炉加热；叶片锻件在腐蚀处理厂房里的停留时间不得超过 24 h。

应该指出，上述注意事项也适用于其他铝合金锻件的模锻，尤其是精锻。

15. 小型构件的摩擦压力机模锻技术研发举例

（1）152 mm 铝合金卡箍锻造实例。

图 6 - 24 和图 6 - 25 所示分别为铝硅镁合金系 6082 铝合金 152 mm 卡箍的锻件图和制

坯图。

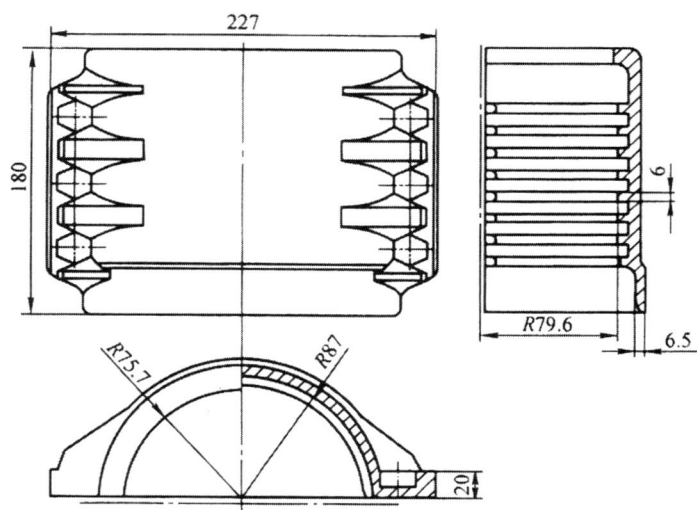

图 6 – 24　6082 铝合金 152 mm 卡箍锻件图　　　　图 6 – 25　6082 铝合金 152 mm 卡箍制坯图

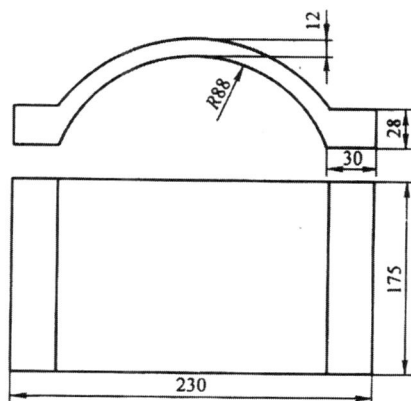

6082 铝合金 6″卡箍锻造的主要工艺流程及其操作要点如下：

1）下料，使用厚 28 mm，宽 175 mm 的挤压板料，在带锯床上截成长 168 mm 的坯料。

2）加热，在带强制空气循环装置的箱式电阻炉内加热，加热温度 470℃，保温 45 min。

3）制坯，在 560 kg 空气锤上，先将板料中间部分压薄至厚度 12 mm，宽度 175 mm 不变，总长 280 mm，再弯曲至图 6 – 25 所示的尺寸和形状。

4）加热，使用箱式电阻炉加热，加热温度 470℃，保温 30 min。

5）第一次模锻，在 10 MN 摩擦压力机上。

6）冷切边，在 1600 kN 冲床上进行。

7）酸洗，去除表面油污，暴露表面缺陷。

8）打磨，去除飞边毛刺，清理表面缺陷。

9）加热，使用箱式电阻炉加热，加热温度 470℃，保温 30min。

10）模锻，在 10 MN 摩擦压力机上终锻成形。

11）冷切边，在 1600 kN 冲床上。

12）酸洗，去除表面油污。

13）打磨，去除飞边毛刺。

14）热处理，T6 处理，HB≥95。

15）酸洗，使表面光亮。

16）终检。

（2）压缩机连杆锻造工艺。

图 6 – 26 和图 6 – 27 所示分别为 2A14 铝合金汽车空调压缩机连杆的锻件图和制坯图。

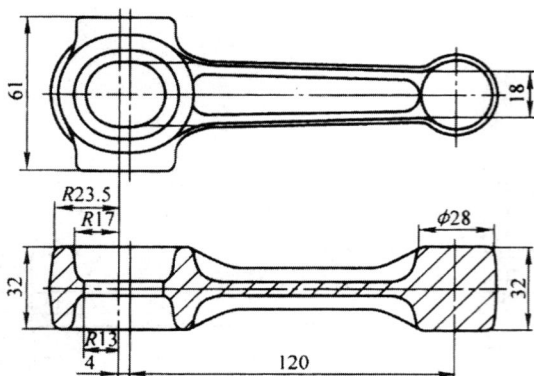

图 6 - 26　2A14 合金连杆锻件图

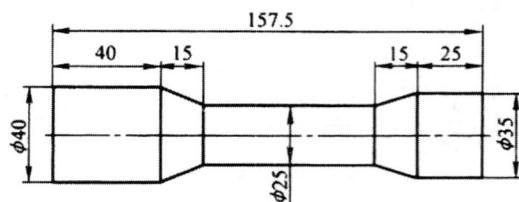

图 6 - 27　2A14 合金连杆的楔横轧预制坯图

2A14 为铝铜合金系铝合金，属于固溶处理加人工强化的锻铝合金。适于制造截面较大的高载荷零件。

2A14 合金的工艺塑性图、应力 - 应变曲线和再结晶图参见相关资料。该合金在 300 ~ 450℃ 范围内的锻造工艺性较好，临界变形程度在 15% 以下。

2A14 铝合金汽车空调压缩机连杆锻造工艺流程及其操作要点如下：

1）下料，在带锯床上将圆棒截成 ϕ40 mm × 207 mm 的坯料。

1）加热，在带强制空气循环装置的箱式电阻炉内加热，加热温度 450℃，保温 60 min。

3）制坯，在楔横轧机上将棒料轧制成如图 6 - 27 所示的形状和尺寸，一件坯料可供 2 个毛坯之用。

4）加热，加热温度 450℃，保温 45 min。

5）模锻，在 4000 kN 摩擦压力机上，先将坯料大头部分在压扁平台上压扁至厚 30 mm，再将坯料置于模腔内成形。

6）冷切边，在 1000 kN 冲床上进行。

7）酸洗，去除表面油污，使表面光亮。

8）打磨，去飞边毛刺。

9）热处理，T6 处理，HB≥120。

10）酸洗，使表面光亮。

11）抛丸。

12）终检。

第 7 章

特种铝合金产品的生产技术与装备

7.1　概述

7.1.1　特种铝合金产品的主要品种

目前，世界各国已经研制开发和生产了不同铝合金品种、规格、功能、性能和用途的铝及铝合金产品（包括板、带、条、箔、棒、型、线、铸件、压铸件、锻件等）数十万种。其中，量大面广、在国民经济和人民生活中应用十分广泛和普遍的所谓通用产品，如 PS 版、易拉罐板、普板、涂层板、铝箔、建筑型材、圆管、压铸轮毂等占 90% 以上，而且具有特殊用途、功能，即作为特殊用途的专用产品，如变断面型材、特大型型材、微型精密型材、特种散热器型材和管材、特种线材等），仅仅占 5% 左右，但它们在国民经济和国防工业中起着十分重要的作用，是一些不可缺少的关键材料。

特种铝合金产品虽然用量不大，但品种、规格非常多，而且多数为挤压产品，除了变断面板材、多层复合板材、异形精密锻件等，大都是特种铝及铝合金管材和型材。因此，本章重点介绍和讨论铝合金钻探管、宾馆机械用感光鼓、铝合金散热器型材、铝－塑复合管材等产品的生产技术及装备。

7.1.2　特种铝合金型材及管材的生产现状与发展趋势

1. 概述

铝材是仅次于钢材的第二大金属材料，近几十年发展十分迅猛，在国民经济和人民生活各领域获得了十分广泛的应用。2012 年，全世界铝加工材产销量均超过 4200 万 t/a，其中铝及铝合金挤压材的产销量超过 1800 万 t/a，约占铝材总产销量的 40%。铝挤压材中型棒材占 90% 以上，其中通用型材和棒材以及中小型民用建筑型材占型棒材的 90% 以上，大中型型材和特种专用型材仅约占 8%。管材约占铝合金挤压材的 10%，而异形管材和特种专用管材仅约占管材的 20%。由上可见，铝及铝合金挤压材中产销量最大、应用范围最广泛的是中小型民用建筑型材、通用型材和棒材、管材，而特种型材和管材仅占 5% 左右。这类产品的主要特点是：具有特种功能或性能；专门用于某种特定用途；具有较大或极小的规格尺寸；具有特高的尺寸精度或表面要求等。因此，其品种多而批量少，需要增加特殊工序或增添某些特殊设备和工具，生产难度大而技术含量高，生产成本增高而附加值也增高。

随着科学技术的进步和人民生活水平的不断提高，对铝及铝合金挤压产品的产量、质量和品种提出了越来越高的要求，特别是近年来产品个性化的出现，促进了具有个性化特点、用途专一的特种型材和管材的发展。

2. 大中型工业用结构铝合金型材和管材的发展趋势

各种大型扁宽、薄壁、高精、复杂的实心和空心型材及管材是许多重要领域，诸如航空航天、现代交通运输（如高速列车、地铁车厢、集装箱、桥梁等）、现代汽车、电子电器、舰船兵器、空调散热器、电力能源、石油化工、机械制造等的首选材料，大型特种工业用结构铝合金型材和管材是当今世界最短缺和紧俏的商品之一。目前，全球需要大中型铝合金挤压材100 万 t/a 以上，大中型工业用结构铝合金挤压材 80 万 t/a 以上。由于供不应求，设计者和使用者不得不采用几根小型材连接成大中型材或者改用木材、塑料、钢铁、铜材来代替，造成了能源的浪费、环境的污染、成本的提高，大大影响了国民经济的发展和国防现代化的进程。为了改变这种局面，各国纷纷投资新建或扩建 35 MN 以上的大中型挤压生产线。

我国的情况更是如此，一方面是中低档的中小型挤压材大量过剩，而另一方面是大中型工业用结构铝合金型材和管材缺口 15 万 t/a 以上，目前绝大部分依赖进口或用其他材料替代，急需研制、开发、生产特种大中型型材和管材，以满足国民经济和国防现代化发展的需要。

3. 超精密型材和超小型型材的发展趋势

超精密型材被广泛应用于电子仪器、通信邮电设备、精密机械、精密仪表、弱电设备、航空航天、核潜艇与船舶、汽车工业等领域的小型、薄壁、断面尺寸非常精密的零部件。

超精密型材包括两大类：一类是外形尺寸很小的型材，称之为超小型型材或微小型材，其外形尺寸只有数毫米，最小壁厚在 0.3 以下，单重为每米数十克，通常对其公差要求甚严。例如，断面外形尺寸公差小于 ±0.10 mm，壁厚公差小于 ±0.05 mm。此外，对挤压制品的平直度、扭拧度等形位公差也要求十分严格。另一类是断面外形尺寸并不太小，但对尺寸公差要求十分严格的型材，或者是断面外形尺寸较大，但断面形状复杂而且壁厚很薄的型材。如，日本某公司在 16.3 MN 卧式油压挤压机上，用特种分流组合模挤压的汽厂车空调冷凝器异形管（工业纯铝），其壁厚为 0.3 ~ 0.4 mm，要求公差比 JIS 标准中特精级公差还严一半以上，达到 ±0.04 ~ ±0.07 mm。小型超精密铝合金型材在挤压过程中对设备、工模具、工艺都要求相当严格，由于现代汽车工业、航天航空工业、军事工业、精密机械和仪表、电子电器、通信邮电以及国防尖端和科学研究等事业的飞速发展和个性化程度的提高，对小型超精密型材的数量、品种和质量要求越来越高，虽然近年来已研发生产出了不少高质量的小型超精密的铝合金型材，但仍然不能满足市场的需求，特别是国内在生产小型超精密铝合金型材的技术和装备上与国际先进水平尚存在较大的差距，必须迎头赶上。

4. 办公机械用感光鼓基用铝合金管材及其他铝合金管材的发展趋势

高纯、高精、高表面感光鼓用铝合金管材是打印机、复印机、扫描仪等办公机械的核心部件——感光鼓的基体材料，也可推广应用于电子、光学仪器等不同领域，应用领域和用量前景十分广阔。近年来，世界上打印机、复印机等办公机械产业向数码化、彩色化、清晰化、轻量化、小型化、高速化、低成本等方向发展，用铝量倍增，如黑白机转化为彩色机，由单一成像变为四色成像，OPC（有机光导体）精密铝管材需求量将增加 4 倍。高速化、清晰化对铝管的尺寸精度和表面质量提出了更高的要求。

随着信息产业和电子产业的高速发展，激光打印机、复印机、扫描仪、电子和光学仪表等耗材业的发展进入快车道,处于高速增长期。目前,全球 OPC 感光鼓等用精密铝管材的年总需求量在 30 万 t/a 左右,国内需求量为 5 万 t/a 左右,且需求量的年均增长率都在 5% 以上。

OPC 专用精密铝合金管材可用 6063 合金生产,也可用 3003 合金生产,但对材质的成分、纯度和杂质含量要求非常严格,对产品的内外组织和表面质量要求特别高,对尺寸公差也要求很严。因此,技术含量高,生产难度大,目前国外(如日本等)已有成熟的工艺,但仍不能大批量生产满足市场要求,国内的生产水平与国际先进水平相比仍有一定差距,急需加大力度研制开发,以满足我国国民经济的高速持续发展的要求。

5. 铝合金经济断面管材和型材的发展趋势

随着国民经济的发展和科学技术的不断进步,对管材断面提出了多种多样的要求,显然,通用的圆管不是最好的形式,不一定能满足这种或那种要求,因此,出现了经济断面管材的研制和开发。目前,在国外,铝合金经济断面管的品种数量、生产规模和质量水平都有了很大的进展。

铝合金经济断面管主要分为异形断面管、变直径和变壁厚管、特薄壁管三种,其主要特点是能最大限度地满足各种零件的强度和刚度要求,可按等强度来设计各种零部件,不仅有可靠的安全性,而且能大大减轻零件的质量,节省金属损耗,减少加工工时和减轻劳动量,降低成本,提高社会效益和经济效益。如电线杆、旗杆和灯杆等,最先用实心木材制造,后采用水泥杆或钢杆。木材的强度欠佳,而水泥和钢铁的密度又太大,都不是理想材料。近年来,美、日、德、俄罗斯等国用挤压—轧制—拉伸或挤压—变径旋压法制造的空心等壁厚或变壁厚的锥形电线杆、旗杆、灯杆,不仅符合等强度构件的要求,而且大大节约了金属材料,节省加工工作量,减少了运输、安装和维护费用,是一种典型的经济断面管。

近年来,对各种合金品种、不同性能和质量水平的铝合金经济断面管的需求不断增加,据不完全统计,全球年需求量在 50 万 t/a 以上,国内也需要 5 万 t/a 以上。工业发达国家虽然已研发出各种经济断面管材的生产方法和技术,但仍然不能大批量稳定地生产,而有些品种仍在研制之中。我国在制造大型复杂的经济断面铝合金管材方面尚处于起步阶段,需加大开发力度。

铝合金经济断面型材主要包括特种异形材、阶段变断面和逐渐变断面型材等,其主要特点是可满足不同条件下零件的强度与刚度要求,提高飞机和其他各种机器零部件的安全可靠性,而且可减轻其重量。同时会大大减少加工工作量,节省金属损耗,提高工作效率和降低成本,是一种经济、安全、适用的结构材料,近年来获得了飞速的发展,全球年需求量在 20 万 t/a 以上。由于需要大型的和特种的挤压设备和工模具,技术含量高,生产难度大,因此,目前尚不能大批量生产,需要投入人力、物力、财力,研究新型的工艺技术和设备,开发新型适用的品种,以满足市场,特别是军工市场的需求。

6. 铝合金钻探管材的发展趋势

铝合金钻探杆具有质轻、强度高、节能、容易制造和维护、便于运输、利于回收等一系列优点,特别在钻深井和海洋钻探方面,在国外已广泛推广应用,具有显著的经济效益和社会效益。生产实践表明,使用与目前所采用的钢钻探管强度相当的 7015T6、2024T4 等铝合金钻探管,可使重量减轻 1/2 ~ 1/3,生产效率提高 15% ~ 20%,并能大大节约设备的制作和运输费用。因此,铝合金钻探管是一种较为理想的深井钻探材料,大有替代传统钢钻探杆的趋势。

铝合金钻探管早已普遍采用，铝钻探管的生产工艺基本成熟，设备先进配套，技术水平相当高，生产效率和经济效益都很好，但由于需要大型挤压机和特殊的生产工具和工艺，所以仅分布在俄罗斯、美、德、日等少数几个国家，我国几乎是空白。

目前，世界铝钻探管年产量为 30 万 t/a 左右，随着深井钻探、大沙漠油田和海底油田的开发和地质矿床的深层钻探以及发展中国家钻具以铝代钢的发展，铝钻探杆需求量会日趋增多，估计年增长率在 3% ~ 5%。

我国目前年需要钢钻杆 14 万 t/a 左右，而且大部分需进口。石油部门和地质部门多次强调国产化，并主张以铝代钢。如果实现全铝化，年共需铝钻探管 8 万 t/a 以上，市场前景是十分可观的。

7. 铝合金大型厚壁管和大径薄壁管材的发展趋势

铝合金大型厚壁管是指直径大于 250 mm 以上，壁厚 5 ~ 100 mm 以上的管材，主要用于高压容器、高压液体与气体输送、液压与气压传动装置、输电管母线以及能源与动力、机械制造等领域以及制作炮筒外套等军事器械，也可用作进一步加工的管坯或旋压大径薄壁管的坯料，用途十分广泛。

目前，世界已能制造 ϕ1500 mm × 250 mm 的大径厚壁管，这种管材是用 360 MN 立式模压 – 挤压机上反向挤压而成，有些国家还想用更大的压机生产 ϕ2500 mm × 300 mm 以上的铝合金大径厚壁管。我国可在 125 MN 卧式双动挤压机上生产 ϕ630 mm × 150 mm 的大径厚壁铝合金管材。目前全世界铝及铝合金大径厚壁管材的产量仅为 50 万 t/a 左右，不能满足市场需求。而我国的大径厚壁管年产量为 0.5 万 t/a 左右，需要从国外引进，特别是大型管母线和液化天然气罐体等铝合金管坯。

铝合金大径薄壁管主要是指直径大于 250 mm，而壁厚小于 2 mm 的管材，主要用于航空航天、导弹火箭、机筒外壳以及气体和液体运送、各种保护外套等领域。全球年需量为 10 万 t 左右，我国年需量在 0.5 万 t 以上。目前，世界上已生产的最大的薄壁铝合金管可达 ϕ3000 mm × 1 mm，我国已可用铸造—挤压—旋压法生产 ϕ1000 mm × 1 mm 以上的大径薄壁铝合金管。由于大径薄壁铝及铝合金管材的生产工艺复杂、质量要求高而且需要大型的特殊的工艺装备，所以生产量不大，远远不能满足市场的需求。

8. 气体和液体输送管道系统的发展趋势

铝及铝合金气体和液体输送管道系统比镀锌铁管、塑料管、不锈钢管和铜管等有许多优越的特点，诸如可防锈、耐腐蚀、美观耐用、质轻而有一定的强度、价格便宜等。因此，在近十几年来获得了越来越广泛的应用。

铝及铝合金气体和液气输送管道系统主要包括铸造管、热挤压管、冷挤压管、挤压—拉拔管以及铝 – 塑复合管等，主要用作建材管道、冷热自来水、酸碱盐各种液体、燃气、氧气、压缩空气等各种气体和石油、天然气等输送管道，在汽车、飞机、轮船等交通运输工具上也有广泛的应用，市场潜力非常巨大。

目前，全世界铝及铝合金气体和液体输送管道系统用管材的产销量大约在 2×10^9 m 左右，我国的产销量已达到 1×10^8 m 以上。随着国民经济的高速持续发展和人民生活水平的大幅度提高，各种功能、性能和用途的铝及铝合金气体和液体输送管的需求量将会大幅度增加，其发展前景是十分可观的。

7.2 铝合金钻探管生产技术

7.2.1 铝合金钻探管的分类及品种规格

1. 铝合金钻探管的特点及主要用途

铝合金钻探管具有密度小、质量轻、比强度和比刚度高、易搬运、节能、容易制造和维修、无磁性、可钻探深井和异形井、利于回收等一系列优良特性，因此在各工业发达国家应用十分广泛。主要用于钻探 3000 ~ 7000 m 以上的石油及天然气等深井和异形井，俄罗斯钻到 12000 m 以上。钻井深度主要取决于钻探管的生产工艺技术与质量水平，因此，铝合金钻探管的生产仍属于高新技术范畴，目前世界上只有美国、俄国、日本、法国等少数国家能批量生产。我国尚属起步阶段，钻探管以进口为主。

2. 铝合金钻探管的分类

铝合金钻探管可以照按管材截面形状、产品结构和材料强度三种方法进行分类。

（1）按管材截面形状分类。

1）两端内部有加厚部分的变断面管，见图 7 - 1。

2）两端内部有加厚部分和保护性加厚部分的变断面管，见图 7 - 2。

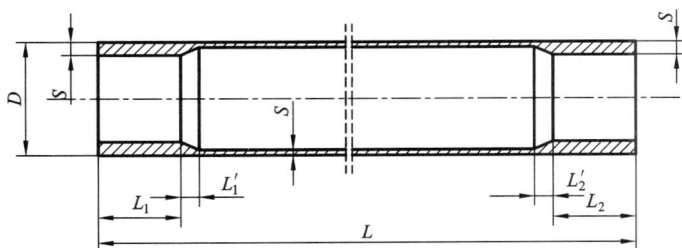

图 7 - 1 两端内部有加厚部分的变断面管

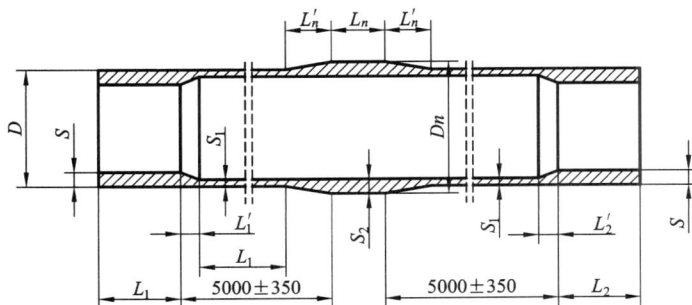

图 7 - 2 两端内部有加厚部分和保护性加厚部分的变断面管

（2）按产品结构分类。

1）无车削螺纹的钻探管，见图 7 - 1、图 7 - 2。

2）有车削螺纹和拧上的钢接头的钻探管，见图 7 - 3。

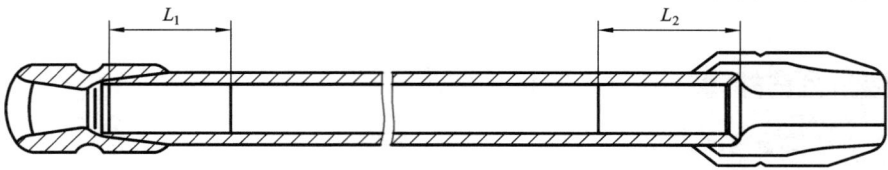

图 7 - 3　有车削螺纹和拧上的钢接头的钻探管

（3）按材料强度类型分类。

1）标准强度钻探管。

2）高强度钻探管。

3. 铝合金钻探管的品种规格与技术要求（按前苏联的国家标准 ГОСГ23786—79）

（1）主要合金品种。

主要合金品种有 д16、B95 等（与美国、中国、日本牌号对应请参考相关资料），应符合有关的国家或国际标准。

（2）形状与尺寸偏差。

1）两端内部有加厚部分的且无螺纹的管材的尺寸及允许偏差见图 7 - 1 和表 7 - 1。

2）两端内部有加厚部分和车削有螺纹和钢制接头的管材的尺寸及允许偏差见表 7 - 1 和表 7 - 2。

3）两端内部有加厚部分和保护加厚部分及有螺纹和钢制接头的管材的尺寸及允许偏差，见图 7 - 2 和表 7 - 3。

表 7 - 1　两端内部有加厚部分的且无螺纹的钻探管尺寸与允许偏差/mm

外径 D		端头加厚部分的壁厚 S		主截面壁厚 S_1	主截面壁厚的允许偏差		端头加厚部分的长度	
公称尺寸	允许偏差	公称尺寸	允许偏差		标准精度	高精度	L_1（允许偏差 $^{+100}_{-50}$）	L_2（允许偏差 $^{+100}_{-50}$）
54	±0.6		+1.3	7.5	±0.7		150	150
64	+1.5 −0.5	13 16	+1.5 −1.0	8.0	±0.8		200	200
73			+2.0 −1.0					
90						±0.4		
95	+1.5 −1.0	26	+2.5 −1.5	9.0 8.0	±0.9 ±0.8		740	880
103		15 27	+2.0 −1.0				250	250
108			+2.5 −1.5				750	450

表 7-2　两端内部有加厚部分和车削有螺纹和钢制接头的钻探管尺寸与允许偏差/mm

外径 D（允许偏差 $^{+2.0}_{-1.0}$）	端头加厚部分的壁厚 S		主截面壁厚 S_1	主截面壁厚的允许偏差		端头加厚部分的长度	
	公称尺寸	允许偏差		标准精度	高精度	L_1（允许偏差 $^{+200}_{-50}$）	L_2（允许偏差 $^{+100}_{-50}$）
114	15	+2.0 −1.0	10	±1.0	±0.5	1300	250
			9	±0.9	±0.4		
129	17	+2.5 −1.5	11	±1.1	±0.5		
147	15	+2.0 −1.0	9	±0.9	±0.4		
	17	+2.5 −1.5	11	±1.1	±0.5		
	20		13	±1.3	±0.5		
	22	+2.8 −1.7	15	±1.5	±0.5		
	24		17	±1.7	±0.5		

表 7-3　两端内部有加厚部分和保护性加厚部分及有螺纹和钢接头管尺寸与允许偏差/mm

外径 D（允许偏差 $^{+2.0}_{-1.0}$）	保护性加厚部分的直径 Dn（允许偏差 $^{+3.0}_{-2.8}$）	端头加厚部分的壁厚 S（允许偏差 $^{+2.5}_{-1.0}$）	主截面壁厚 S_1	主截面壁厚的允许偏差		保护性加厚部分的壁厚 S_2（允许偏差 $^{+0.1}_{-0.2}$）	端头加厚部分的长度		保护性加厚部分的长度 L_n（允许偏差 ±50）
				标准精度	高精度		L_1（允许偏差 $^{+200}_{-50}$）	L_2（允许偏差 $^{+100}_{-50}$）	
114	134	15	10	±1.0		20	1300	250	300
129	150	17	11	±1.1	±0.5	21.5	1300	250	300
147	172		11	±1.1		23.5			
170	197		11			24.5			
170	197		13	±1.3		26.5			

4）允许按表 7-1 和表 7-2 中规定尺寸生产无螺纹和无接头的管材。

5）允许按表 7-1 到表 7-3 中规定的内径、壁厚、两端加厚部分和保护性加厚部分长度的中间尺寸来生产的管材，此时外径和壁厚的允许偏差可取相关尺寸中的较小尺寸。

6）无保护性加厚部分的管材的标准长度如表 7-4 所示。

表 7-4　无保护性加厚部分的管材的标准长度

管材外径/mm	54	64	64～110	>110
管材长度/m	4.5	5.3	9.0	12.0

7）管材长度尺寸的允许偏差不得超过 $^{+150}_{-200}$ mm。

（3）交货状态。

所有铝合金钻探管都应经淬火后自然时效（T4，2024 T4）或人工时效（T6，7075 T6）状态交货。

（4）力学性能。

标准强度的素材的力学性能应符合表 7－5 的规定，高强度的管材的力学性能应符合表 7－6的规定。

表 7－5　标准强度管材的力学性能值

外径/mm	д16T（2024 T4）			в95T1（7075 T6）		
	σ_b/MPa	$\sigma_{0.2}$/MPa	δ/%	σ_b/MPa	$\sigma_{0.2}$/MPa	δ/%
$\phi54 \leqslant \phi120$	400	260	12	530	480	10
$\geqslant\phi120$	430	280	10	550	505	10

表 7－6　高强度管材的力学性能值

外径/mm	д16T（2024 T4）			в95T1（7075 T6）		
	σ_b/MPa	$\sigma_{0.2}$/MPa	δ/%	σ_b/MPa	$\sigma_{0.2}$/MPa	δ/%
$\phi54 \sim \phi120$	400	300	12	540	480	8.5
$>\phi120$	430	300	10	560	520	8.0

（5）表面质量要求。

管材内、外表面应清洁，不允许有气孔、裂纹、分层、非金属夹杂和腐蚀斑点，不允许有超过允许壁厚负偏差的起皮、剥落、气泡、凹痕、划痕、划伤、压痕和压入等。

（6）内部组织要求。

1）管材的低倍组织不得有裂纹、气孔、分层、缩尾、裂口和疏松、粗大晶粒。

2）管材淬火后的显微组织不得有过烧痕迹。

（7）对材料级别的要求。

铝合金钻探管用材质必须符合表 7－7 的要求，对钢制接头材料应符合表 7－8 要求。

表 7－7　铝合金钻探管对材料级别要求值

材料组别	1 组	2 组	3 组
σ_b/MPa	$\geqslant$530	$\geqslant$345	$\geqslant$390
$\sigma_{0.2}$/MPa	$\geqslant$460	$\geqslant$275	$\geqslant$295
δ/%	$\geqslant$8	$\geqslant$10	$\geqslant$12

注：1 组—对腐蚀性无特殊要求，工作温度$\geqslant$120℃；2 组—要求耐腐蚀，工作温度$\geqslant$120℃；3 组—要求高的耐蚀性能，工作温度$\geqslant$140℃。

表 7 – 8　对钢制接头材料的特性要求

性能指标	σ_b/MPa	$\sigma_{0.2}$/MPa	δ/%	ψ/%	A_k/J·M^{-2}	HB
最小值	880	735	12	45	680×10^3	280

4. 铝合金钻探管的整体结构及主要尺寸与允许公差(按俄国国家标准 ГОСТ23786—79)

(1)铝合金钻探管材(变断面管)的结构与尺寸应符合图 7 – 1 至图 7 – 3 及表 7 – 1 至表 7 – 6 中之规定。

(2)管材的长度必须符合表 7 – 9 的规定。

表 7 – 9　铝合金钻探管材的长度/m

供货时的管材组别	1	2	3
有旋紧接头的	5.5	7.0	12.3
没有旋紧接头的	5.3	8.7	12.0

(3)管材及接头的尺寸要求。

铝合金钻探管及其钢制接头的直径必须符合表 7 – 10 的规定,两端外部有加厚部分的钻探管的尺寸应符合表 7 – 11 的规定;两端内部有加厚部分的管材尺寸应符合表 7 – 12 的规定;从端头加厚部分到管材主体部分的过渡带的尺寸差不得大于 +2.5 ~ –5.0 mm,过渡带不允许管材变薄。大头部分的允许曲率为每米不得超过 1.5 mm,管材的椭圆度和壁厚差不得超过其允许偏差,毛坯端头的不垂直度不得大于 1°。

表 7 – 10　铝合金和钢制钻探管的直径要求/mm

端头外部有加厚部分的管材		端头内部有加厚部分的管材	
铝合金变断面管材	钢制接头	铝合金变断面管材	钢制接头
ϕ73	ϕ108	ϕ60	ϕ80
ϕ89	ϕ118	ϕ73	ϕ90,ϕ95
ϕ102	ϕ146	ϕ89	ϕ118
ϕ114	ϕ155	ϕ102	ϕ118,ϕ133
ϕ127	ϕ178	ϕ114	ϕ140,ϕ146
		ϕ127	ϕ152,ϕ155
		ϕ140,ϕ146	ϕ172,ϕ178
		ϕ168	ϕ197,ϕ203

注:钢制接头的所有外径的允许偏差为 ±0.5 mm。

表 7 - 11　端头外部有加厚部分的钻探管结构尺寸

管材主体部分尺寸				加厚部分尺寸						
外径 D		壁厚 t		内径 d /mm	外径 D_1		过渡带 L_1		加厚部分 L_2	
尺寸 /mm	公差 /%	尺寸/mm	公差 /mm		尺寸 /mm	公差 /mm	尺寸 /mm	公差 /mm	尺寸 /mm	公差 /mm
73		7	±0.4	59	84					
89		7	±0.4	75	100					
89		8	±0.4	73	100	+2.5 −1.0			250	±50
102		8	±0.4	86	116					
102	±1	9	±0.4	84	116		450	+150 −100		
114		9	±0.4	96	129					
114		10	±0.5	94	129	+3.0 −1.2			350	+70 −50
127		9	±0.4	109	142					
127		11	±0.5	105	142					

表 7 - 12　端头内部有加厚部分的钻探管结构尺寸

管材主体部分尺寸				加厚部分尺寸				
外径 D		壁厚 t		内径 d_1		过渡带 L_1 最小长度/mm	加厚部分长 L_2	
尺寸/mm	公差/%	尺寸/mm	公差/mm	尺寸/mm	公差/mm		尺寸/mm	公差/mm
63		7	±0.4	36				
73		7	±0.4	47				
89		7	±0.4	61				
89		8	±0.4	61	+2.0 −3.0	40	250	±50
102		8	±0.4	74				
102		9	±0.4	74				
114		9	±0.4	84				
114		10	±0.5	84				
127	±1	9	±0.4	93				
127		11	±0.5	93				
140		9	±0.4	106				
140		11	±0.5	106	+2.5 −4.0	55	350	+75 −50
146		9	±0.4	112				
146		11	±0.5	112				
168		9	±0.4	134				
168		11	±0.5	134				

7.2.2　铝合金钻探管的生产方法、工艺流程与工艺特点分析

1. 生产方法

铝合金钻探管是一种内(外)有加厚部分的变断面管材(图 7-1 至图 7-3),端头加厚是为了切螺纹时不致使端头部分的截面减弱。一般来说,一端由外接头螺纹连接,另一端由内接头螺纹连接,而在个别情况下也可不用接头连接。

为了生产这种特殊的断面变化的铝合金钻探管,对其合理的生产方法进行了大量的试验研究,结果表明,采用在卧式挤压机上用随动针或固定针进行正向穿孔挤压的方法是可行的、合理的,并已形成了先进的流水作业线,其主要的专用设备包括:铸锭熔铸炉组、均匀化炉、40~60 MN 的卧式液压挤压机、卧式连续淬火装置、拉伸矫直机、管材辊矫机、切削车床、在线检测系统和螺纹切削机等,整个生产线借助冷却系统、储运系统和辊道联成流水作业,一道工序即可生产出用于钻探装置上、内部拧有钢制接头的铝合金钻探管。

2. 生产工艺流程及主要工艺参数

以 д16T(2024 T4)φ147×11 mm 铝合金钻探管为例的生产工艺流程及主要工艺参数,如表 7-13 所示。

表 7-13　д16T₁(2024 T4)φ147×11 mm 铝合金钻探管生产工艺

	工艺流程	工艺参数
1	铸锭加热	加热温度 430℃,加热时间 8 min(感应炉)
2	挤压	φ370 挤压筒、挤压筒温度 410℃,润滑挤压:润滑挤压筒、挤压针及挤压垫,挤压速度 5~6 m/min
3	淬火	淬火温度 490℃,加热保温 100 min,淬火转移时间≤30 s,水淬、淬火水温<40℃
4	拉伸	拉伸率 3%,采用半圆形钢制拉伸夹垫
5	压力矫	用半圆形钢制矫直垫,消除局部弯曲
6	锯切	切头、尾 700 mm 左右,切取高、低倍及性能试样
7	管坯检查	检查外形尺寸,用平衡测量仪检查管材同心度
8	车螺纹	管材两端分别车锥形左、右螺纹
9	连管接头	在管坯螺纹处涂环氧树脂加固化剂后连接钢接头,两端分别在旋紧床上进行,旋转力矩 1 t·m
10	油纸封包端头	用油纸缠扎管材两端
11	交货	

7.2.3　铝合金钻探管的挤压生产技术

1. 挤压铝合金钻探管的工艺特点分析

钢钻探管的生产方法是先轧制,随后将两端预热,用卧式镦锻机镦粗,以便在镦粗加厚

部分刻制螺纹。而铝合金钻探管的生产方法与钢的完全不同，是用卧式液压挤压机正向穿孔挤压法直接挤压出两端带内（外）加厚部分的变断面管材，并形成了一道工序生产出带有接头的钻探用管材的流水作业线。铝合金钻探管及其生产方法的技术难度都比较大，属高新技术范畴，其生产工艺具有以下特点：

（1）因钻探管壁厚偏差及同心度要求极高，且采用固定垫挤压，因此对挤压机穿孔系统同心度要求较高，要求同心度<0.5 mm，最好达到0.2 ~ 0.4 mm。

（2）铝合金钻探管挤压采用固定垫全润滑（挤压筒、挤压针、挤压垫都润滑）无残料随动针挤压。通过特殊设计的模子和针尖一步自动实现管材两端内外变断面成形和尺寸控制，其模具（针尖）设计与生产工艺构思巧妙，技术难度大，但操作简便，生产效率高。

（3）铝合金钻探管生产的关键技术。

1）优质锭坯的制造与加工。应优化合金成分和熔铸工艺，采用严格的纯化、净化和均匀化工艺措施，确定铸锭的化学成分合理均匀、组织均匀、细密纯净、力学性能均匀、塑性较高、而且内外表面光滑、尺寸均匀、同心度好。

2）固定挤压垫的设计与制造。固定挤压垫在工作过程中必须满足在挤压加载时产生一定量的弹性变形、凹面张开、直径有一定增量，密封住挤压筒内金属不倒流，卸载后弹变消失，外形复原，能灵活退出挤压筒，固定挤压垫的形状、结构尺寸以及与挤压筒的配合等是十分重要的。

3）模子的设计与制造。主要是模子锥角、工作带角度及圆弧、模子空刀尺寸的设计和模子制造精度等。

4）挤压针的设计与制造。主要是针尖圆弧处的弧度及长度尺寸等设计参数的确定及制造的精度。

5）挤压润滑剂的配比。要求润滑效果良好，挤压管材不产生气泡等缺陷。

6）挤压工艺优化与热处理工艺优化，确保挤压出的变断面管形状合格、尺寸均匀、组织均匀细密、力学性能高，综合性能良好。

2. 优质锭坯的制备

铝合金钻探管的原始坯料使用半连续铸造法生产的圆柱形空心铸锭。生产钻探管主要规格所用铸锭的尺寸列于表7 – 14。

表7 –14　铝合金空心铸锭的尺寸

铝合金钻探管外径/mm	铸锭直径/mm		铝合金钻探管外径/mm	铸锭直径/mm	
	外径	内径		外径	内径
147	362	140	99	272	89
129	362	130	79	272	89
114	362	105			

为了消除铸造缺陷（表面损伤和偏析瘤），铸锭外径车皮10 ~ 14 mm，内径车皮10 mm。

为了清除铸锭组织的不均匀，需进行均匀化处理。均匀化处理时铸锭加热到金属间化合物相完全或最大限度溶解的温度，均匀化处理的时间应保证完成扩散过程，扩散时金属间化合物相溶解。均匀化处理时先将铸锭预热到460℃，在感应炉内预热，预热后装入筒式炉，在 4 h 内将温度升到 490 ± 10℃，保温 12 h。均匀化处理结束后将铸锭冷却到挤压温度，等外径管材的挤压温度为 380 ~ 420℃，变外径管材的挤压温度为 400 ~ 420℃。

　　3. 挤压工模具的准备

　　(1)挤压工模具的设计。

　　由于铝合金钻探管是一种两端加厚的变断面管材，一般采用半连续润滑挤压方式、正向穿孔挤压法生产。因此，其挤压工模具比较特殊，设计与制造难度较大。主要工模具包括挤压筒、挤压轴、穿孔系统、模子和针尖以及挤压垫和模具垫等。挤压筒、挤压轴、模座、模垫等工具与一般挤压用的相似，但同心度要求高得多。穿孔系统、挤压垫、模子等的设计，根据变断面管材半连续润滑工艺的特点有很多独特之处。

　　1)穿孔系统分随动针系统和固定针系统。随动针把针后端和针前端设计成一个整体，在挤压过程中与挤压轴同步移动，自动实现内、外变断面成形和长度尺寸控制。见图 7 - 4，随动针设计的要点是确定中间 R 部分的大小和位置。固定针分针前端和针后端，针前端用螺纹固定在针后端上，在挤压过程中固定针固定在模子中不动，依靠更换模子和移动针尖来实现断面的变化，见图 7 - 5。

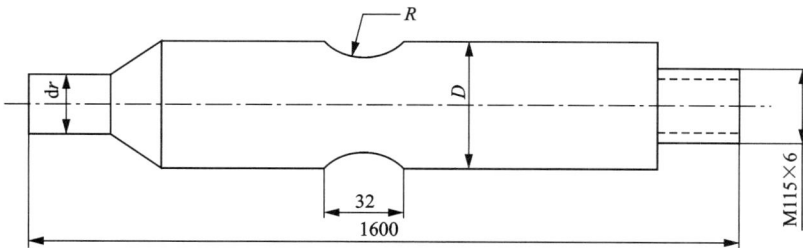

图 7 - 4　铝合金钻探管用随动针设计图例

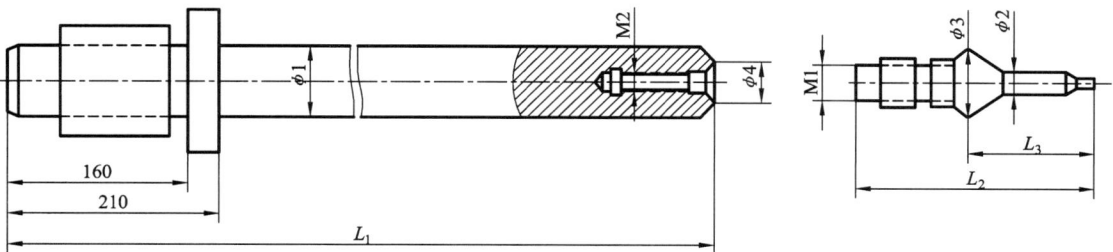

图 7 - 5　铝合金钻探管用固定针设计图例

　　2)模子为基准模型，见图 7 - 6，主要应注意模角和入口圆角 R 的设计。

　　3)挤压垫可分为固定垫和活动垫。活动垫挤压的移动与一般挤压相似，但同心度要求高。固定垫的设计比较难，除要求高度对中外，还应保证挤压过程的密封性和半连续性，见图 7 - 7。

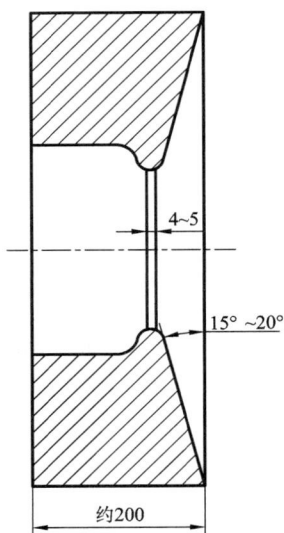

图 7 - 6　模子设计方案图

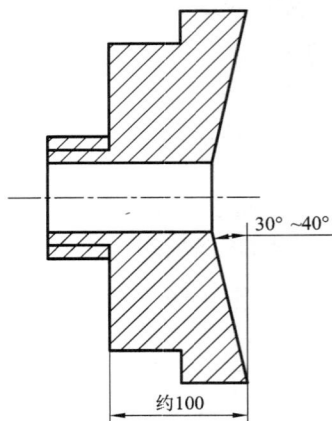

图 7 - 7　固定挤压垫片设计方案图

(2)挤压工模具制造。

铝合金钻探管用工模具的制造与一般挤压用的大致相同,材料可用 4Cr5MoSiV1 或 3Cr2W8V1 钢,淬火后两次回火后的硬度(HRC)为 48 ~ 51。但是比一般挤压工模具要有较高的同心度和高的精度及表面光洁度。

4. 铝合金钻探管的挤压操作工艺与装备

(1)挤压工艺与装备。

铝合金钻探管一般在 40 ~ 60 MN 或双动(有独立穿孔系统)的液压挤压机上生产。规格为 $\phi 73 ~ \phi 102$ mm 的用 40 MN 挤压机,$\phi 114 ~ \phi 170$ mm 的用 60 MN 挤压机生产。这些挤压机挤压筒内的单位压力($\bar{p}$)为 450 ~ 800 MPa,挤压筒和模具温度 420 ~ 450℃;挤压温度420 ~ 470℃;挤压速度 1.5 ~ 3 m/min;挤压系数可为 25 ~ 50。

(2)挤压工艺操作过程。

将已加热到工艺规定的挤压温度的铸锭(空心坯料)用辊道和专门的加料装置送到挤压机上。将坯料装入挤压筒,然后开始挤压作业。挤压端头内部加厚管材的方法:利用阶梯状挤压针,该挤压针的尺寸由它所加工的那部分管子的内径决定,将挤压针放到外径较小的那部分模孔内。挤压针在这种状况下挤压管子加厚的前端,然后(挤压过程不停)挤压针前行,并由模孔内的较大直径定位。挤压针处于这种状况下挤管子的主体部分,然后穿孔系统和挤压针返回初始位置,在返回过程中挤压管子的后端增厚部分。

端部内外两侧都有增厚部分的铝合金钻探管按图 7 - 8 所示操作流程挤压。

挤压这类管子的挤压针好像一个按一定比例设定生产的管子外形的程序装置。将挤压针的前部分固定在挤压模内便开始挤压[图 7 - 8(a)]。在这种状态下挤压管子前端的内部加厚部分。挤压针前行,管壁变厚,因为模孔和挤压针之间的间隙减少,挤压管子前端的主体部分[图 7 - 8(b)]。挤压针前移时[图 7 - 8(c)],模孔与挤压针之间的间隙增加,由于这部分管子的内径减小而使其壁厚增加。在挤压针不动的情况下挤压过程继续进行,使管子的金属绕挤压模外的挤压针头部经过，这样会使管子的内径恢复到正常尺寸，由于其外径增加，这部分管子的壁厚增大。管子外部增厚部分达到规定长度后挤压针继续前移[图 7－8(d)]，挤压壁厚尺寸正常的后一部分管子，挤压针后退到其收缩部分(针头前面的部分)对着模孔的位置[图 7－8(e)]，使管子后端的内部加厚。

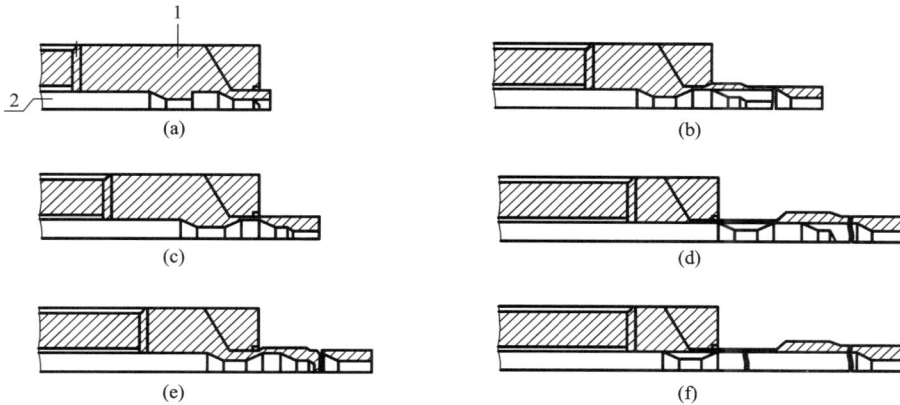

图 7－8　内外两侧均有加厚铝钻探管的挤压操作流程
1—铸锭；2—挤压针

如果由于结构的要求必须使外部增厚部分急剧过渡到管子的主体部分(例如，无接头的轻合金钻探管的锥形口部分)，则挤压针要后退几次[图 7－8(f)]。在这种情况下颈部的前锥体压在外加厚部分的后边；这一加厚部分压在模子出口端成形。

利用上述工艺过程可以生产出给定的几何尺寸十分稳定的铝合金钻探管。

成批生产铝合金钻探管时用专门设计的框式结构的 40 MN 和 60 MN 吨挤压机进行生产，这种挤压机配有穿孔系统，装备有能使一系列工艺过程机械化的专门机构。

5. 热处理与矫直工艺及装备

将挤压出来的变断面管材，切掉前、后变形端，然后通过辊道送入卧式淬火机组的加热炉内加热，准备淬火。淬火过程由两部分组成，先将管材加热到严格规定的温度，然后快速冷却。这时合金内形成具有强化元素(铜、镁、硅、锌)浓度最大的固溶体。

铝合金淬火时由于其物理化学性能特殊，应严格控制加热温度，要求加热高度均匀。Д16T(2024T4)合金钻探管的淬火加热温度为 495℃，同时要保证 ±2℃ 的温度精确度。每根管材在加热炉内的时间约 70 min。加热炉同时可放置 20 根管材。经过加热的管材每隔 3.5 min 送一根到空的水平槽内，水从管材的对面流经整个槽子，使管材迅速冷却。把水波浪的高度调好，使水浪的前沿垂直于管材，管子内外侧同时被水覆盖住。为了提高管材表面的耐腐蚀能力，在淬火中添加 0.02%～0.04% 重铬酸盐(重铬酸氢盐或铬酸钾、铬酸钠)。这种称之为"流动水波淬火法"的热处理方法可以提供建立铝合金钻探管的流水作业生产线的可能性。在某些情况下，淬火也可在立式淬火炉中进行。

淬火后的管材可能产生很大的温度变形(翘曲)，因此管材淬火后要马上进行有效的拉伸矫直。管材淬火和矫直之间的间隔时间不应超过 12 h。

钻探管材用 6 MN 以下的轴向力进行拉伸矫直，使端头内部加厚管材产生的残余变形为

1% ~2%，外部加厚管材的残余变形为 2% ~3%。

拉伸矫直的主要缺点是：管材在拉伸机的夹具内变形，造成金属残料量太多。为了减少残料量，矫直前在管材的两端放入直径比管材内径小 1 ~1.5 mm 的芯棒。

拉伸矫直这道工序不仅能消除管材的纵向弯曲，还能明显提高制品的力学性能。拉伸矫直能完全消除管材主体部分的弯曲。铝合金钻探管加厚部分的矫直是用弯曲机的底模来进行。进行矫直时要十分小心，因为现行技术条件对于要刻制螺纹的管材加厚部分的直度有严格要求。

最终矫直结束后将管材按标准尺寸锯切成段，对于有些合金管材，还要进行人工时效。然后在水平检查台上进行技术检查，检查后送到螺纹加工工段刻制螺纹，装上钻探接头。

7.3　感光鼓基体用铝合金管材生产技术

7.3.1　感光鼓基体所要求的特性

为了制造优良品质的打印机，打印机生产厂家需要考虑光源、带电方法、显像方式来决定打印机结构，为让打印机的特性得到最大限度的发挥，感光鼓生产厂家须决定出感光体与成膜基体的最佳组合。

基体的选择须最利于感光体的成膜。对基体的要求应从材质、硬度、尺寸精度、表面状态及价格等方面来进行综合评价。

尺寸精度关系到作为零件组装后运行时精度的保证，对其内外径、长度、真圆度、平直度、端面直角度、振动精度、表面精度都应有要求。例如，图 7 - 9 所示组装条件下，感光鼓与显像辊的相对位置关系能在驱动状态下维持多久是与抖动精度有关的。因振动值(如图 7 - 10)是管的弯曲度与真圆度的合成值，所以这两项各自的精度都必须很高。抖动按照对旋转轴抖动精度所要求位置的不同，规定为外径抖动或内径抖动。端部要安装法兰盘时，为提高嵌合精度，须确保端面直角度。

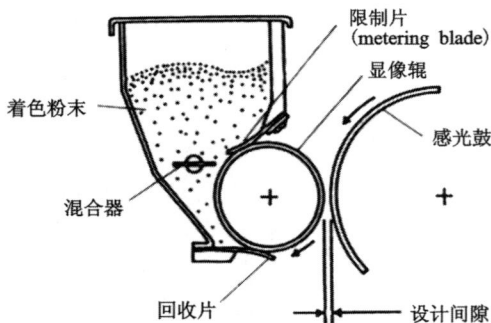

图 7 - 9　薄层带电着色粉末显像装置示例

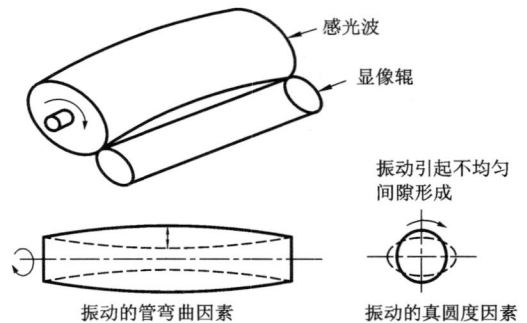

图 7 - 10　振动精度

表面状态关系到感光体的成膜性与画像品质。因表面状态的原因，可能出现画像浓淡斑，或在光源使用半导体激光等可干扰光时出现干扰纹。基体表面加工法有后述的镜面切削、CP 切削、EI、ED 等方法，ED 管尺寸规格与要求见图 7-11，加工后的表面状态如图 7-12 所示各有差别。表面粗度见图 7-13，像机能分离型 OPC 的极薄膜 CGL 直接涂饰的情况，表面必须是高度平滑。这是因为要达到高感度，CGL 膜厚要薄才行。要想高画质化就得使微小粒子稳定下来显像，于是着色粉末粒子微细化就成为必要，因此，基体表面哪怕是极小的孔穴，着色粉末粒都有轻易集聚进去的危险，所以基体表面的平滑度十分重要。另一方面，在厚膜涂饰及底层涂饰时，对平滑度方面的要求不是十分严格。此外，为降低涂饰工序的洗净负荷而进行的残油管理，为提高涂饰均匀性而对湿润性的确保，以及高温加工时为避免泡疤发生而应将气体含有量降至最低等也是对表面所要求的特性之一。近年来，出于环境卫生保护的原因，产生臭氧的电晕放电方式正被使用带电辊的接触式直接带电方式所取代，与此相对应的表面改善也就成为必要。

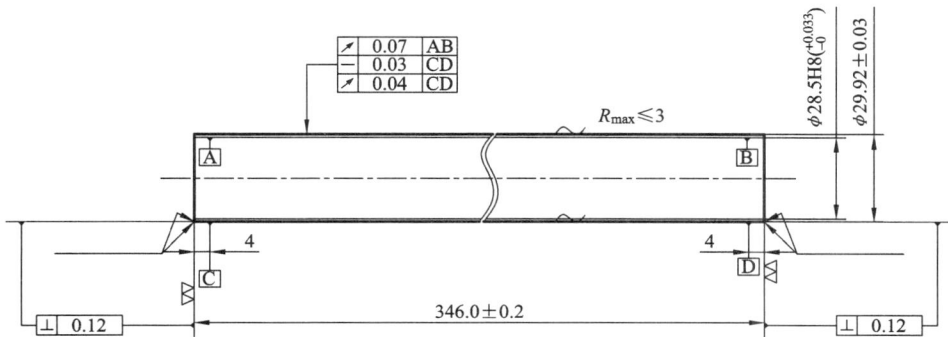

图 7-11　ED 管尺寸规格示例

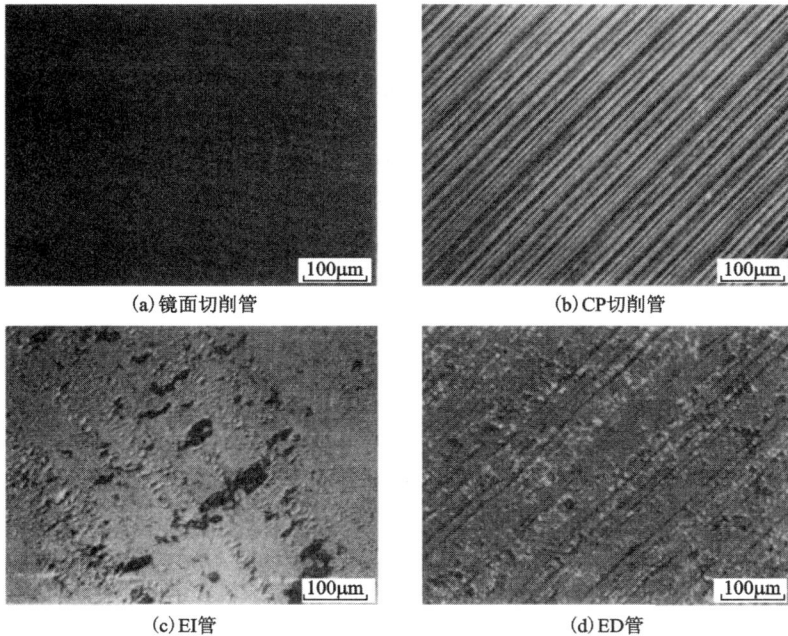

(a)镜面切削管

(b)CP切削管

(c)EI管

(d)ED管

图 7-12　用各种加工法制造的管的表面状态

随着机器的高画质化要求，为最大限度地发挥出感光体的电气特性与画像特性，有时需要进行各种表面处理。研究得最多的是阳极氧化处理，它对电解液的选择、皮膜厚度、皮膜构造、皮膜的结晶性、膜中不纯物量、皮膜着色、封孔处理方法、封孔度等都有规定。前处理方面，对化学抛光、电解抛光，化学梨皮面加工等进行了研讨。在化学处理方面，铬酸盐法、氢氧化铝法、MBV 法（modified bauer – vogel process），EW 法（erft-werk process）等正在研究之中。通过这些处理，可提高基体的阻塞性（曝光时抑制基体产生的电荷注入感光体的程度）而使带电性增强，强化降低画像干扰源的效果。

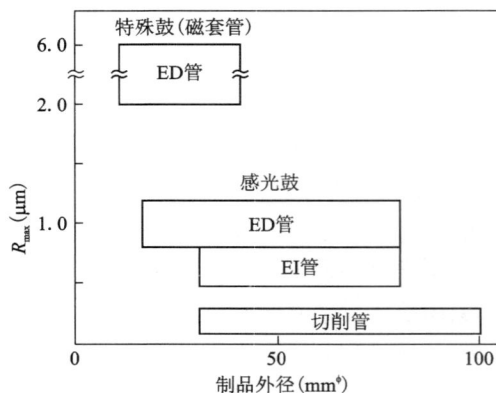

图 7 – 13　各种成型加工的表面粗度

价格因材料和加工法的不同而变动，如果使用特殊材料并进行高精度加工，价格当然就升高，如果能使用通用材料且能进行高生产率的加工，廉价供应便成为可能。因此，是在基体上用高成本而降低成膜成本，还是相反地在成膜方面用高成本而降低基体成本，这取决于感光鼓生产厂家。

7.3.2　感光鼓基体用铝合金的成分及其成形加工方法

1. 感光鼓基体用铝合金的成分

感光鼓基体之所以选用铝合金的理由有：密度低、质量轻而比强度、比刚度高；加工性能好；价格低；成膜后静电性良好；导热性良好且在成膜时容易干燥等。从合金成分来看感光鼓基体最常用的铝合金成分见表 7 – 15。目前主要使用的有 1 × × ×系、3003、Al – 4.5% Mg、6063 等合金，其中 3 × × ×系合金所占比例为 90% 以上。

表 7 – 15　感光鼓基体最常用的铝合金成分

合金	化学成分（质量分数）/%									
	Si	Fe	Cu	Mn	Mg	Cr	Zn		Ti	Zr
1050	0.25	0.40	0.05	0.05	0.05		0.05			
1070	0.20	0.25	0.04	0.03	0.03		0.04	V 0.05	0.03	
1100	Si + Fe 0.95		0.05 ~0.20	0.05			0.10			
3003	0.50	0.7	0.10	0.9~1.5	0.30	0.10	0.20	Ti + Zr 0.10		
6063	0.20 ~0.6	0.35	0.10	0.10	0.45 ~0.9	0.10	0.10		0.10	
5052	0.25	0.40	0.10	0.10						
5083	0.40	0.40	1.0		4.0 ~4.9	0.05 ~0.25	0.25		0.15	

续表 7 - 15

合金	化学成分(质量分数)/%									
	Si	Fe	Cu	Mn	Mg	Cr	Zn		Ti	Zr
5086	0.40	0.50	0.10	0.20 ~0.7	3.5 ~4.5	0.05 ~0.25	0.25		0.15	
7003	0.30	0.35	0.20	0.30	0.50 ~1.0	0.20	5.0 ~6.5		0.20	0.05 ~0.25
7005	0.35	0.40	0.10	0.20 ~0.7	1.0 ~1.8	0.06 ~0.20	4.0 ~5.0		0.01 ~0.06	0.08 ~0.2

2. 感光鼓基体的成形加工方法

最近随着 OPC 感光体性能的提高，Personal 机、普及机的市场正在扩大，这对基体提出了厚度薄化及低成本化的要求。然而以往的切削加工方法切削成本高，且如果将厚度做成 1 mm 以下时尺寸精度会变差而难以使用。因此，不使用切削加工而使用各种冷加工方法制作的感光鼓用铝合金基体已被开发出来。图 7 - 14 所示为基体的成形加工方法，从大体上划分为切削法与无切削法。切削法主要用于薄膜无机系感光体，无切削法主要用于 OPC。

此外，有介于切削与无切削之间的磨削法，也有通过 YAG 激光进行镜面切削的报告。总的来说，不论哪一种加工手法，绝大多数是用热挤压开坯，经轧制或拉拔生产出高精度、高表面的厚壁圆管或异形管，然后进行深加工。因此，铝合金热挤压是制备感光鼓基体的关键技术。

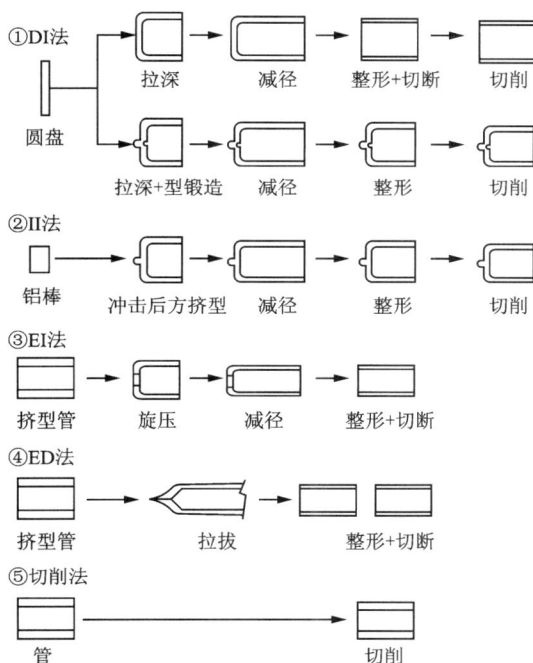

图 7 - 14　感光鼓基体的成形加工方法

7.4　铝合金热传导(散热器)挤压材的生产技术

7.4.1　铝合金热传导(散热器)挤压材的分类

铝合金具有良好的导电、导热性、塑性非常好，可在冷热状态下压力加工成板、带、条、箔材、管、棒、型线材等各种热传导材料。这里主要讨论铝合金型材和管材热传导材料的分类。

铝合金热传输挤压材的种类很多，分类方法也很多。各种分类方法都是相对的，是相互交叉的，一种分类方法可能是另一种分类方法的细分或延伸。

(1)按传热方式可分为：散热片、取暖片、冷却器、化油器、蒸发器等热传导挤压材。

(2)按合金状态可分为：$1 \times \times \times F$、O、H；$3 \times \times \times F$、O、H；$4 \times \times \times F$、O、H；$5 \times \times \times F$、O、H；$6 \times \times \times F$、O、H 等热传导挤压材。

(3)按表面处理可分为：不进行表面处理的，进行表面处理的。后者又可分为普通表面处理的(如氧化着色、电泳涂装、喷涂等)和特殊表面处理的热传导挤压材。

(4)按品种可分为管材、带翅片管材、内外螺旋翅片管材、大径薄壁管材、普通实心型材、异形型材和空心型材等。

(5)按形状可分为管状、翅片管状、带内外螺旋管状、放射状、单面梳状、树枝形、鱼骨形、异形等散热器型材和管材，见图7－15。

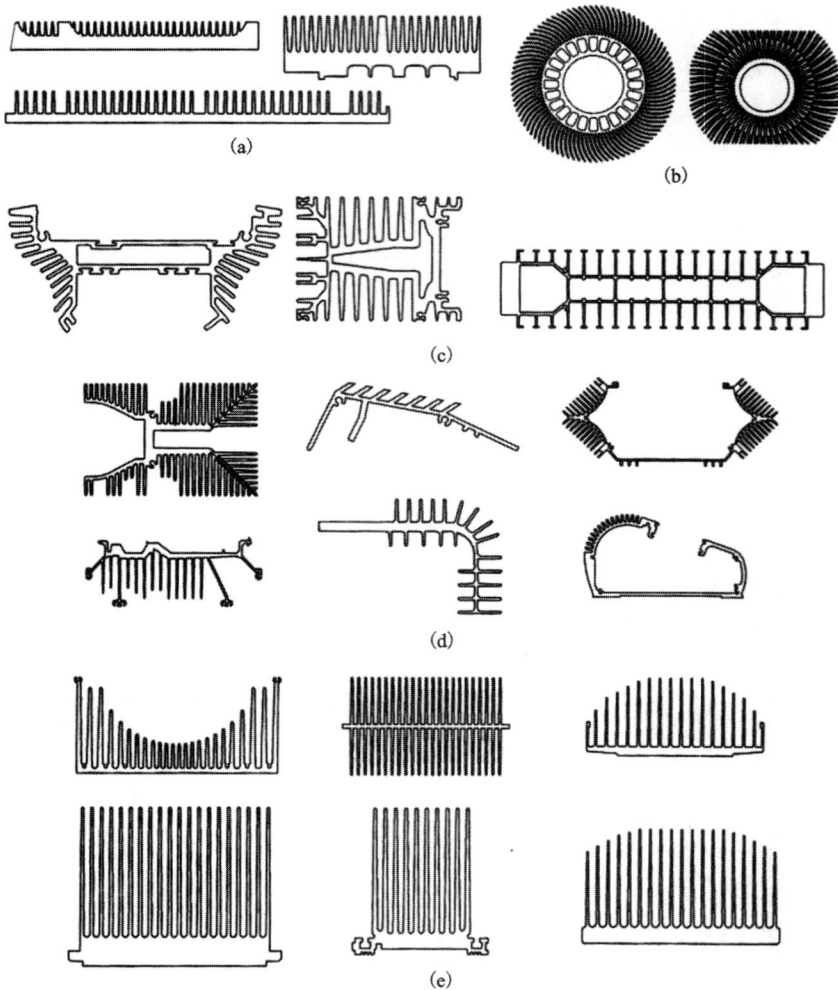

图7－15 部分铝合金散热器型材和管材断面图

(a)实心的；(b)太阳花；(c)空心的；(d)异形的；(e)梳状的

（6）按用途可分为：

1）汽车用空调器、蒸发器、冷凝器、水箱、散热器等铝合金热传导挤压型材、圆管和口琴管材等。

2）大型建筑物、飞机场、体育馆、宾馆和文化娱乐场所、会议厅等大型集中空调器用大型散热器型材或异形管材。

3）飞机、轨道车辆、船舶等大型交通运输工具用空调散热器型材或异形管材。

4）冷藏箱、冰箱、冰库等制冷装置用散热器型材。

5）取暖器、采热器等散热片型材或管材。

6）电子电气、家用电器计算机等用散热器小型型材或管材。

7）精密机械、精密仪器、医疗器械等用微型散热器型材或管材。

8）其他特殊用途散热器型材或管材。

7.4.2　铝合金热传输用挤压材的生产技术

1. 热传输挤压材常用铝合金材料

热传输挤压材应选用塑性好、流动性强、强度适中、焊接性能优良、耐蚀性能高、热传导性能好的铝合金。目前最常用的有 1×××系纯铝，如 1035，1050，1070，1100，1145 等；6×××系铝合金，如 6063，6463，6101，6005，6061 等；5×××系合金，如 5005，5052 等；4×××系铝合金，如 4043，4045 等以及 7×××系铝合金中的 7005，7N01，7072 等。常见的热传输用铝合金的化学成分见表 7－16。

表 7－16　常用热传输材料的铝合金化学成分（质量分数）/％

序号	合金牌号	Si	Fe	Cu	Mn	Mg	Cr	Zn		Ti	Zr	其他 单个	其他 合计	Al
1	1035	0.35	0.60	0.10	0.05	0.05	0.01	0.10		0.03		0.03	0.10	99.35
2	1050	0.25	0.40	0.05	0.05	0.05		0.05	V0.05	0.03		0.03		99.50
3	1070	0.20	0.25	0.04	0.03	0.03		0.04	V0.05	0.03		0.03	0.15	99.70
4	1100	Si+Fe	0.95	0.05 ~0.20	0.05			0.10				0.05		99.0
5	1145	Si+Fe	0.55	0.05	0.05	0.05		0.05	V0.05	0.03		0.03	0.10	99.45
6	3A21	0.60	0.70	0.20	1.0 ~1.6	0.05		0.10		0.15		0.05	0.15	余量
7	3003	0.60	0.7	0.05 ~0.20	1.0 ~1.5	0.05		0.10				0.05	0.15	余量
8	3203	0.50	0.6	0.10	0.9 ~1.5	0.30	0.10	0.20	Ti+Zr 0.10			0.05	0.15	余量
9	5005	0.30	0.7	0.20	0.20	0.5 ~1.1	0.10	0.25				0.05	0.15	余量
10	5052	0.25	0.4	0.10	0.10	2.2 ~2.8	0.15 ~0.35	0.10				0.05	0.15	余量

续表 7 – 16

序号	合金牌号	Si	Fe	Cu	Mn	Mg	Cr	Zn	Ti	Zr	其他		Al
											单个	合计	
11	4043	4.5~6.0	0.8	0.30	0.05	0.05		0.10	0.20		0.05	0.15	余量
12	4045	4.5~6.0	0.6	0.30	0.15	0.10		0.20			0.05	0.15	余量
13	6063	0.2~0.6	0.35	0.10	0.10	0.45~0.9	0.10	0.10	0.10		0.05	0.15	余量
14	6063A	0.3~0.6	0.15~0.35	0.10	0.15	0.6~0.9	0.05	0.15	0.10		0.05	0.15	余量
15	6101	0.3~0.7	0.50	0.10	0.03	0.35~0.8	0.03	0.10	B0.06		0.03	0.10	余量
16	6005	0.6~0.9	0.35	0.10	0.10	0.40~0.60	0.10	0.10	0.10		0.05	0.15	余量
17	6061	0.4~0.8	0.7	0.15~0.40	0.15	0.8~1.2	0.04~0.15	0.25	0.15		0.05	0.15	余量
18	7005	0.35	0.40	0.10	0.2~0.7	1.0~1.8	0.06~0.20	4.0~5.0	0.01~0.06	0.08~0.20	0.05	0.15	余量
19	7N01	0.30	0.30	0.10				0.9~1.3	Si+Fe 0.45		0.03		余量
20	7072	Si+Fe	0.70	0.10	0.10	0.10		0.8~1.3			0.05	0.15	余量

2. 铝合金散热器型材的生产要点与关键技术

铝合金因质轻美观、良好的导热性和易加工成复杂的形状，被广泛地用于散热器材上。铝合金散热器型材主要有三种类型：扁宽型，梳子形或鱼刺形；圆形或椭圆形外面散热片呈放射状；树枝形。如图 7 – 16 所示。它们的共同特点是：散热片之间距离短，相邻两散热片之间形成一个槽形，其深宽比很大；壁厚差大，一般散热片薄，而其根部的底板厚度大。因此给散热型材的模具设计、制造和挤压生产带来很大的难度。

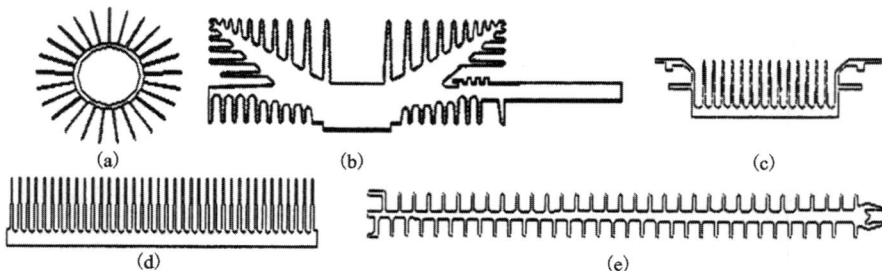

图 7 – 16　铝合金散热器断面图举例

(a)放射形；(b)树枝形；(c)异形；(d)梳形；(e)鱼骨形

　　散热型材有一部分尺寸较小、形状对称的产品比较容易生产，大部分散热型材是扁宽形，外形尺寸较大，有的不对称，散热片之间的槽形深宽比很大，其生产难度较大。需要从铸锭、模具、挤压工艺几个方面严加控制，才能顺利生产出散热器型材。挤压散热器用的合金必须具有良好的可挤压性和导热性，一般用的有 1035、1050 和 6063 等合金。目前普遍用得较多的是 6063 合金，因为它除了有良好的可挤压性、导热性外，还有良好的力学性能。

　　铝合金散热器型材生产的关键技术主要是优质铸锭的制备、模具的材质和设计及制造、减少挤压力及挤压工艺的优化等。

　　3. 铝合金散热器挤压型材对铸锭品质的要求

　　铸锭的合金成分要严格控制杂质含量，保证合金成分的纯洁度。对于 6063 合金要控制 Fe、Mg、Si 的含量。Fe 的含量应小于 0.2%，Mg、Si 的含量一般都控制在国家标准的下限，Mg 含量为 0.45% ~ 0.55%，Si 的含量为 0.25% ~ 0.35%。铸锭要经过充分的均匀化处理，使铸锭的组织、性能和化学成分均匀，铸锭的表面要光滑，不允许有偏析瘤或黏有泥沙。铸锭的端面要平整，不能切成台阶状或切斜度太大(切斜度应在 3 mm 以内)。因为台阶状或切斜度太大，用平面模挤压散热型材时，如果没有设计导流模，铸锭直接碰到模具，由于铸锭端面不平，有的地方先接触模具，产生应力集中，易把模具的齿形挤断，或造成初料的先后不一，容易产生堵模或挤压成形不好等问题。

　　4. 铝合金散热器挤压型材对模具质量的要求

　　因为散热器型材的模具都有许多细长的齿，要承受很大的挤压力，每个齿都要有高的强度和韧性，如果彼此之间的性能有很大的差异，就容易使强度或韧性差的那些齿断裂。因此模具钢材的质量必须可靠，最好使用质量可靠的厂家生产的 H13 钢材，或选用优质的进口钢材。模具的热处理十分重要，要用真空炉加热淬火，最好采用高压液氮淬火，可以保证淬火后模具的各部分性能均匀。淬火后要采取三次回火，使模具的硬度保证在 HRC 48 ~ 52 的前提下，具有足够的韧性。这是防止模具断齿的重要条件。

　　散热器型材要能顺利挤压成功，关键是模具的设计要合理，制造要精确。一般尽量避免铸锭直接挤压到模具工作带上。对于扁宽的梳形散热器型材，设计一个中间较小、两边较大的导流模，使金属往两边流，减少模具工作带上的挤压力，而且使其压力分布均匀。由于散热器型材断面的壁厚差大，设计模具工作带时要相应保持它们的差别，即壁厚大的地方工作带要特别加大，可以大到 20 ~ 30 mm，到齿尖的位置要突破常规，把工作带减到最小。总之要保证金属在各处流动的均匀性。对于扁宽形散热器，为保证模具有一定的刚度，模具的厚度要适当增加。厚度增加量为 30% ~ 60%。模具的制作也要十分精细，空刀要做到上下、左右、中间保证对称，齿与齿之间的加工误差要小于 0.05 mm，加工误差大容易产生偏齿，即散热片的厚度不均匀，甚至会产生断齿的现象。

　　对于设计比较成熟的断面，用嵌镶合金钢模具也是一个较好的方法，因为合金钢模具具有较好的刚性和耐磨性，不易产生变形，有利于散热器型材的成形。

　　5. 铝合金散热器型材挤压工艺的特点分析

　　(1) 尽量降低挤压力。

　　为了防止模具断齿应尽量减小挤压力，而挤压力与铸锭的长度、合金变形抗力的大小、铸锭的状态、变形程度的大小等因素有关。因此挤压散热器型材的铸棒不宜太长，约为正常挤压铸锭长度的(0.6 ~ 0.85)倍。特别是在试模和挤压第一根铸棒时，为确保能顺利生产出合格的产品，最好用更短的铸棒，即正常铸棒长度(0.4~0.6)倍的铸棒来试模。

对于形状复杂的散热器型材断面，除了缩短铸棒的长度外，还可考虑用纯铝短铸棒作一次试挤压，试挤成功后再用正常铸锭进行挤压生产。

铸锭均匀化退火不仅可以使组织和性能均匀，而且可以提高挤压性能和降低挤压力。因此，要求铸锭必须均匀化退火。至于变形程度的影响，由于散热器型材的断面积一般都比较大，挤压系数一般在 40 以内，因此其影响较小。

(2)优化挤压工艺。

散热器型材生产的关键是挤压模具的第一次试模，有条件的话，可以先在电脑上做模拟试验，看模具设计的工作带是否合理，然后在挤压机上试模。第一次试模十分重要，操作员操作主柱塞前进上压时应在低于 5 MPa 的低压力下慢速前进，最好有人用电筒光线照看模具出口处，等挤压模具的每一个散热片都均匀挤出模孔后，才能逐渐加压、加速进行挤压。试模后继续挤压时，应注意控制好挤压速度，做到平稳操作。生产散热器型材时应注意模具的温度，要使模具温度与铸锭温度相近。若温差太大，由于上压时挤压速度慢，会使金属温度不均匀，导致断面金属流动不均匀的现象。表 7-17 为常用的铝合金散热器型材挤压工艺参数。

表 7-17　铝合金散热器型材挤压工艺参数

合金	铸锭温度/℃	挤压筒温度/℃	模具温度/℃	挤压系数	挤压速度/(m·min^{-1})
1035，1A30	400~470	400~440	400~460	20~60	15~50
6063	500~520	400~450	480~500	15~40	10~30

7.5　铝合金特殊精密挤压材的生产技术

7.5.1　铝合金特殊精密挤压材的特点与分类

1. 铝合金特殊精密挤压材的特点

这类产品的形状特殊、壁厚薄、单位重量轻、公差要求非常严格，通常把这类产品称之为铝合金精密(或超精密)型材(管材)，把生产这类产品的技术称之为精密(或超精密)挤压。

铝合金特殊精密(或超精密)挤压材的主要特点是：

(1)品种多、批量小，多为专用挤压材，其用途几乎遍及到各行各业和人民生活的各个方面，包括所有的挤压产品，如管材、棒材、型材和线材，涉及各种合金和状态。因其断面小、壁厚薄、重量轻、批量小，一般不易组织生产。

(2)形状复杂、外形轮廓特殊，多为异形的、扁宽的、带翅的、带齿的、多孔的型材或管材。单位体积的表面积较大，生产技术难度大。

(3)用途广、性能和功能要求特殊。为了满足产品的使用要求，选择的合金状态多，几乎涵盖了从 1×××~8××× 系的所有合金及几十种处理状态，技术含量高。

(4)外形精巧、壁厚很薄，一般在 0.5 mm 以下，有的甚至达到 0.1 mm 左右，每米重量仅为几克到几十克,但长度可达几米,甚至上百米。

(5)断面尺寸精度和形位公差要求十分严格。一般来说,小型铝合金精密型材的公差要比 JIS、GB、ASTM 标准中的特殊级公差还要严一倍以上。一般精密铝合金型材的壁厚公差要求在 ±(0.04 ~ 0.07)mm 之间(见表 7 – 18),而超精密铝合金型材的断面尺寸公差可能高达 ±0.01 mm。如电位差计用的精密铝型材断面为"▬",型材重量 30 g/m,断面尺寸公差范围 ±0.07 mm。织机用的精密铝型材断面为"■",断面尺寸公差为 ±0.04 mm,角度偏差小于 0.5°,弯曲度为 0.83 × L。又如汽车用高精特薄扁管形状为⊙⊙⊙⊙⊙⊙,型材宽 20 mm,高 1.7 mm,壁厚为 0.17 ±0.01 mm,24 个孔,属于典型的超精密铝合金型材。

表 7 – 18　部分精密铝合金型状尺寸公差举例

尺寸/mm			尺寸允许公差/mm	
			JIS 特殊级	小型、精密型材
	A	2.54	±0.15	±0.07
	B	1.78	±0.15	±0.07
	C	3.23	±0.19	±0.07

(6)技术含量高、生产难度大,对挤压设备、工模具、铸坯和生产工艺都有特殊的要求。图 7 – 17 为部分小型精密铝合金型材断面举例。

(a)

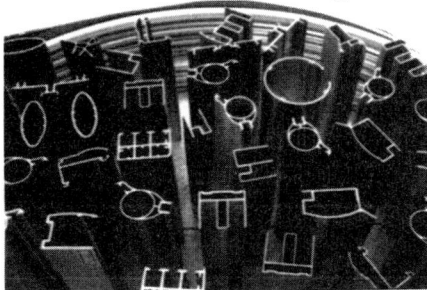

(b)

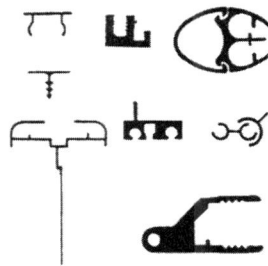

(c)

图 7 – 17　部分小型(微型)精密(超精密)铝合金挤压材断面举例

(a)家用电器及五金器具;(b)电子通信及照明照相器材;(c)尖端科技、国防军工及汽车交通运输用材

2. 铝合金特殊精密挤压材的分类

精密或超精密铝合金挤压材被广泛应用于电子仪器、通信设备以及尖端科学、国防军工、精密机械、精密仪表、弱电设备、航天航空、核工业、能源电力、潜艇与船舶、汽车与交通运输工具、医疗器械、五金工具、照明照相与电子电器等方面。一般来说，精密或超精密铝合金挤压材可按外形特征分为两大类：第一类是外形尺寸很小的型材，如图 7 - 18 所示。这一类型材亦称为超小型型材或微小型型材(mini - shape)，其外形尺寸通常只有数毫米，最小壁厚在 0.5 mm 以下，单重为每米数克至数十克。由于其微小，通常对其公差要求甚严。例如，断面外形尺寸公差小于 ± 0.05 mm。此外，对挤压制品的平直度、扭转度的要求也十分严格。

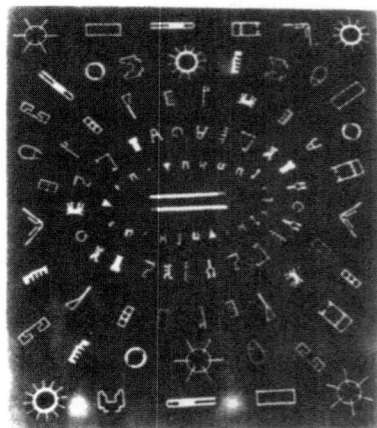

图 7 - 18 超小型挤压型材断面举例

另一类是断面外形尺寸并不很小，但对尺寸公差要求十分严格的型材，或者虽然断面外形尺寸较大，但断面形状复杂而且壁厚很薄的型材。图 7 - 19 为日本某公司在 16.3 MN 卧式油压机上用特种分流模挤压的汽车空调冷凝器异形管(工业纯铝)。这一类型材的挤压成形难度并不亚于前一类超小型型材。挤压断面尺寸较大而对公差要求十分严格的型材，不但需要先进的模具设计技术，而且需要对从坯料至成品的整个生产流程的严格管理技术。

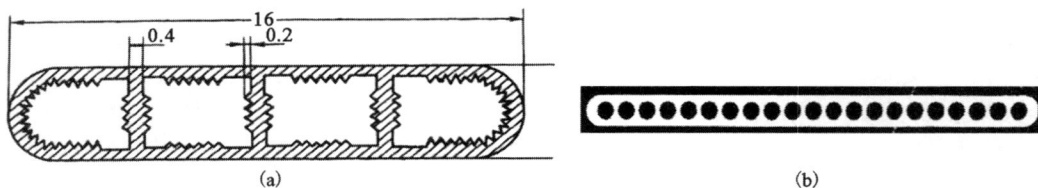

图 7 - 19 汽车空调冷凝器断面形状举例

(a)$w16.0 \times T3.0 \times 4$ 孔；$w = 16.0$ mm；$T = 3$ mm；$\delta = 0.3 \pm 0.05$ mm；1070 合金；

(b)$w16.0 \times T1.0 \times 21$ 孔；$w = 16.0$ mm；$T = 1.0$ mm；$\delta = 0.17 \pm 0.01$ mm；1070 合金

20 世纪 80 年代初以来，随着 Conform 连续挤压技术的实用化以及工业技术发展的需要，小型、超小型型材的挤压得到很快的发展。但由于设备的限制、产品质量的要求以及挤压技术的进步等多方面的原因，在常规挤压设备上生产小型型材仍占较大的比例。图 7 - 19 所示即为常规的分流模的挤压这一类精密型材。模具的寿命(特别是分流桥、模芯的强度与耐磨性)与挤压时的材料流动成为影响其生产的主要因素。这是因为挤压该型材时，模芯的尺寸小、形状复杂，强度与耐磨性是影响模具寿命的重要因素。而模具寿命直接影响生产成本。另一方面，许多精密型材壁厚很薄、形状复杂，挤压过程中材料的流动直接影响型材的形状与尺寸精度。

为了防止坯料表面氧化皮膜与油污流入制品内，保证制品质量均匀可靠，可在挤压前将加热到指定温度的坯料进行剥皮(称为热剥皮)，然后迅速装入挤压筒内进行挤压。同时应保持挤压垫片干净,防止在一次挤压结束后的切除压余处理至下一次挤压装入垫片的过程中油污、脏物黏结到垫片上去。

按断面尺寸精度和形位公差,特殊精度铝合金挤压材可分为特殊精密铝合金型材和小型(微型)超高精密铝合金型材。一般来说,其精度超过国标(如 GB、JIS、ASTM 等)超高级精度一倍以内的称为特殊精密铝合金型材,如外形尺寸公差在 ±0.1 mm 以上,断面壁厚公差在 ±0.05 ~ ±0.03 mm 以内的型材和管材等。而当其精度高出国标超高级精度一倍以上时则称为小型(微型)超高精度铝合金型材,如外形公差严于 ±0.09 mm,壁厚公差严于 ±0.03 ~ ±0.01 mm 的为小型(微型)型材或管材。

按功能与用途分,特殊精密铝合金挤压材可分为:现代汽车工业用空调、散热器、冷凝管、水箱等用型材或管材;热交换器内外螺旋翅片管;汽车换热器用高精超薄微孔扁管;电子电器、仪表用机架、箱框、结构元素及载波设备铝合金型材和管材;自行车用铝合金辐条和车轮轮缘型材;高级轿车门用铝合金型材;高级折叠遮阳与防晒伞用铝合金管材;军工及常规武器用结构铝材;能源动力与核电用铝合金结构型材和管材;医疗器械与文体用铝合金精密型材与管材;精密机械与精密仪表用铝合金微型型材与管材;电子计算机与手提笔记本及其他家用电器用小型(微型)超精密型材与管材等。

7.5.2 特殊精密铝合金挤压材的生产工艺要点分析

1.概述

现代许多工业设备仪器如精密仪器、弱电设备中的部分零件要求小型的、薄壁的、断面尺寸非常精确的铝型材,对其尺寸公差要求非常严格。如在日本,有些小型精密铝合金型材公差比 JIS 标准中的特殊级公差还严一倍以上。一般精密铝合金型材的壁厚在 0.4 mm 以下,其公差要求为 ±0.04 ~ ±0.07 mm 或更严。

1050、1100、3003、6061、6063(低、中强度合金)小型精密挤压型材的最小壁厚在 0.9 mm 以下,最小断面积 110 mm² 以下。薄壁扁宽大型精密型材(壁板)和大径薄壁精密管材的最大外接圆直径可达 300 mm 以上,壁厚 1 ~ 3 mm,断面积达 1000 mm² 以上,壁厚公差为 ±0.1 ~ ±0.05 mm。

这些特殊的铝合金精密型材在挤压生产过程中对设备、工模具、工艺要求相当严格。

2.影响特殊精密铝合金型材精度的主要因素

一般来说,铝合金热挤压变形程度大小、挤压温度和速度的变化、挤压设备的对中性、工模具的变形等都容易对型材尺寸的精度产生影响,而且它们相互影响的因素很难克服。图 7–20 列出精密挤压的影响因素。

3.特殊精密铝合金挤压材对铝合金的要求

铸棒的成分、组织不均匀,有夹杂、偏析、晶粒粗大、气泡、气孔、疏松氧化膜、表面油污、裂纹等缺陷都会影响金属的流动和变形,使制品的尺寸和形位公差等发生变化。对于精密挤压而言,对铸棒的质量,如主要成分和微量元素的含量、组织与性能的均匀性等要求更为严格,必须经过严格的成分配比、在线净化处理和细化处理以及均匀化处理,晶粒度应控制在一级以内。氧化膜和疏松也应控制在一级以内。

4.特殊精密铝合金挤压材对挤压工模具质量的要求

模具是影响挤压制品尺寸精度最直接的因素,要保证挤压制品在生产中断面尺寸不变或

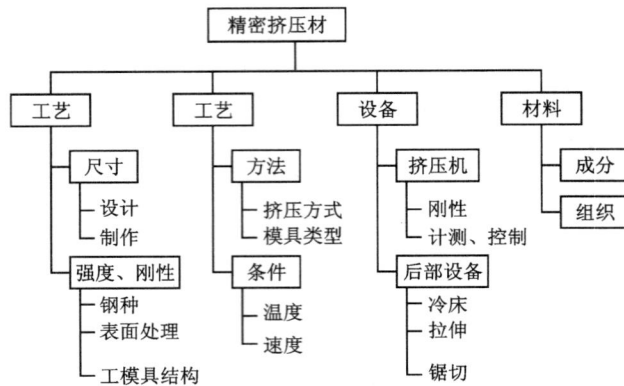

图 7 – 20　挤压型材精度影响因素

变化很小,必须使模具的设计结构、设计尺寸、强度、表面硬度、刚性、耐热性、耐磨性达到一定的要求。

为了保证铝合金挤压材的高精度,首先要求根据挤压材的合金品种、形状、尺寸和用途以及精度等,选择合理的工模具结构,设计合理模孔和工作带尺寸,必要时可选用扁挤压筒、分流组合模、扩展模、导流前置模(图 7 – 21)等来合理分配金属流量和调控金属流动。

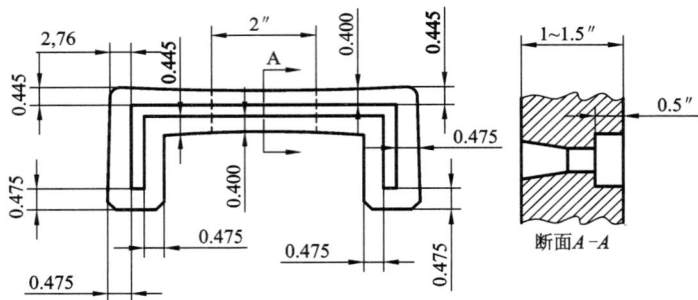

图 7 – 21　模子上开导流槽

要保证模具在高温高压下不易变形,有很高的耐热性,对精密挤压而言更为严格,要求在工作温度(500℃左右)下,模具材料的屈服强度不小于 1000 MPa,要保证挤压材的表面质量和尺寸精度,还要求模具有高的耐磨性,这主要决定于氮化层的硬度和厚度,一般要求氮化层的显微硬度在 1100 ~ 1500 以上,氮化层深度在 0.25 ~ 0.45 mm 之间,而氮化后模具尺寸的变化应在 0.02 mm 以内。但对于高倍齿的散热器型材模来说,为了保证模具的高韧性,一般不进行氮化处理。

除了优化设计外,对模具的材质、热处理和制造工艺以及加工质量也提出了十分严格的要求。对于特别复杂的超高精型材和管材,应选用优质的(或进口的)H13 或硬质合金模具材料,并经合理的热处理和表面处理,使之达到合理的硬度和表面硬度,对机加工工艺和刀具以及电加工中的设备、电极和电规范等也有严格要求,以获得优良的表面质量和高的加工精度。

5. 挤压特殊精度铝合金挤压材对设备的要求

挤压机的品质影响挤压制品的精度。一般要求挤压机张力柱为预应力的整体结构，设备的刚度和对中性要好，一般挤压轴、挤压筒、模具、送料机械手之间最大允许偏差小于 1.5 mm，通常控制在 1.2 mm 以内。对于精密挤压而言，模具、挤压筒、挤压杆中心偏差应小于 0.2 mm。用于精密挤压的挤压机应有等温挤压控制系统，至少应有等速挤压控制系统。

除此之外，模具应有冷却装置，确保模具在一定温度下的刚性、耐磨性和尺寸的稳定性。

挤压机机前的铸锭加热炉应能保证铸锭温度均匀，温差不应大于 ±10℃，或能形成梯度加热。模具加热炉应能保证模具快速加热并保证温度均匀，温差应在 ±15℃ 以内。

挤压机的机后设备应有良好的出料轨道、牵引装置，精密水、雾、气淬火装置，自动精确拉矫装置，辊矫装置和精密锯切装置等。

6. 挤压特殊精密铝合金挤压材对挤压工艺的要求

挤压方法对制品的精度有影响。正向挤压一般容易出现前端（开始挤出部分）比后端的壁厚较大的现象，反向挤压制品的前、后端壁厚变化很小，如图 7 - 22 所示。因此采用反向挤压较容易控制制品尺寸的精度。

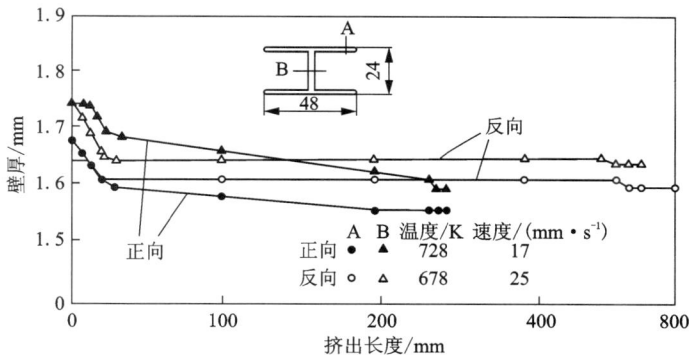

图 7 - 22　7075 合金挤压型材的尺寸变化

挤压制品在热状态下冷却会产生收缩变形，其变形量 $S\%$ 为：

$$S\% = \frac{l - l_0}{l} \times 100\% = \alpha(T_e - T_s) \times 100\% \tag{7-1}$$

式中：$S\%$ 为收缩率，%；l 为热状态的断面尺寸，mm；l_0 为冷却后的断面尺寸，mm；α 为铝材的线热膨胀系数，$℃^{-1}$；T_e 为挤压温度，℃；T_s 为周围环境温度，℃。

由上式可知，温度的变化会引起制品尺寸的变化，温度变化越大，其变形量越大，因此要保证制品尺寸的精确，挤压机应有 Tips 控制系统（等温挤压系统），即采用等温挤压。如挤压机没有这种装置，对铝棒可采用梯度加热，做到近似等温挤压，总之要保证制品前、后端温度一致或相差较小。

另外，从上式还可以看出，挤压温度越高，产生的变形越大，因此在保证制品力学性能的情况下，尽可能用较低的挤压温度。

挤压速度的变化也会使制品的尺寸发生变化，特别是有开口的制品易引起开口尺寸的变化，应采用等速挤压，现代挤压机一般都有 Fi 控制系统(等速挤压控制系统)。

制品从挤压模孔出来的冷却至关重要，必须保持均匀、恒定的冷却速度，使制品的收缩保持一致。

7.5.3 各种铝合金特殊精密挤压材的生产技术举例

1.汽车散热器系列铝合金微型多孔超薄扁管生产技术

(1)概述。

目前，全球汽车产量已逾 7000 万辆/a，汽车保存量达 2 亿辆，2007 年中国汽车产量突破 1000 万辆/a，汽车保存量超过 4000 万辆。汽车已真正成为中国和世界的支柱产业。随着汽车工业的飞速发展，对汽车散热器的小型化、轻量化和现代化提出了越来越高的要求，汽车散热器用微型多孔超薄扁管应运而生。目前，日本和韩国已批量生产这种难度极大的产品，甚至已成功研发并大量生产 $w22 \times T1.7 \times \delta0.17 \pm 0.01 \times 24$ 孔的铝合金微型多孔超薄扁管，见图 7-23。

图 7-23　汽车散热器用铝合金微型多孔超薄扁管断面图

(2)产品分析。

汽车散热器种类很多，主要包括冷凝管、冷热气自动调节管、脱水管、油冷却管等，见图 7-24。

(a)　　　　　　　　　　　(b)

(c)　　　　　　　　　　　(d)

图 7-24　汽车散热器的主要品种

(a)冷凝管；(b)冷凝器自动调节管；(c)脱水管；(d)油冷却管

（3）汽车冷凝器用铝合金微型多孔超薄扁管的主要规格、尺寸及常用材料.

汽车冷凝管是典型的铝合金微型多孔超薄扁管，其主要规格与尺寸见图 7 – 25 到图 7 – 28。其常用材料为 1035、1050、1070 等 1×××系铝合金。为了提高耐腐蚀性能，开发了 A3003、A3102 等 3××× 合金。为了开发承受高压气体的压力和力学性能，使用了 6063 等 6×××系铝合金。

w17.6×T2.5×13孔（A1050铝合金PE管）

w18×T2.5×δ0.2×21孔（A3102铝合金冷凝管）

图 7 – 25　日本研制的平面型 PF 管和高性能冷凝管

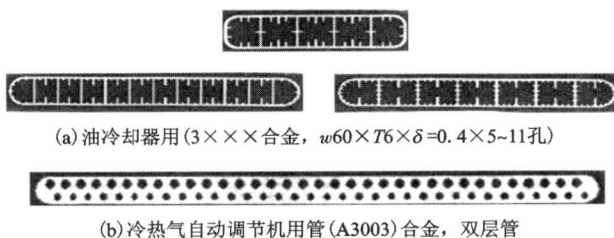

（a）油冷却器用（3××× 合金，w60×T6×δ=0.4×5~11孔）

（b）冷热气自动调节机用管（A3003）合金，双层管

图 7 – 26　韩国研制的油冷却管和 CO_2 气体冷却器/冷热气体自动调节机用管

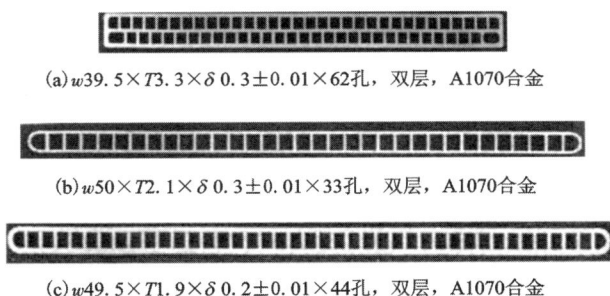

（a）w39.5×T3.3×δ0.3±0.01×62孔，双层，A1070合金

（b）w50×T2.1×δ0.3±0.01×33孔，双层，A1070合金

（c）w49.5×T1.9×δ0.2±0.01×44孔，双层，A1070合金

图 7 – 27　日本研发的铝合金微型多孔散热器扁管

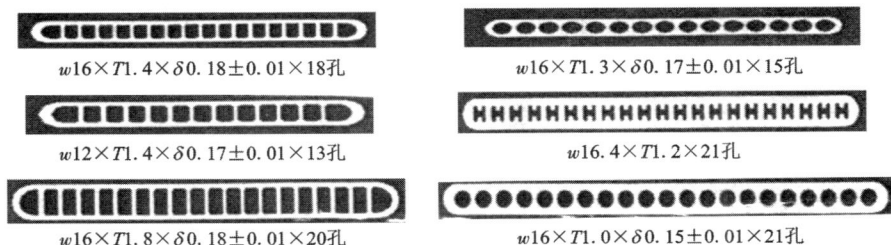

w16×T1.4×δ0.18±0.01×18孔　　　　w16×T1.3×δ0.17±0.01×15孔

w12×T1.4×δ0.17±0.01×13孔　　　　w16.4×T1.2×21孔

w16×T1.8×δ0.18±0.01×20孔　　　　w16×T1.0×δ0.15±0.01×21孔

图 7 – 28　韩国开发的汽车冷凝器用铝合金微孔扁管

(4)汽车散热器铝合金微型多孔扁管的挤压工艺流程。

汽车散热器用铝合金微型多孔扁管的生产工艺流程见图 7 – 29。

熔炼与铸造 均质处理 铝铸锭切割 模具预热 铝铸锭机加工 铝铸锭加热

温度：780℃，温度：590$^{+20}_{-10}$℃，温度：480±10℃ 第一次：500±20℃
过滤器：40ppi，时间：15hr±60min
采用GBF   第二次：515±25℃

卷绕 干燥 齿轮标记 ECT测试 风冷 挤压

标记清楚 Sen's：48±3db，压力：230±30MPa，
Trip：15%～20%，速度：100±20M/min，
频率：1.0E±4 Hz   Cntr温度：440±10℃

矫直 内部检查 检查 检查 打包 打包（外）

排列卷绕 检查标准 检查标准 打包标准

图 7 – 29   汽车散热器用铝合金微型多孔扁管的生产工艺流程

7.6   铝 – 塑复合管的生产技术

7.6.1   概述

我们使用的工业管道和民用管道基本上都是金属管：铝管、铜管、不锈钢管、玻璃内衬管，此外还有橡胶管、塑料管等，这些管子不可避免地存在这样或那样的缺陷，如铜管不耐蚀，不锈钢管价格高，镀锌容易锈蚀，玻璃内衬管的玻璃内衬易碎，橡胶管和塑料容易老化，造成不安全隐患。

铝管大量用于牙膏包装，最近，对于铝元素的过多吸入对人体有害已被证实，此外，中草药牙膏、含氟药物牙膏兴起，铝管耐腐蚀性差的缺点更显突出。这些因素导致发达国家已限制铝管包装牙膏进口，影响到我国牙膏的出口市场，促使我国牙膏生产企业走改革包装之路。塑料软管虽然耐蚀性好，不会与牙膏中的化学成分发生化学反应，但其透气性、保香性不能满足牙膏的包装要求。而且塑料软管回弹性大、回抽力强、挤压牙膏时手感很差，塑料软管不能替代铝管在牙膏包装中的地位。

由此可见，采用单一的材料制成的管子很难满足设计者所需的要求，如果选用两种不同性能的材料，将两种材料复合使用，就可改善和满足使用要求。铝 – 塑复合管就是克服了上述缺陷的一种新型管材，集金属与塑料的优点于一体，在很多领域取代金属管而更优于金属管。

　　铝 - 塑复合管是新一代的化学建材管道，用于冷热自来水、酸碱盐各种液体、燃气、氧气、压缩空气等各种气体的输送，与金属管道和塑料管道相比无论在力学性能、化学性能和综合性能、性价比诸方面都有无可比拟的优势，被国外专家誉为"跨世纪的管材"，是一种极具广阔市场前景的高新技术产品。该产品符合世界管道材料发展的最新趋势，发达国家 20 世纪初开始普遍推广应用，目前日本供水管道使用率达 87%，美国、丹麦燃气管道使用率达 90%，发达国家均建立了自己的产品国家标准体系，作为跨世纪长期发展的行业和产业。

7.6.2　铝 - 塑复合管的特点

　　铝 - 塑复合管是一种以薄壁铝合金管为骨架，铝管内外有一定厚度的聚乙烯(PE)或交联聚乙烯(PEX)层，铝管和其内外聚乙烯层通过一种热熔黏合剂牢牢地结合成一体的管材。内外层分子式为 $(CH_2)_n$，属对称性非极性高聚物，化学性能非常稳定，中间铝箔既可增加强度，还保留了铝材的特性。具有无毒、质轻、机械强度高、耐腐蚀、耐热性能较好、脆化温度低、抗静电、氧渗透率低、热膨胀系数低、保温性能好、易于弯曲成形、施工方便等特点；同时内层聚乙烯非常光滑、管内流体阻力小、不易结垢、不滋生微生物、流体不会受污染。

7.6.3　铝 - 塑复合管分类及规格性能

　　1. 分类

　　(1)铝 - 塑复合管按复合材料分类。

　　1)聚乙烯(外层)/铝合金/交联聚乙烯(内层)：适用于高温和压力额定值时的流体输送。

　　2)交联聚乙烯(外层)/铝合金/交联聚乙烯(内层)：适用于高温和压力额定值及较好的外部阻力时的流体输送。

　　3)聚乙烯(外层)/铝合金/聚乙烯(内层)：适用于常温和压力额定时的流体输送。

　　(2)铝 - 塑复合管按用途分类。

　　1)冷水用铝 - 塑复合管(L)：白色，内、外层为中、高密度聚乙烯(代号 PE)的铝 - 塑管，适用于介质温度 4~60℃，管内流体工作压力不大于 1.0 MPa。

　　2)热水用铝 - 塑复合管(R)：橙红色，内、外层为中、高密度交联聚乙烯或内层为中、高密度交联聚乙烯(代号 PEX)的铝 - 塑管，适用于介质温度 4~95℃，管内流体的工作压力不大于 1.0 MPa。

　　3)燃气用铝 - 塑复合管(Q)：黄色，内、外层为中、高密度聚乙烯的铝 - 塑管，适用于介质温度 4~40℃，管内气体的工作压力不大于 0.4 MPa。

　　4)特殊流体用铝 - 塑复合管(T)：红色或蓝色，内、外层为中、高密度聚乙烯的铝 - 塑管，适用于介质温度 4~60℃，管内流体的工作压力不大于 0.5 MPa。

　　(3)铝 - 塑复合管按结构型式分类。

　　1)搭接焊铝 - 塑复合管：管外径 12~75 mm，管壁厚 1.6~7.5 mm，铝层厚度 0.18~0.65 mm

　　2)对接焊铝 - 塑复合管：管外径 16~110 mm，管壁厚 2.25~10 mm，铝层厚度 0.28~1.2 mm

2. 规格性能

铝－塑复合管规格尺寸及性能应符合美国 ASTM F1282—1998 及 ASTM F1335－1995 标准和中国 GB/T 108—1999 城镇建设行业标准。铝－塑复合管的规格尺寸和性能见表 7－19 至表 7－23，交联方式见表 7－24。

表 7－19　铝－塑复合管规格尺寸表

尺寸规格	管外径/mm		推荐内径/mm	管壁最小厚度/mm	外层最小厚度/mm	内层最小厚度/mm	铝层最小厚度/mm	
	外径	偏差					搭接焊	对接焊
0912	12	+0.3	9	1.60	0.40	0.70	0.18	—
1014	14	+0.3	10	1.60	0.40	0.80	0.18	—
1216	16	+0.3	12	1.63(2.25)	0.40	0.90	0.18	0.28
1620	20	+0.3	16	1.90(2.50)	0.40	1.00	0.25	0.36
2025	25	+0.3	20	2.25(3.00)	0.40	1.10	0.25	0.44
2632	32	+0.3	26	2.90(3.00)	0.40	1.20	0.28	0.60
3240	40	+0.4	32	4.00(3.50)	0.70	1.80	0.35	0.75
4150	50	+0.5	41	4.50(4.00)	0.80	2.00	0.45	1.00
5163	63	+0.6	51	6.00	1.00	3.00	0.55	1.00
6075	75	+0.7	60	7.50	1.00	3.00	0.65	1.20
7490	90	+0.7	74	8.00	—	—	—	1.20
90110	110	+0.7	90	10.0	—	—	—	1.20

*表中( )内数据适于对接焊。

表 7－20　铝－塑复合管几何尺寸要求

规格	管外径/mm			推荐内径/mm	管壁厚/mm	
	最小值	偏差	真圆度		最小值	偏差
0912	12	+0.3	0.3	9	1.60	+0.4
1014	14	+0.3	0.3	10	1.60	+0.4
1216	16	+0.3	0.3	12	1.65(2.25)	+0.4
1620	20	+0.3	0.4	16	1.90(2.50)	+0.4
2025	25	+0.3	0.4	20	2.25(3.00)	+0.5
2632	32	+0.3	0.5	26	2.90(3.00)	+0.5
3240	40	+0.4	0.5	32	4.00(3.50)	+0.6
4150	50	+0.5	0.5	41	4.50(4.00)	+0.7
5163	63	+0.6	0.5	51	6.00	+0.8
6075	75	+0.7	0.6	60	7.50	+1.0
7490	90	+0.7	0.6	74	8.00	+1.0
90110	110	+0.7	0.6	90	10.0	+1.0

表 7 - 21　铝 - 塑复合管力学性能表

尺寸规格 /mm	管环径向 抗拉强度/N	爆破强度 (23℃时)/MPa	压力值/MPa		测试温度(23℃)		测试时间 /h
			交联	非交联	交联	非交联	
0912	2000(2000)	7	2.72	2.48	82	60	10
1014	2300(2100)	7					
1216	2300(2100)	6					
1620	2500(2400)	5					
2025	2500(2400)	4					
2632	2700(2600)	4					
3240	3500(3300)	4					
4050	4400(4200)	4					
5163	5300(5100)	3.5					
6075	6300(6000)	3.5					
7490	—	—					
90110	—	—					

注：表中括号内数字适用于中密度聚乙烯生产的铝 - 塑复合管。

表 7 - 22　铝 - 塑复合管的物理性能表

项目	单位	标准值
环境温度	℃	-40~60
工作温度	℃	≤60(95)
工作压力	MPa	≤1.0
线膨胀系数	℃$^{-1}$	25×10^{-5}
导热系数	W·(mk)$^{-1}$	0.45

表 7 - 23　铝 - 塑复合管的耐化学性能表

化学品种类(质量分数)	质量变化(94 h) /(mg·cm^{-2})	化学品种类(质量分数)	质量变化(94 h) /(mg·cm^{-2})
10%氯化钠溶液	±0.2	40%氢氧化钠溶液	±0.1
30%硫酸	±0.1	95%乙醇	±1.1
40%硝酸	±0.3		

表 7 – 24　铝 – 塑复合管的交联方式及交联度

交联方式	化学交联	辐射交联
交联度	≥65%	≥60%

7.6.4　铝 – 塑复合管生产技术

1. 复合方式与材料

（1）复合方式。

有两种类型的复合方式：挤塑焊接复合和机械复合。

（2）材料。

铝 – 塑复合管用原材料有铝带（箔）、聚乙烯、热熔胶等。

1）铝带：要求铝带伸长率不小于20%，抗拉强度不小于100 MPa。铝带表面应平整、清洁。一般采用铝铁硅合金——8011 合金铝带。

2）聚乙烯：铝 – 塑复合管选用的聚乙烯塑料应符合要求：常用的国产高密度聚乙烯牌号有 2480、6100M 等。交联聚乙烯粒料通常采用二步法硅烷交联料，要求交联度大于65%。

表 7 – 25　铝 – 塑复合管用聚乙烯主要指标

聚乙烯种类	密度/(g·cm^{-3})	维卡软化点/℃	拉伸强度/MPa	断裂伸长率/%	长期静液强度/MPa(20℃，50 年，95%)	催化温度/℃	耐应力开裂/h(80/℃，40 MPa)
高密度	0.941 ~ 0.959	≥105	≥22	≥350	≥350	≤ – 70	≥165
中密度	0.926 ~ 0.940		≥12			≤ – 60	

3）热熔胶：聚乙烯是一种化学惰性较强的非极性材料，与极性的铝表面很难黏合，只有选择一种与聚乙烯和铝都有好的黏接性的胶黏剂，把聚乙烯和铝管黏合成一个整体，才能充分发挥铝 – 塑管复合增强的效果。热熔胶是以聚烯烃为基体，添加适当比例的增黏剂混炼而成的合成树脂。它应具有良好的黏接强度，较高的机械强度，熔点、维卡软化点高，熔融指数与聚乙烯的熔融指数较近，有良好的耐水性和化学稳定性，卫生指标、使用寿命等与聚乙烯同步。铝 – 塑复合管选用的专用热熔胶应符合表 7 – 26 要求。

表 7 – 26　铝 – 塑复合管专用热熔胶主要指标

密度 g/cm³	熔融指数 g/(10 min)$^{-1}$	维卡软化点/℃	断裂伸长率/%	剥离强度 T/N·(25 mm)$^{-1}$
20.926	≥1	≥10.5	≥400	≥70

2. 产品结构

（1）挤塑焊接铝 – 塑复合管的产品结构见图 7 – 30。第一层为交联聚乙烯；第二层为黏结树脂；第三层为铝；第四层为黏结树脂；第五层为交联聚乙烯。

（2）机械复合管的产品结构。

机械复合管产品的结构参数如表 7 – 27所示。

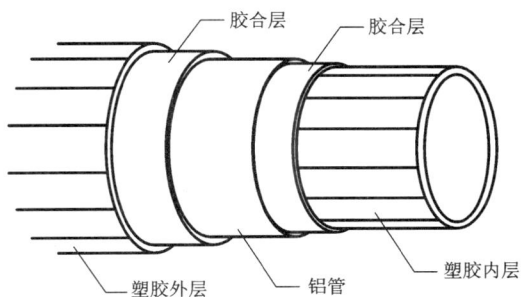

图 7 – 30　铝 – 塑复合管构造图

表 7 – 27　机械复合管的结构参数

管材规格/mm	内	中	外
$\phi21 \times 2.70$	塑料	—	纯铝
$\phi20 \times 2.25$	纯铝	—	塑料
$\phi21 \times 3.5$	纯铝	塑料	纯铝

3. 铝 – 塑复合管生产技术

（1）生产方法与工艺流程。

生产铝 – 塑复合管按其铝管的焊接方式分为搭接式和对接式两种，前者一般采用超声波焊接，后者一般采用钨极惰性气体焊接或激光焊接。

搭接式焊接生产方法是将铝带搭接成形、用超声波焊接机焊接成铝管，以铝管为骨架，内胶、内塑采用共挤复合，其生产工艺流程见图 7 – 31。

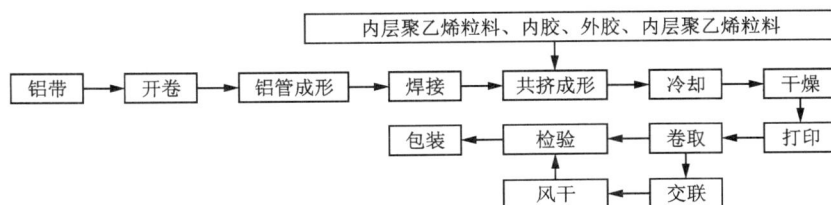

图 7 – 31　搭接焊工艺流程

对接式铝管焊接生产法是将铝 – 塑复合管（5 层）由内向外层层叠加复合；先挤出内层聚乙烯管，采用真空定径，随后挤出内胶涂敷在内层聚乙烯管上，将铝带成塑包覆在内层聚乙烯管上，通过钨极保护性气体焊接或激光焊接成铝管，然后在铝管外涂敷外胶和挤出外聚乙烯层。其生产工艺流程见图 7 – 32。

（2）挤塑焊接复合生产工艺技术。

1）挤塑工艺：挤塑过程最重要的是控制挤出温度，一般认为为了增加聚乙烯的流动性，减少螺杆挤出机的负载，应提高挤出温度，但过高温度，尤其在挤塑机螺杆转速较低时，物料在机筒、模具内停留时间过长，会使聚乙烯分子链受到破坏，近似降解，直接影响管材的

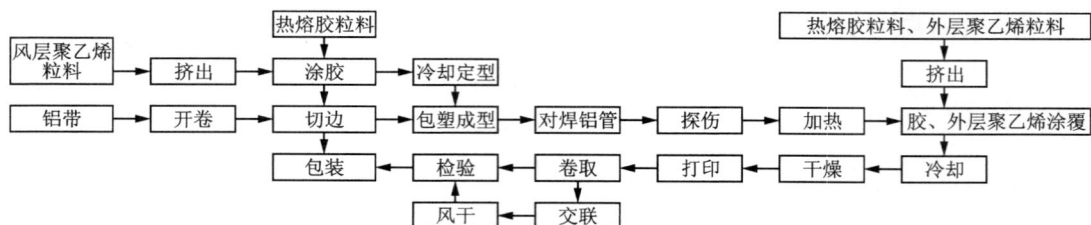

图7-32　对接式铝-塑复合管工艺流程

性能。因此在挤塑过程应注意控制挤出温度，确保聚乙烯性能的稳定。挤塑温度见表7-28。

表7-28　挤塑温度表/℃

项目	机身		机头	口模
内外层聚乙烯挤出温度	后 90~120		180~200	200~220
	中 120~160			
	前 160~180			
内外层交联聚乙烯挤出温度	后 100~140		190~200	190~210
	中 140~160			
	前 160~190			
内外层热熔胶挤出温度	后 130~150		200~210	210~230
	中 150~170			
	前 170~200			

挤出量与螺杆转速、螺杆接头和机头口模结构尺寸有关，在挤塑机和模具结构尺寸一定时，挤出量和螺杆转速关系如下：

$$N = \frac{CQ}{d} \tag{7-2}$$

式中：Q 为挤出量，kg/h；N 为螺杆转速，r/min；d 为塑料密度，kg/dm³；C 为常数，通过试验得出。

通常，根据各层聚乙烯管的尺寸，机列速度计算所需挤出量，其计算公式如下：

$$Q = \frac{\pi(D_1 t) t d S}{1000} \tag{7-3}$$

式中：D_1 为该层聚乙烯管外径，mm；t 为该层聚乙烯管厚度，mm；S 为机列速度，m/min。

机列速度通过调节牵引机电压给定，牵引机电压计算公式如下：

$$V \approx K_1 S \tag{7-4}$$

式中：V 为牵引机电压，V；K_1 为常数，通过试验得出。

由式(7-2)计算出螺杆转速 N，在挤塑机上设定 N 即可。

2）铝管成形焊接。

铝管成形有两种方法：一种是拉模成形，即铝带经成形模板和定径模，由牵引机拉拔成形；另一种是滚动成形，即铝带经多道成形辊滚压及定径模拉拔成形。壁厚大于 0.4 mm 的铝管的成形辊常为主动辊，拉拔由牵引机完成。

铝带的成形是铝管焊接极为关键的一个环节，其成形法要以防止边缘延伸为主，成形和定径模应考虑尽可能减小摩擦阻力，并确保铝带对中成形。

铝管的焊接分搭接焊和对接焊两种方式。

搭接焊采用超声波焊接，铝带成形的搭接面在焊头的高振动下的摩擦生热，变形而焊接。焊接超声频率为 16 ~ 60 kHz（常用 20 kHz）。工作压力随铝带厚度、机列速度变化，为 0 ~ 50 N。电压为 30 ~ 80 ± 5 V，焊头旋转线速度与机列速度同步，其电机的电源频率按下列公式计算：

$$F = 50Cv \qquad\qquad (7-5)$$

式中：F 为电源频率，Hz；v 为机列速度，m/min；C 为常数，通过试验得出（不同的铝带厚度不同）。

对接焊通常采用钨极惰性气体保护（TIG）焊接法，有两种焊接工艺，一种是同时具有正接和反接特点的交流钨极氩弧焊，具有"阴极清理作用"，以获得表面光亮美观、形状良好的焊缝；另一种是直流正接钨极氩弧焊，由于氦气价格昂贵，通常采用氦 75% ~ 80%、氩 25% ~ 20% 的混合气保护焊。焊接电流根据铝带厚度和机列速度调节。

对接式激光焊接法能够焊接 0.2 mm 厚的铝管，是一种具有发展前景的新技术。

3）制品定形冷却。

搭接焊铝 - 塑复合管内层聚乙烯的定形采用内压定径，即在管子内部通入 0.05 ~ 0.4 MPa 的压缩空气，使聚乙烯附在铝管的内壁上，随后冷却成形。对接焊铝 - 塑复合管内层聚乙烯管通过圆筒定型套上的真空孔轴吸真空（2.3 ~ 3.8 Pa）吸附在筒内壁上，定型套内通冷却水使管冷却定形。外层聚乙烯挤出后，制品经水槽快速冷却能得到表面光泽好、结晶度小、强度高的管材，但冷却速度过快，聚乙烯管会在聚乙烯晶态和非晶态相变边缘产生应力、在使用过程中易龟裂。

4）交联聚乙烯铝 - 塑复合管的交联。

通过化学方法将塑料分子通常的链状结构改变为三维的空间网状结构，以提高制品的机械性能和耐热性。

铝 - 塑复合管通常采用硅烷交联，硅烷交联有两种方法：其一为一步法工艺，即挤塑与引发接枝在挤出机内一步完成，这是一种比较经济的方法，但对挤出机的螺杆构型、控温精度、配料计量、树脂干燥等技术与设备要求相当高；其二为二步法工艺，即将硅烷接枝的聚乙烯粒料与催化剂以一定比例混合后直接挤出，成品管在热水中水解交联，由于采用已完成接枝的硅烷料，其管材的最终交联度与管材的挤出工艺无关，只与原料的接枝度和成品管的水解交联工艺有关。

成品管的水解交联工艺：管材浸入热水中或置于蒸汽中，温度 > 85℃，交联时间按 4 h/mm 厚度推算。

参 考 文 献

[1] 刘静安, 谢水生. 铝合金材料应用与开发[M]. 北京: 冶金工业出版社, 2012.

[2] 肖亚庆, 谢水生, 刘静安, 王涛. 铝加工技术实用手册[M]. 北京: 冶金工业出版社, 2004.

[3] 王祝堂, 田荣璋, 铝合金及其加工手册[M]. 第三版. 长沙: 中南大学出版社, 2005.

[4] 《轻金属材料加工手册》编写组. 轻金属材料加工手册[M]. 北京: 冶金工业出版社, 1979.

[5] 《中国航空材料手册》编委会. 中国航空材料手册[M]. 北京: 中国标准出版社, 2002.

[6] 魏长传, 付垚等. 铝合金管、棒、线材生产技术[M]. 北京: 冶金工业出版社, 2012.

[7] 刘静安, 闫维刚, 谢水生. 铝合金型材生产技术[M]. 北京: 冶金工业出版社, 2012.

[8] 刘静安, 张宏伟, 谢水生. 铝合金锻造生产技术[M]. 北京: 冶金工业出版社, 2012.

[9] 刘静安, 赵云路. 铝材生产关键技术[M]. 北京: 重庆大学出版社, 1997.

[10] 周鸿章, 谢水生. 现代铝合金板带——投资与设计、技术与装备、产品与市场[M]. 北京: 冶金工业出版社, 2012.4.

[11] J. K. McBride. 罐盖用 5000 系铝合金的进展[J]. 有色金属加工, 1997(1).

[12] 蔡其刚. 铝合金在汽车车体上的应用现状及发展趋势探讨[J]. 金属材料, 2009(25).

[13] 陈昌云, 浑玉祥. CTP 用铝板基材质量要求及典型质量问题分析[J]. 铝加工, 2008(3).

[14] 陈文, 林林. 论述易拉罐铝材生产的关键工艺技术[J]. 铝加工, 2007(3).

[15] 崔忻圻, 覃耀春. 金属学与热处理[M]. 第二版. 北京: 机械工业出版社, 2007.

[16] 丁向群, 何国荣. 6000 系汽车用铝合金的研究应用进展[J]. 材料科学与工程学报, 2008(2).

[17] 段瑞芬, 赵刚, 李建荣. 铝箔生产技术[M]. 北京: 冶金工业出版社, 2010.

[18] 刘静安, 谢水生. 铝加工缺陷与对策问答[M]. 北京: 化学工业出版社, 2012.7.

[19] 辜蕾钢, 汪凌云, 刘饶川. 铝合金厚板预拉伸过程分析[J]. 轻合金加工技术, 2004(4).

[20] 何光鉴. 有色金属塑性加工设备[M]. 重庆: 科学技术文献出版社重庆分社, 1985: 282 – 378.

[21] 何小龙. 轧制工艺对高压阳极箔组织性能及表面形貌的影响[D]. 中南大学硕士学位论文, 2012.

[22] 侯波, 李永春, 李建荣, 谢水生. 铝合金连续铸轧和连铸连轧技术[M]. 北京: 冶金工业出版社, 2010.

[23] 黄伯云, 李成功. 中国材料工程大典[M]. 北京: 化学工业出版社, 2006.

[24] 黄金法, 张学平. 铝箔毛料质量的重要性和技术标准要求[J]. 轻合金加工技术, 2003(9).

[25] 黄瑞银. 5182 铝合金罐盖料生产工艺技术[J]. 轻合金加工技术, 2011, 39(8).

[26] 黄维勇, 汪恩辉, 张超等. 西南铝 120 MN 全浮动张力拉伸机组[J]. 重型机械, 2013(1).

[27] 贾俐俐. 挤压工艺及模具[M]. 北京: 机械工业出版社, 2004.

[28] 江志邦, 宋殿臣, 关云华. 世界先进的航空用铝合金厚板生产技术[J]. 轻合金加工技术, 2005(4).

[29] 李春红. PS 版铝板基的制备工艺及性能研究[D] 西南大学硕士学位论文, 2009.

[30] 李建湘, 刘静安, 杨志兴. 铝合金特种管型材生产技术[M]. 北京: 冶金工业出版社, 2008.

[31] 李松瑞, 周善初. 金属热处理(再版)[M]. 长沙: 中南大学出版社, 2005.

[32] 李学朝, 邵尉田, 刘静安, 等. 铝合金材料组织与金相图谱[M]. 北京: 冶金工业出版社, 2010.

［33］林钢等. 铝合金应用手册［M］. 北京：机械工业出版社，2006.

［34］刘静安，李建湘. 铝合金管棒线材生产技术与装备发展概况［J］. 轻合金加工技术，2007，35 (5)：4－8.

［35］刘静安. 轻合金挤压工模具手册［M］. 北京：冶金工业出版社，2012.

［36］刘静安，谢水生. 铝合金材料的应用与技术开发［M］. 北京：冶金工业出版社，2004.

［37］刘静安，傅启明. 世界当代铝加工最新技术［M］. 长沙：中南工业大学出版社，1992.

［38］刘静安. 轻合金挤压工具与模具（上册）［M］. 北京：冶金工业出版社，1990：107.

［39］刘志红. 关于铝钎焊工艺及其设备探讨［J］. 科技资讯，2010(10).

［40］娄燕雄，刘贵材. 有色金属线材生产［M］. 长沙：中南工业大学出版社，1999：68－90.

［41］卢永红. 热轧铝基钎焊板包覆率变化规律研究［J］. 铝加工，2009(4).

［42］马怀宪. 金属塑性加工学：挤压拉拔与管材冷轧［M］. 北京：冶金工业出版社，2006.

［43］马立蒲，童部静. 哈兹列特连铸连轧技术［J］. 有色金属加工，2003，32(2).

［44］马鸣图，游江海. 铝合金汽车板性能及应用［J］. 中国工程科学，2010(2).

［45］毛卫民，何业东. 电容器铝箔加工的材料学原理［M］. 北京：高等教育出版社，2012.

［46］裴炽昌，柳桓伟，黄祖骥. 常用建筑材料手册［M］. 第二版. 北京：中国建筑工业出版社，1997.

［47］申俊明，樊丁，余淑荣. 铝合金在汽车工业中的应用［J］. 轻金属与高强材料焊接国际论坛论文集，2008.

［48］申蓉，卢云. 高压铝阳极箔制备技术研究进展［J］. 材料导报，2008，22(11).

［49］盛春磊，刘煜，刘静安，等. 汽车热传输铝合金复合带(箔)生产技术及工艺装备的发展［J］. 铝加工，2012(3).

［50］盛春磊. 中国铝及铝合金轧制设备现状与发展趋势［J］. 铝加工，2005(5).

［51］石永久. 铝合金在建筑结构中的应用与研究［J］. 建筑科学，2005(6).

［52］宋晓辉，吕新宇，谢水生. 铝及铝合金粉料材生产技术［M］. 北京：冶金工业出版社，2008.

［53］孙爱民，程晓农. 汽车面板用铝合金的研究现状［J］. 轻合金及其加工，2008(9).

［54］唐和平. 变形铝合金与铸造铝合金生产机铝合金热处理、表面处理与染色、着色新工艺、新技术和最新标准应用实务手册［M］. 北京：中国工业电子出版社，2006.

［55］唐剑，王德满，刘静安，等. 铝合金熔炼与铸造技术［M］. 北京：冶金工业出版社，2009.

［56］王娟，刘强. 钎焊及扩散技术［M］. 北京：化学工业出版社，2013.

［57］王玲，赵浩峰. 铝基复合材料制备工艺、复合铝材料生产技术配方及应用［M］. 北京：冶金工业出版社，2012.

［58］王锰，卢治森. 轻金属材料加工手册［M］. 北京：冶金工业出版社，1979.

［59］王志勇，曹建峰. 连续铸轧法生产PS版铝板基用坯料的工艺技术［J］. 轻合金加工技术，2009，37(6).

［60］王祝堂，张新华. 汽车用铝合金［J］. 轻合金加工技术，2011(2).

［61］王祝堂. 世界铝板带箔轧制工业［M］. 长沙：中南大学出版社，2010.

［62］王宗宽，周亚军. 铝板带材轧制过程中的工艺润滑及影响因素［J］. 轻合金加工技术，2007(11).

［63］魏军. 金属挤压机［M］. 北京：化学工业出版社，2005.

［64］魏军. 有色金属挤压车间机械设备. 北京：冶金工业出版社，1988：155－177.

［65］魏云华. 铝热轧乳液的性能控制［J］. 轻合金加工技术，2002(9).

［66］温景林，丁桦，曹富荣. 有色金属挤压与拉拔技术［M］. 北京：化学工业出版社，2007.

［67］温景林. 金属挤压与拉拔工艺学［M］. 沈阳：东北大学出版社，1996.

［68］吴小源，刘志铭，刘静安. 铝合金型材表面处理技术［M］. 北京：冶金工业出版社，2009.

［69］武恭，姚良均. 铝及铝合金材料手册［M］. 北京：冶金工业出版社，2010.

［70］谢水生，李兴刚，王浩，张莹. 金属半固态加工技术［M］. 北京：冶金工业出版社，2012.

[71] 谢水生，刘静安，黄国杰. 铝加工问答 500 问[M]. 北京：化学工业出版社，2006.

[72] 谢水生，朱琳. 我国有色金属加工可持续性发展的战略与对策的探讨[M]. 中国有色金属学会第四届学术年会论文集，2001.

[73] 徐胜，徐道荣，铝及铝合金钎焊技术研究现状[J]. 轻合金加工技术，2004(1).

[74] 徐洲，姚寿山. 材料加工原理[M]. 北京：科学出版社，2002.

[75] 易光. 铝合金热处理设备的发展与关键技术[J]. 工业加热，1999(1).

[76] 尹晓辉，李响，刘静安，等，铝合金冷轧及薄板生产技术 [M]. 北京：冶金工业出版社，2010.

[77] 尹晓辉，陈新民. 铝合金钎焊板(带)热轧复合工艺研究[J]. 铝加工，2005(8).

[78] 庾莉萍，阮鹏跃. 高性能铝合金厚板的生产技术应用[J]. 铝加工，2010(4).

[79] 岳德茂. 对 PS 版和 CTP 版表面粗糙度要求的探讨[C] 印刷版材发展技术论坛论文集，2008.

[80] 张延成，巩亚东，孙维堂，等. 预拉伸铝合金厚板内部残余应力分布的检测方法[J]. 东北大学学报(自然科学版)，2008(7).

[81] 赵世庆，王华春，郭金龙，等. 铝合金热轧及热连轧技术[M]. 北京：冶金工业出版社，2010.

[82] 钟利，马英义，谢延翠. 铝合金中厚板生产技术[M]. 北京：冶金工业出版社，2009.

[83] 周家荣. 铝合金熔铸生产技术问答[M]. 北京：冶金工业出版社，2008.

[84] 朱学纯，胡永利，易传江，刘静安. 铝、镁合金标准样品制备技术[M]. 北京：冶金工业出版社，2011.

佛山市南海鼎康金属有限公司

公司简介

　　佛山市南海鼎康金属有限公司是从事铝加工用板、带、铝箔、铝型材等辅助材料生产和销售的企业，主要经营铝钛硼丝、铝中间合金以及提供技术解决方案服务等，2011年在国家商标管理局成功注册了"鼎王"、"TKR"的注册商标品牌，拥有多项国家实用型专利，实力雄厚。

　　公司一直以来坚持以一流的产品质量，专业的技术服务为守则。以一流的产品质量，优质的技术服务，合理的价格，准时的供货与客户取得共赢的局面。同时公司遵循市场规律，不断完善企业的经营管理和提高业务员的技术培训，致力于创建具有自身特色的企业管理文化体系。经过我们的不懈努力，成功地与国内各大小企业建立了良好的合作关系，并多次评为客户的优秀供应商。

　　目前我公司所销售的铝钛硼丝及铝中间合金的稳定性已经达到国际先进水平，并在金相组织技术指标上已经完全超越进口同类产品，具有极高的性价比。我公司期望与社会各界人士共创铝加工行业的美好明天。

铝钛硼丝产品基本参数

牌号	化学成分（%）			颜色类别	形式
5%Ti H2207 0.2%B	Ti 4.5-5.5 B 0.1-0.3	Si 0.2 Fe 0.2 V 0.2	others each 0.03 Total 0.1	1 green/1 black	线、块
5%Ti H2207 0.6%B	Ti 4.5-5.5 B 0.5-0.7	Si 0.2 Fe 0.3 V 0.2	others each 0.03 Total 0.1	1 green	线、块
5%Ti H2252 1%B	Ti 4.8-5.2 B 0.9-1.1	Si 0.2 Fe 0.2 V 0.15	others each 0.03 Total 0.1	1 green	线、块

公司地址：广东省佛山市南海大沥钟边工业区14号

联系电话：0757-85568737　　传真：0757-85578245

佛山市南海鼎康金属有限公司

金相图

AI5TiO.6B

TKR AlTi5B1

TKR AlTi5B0.2

销售业绩

西南铝业集团有限公司
亚洲铝业有限公司
中铝南海合金有限公司
广银集团
云南浩鑫铝箔厂
青海鲁丰股份有限公司
贵州金苹果
佛山三菱铝业有限公司
清远华南铜铝业有限公司
高明联强铝业有限公司
三水乾阳铝业有限公司
三水永盈铝业有限公司
丰田通商（中国）有限公司
神钢（苏州）汽车铝部件有限公司

公司地址：广东省佛山市南海大沥钟边工业区14号　　联系电话:0757-85568737　　传真:0757-8557824

  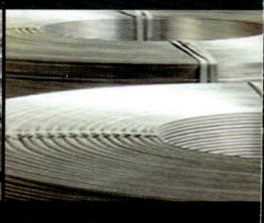